目标探测技术及应用

MUBIAO TANCE JISHU JI YINGYONG

李翰山 编著

西安交通大學出版社
XI'AN JIAOTONG UNIVERSITY PRESS

图书在版编目（CIP）数据

目标探测技术及应用 / 李翰山编著，--西安：西安交通大学出版社，2023.10

ISBN 978-7-5693-3231-5

Ⅰ．①目… Ⅱ．①李… Ⅲ．①目标探测-探测技术-研究 Ⅳ．①TB4

中国国家版本馆 CIP 数据核字（2023）第 087477 号

书　　名 目标探测技术及应用
编　　著 李翰山
责任编辑 郭鹏飞
责任校对 李　佳

出版发行 西安交通大学出版社
（西安市兴庆南路 1 号　邮政编码 710048）
网　　址 http：//www. xjtupress. com
电　　话 （029）82668357 82667874（市场营销中心）
（029）82668315（总编办）
传　　真 （029）82668280
印　　刷 西安日报社印务中心

开　　本 700 mm×1000 mm　1/16　**印张** 19.125　**字数** 371 千字
版次印次 2023 年 10 月第 1 版　2023 年 10 月第 1 次印刷
书　　号 ISBN 978-7-5693-3231-5
定　　价 48.00 元

如发现印装质量问题，请与本社市场营销中心联系。
订购热线：（029）82665248　（029）82667874
投稿热线：（029）82669097
读者信箱：21645470@qq. com

前　言

目标探测是目标信息被感知的根源和目标被精准识别的先决基础，其主要是采用非接触方法探测固定或移动目标，通过识别技术，完成对受控对象的控制任务。目标探测技术融汇多学科领域知识的技术应用，涉及光学成像技术、传感器技术、测试技术、光电探测技术、信息处理技术等。随着现代科学技术的飞速发展，目标探测与识别技术取得了很大的突破与发展，尤其是在武器测试与精准打击武器系统方面，通过多种探测技术手段可快速获取目标信息，并对目标信息加以识别与诊断，形成对目标的精准判决，为武器系统试验测试中的各类型目标参数计算提供重要依据，也为各类智能制导武器精准打击敌方目标达到精准制导和最佳毁伤效能起到重要作用。

本书结合专业教学和科研工作，注重知识拓宽，充分强调基础理论和应用，突出实用性。通过围绕典型目标探测方法和信息处理，以目标声探测和光电探测基础理论，介绍了声探测技术、激光探测技术、红外探测技术、毫米波探测技术、电容探测技术、目标图像跟踪技术及目标识别等，从典型目标探测技术的基本概念、基本原理、探测类型、信号识别与应用等方面，讲述了典型目标探测技术理论方法、探测机理和相应的目标信号识别与处理方法，以及各类探测技术的军事应用与发展。

本书共分 9 章。第 1 章主要介绍目标探测技术的基本特点、应用与发展。第 2 章讲述了声探测基础和光电探测基础的概念，主要围绕声探测和光电探测基本理论，介绍了声光电探测器物理效应及性能参数、探测系统原理，以及典型声探测和光电探测光学系统设计基本方法等。第 3 章从声探测技术特点，讲述了声探测系统、声探测定位、时延估计、典型被动声定位模型等基本理论方法，包括线阵定位模型、平面阵定位模型、立体阵定位模型以及声探测信号处理方法，通过兵器系统中的弹着点坐标和弹丸炸点位置测试等典型案例，阐述了声探测技术在武器系统试验测试中的军事应用。第 4 章介绍了常见的激光探测基本方法、基本理论和探测方式，讲述几种典型激光近炸引信探测体制、主动式激光探测靶、激光雷达探测等原理，阐述了激光探测技术的特点和应用发展。第 5 章讲述了红外探测技术的基本理论知识、红外探测系统的组成及其工作原理，以及常见的红外探测器分类与特性，通过兵器靶场试验中典型红外光幕靶设计及其在弹丸弹着点坐标测试中的应用，阐述了红外探测技术的应用与发展。第 6 章讲述了毫米波探测技术的特点、毫米波辐射模型、毫米波对金属目标的识别方法，以及毫米波辐射计、毫米波雷达及毫米波近炸引信等探测工作原理及其信号处理方法，并论述了毫米波探测技术的其他应用与发展。第 7 章介绍了电容探测技术特点、电容式传感器基础、电容探测体制等基本理论知识，通过电容探测技术在近炸引信探测中的应用，讲述了电容探测技术的应用与发展。第 8 章介绍了目标图像跟踪技术的基本原理、综合特征的目标图像识别方法、模糊目标图像的识别方法、均值漂移的目标跟踪方法和粒子滤波的目标跟踪方法等基础理论知识，并通过武器测试系统中的典型弹道目标图像跟踪和无人机对地面跟踪的应用案例，阐述了目标图像跟踪技术的应用发展。第 9 章根据声光目标探测系统的特点，分别从探测系统对象的目标特征提取，以及常见的目标识别方法，讲述声光探测系统的目标信息识别基本方法和基本理论知识，本章主要涉及了典型的统计模式识别、模糊模式识别、神经网络模式识别、数据融合识别、粒子群算法优化支持向量机目标识别等目标识别理论方法。

本书由西安工业大学李翰山教授编著。由于目标探测技术涉及的知识面广、类型多，且应用范围广，而编著者水平有限，如存在有不妥或错误之处，恳请读者批评指正，提出宝贵意见。

编著者

2022 年 11 月

目　录

第1章 绪 论

1.1 目标探测技术概述

目标探测技术是航空、航天、航海、兵器等多学科领域应用的基础，是装备科研与生产不可缺少的一个重要组成部分。目标信息获取，以及目标探测的高响应、高精度、快速性、低失真等，反映了目标探测系统性能的优劣，是客观评价与真实反映环境目标的重要依据。随着国民经济的发展以及国防需求的提高，目标探测在军事侦察和国防建设中的作用变得越来越重要，吸引了大量学者对此展开研究。在目标探测系统中，核心关键是能感知环境目标信息的探测器，其利用目标自身辐射与背景环境辐射的差异来感知目标的存在与否，再通过信号处理或图像处理等手段对目标的性质加以识别判断，形成对目标的识别与跟踪。

对于目标探测，其主要目的是基于目标特征，采用非接触的方法探测固定的或移动的目标，通过识别技术，完成对受控对象的控制任务。目标可分为空间目标、地面目标和水下目标等，其所处环境不同，目标在空间体现的特性也不同，如何从不同环境中探测与辨析出真实目标，是目标探测与识别的首要任务，也是辨析目标存在真伪的基础。针对探测的目标而言，可以利用各种技术手段获取反映目标本质的各种特征和信息，如目标光谱特征、纹理特征、形状特征和空间特征等，来实现对空间目标类型、属性、用途、威胁的判断。

针对目标探测需求和目标参数测试特点，可以根据目标所处的环境特征，有针对性地选择获取目标信息的探测方式，目前典型的目标探测方式主要有声探测技术、激光探测技术、红外探测技术、毫米波探测技术、电容探测技术等，也可以利用多种探测手段形成复合探测方式对目标进行探测与识别，复合探测的发展为复杂环境下的目标探测与识别注入了活力，提高了对目标辨识的能力。尤其是近年来，目标探测与识别技术已发生了日新月异的变化，特别是在军事斗争需求的牵引下，传统的声探测、激光探测、红外探测、毫米波探测、电容探测等技术有了极大的提升。随着军事发展的需要，在未来战争中，无论是陆战、海战、空战还是陆、海、空相结合的立体战争，都将越来越依赖作战传感系统的各探测传感器单元对自身环境的快速感知与分析，给出更加客观和准确的战场态势评定依据。尤其是在未来联合作战中，各参战力量的协同手段和机制正在向实时性协同、精确型协同、主动式协同发展，目标探测技术必将在战场中发挥重要作用。

1.2 典型目标探测技术军事应用

1. 声探测技术

声探测技术是一种全被动、全方位的探测方式，利用传声器拾取目标发出的声音信息，通过声谱特征分析发现和识别目标，并根据目标辐射噪声在传声器阵列中各个传声器间产生的时延和相位关系，实现对目标的位置特征、运动状态和属性信息的估计。随着新的探测原理和探测器件不断产生，特别是微电子、信号处理以及通信等技术的发展，使声探测技术在低空/超低空和战场侦察等国内外多种军事领域得到应用。

从军用领域出发，被动声探测已被广泛应用到各类探测装备。各国海军已逐步研制出各类被动声呐系统，但由于海洋噪声环境的复杂性，使得目标噪声信号经远距离传播后变得相当微弱，被动声呐比主动声呐需要更多更好的信号处理措施。国外军用陆地声探测技术起步较早，从20世纪80年代末，就有西方发达国家进行了声测系统研制，到90年代已有国外陆军装备被动声测系统，如美国的PALS被动声定位系统、英国的HALO MARK 2火炮定位系统和瑞典的SORAS 6炮兵声测系统，这些探测系统均为全自动被动声测系统，采用计算机自动定位，能在2～45 s判定目标，可同时处理多个目标，20 km内最大探测误差为2%。对于军用雷达系统，在强电磁干扰下难以有效探测空中目标以及超低空飞行目标的问题，被动声探测技术能够很好予以解决。空中目标声测系统可在战场复杂环境下不受干扰地探测识别飞机、直升机的特征信号，并实施空中警戒，典型的有瑞典“直升机搜索”系统、英国“哨兵”系统、以色列低速飞机声探测系统等。在反狙击手作战领域，法国米特拉维公司研制的PILAR MK反狙击手声探测系统为全被动式探测系统，可在背景噪声较大的环境下全天候实时观测，最远探测距离1500 m，甚至可以探测出安装有消音器的5.45～20 mm口径的武器，以单发、连发方式射出的亚声速或超声速子弹，系统反应时间为1.5 s；美国BBN系统技术公司研制了固定设置型“子弹之耳”声测系统，可探测到90%的射击，定位精度方位为1.2°、水平方向为3°，之后美国国防部研究计划局将该系统升级研发出新型“回旋镖”系统，搭载“悍马”车辆装备美海军陆战队，目前，最新的“回旋镖”型声测系统，声阵列半径减低一半，能在1 s内将狙击手位置锁定在±2.5°内；以色列拉斐尔公司的SADS反狙击手声探测系统可将声阵列探测到的枪弹方向、射程、仰角和弹道信息传送至后端处理主机，该系统可做到集群部署；加拿大国防部研究中心与麦克唐纳·迪特维利公司联合开发的“雪貂”（Ferret）小型武器探测及定位系统，可通过武器击发声响测算射击方位、距离、弹道及口径，其中“雪貂V”型是车载型，“雪貂S”型为固定型。

我国关于被动声探测技术在武器装备领域的研发开始于20世纪90年代。在第一代智能雷弹系统的研究工作中，主要研究了智能雷弹系统的远距离探测、坦克及直升机目标识别、单目标定位及智能控制战斗部等关键技术。其中，陆军工程大学工程兵学院依托国家“863”计划项目支持开展了基于被动声探测技术的智能地雷关键技术研究，并成功研制了国内首台智能雷弹系统试验样机；在坦克目标声探测、智能识别及目标定位方面也取得突破性成果。北京理工大学在基于被动声探测技术的装甲目标识别、定位与跟踪算法及试验方面进行了广泛研究。从被动声探测技术的研究成果来看，国内被动声探测技术在武器弹药的理论及应用方面已经积累了一定的深度。

2. 激光探测技术

激光探测系统的作用是将接收的激光信号变化转变成电信号，也就是说将光信息转换成电信息，并通过不同的信息处理方法来获取不同的信息并实现目标探测目的。激光探测技术按探测方式分为直接探测和外差探测两种，按探测器模式可分为单元探测和多元阵列探测。直接探测就是将激光信号直接转换成电信号，光电探测器输出的电信号幅度正比于接收的光功率，不要求信号具有相干性，因此这种探测方法又称为非相干探测；外差探测主要是利用两个激光信号在光频段进行混频实现光的相干探测，故光外差探测又叫相干探测。以激光探测机理的目标探测主要集中在激光雷达和激光引信。

激光雷达是无线电雷达技术在电磁波谱光波段的延伸，它的原理与无线电雷达相同，它是雷达技术与激光技术结合的产物。由于激光雷达使用了波长更短的激光作光源，利用激光波长短、方向性好、单色性好、亮度高的特点，使得其产生了许多无线电雷达所不具备的优点，如分辨力高（光谱分辨力、距离分辨力和多普勒频移分辨力）和抗干扰能力强等，适于在高精度、低仰角和恶劣的电磁环境下工作，是战场侦察的重要候选设备。

激光雷达波束窄、方向性好、抗干扰能力及隐蔽性较无线电雷达好。激光雷达角度分辨能力高，适宜于近程精密制导和跟踪，并且由于其多普勒频移量大，所以测速精度也相当高，对于成像激光雷达，可以获得清晰的三维实时图像，可以探测多种目标信息数据，通过辨识目标形状特征、尺寸大小、自转或滚转速度、机械振动特征等来识别和辨识目标的种类，分清敌我。另外，激光雷达还可与其他光电成像设备或无线电雷达及高速计算机组合进行多传感器数据融合，构成目标自动识别（ATR）系统。

引信是武器系统的重要组成部分，它的作用是探测、识别目标，适时引爆战斗部，最大限度发挥战斗部的威力。激光近炸引信是一种主动式近炸引信，它在预定距离内探测目标，并在最佳炸点位置处起爆战斗部。激光近炸引信探测脉冲窄、调制方便，能精确探测目标距离和位置，具有引战配合效率高和抗电磁干扰能力突出等优点，特别适应现代战争精确打击和光电对抗技术的发展。国外激光近炸引信于20世纪60年代末开始研制，20世纪70年代先后出现了用于地空、空空导弹的激光近炸引信，其中，AIM-9L型“响尾蛇”空空导弹是典型应用之一，其配备了DSU-15A/B型激光近炸引信。随着半导体技术的发展与应用，在20世纪80年代，带有GaAs半导体激光器的激光引信被成功应用于导弹中，如ADATS防空-反坦克导弹和“马特拉”导弹，激光器的峰值功率在数十瓦左右。瑞典的埃里克森公司，研制了新型激光引信，其发射机采用极窄脉冲激光，不易被其他目标探测到，可抗阳光、云雾、雨雪等环境干扰。在20世纪90年代，美国的AIM-9X、俄罗斯的R-73M均配置了激光近炸引信。1997年，挪威的NOPTEL公司研制了通用激光近炸引信，用于NF200M型迫弹。我国激光近炸引信的研究工作始于20世纪60年代，在相当长的一段时间内处于技术研究阶段。随着半导体激光技术的单导介质、大光腔、量子阱的发展，80年代末，我国的激光引信技术逐渐成熟，尤其是海湾战争后，光电子技术在现代武器系统中的应用受到全面重视，从“八五”计划开始，国家对激光引信技术领域的研究经费投入也逐渐加大力度，以激光脉冲编码探测技术、激光引信抗干扰技术、激光引信仿真技术等为代表的一批技术成果的完成，为型号装备研制打下了基础，显著提高了技术向应用转化的速度；之后相继开展了“AFT9激光以及磁复合近炸引信”和“迫弹激光多选择引信敏感装置”的研究，并成功研制了“AFT-9重型反坦克导弹引信精确电子延时部件”；90年代末，作为武器精确打击技术之一的激光探测技术的相关研究工作迅速展开并不断深入，研究和应用范围不断扩大，涵盖了多种导弹以及无人机系统，并研制了“TY-90空空导弹”。随着激光近程探测研究的不断深入，我国的目标识别技术、精确定距技术和引战配合技术等相关技术与世界军事强国间的差距不断缩小。

3. 红外探测技术

红外探测技术是现代信息获取的主要手段之一，随着红外材料、红外器件、成像系统、智能图像处理等相关技术的发展，尤其是国产红外探测器水平的快速提升，红外探测技术已被广泛应用于军事国防、安防监控、医疗检测、无损检测等各个领域，发挥着越来越重要的作用。红外探测主要是应用以红外光敏探测器件为核心的探测机理，利用目标自身的红外辐射特性作为探测源，基于红外光敏探测特性，形成以红外波段敏感的目标信息获取与信息感知系统。红外光敏探测器具有良好的环境适应性、隐蔽性、抗干扰能力，同时，由于探测器本身体积小，功耗低等特点被广泛应用于军事领域。

红外搜索系统作为一种抗干扰能力强、可靠性高的目标探测技术，主要由跟踪转台、红外信号处理、伺服系统与空情监视器组成。在具体的搜索跟踪活动中，跟踪转台上的红外探测器接收到红外图像，并将其传送至后续图像处理与识别单元。利用信号处理提取目标的红外信息，并根据红外转台的方向信息解算出目标的方向和位置信息，结合目标的运动方向与运动速度，建立起目标的运动轨迹模型等。伺服系统根据信息处理单元的需求控制转台水平转动速度和俯仰角度，并将转台信息传递回信号处理系统，以保证信号处理系统对目标运动信息的正确解算。红外搜索系统在现代军事领域的应用具有隐蔽性好、角分辨率高、抗电磁干扰能力强、体积小、重量轻、机动性强等优点，得到了各国军队和科研领域的高度重视。

红外搜索跟踪系统（IRST）是典型的红外探测技术的应用典范，该系统主要接收来自目标和背景的红外辐射，然后对处于背景辐射和其他干扰下的目标进行搜索、定位、持续且稳定地跟踪。装载在不同载体上的红外搜索系统称为相应的载体红外搜索系统。例如，机载（战斗机）型、舰载型和陆基型。机载 IRST 主要以敌机和其发射的导弹为探测对象；舰载 IRST 主要以反舰导弹为探测对象；地面 IRST 主要完成对地面和低空目标的全方位探测识别与警告，形成对战区空域的严密防控。红外制导主要是通过探测目标本身的红外辐射使导弹自动攻击目标。目前在空地、空空、反坦克导弹等方面普遍采用红外制导工作方式。红外侦查、监视、预警主要使用无人机携带红外探测器对敌方军队及其阵地进行侦查与监视，利用轨道卫星携带探测器，在外层空间对弹道助推段进行红外探测，为拦截导弹提供预警时间。

红外导航系统作为一种既可用于侦察又可用于执行攻击任务的光电设备，在各国得到普遍重视，已经广泛应用于各国空军，其装备数量近年来有大幅增长，其主要类型分为单一导航功能吊船、瞄准导航多功能吊船和挂架内埋式红外导航设备三种。多种红外导航设备已配装于各型战斗机，随着雷达和红外探测器技术的不断进步，火控雷达的功能已经可以兼容导航雷达的功能。尤其是随着红外探测器元件由单元到多元面阵的演变及嵌入式计算机的飞速发展，红外传感器性能也得到大幅提高、体积也变得更小，这极大促进了红外导航的发展。

红外成像作为红外探测技术的一大分支，在军事领域也有着非常广泛的应用，它主要由光学子系统、红外探测器、视轴瞄准与跟踪子系统、信息处理和提取子系统等组成，对于分布式网络化红外成像探测系统，还要包括通信子系统。在红外成像探测系统发展初级和中级前半阶段，技术发展和创新的重点在红外探测器及信息处理和提取技术方面，但一个红外成像探测系统的最终性能取决于各种组件技术的综合集成，因此，从中级阶段后半阶段开始，更加注重结合已有的探测器技术和新的探测器技术，通过新颖的光学技术和计算成像等新概念的成像机理来满足新的需求。红外热成像技术本质是不同波长的转换，综合利用红外物理、电子学、信号处理等技术和工具获得热辐射场景图像，转换后的信号可驱动显示器，显示对应的红外图像。红外成像制导是当今第四代近距离格斗空空导弹的核心技术之一，该技术主要利用了 IRST 系统探测红外目标，通过图像处理实现红外成像目标检测、识别及跟踪，进而完成目标的精确打击。IRST 系统在光学系统设计和探测原理上尽管与电视制导类似，但可以满足夜间模式和低能见度下的作战需求。此外，红外成像制导具有抗干扰能力强、作用距离远、测量精度高等优点，已逐步取代如美国 AIM（响尾蛇）系列为代表的点源成像探测模式，成为各国探测制导领域争先发展的主流方向。除此之外，基于红外成像技术的远距离雷场探测也已经发展起来，具有代表性的有美国在 2003 年和 2004 年装配的机载型雷场探测与侦查系统以及远距离的雷场探测系统。

4. 毫米波探测技术

作为微波向高频、光波向低频的延伸部分，毫米波技术已经成为一门知识密集的综合性学科技术，并在通信、雷达、制导、遥感、射电天文和临床医学等方面得到了广泛应用。纵观毫米波技术在军事方面的应用，欧美国家首先提出了对毫米波寻的引信技术的研究。1974 年，美国陆军军械研究与发展中心（ARDEC）设计了毫米波寻的引信炮弹，并将该技术运用到 203 mm 炮弹中，实现了炮弹在离目标几十米到几百米的近距离内进行目标探测识别并完成攻击。1980 年，美国国防部成立了专门的毫米波研究机构，针对毫米波寻的引信和末端制导技术，展开了全力研究。从 20 世纪 90 年代开始，随着微波、毫米波集成芯片取得突破性进展，大功率型功率源、集成天线、低噪声接收机等新型设备的研发，毫米波探测技术研究也进入白热化阶段。进入 1990 年以后，毫米波集成电路技术取得了突破性进展，毫米波器件性能得到了大幅提高。

到目前为止，国外常规武器采用毫米波制导的有美国的爱国者 PAC-3 导弹、“黄蜂”导弹，英国的长剑 2 地空导弹、硫磺石导弹，瑞典的 BOSS 制导炮弹，俄罗斯的标准灵巧反装甲子弹药等。在毫米波探测雷达技术上，我国已经研制出 Ka 频段运动目标搜索和弹着点校准雷达、弹载寻的雷达等多种探测系统。我国最新的红箭 9A 重型反坦克导弹也采用了毫米波制导系统，该反坦克导弹配有完全国产昼夜观瞄系统，可以不受昼夜和战场上的烟、雾、光以及其他背景、气象等干扰，具有很强的全天候作战能力。

目前毫米波探测在军事上的应用主要是对静止目标和低速运动目标探测，近年来，研究者们提出把空中、地面多种雷达、红外以及毫米波辐射计结合起来协同工作的新探测手段，可以达到对目标及时探测和实时攻击的目的，实现低空、超低空防御。

5. 电容探测技术

电容探测主要是利用探测目标的出现会引起电容变化从而引起电路特性变化，根据电信号的变化达到目标识别的目的，它的主要军事应用体现在电容近炸引信。电容近炸引信起源于20世纪40年代。50年代中至60年代各国为解决配有核弹头的战斗部因碰炸引起战斗部变形及迫弹在沼泽地瞎火问题，先后分别研制了直流电容引信和迫弹“贴近炸”电容引信。60年代至70年代中期，除德国、美国之外，英国、瑞典、日本等国也相继开展了电容引信研究。英国马克尼空间防御系统责任有限公司（Marconi SDSI）自1962年研制电容引信之后，至70年代中期已研制出多种导弹、航弹等及常用军械用的一系列电容引信。瑞典先后研制了配用于航弹上的FFV070及配用于75 mm以上口径的火炮和坦克炮弹上的FV574及FFVS74C电容引信。80年代初我国开始研究电容近炸引信，北京理工大学在借鉴国外电容引信技术的基础上进行了预研及型号开发，到90年代中先后将电容引信在40 mm火箭弹、90 mm航空火箭弹、AFT-9及HJ-73反坦克导弹上靶试成功，其中90 mm航空火箭弹还通过了航空产品定型委员设计定型并投产。本世纪初先后又在60 mm和82 mm迫弹、152 mm榴弹、122 mm火箭云爆弹上设计定型，部分已投入生产。

1.3 目标探测技术发展

1. 声探测技术发展

现代战争已成为一场以高技术武器为主，新式武器装备不断涌现，战场空间日趋立体，前方后方难以区分的作战样式，即“海-地-空-天”一体化作战样式。因此，未来声探测装备的发展必须紧扣现代战争作战特点，从实战角度和部队需求出发，提高声探测装备的性能，丰富声探测装备的种类，主要体现在：

（1）新型传声器的应用。在对现有驻极体传声器进行技术改造升级的同时大力研究发展新型传声器，例如光纤传声器、矢量传声器等，提高接收灵敏度，改善指向性，从源头上提高声探测装备的性能。

（2）声探测装备的核心任务是尽可能早早地发现和识别目标。在战场环境下，声传播所受干扰非常复杂，要求声探测装备前端的传声器必须要有极高的探测灵敏度和抗环境噪声能力。

（3）阵列由平面阵向立体阵、随机阵发展，从现有的点、线、面布设向立体交叉布阵方向发展。随着声探测目标辐射的声源级不断降低，这就要求增大阵列的孔径，提高阵列增益。随机阵在机动性和增大阵列孔径方面比其他固定阵型具有更大的潜力，可构成超大孔径的声阵列，尽管各个传声器的位置是随机分布的，但是只要用某种方法把这些传声器之间的相对位置确定出来，再经过适当的信号处理技术，就能在低频段形成较高增益的波束以实现优良的远程目标探测性能。

（4）随着现代高新技术的发展，新型声探测装备正朝着多功能、多用途、小型化和智能化方向快速发展。在单一设备上完成对多种目标的探测，同时从复杂庞大的设备向隐蔽防伪、便于单兵携行的小型精装化方向发展。

（5）多种手段协同探测方向发展。采用雷达、光电、声等多手段综合探测，发展多元协同探测手段，形成全空域、全频域、全目标的新一代战场协同探测体系，有效地提高对战场的监视与预警能力。

2. 红外成像技术发展

红外探测技术和红外成像探测技术已经走过了 40 多年的发展历程，先后经历过越南战争、冷战军备竞赛、新军事革命等不同历史因素的促进，并经受了实战的考验，使得其体制、理论、方法、技术和应用都得到了很大发展。由于红外成像在探测领域技术的进步，其在各种不同应用领域的性能也显著提高。进入 21 世纪前后的 10 多年间，红外成像探测系统所面临的目标、环境、任务使命，以及支撑红外成像探测系统研制、试验、生产的相关技术，都发生了深刻变化。目前，红外成像探测技术仍在高速地发展和演变，并衍生出一些新的概念、体制和技术，以信息化网络化战争和非对称作战为代表的新的战争形态和作战方式，对红外成像探测系统提出了严峻挑战。

目标、环境和任务使命的变化，在不断地促使红外成像探测系统的体制、频段、理论和技术的发展演变。目标的变化是指目标的种类构型、运动特性、活动空间、偏振特性、光谱特性等方面的变化，总的趋势是更加多样化。例如，空中目标的种类构型由常规的空中飞机逐渐扩展为战术导弹、弹道导弹、巡航导弹、掠海反舰导弹、无人飞机等。而目标的特征属性逐渐由常规目标扩展为隐身、隐蔽、遮蔽、时敏、高速、机动、变轨、低空、高空、空间、临近空间等。环境的变化是指红外成像探测系统的工作环境、生存环境、电磁环境，以及目标周边环境的变化，总的趋势是日益复杂。例如，需要应对红外诱饵、激光欺骗、强光攻击、烟幕遮掩、光电伪装和隐身措施等复杂的光电对抗措施，需要在云、雨、雾、光，云层背景、海面背景、地面复杂地形、植被背景等复杂的光电环境中应用。任务使命的变化在这里是指红外成像系统的作战使命随着战争形态的变化而发生的变化，总的趋势是多向分化和范围扩展，以满足现代信息化战争，以及应对多种威胁和遂行多样化任务的需要。例如，除了传统的对地监视侦察、精确打击、防空防天、反导预警等任务外，红外成像探测系统需要在城区作战、反恐、危机控制等非对称、非传统作战中起到持久性大范围实时监视、目标识别、打击评估等作用。为了在更加复杂的周边环境中，实现对目标的可靠识别，需要获取更加精细、多样化、更加丰富的目标信息，这就促使红外成像系统向高空间分辨率成像、多光谱成像、偏振成像、多体制成像的方向发展，并为此发展了先进的大规格、小像素红外焦平面阵列，单片双波段、多波段红外焦平面阵列、自适应红外焦平面阵列。而近年来正在发展的红外成像的新概念、新体制，则是为了在更复杂的目标环境中，以更高数据率，实现持久性大范围实时监视、目标识别、打击评估等多样化的目标探测与跟踪的需求。

未来的红外成像探测技术将突破现有思路的束缚，由目前集中式的信息获取、基于设备的探测模式、单频段单偏振方向的系统构成、基于统计的检测方法，向分布式信息获取、基于体系的探测模式、多频段多偏振方向的系统构成、自适应及智能化的工作模式、环境知识辅助的检测方法等方向拓展。

3. “低慢小”目标探测技术发展

随着无人技术日益成熟，空中探测手段大大扩宽了传统目标探测技术的应用领域。目前，“低慢小”无人机广泛应用于军事侦察、森林防火、航拍摄影、环境探测等各个领域，“低慢小”无人机在低空域低速飞行，探测时目标回波几乎淹没在地面杂波中，导致信噪比大幅下降。新一代复合材料的诞生，极大地降低了无人机对光信号、声信号和无线电信号的反射，使无人机探测真正成为微弱信号探测。同时，随着无人机技术逐渐成熟，材料、形态、功能各异的无人机给传统探测技术带来了巨大挑战，而融合探测凭借其广覆盖、高容错等优势成为“低慢小”无人机探测技术的主要研究方向。融合探测作为传统探测领域的延伸，与传统探测技术有共性也存在差异，为保证研究顺利开展，“低慢小”目标融合探测领域中待解决的问题以及发展趋势，主要体现在：

（1）目前“低慢小”无人机相关公共数据集较少，以往的研究采用不同的数据集，难以在同一尺度下对各种方法性能进行比较。“低慢小”无人机融合探测领域对算法复杂度、可行性的评估缺乏统一的公认标准。必须建立公共的飞行器数据集，制定统一的性能评估标准。

（2）虚警率和漏报率是体现探测精度的两个重要指标，多传感器融合在提升检测精度的同时加大了系统复杂度，使检测速度直线下降，而实际应用场景往往要求探测技术达到实时水平。因此，在关注细节信息提升算法准确性的同时，也要保证算法的实时性。

（3）随着近年来深度神经网络的蓬勃发展，基于深度学习的红外、可见光图像处理方法表现出卓越性能，把深度学习方法应用于“低慢小”无人机融合探测领域必将不断涌现出更多的研究成果。

（4）无人机技术的高速发展极大地降低了入侵无人机作战成本，无人机集群成为“低慢小”飞行目标的主要存在形式。如何实现准确无遗漏的同时进行多飞行目标检测、识别和定位是未来有价值的研究方向。

4. 隐身目标探测技术发展

由于各种新型探测系统和精确制导武器的相继问世，隐形兵器的重要性与日俱增。以美国为首的各军事强国都在积极研究隐形技术，并取得了突破性进展，相继研制出隐形轰炸机、隐形战斗机、隐形巡航导弹、隐形舰船和隐形装甲车等，有的已投入战场使用，在战争中显示出巨大威力。同时，反隐形技术也在深入发展，并不断取得新成就。如红外隐身技术向全频段、智能化的发展，主要体现在：

（1）各波段隐身技术的兼容（全波段隐身技术）。随着现代探测手段的日益多样化，针对单一波段或者单一类型探测器的隐身技术，已经不能适应战争的需要。因此，未来将会更加重视全波段隐身技术，即兼顾声波、雷达毫米波、红外、可见光、紫外等频段的隐身技术，而实现全波段隐身技术主要是依靠高性能的隐身材料。法国海军的“拉斐特”级护卫舰是已经投入使用的具有较出色隐身效果的多波段隐身战舰。美国、德国、瑞典等国家在多波段隐身技术方面的研究水平，已经达到可见光、近红外、中远红外和雷达毫米波四频段兼容。

（2）现有方法的改进和新的红外隐身方法。对现有方法的改进主要包括目标表面结构的改进、主要热源隔热方法的优化、现有隐身材料的合理使用等，目的是使得现有的隐身措施效果更好，以应对探测和识别精度更高的红外制导武器。新的红外隐身方法主要包括新型隐身材料和新的隐身技术。新型隐身材料包括纳米隐身材料、导电高聚物材料、多晶铁纤维吸收剂、智能隐身材料等。未来的隐身涂料应具备较低的红外发射率和可见光吸收率；对热辐射进行漫反射的合理表面结构；能与其他波段的隐身要求兼容；良好的机械性能和耐腐蚀性等性能。

5. 引信探测技术发展

随着现代科技的飞速发展，各种探测原理在理论和器件制作技术上的成熟，为新探测原理在近炸引信中的实际应用奠定了理论和物质基础。现代武器系统对近炸引信提出了更加苛刻的要求，不仅要满足对目标的精准识别，还要适应复杂、未知的环境。不断优化系统性能，发展多种近炸探测原理并加以复合使用，成为必然的发展趋势，灵巧化和智能化也是引信主要的发展方向。

实现灵巧化精确制导武器可从两个方面入手，一是尽可能提高多波段光电探测灵敏技术的分辨率和灵敏度，二是实现智能化信息处理与识别技术。通过这些方法不仅能够尽可能多地获取关于目标与背景的详细信息，还能够提升在恶劣战场环境中发现、截获、跟踪能力。将武器系统各部件实现一体化设计，使各传感器获得的信息互相利用、资源共享、功能互补，提高了武器弹药的总体性能。引信智能化，通常是指赋予引信逐步呈现人类智能行为的过程，使引信在一定程度上模仿或代替人的思维。智能化是一个由浅入深、由初级到高级的过程。引信智能化能够对传感器接收到的信息进行自主、有效地接收、探测战场环境信息，并进行特征提取和样本积累，对战场态势进行分析和预测，自主形成作战方案，并随着战场变化进行作战方案的及时调整，完成实时决策。遇到突发状况时，能够降低对外界信息的依赖性，实现复杂动态环境下导弹在作战过程中的智能化控制，提高导弹对实战条件下的适应能力。除此之外，还能够通过采用引信、作战平台之间的信息共享实现多引信间的自组织、自通信、自决策等特点，不仅在协同形式上实现多导弹群的协同，还在协同目的上完成从单个任务的协同到战术层次的协同。最后，在完成任务的同时能够克服作战过程中战场地理、气象与电磁环境带来的不利影响。引信智能化一方面基于智能技术发展更为敏捷的飞行形式，具备可在线重规划的能力，避开敌方的层层拦截，自主机动飞行；另一方面依靠智能探测感知系统，基于海量数据库和战场即时信息对威胁部署和攻防态势进行感知，及时采取针对性的突防措施，完成主动突防，提高导弹全程突防能力。

为了充分发挥引信技术在弹药“灵巧化”进程中的作用，非制导武器弹药“灵巧化”使武器系统各部件之间的相对独立设计发展为以提高总体性能为目的的系统一体化设计。武器系统各部件之间信息互相利用、资源共享、功能互补、互相渗透的趋势越来越明显，部件间的界限越来越模糊，各部件作为自封闭独立物理实体的设计概念日趋淡化，而系统的综合功能越来越强。对非制导武器弹药“灵巧化”赋予了引信更新、更多、更重要的功能，灵巧化的精确制导武器有两项关键的核心技术，一是高分辨率、高灵敏度的毫米波或红外探测敏感技术，二是智能化信息处理与识别技术。前者用于尽可能多地获取关于目标与背景的详细信息，后者则用于在恶劣的战场条件下发现、截获、跟踪具有强干扰、隐身能力的军事目标。智能引信的智能是指人工赋予的，对于客观的感知、思维、推理、学习判断、控制决策的能力，智能引信是信息技术、传感器技术和微机电技术等发展的产物，是以软件为核心的信息探测、识别与控制的系统。它的探测系统是智能引信的基础，由各种传感器组成，其功能是感知或探测目标的信息，要完成准确的探测、识别与控制的功能，还要探测到目标的多种信息，从多种信息的提取中获得有用信息，因此，复合探测是智能引信发展的需要。

随着人工智能技术的发展与突破，越来越多的人工智能技术应用于智能化装备，为智能化战争奠定了物质基础和条件。灵巧化、智能化作战力量在未来作战体系中将逐步由接入转化为支撑，最终成为主导，进而推动未来战争变革。因此，有必要加快、加强引信相关技术研发，研究适应未来战场的作战样式和制胜机理。

6. 兵器外弹道目标探测与测试技术发展

靶场试验与测试是兵器测试的重要环节，武器装备的预验收、武器系统的定型和鉴定试验都在靶场完成，靶场测试设施和试验测试手段的完善和技术水平的高低，直接影响武器装备研制的进度和效率，支撑兵器测试与试验水平的关键是测试设备和测试技术。同时，这些测试设备和测试技术也是目标探测技术在兵器测试中的研究热点和重要的发展方向。

目前，靶场弹丸参数测试主要涉及弹丸的飞行速度、着靶密集度和飞行姿态等。弹丸速度是指弹丸飞行过程中，在某一弹道点所具有的瞬时速度，如弹丸的运动速度（包括初始速度和靶位速度）、对目标的撞击速度等。对于武器系统射击密集度的测量大多是通过对武器发射弹丸着靶坐标的测量而来的。在进行实际武器试验时，以发射弹丸着靶坐标的散布程度与给定预设点之间的偏移量和中心偏差大小来衡量该武器是否满足设计标准。弹丸的飞行姿态是弹丸在发射出去后在空中飞行时弹轴的空间方位，一般用俯仰角和偏航角或者章动角和进动角来表示，统称为弹丸的飞行姿态角。为了获得这些弹丸参数测试数据，目前主要采用光电探测、声探测等探测技术进行探测。随着光电探测技术的发展，光电探测技术常被用于兵器靶场测试中的弹丸速度和射击密集度等参数测量。光电探测法是以光电转换为基础的弹丸参数测量装置。国内外测量弹丸速度、射击准确度与射击密集度等性能参数的光电探测系统主要有光幕靶探测系统、天幕靶探测系统、阵列式探测系统与反射式探测系统等。以这些探测系统作为探测平台对飞行弹丸过靶信号进行获取，将获取的结果代入相应的数学模型进行解算，就可以得到弹丸的飞行参数。声探测法是通过声学传感装置接收声波，再利用电子装置将声信号进行转化处理，以此实现对声源位置的探测、识别，并对目标进行定位及跟踪的一门技术。利用声探测技术的弹丸飞行参数检测大多是使用杆式声学精度靶或点阵式声学精度靶对目标过靶信号进行捕捉，将获取的结果代入相应的数学模型进行解算，从而解算出弹丸飞行参数。

随着武器弹药技术的发展，目标探测技术在兵器靶场测试领域的应用也有了新的要求，主要向高集成、网络化、强干扰的智能化综合技术方向发展，例如，兵器靶场测试的跟踪稳瞄探测、复杂环境弹丸目标的探测识别、高效能弹药毁伤破片探测识别、网络化测试技术等，发展多种探测技术的目标智能探测与识别方法是提高兵器靶场测试智能化的先决条件，如何高效、快速、准确地识别环境目标，也是制导武器精准毁伤的研究发展之一。

第 2 章　目标探测理论基础

2.1　声探测基础

2.1.1　声学中的物理概念

1. 声压

存在声波的空间称为声场。声场中的声压是与时间和空间有关的函数。在时间域，声场中某一瞬时的声压值称为瞬时声压，在声信号的某一段时间内的最大瞬时声压值称为峰值声压 P_m，而在这一段时间 T 内的瞬时声压对时间取均方根值，则称为有效声压 P_e，即

$$P_e=\sqrt{\frac{1}{T}\int_0^T P_m^2 \mathrm{d}t} \tag{2-1}$$

式中，P_e 为有效声压；T 为取平均的时间间隔。在周期声压内，T 取一个或几个周期。对非周期声压，T 应该取足够长，以使间隔长度的微小变化不影响测量结果。一般声学上使用的声压值和声学仪器上测量的声压值均多指有效声压。声压的大小反映了声波的强弱，声压的单位为 Pa（帕斯卡），简称帕，1 Pa＝1 N/m^2。

2. 声能量与声能量密度

在一个足够小的体积元内，其体积、压强增量和密度分别记为 V_0、P 、ρ_0，则声扰动的能量表示为声动能和声势能之和，则

$$\Delta E=\Delta E_k+\Delta E_p=\frac{V_0}{2}\rho_0\left(v^2+\frac{1}{\rho_0^2c_0^2}P^2\right) \tag{2-2}$$

式中，v 为质点速度；ΔE_k 为声动能；ΔE_p 为声势能。

单位体积内的声能量称为声能量密度，其表达式为

$$\varepsilon=\frac{\Delta E}{V_0}=\frac{1}{2}\rho_0\left(v^2+\frac{1}{\rho_0^2c_0^2}P^2\right) \tag{2-3}$$

以上方程对所有形式的声波都成立，具有普遍意义。对于平面波，有

$$\Delta E = V_0 \frac{P_a^2}{\rho_0 c_0^2} = \cos^2(\omega t - kx) \tag{2-4}$$

单位体积内的平均声能量为平均声能密度，有

$$\bar{\varepsilon} = \frac{\overline{\Delta E}}{V_0} = \frac{P_a^2}{2\rho_0 c_0^2} = \frac{P_e^2}{\rho_0 c_0^2} \tag{2-5}$$

式中，$P_e = \frac{P_a}{\sqrt{2}}$ 为有效声压；P_a 为声波的振幅；ω 为声波的角频率；k 为声波波数，$k = \frac{\omega}{c_0}$；c_0 为声速；x 为声波在 x 方向上运动。

3. 声功率和声强

声功率是指声源在单位时间内通过垂直于声传播方向面积 S 的平均声能量，又称为平均声能量流，单位为瓦（W），用符号 $\overline{W}$ 表示，$\bar{\varepsilon}$ 表示平均声能密度。声能量是以声速 c_0 传播，平均声能量流应等于声场中面积为 S 、单位时间内声源传播的距离（即声速 c_0）所形成的柱体内包括的平均声能量，即

$$\overline{W} = \bar{\varepsilon} c_0 S \tag{2-6}$$

声功率是表示声源特性的物理量，声功率越大，表示声源单位时间内发射的声能量越大，引起的噪声越强，它的大小，只与声源本身有关。

声强是指单位时间内声波通过垂直于声传播方向的单位面积上的平均声能量，单位为瓦每平方米（W/m^2），用符号 I 表示，有

$$I = \frac{\overline{W}}{S} = \bar{\varepsilon} c_0 \tag{2-7}$$

声功率和声强的关系：单位面积上的平均声功率即为声强，或者表示为声功率等于声强在声传播垂直方向上的面积积分，即

$$\overline{W} = \int_s I \mathrm{d}S \tag{2-8}$$

需要注意的是，声强具有方向性，表示声场中能量流的运动方向。

4. 声压级、声强级与声功率级

（1）声压级。声强或声压的变化范围很大，通常人耳可以感受到的最弱的声音和能够忍受的最强的声音，声压数值的变化范围可达 10^6 量级，使用起来极不方便。人耳对声音的接收，并不是正比于声强的绝对值，而是听觉的响度大小与声压呈对数比例关系。因此，在声学中普遍使用对数标度来度量声压、声强、声功率等声学参量，分别称为声压级、声强级和声功率级，单位用分贝（dB）表示。所谓“级”的概念，就是一个物理量对同类的一个基准量的比值取对数。

声压级的符号为 L_p，定义为将待测声压的有效值 P_e 与基准声压 P_0 的比值取常用对数，再乘以 20，即

$$L_p = 20\lg\left(\frac{P_e}{P_0}\right) \tag{2-9}$$

在空气中，基准声压 $P_0 = 2\times10^{-5}\,\mathrm{Pa}$，该数值是具有正常听力的人对 1 kHz 声音刚刚能够觉察到的最低声压值。因此，式（2－9）也可以写为

$$L_p = 20\lg P_e + 94 \tag{2-10}$$

一般来说，喷气飞机起飞时的声压级约为 140 dB，导弹发射时的声压级约为 160 dB，一个声音比另一个声音的声压大一倍时，声压级增强 6 dB。

（2）声强级。声强级用符号 L_I 表示，定义为将待测声强 I 与基准声强 I_0 的比值取常用对数，再乘以 10，即

$$L_I = 10\lg\frac{I}{I_0} \tag{2-11}$$

在空气中，基准声强 $I_0 = 10^{-12}\,\mathrm{W/m^2}$，这一数值是取空气的特性阻抗为 400 Pa·s/m 时与声压 $2\times10^{-5}\,\mathrm{Pa}$ 相对应的声强。因此，式（2－11）又可以写为

$$L_I = 10\lg I + 120 \tag{2-12}$$

由于

$$I = \frac{P_e^2}{\rho_0 c_0} \tag{2-13}$$

因此可得

$$L_I = 10\lg\frac{I}{I_0} = L_p + 10\lg\frac{400}{\rho_0 c_0} = L_p + \Delta L_p \tag{2-14}$$

一般情况下，ΔL_p 的值很小，因此，声压级 L_p 近似等于声强级 L_I，即 $L_p \approx L_I$。

（3）声功率级。声功率级一般用于计量声源的辐射声功率。声源的声功率级用 L_w 符号表示，定义为声源的辐射声功率 W 与基准声功率的比值取常用对数后乘以 10，即

$$L_w = 10\lg\left(\frac{W}{W_0}\right) \tag{2-15}$$

式中，W_0 为基准声功率，$W_0 = 10^{-12}W$。

5. 声速及其温湿度的影响

声音在传播过程中，声速与媒介温度有关。声速取决于媒质特性，它与媒质

的弹性模量 E 与密度 ρ 比值的平均根成正比。0°C 时空气中的声速可表示为

$$c_0=\sqrt{\frac{E}{\rho}} \tag{2-16}$$

式中，$E=\dfrac{p}{\Delta\rho/\rho_0}$，$p$ 为声压，$\Delta\rho/\rho_0$ 为密度的相对增量，$\Delta\rho=\rho-\rho_0$，ρ 与 ρ_0 分别为媒质的密度和静密度。

在某一特定的媒质中，声速是个常数，因而频率 f 与波长 λ 成反比。此外，在等熵情况下，空气中的声速还随温度而变化，其关系为

$$c=c_0\sqrt{\frac{T}{T_0}} \tag{2-17}$$

或者

$$c=c_0\sqrt{1+\frac{t}{273}} \tag{2-18}$$

式中，T 为空气的绝对温度，$T=t+273(\mathrm{K})$；T_0 为绝对零度，$T_0=-273℃$；t 为空气的摄氏温度。

由于空气中不同高度的温度相差较大，所以不同高度声音传播的速度也不同，这使得高空中声音传播到传声器的过程中会发生连续折射现象，它的曲率半径、折射角度与大气中声速增加有关。如果声速随高度增加而增加，则声波会向下折射。如果声速随高度增加而下降，则向上折射，这就是声音的曲线传播现象。

2.1.2 声传播模型

声音传播过程中，通常把波的传播方向称为波线（或射线），把某一时刻振动所传播到各点所连成的曲面称为波前，而把传播过程中振动相位相同的质点所构成的曲面称为波阵面。按照波阵面的不同，声波可以分为柱面波、平面波和球面波三类。

1. 柱面波

点声源声波的传播模型即柱面波，如图 2.1 所示。点声源是理想化的声源模型，是指声源的大小和形状与声波传播距离相比，可忽略不计。因为在各向同性介质中，振动在各个方向上的传播速度大小是相同的。因此，点声源产生的振动，在各向同性介质中向各个方向传播出去，其波前和波阵面都是以点声源为中心的球面。如果点声源是在无穷远处，则在一定范围的局部区域内，波面和波前都近乎是平面。

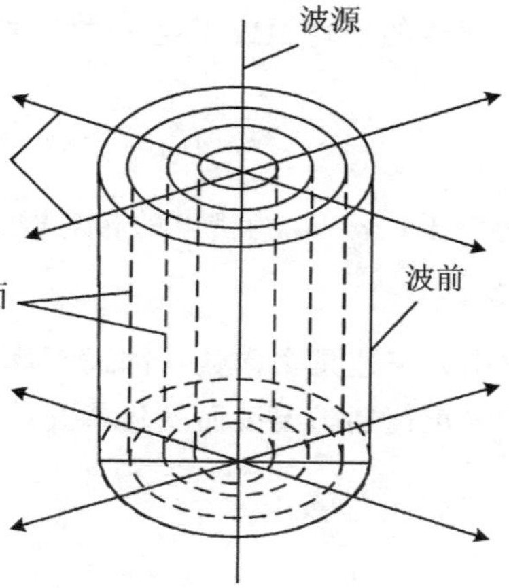

图 2.1 柱面波传播

2. 平面波

平面波是指声波沿一个方向传播，在其余方向上所有质点的振幅和相位为相同的声波。平面波的波阵面为平面，波线是与波面垂直的许多平行直线。平面声波的传播模型如图 2.2 所示。

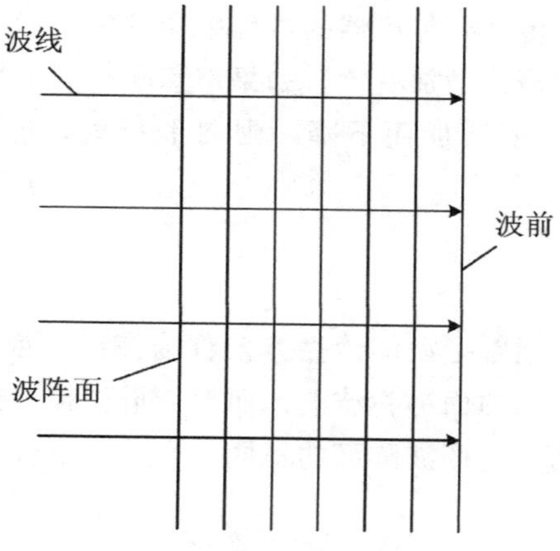

图 2.2 平面波传播

通常条件下不会产生真正意义上的平面波。但在声学领域，平面波是主要的研究对象。这是因为在辐射声场的远场，各种类型的声波均可近似为平面波；在管道中或利用特殊的声学装置（如驻波管）可以产生理想的平面波；平面波具有其他类型声波主要的物理特性，同时其理论分析又相对简单。

平面波的声压表达式为

$$P(x)=P_{a}e^{j(\omega t-kx)} \tag{2-19}$$

式中，P_a 为声波的振幅，对平面波而言，它是一个常数。

平面波的声强表达式为

$$I=\frac{P_e^2}{\rho c} \tag{2-20}$$

由此可见，平面波在均匀理想介质中传播时，声压幅值是不随距离而改变的常数，也就是说声波在传播过程中幅度不会有任何衰减。

3. 球面波

球面波的波阵面为同心球面，波线从点波源出发，沿径向呈辐射状，在各向同性介质中它的波线与波面垂直，如图 2.3 所示。球形声源所产生的声波即为球面波，它是最常见的一种声波形式。

在无界空间中（也称为自由空间），点声源辐射产生的声波为各向均匀的球面波，其声压表达式为

$$P=\frac{\mathrm{j}k\rho c q_0}{4\pi r}\mathrm{e}^{\mathrm{j}(\omega t-i_r)} \tag{2-21}$$

式中，q_0 为声源强度，由球圆半径 r 和球面振动幅度确定。

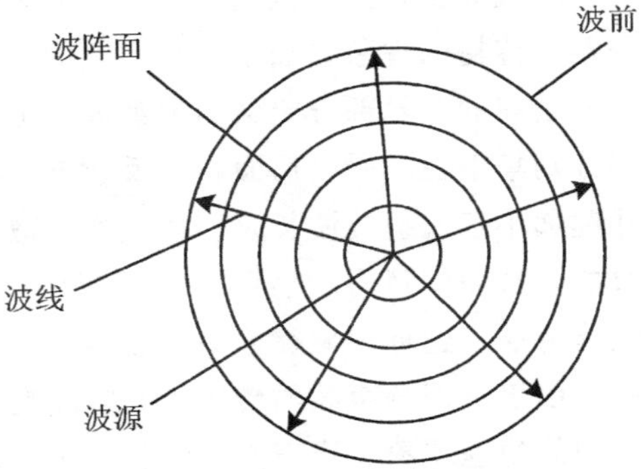

图 2.3　球面波传播

球面波声强表达式为

$$I=\frac{P_e^2}{\rho c} \tag{2-22}$$

式中，ρ 指媒质的密度。可以看出，球面波的声强在关系形式上仍与平面波声场一样，但因为球面波声压与距离的一次方成反比，因而声强不再处处相等，而是随距离的平方反比例减小。

2.1.3　声传播特性

声波具有反射、折射、绕射和散射的特性。空中声场不是理想的自由场，存

在非线性和不均匀介质以及障碍物等因素，测量到的声音信号中还包含二次反射甚至多次反射的信号。气象条件对声音的传播影响很大，温度会引起声速的变化，气流会改变声音的方向。空气中声音的衰减与声波的频率、距离、温度有关；频率越高，衰减越大。声波的频率越低，波长越大，波动性质就越显著，而方向性却越差；当低频的声波碰到普通大小的物体时，就产生显著的绕射和散射现象；反之，频率越高，波长越小，方向性越好。

1. 声波的反射、折射、散射和衍射

声波在两种媒质的分界面上会发生反射、透射（对垂直入射声波）和折射（对斜入射声波）现象。当声波在介质中传播时，会遇到几何尺寸不一的障碍物，如大气中悬浮的颗粒、岩石、建筑物及花草树木等。当障碍物的尺寸远远大于声波波长时，声波会产生反射现象。此时，反射声波和垂直于分界面的法线所成的角度与入射声波和法线所成的角度相等。除了反射声波外，还有一部分声波将进入障碍物。由于此时声波从一种媒质进入到另一种媒质，其传播方向发生变化，即发生了折射现象。

当障碍物的尺寸比较小且大于入射声波波长时，声波则会出现一部分发生反射、一部分偏离原来的路径传播的现象。通常，把实际的波与假设障碍物不存在时所出现的不受干扰的波之间的差异部分定义为散射波，散射波一部分均匀地向各个方向散开，另一部分则集中在障碍物后面，与反射波干涉叠加，从而形成阴影区。当障碍物的尺寸远远小于入射波波长时，声波通过散射的作用使得散射波和一部分入射波干涉叠加，从而使障碍物后面没有明晰的“阴影区”，这时可认为是声波绕过障碍物继续传播，这种现象被称为声波的衍射。声波的散射与衍射都是声波遇到障碍物后，由于一部分声波的传播方向被改变，从而在障碍物后面形成了复杂的干涉与叠加的物理现象。当声波的波长小于障碍物尺寸时，称之为散射，反之称之为衍射。从波动原理考虑，声波的散射与衍射之间没有本质区别。声波遇到障碍物后发生衍射的程度取决于声波的波长与物体大小之间的关系。对于同一个障碍物，频率较低的声波较易发生衍射，而频率较高的声波不易发生衍射现象，它具有较强的方向性。

2. 声波的衰减

即使不遇到障碍物，声波在非理想的实际介质中传播时，仍会出现随传播距离增大而逐渐衰减的物理现象，并且在传播较高频率的超声波时这个现象尤为明显。

引起声波在介质中传播衰减的原因，主要归纳为以下三个方面。

（1）几何衰减。传播过程中由于声波波阵面的扩展，引起能量空间扩散，已知波振幅随距离增加而减弱。如球面声波和柱面声波的波阵面扩展传播。

（2）散射作用。由于介质中粒子散射作用，使得有用传播方向的声波能量减少。这时，传播的平面波阵面似乎并未扩大，但实际上部分声波被零星、陆续地散开，而偏离了平面波主体方向，从而沿平面波主体方向的声波减弱了。这种情况下，声波的总能量并没有减少，只是从指定的方向看，声波越传越弱。

（3）吸收损失。由于介质本身对声能的吸收，声波不断损失能量。或者说，波动形式的力学能量不断转化为其他种类的能量，在大多数情况下，转换为热能。

3. 声波的接收

要利用目标噪声的声波来进行定位，首先必须接收到声波。当接收器置于声场中，这时入射到接收器表面的声波在此面上产生一个声压，在声压的作用下，接收器的机械系统发生振动，这一机械振动又以某种方式转换为电振动，产生正比于接收器表面声压的电压，这就是声波的接收过程。

实际上，接收器在声场中相当于一个散射体，在其表面将激起散射波，因此，这时接收器表面上的实际声压应该等于在该表面上入射声压和散射声压之和。当接收器尺寸与声波波长相比很小时，其对声波不是一个显著的障碍，所以散射声压很小，基本可以认为只有入射波；相反，如果接收器尺寸与声波波长相比较大时，则接收器表面对声波就形成一个显著的屏障，这时散射波的强度近似与入射波相等。

4. 多普勒效应

当声源或听者，或两者相对于空气运动时，听者听到的音调（即频率）和声源与听者都处于静止时所听到的音调一般是不同的，这种现象叫做多普勒效应。

作为特例，速度的方向在声源和听者连线上，v_L 和 v_s 分别表示听者和声源相对于空气的速度，取由听者到声源的方向作为 v_L 和 v_s 的正方向，则听者听到的频率与声源频率的关系为

$$f=\frac{c+v_L}{c+v_s}f_s \tag{2-23}$$

当速度的方向不在声源和听者连线上时，v_L 和 v_s 分别表示听者和声源相对于空气的速度在连线上的投影，关系式仍然成立，但 v_L、v_s 和 f_s 为声源发出声音时的值。

5. 风对声音传播的影响

在静止等温的空气中，点声源 $S(x_s, y_s, z_s)$ 发出的声波是以球面波形式

向外传播，其各时刻的波阵面是一系列以声速增大的同心球，即 t 时刻波阵面满足

$$(x-x_s)^2+(y-y_s)^2+(z-z_s)^2=(ct)^2 \tag{2-24}$$

因此，声源到目标的传播时间为该段距离与声速之比，即

$$t=\frac{1}{c}\sqrt{(x-x_s)^2+(y-y_s)^2+(z-z_s)^2}=\frac{r_s}{c} \tag{2-25}$$

式中，r_s 为声源到目标的距离。但在恒定的气流场（风）中，声波的波阵面除了以球面波向外传播的同时，还顺着风向以风速 v_w 漂移。设风向为 α，同时忽略较小风的垂直分量，则 t 时刻波阵面满足

$$(x-x_s-v_w t\cos\alpha)^2+(y-y_s^2-v_w t\sin\alpha)^2+(z-z_s)^2=(ct)^2 \tag{2-26}$$

此时声波的波阵面为一系列非同心圆，半径与静止空气中传播相同，但圆心顺着风向以风速 v_w 移动，此时声源到原点的传播时间为

$$\begin{aligned} t&=\frac{1}{c^2-v^2}\left[\sqrt{c^2r_s^2-v_w^2(z_s^2+x_sy_s\sin2\alpha)}-v_w(x_s\cos\alpha+y_s\sin\alpha)\right] \\ &\approx\frac{r_s}{c}\left\{1-\frac{v_w}{c}\left(\frac{x_s}{r_s}\cos\alpha+\frac{y_s}{r_s}\sin\alpha\right)+\frac{v_w^2}{c^2}\left[1-\frac{1}{2}\left(\frac{z_s^2}{r_s^2}+\frac{x_sy_s}{r_s}\sin2\alpha\right)\right]\right\} \end{aligned} \tag{2-27}$$

2.2　光电探测基础

2.2.1　光电系统基本模型

1. 光电系统概述

光电系统，就是以光波作为信息和能量的载体而实现传感、传输、探测等功能的测量系统。它在各个领域特别是军用领域获得了很大成功，呈现出迅速发展的态势。与电子系统相比，光电系统最大的不同是信息和能量载体的工作波段发生了变化。可以认为，光电系统是工作于电磁波波谱图上最后一个波段——光频段的电子系统。电磁波波谱如图 2.4 所示。

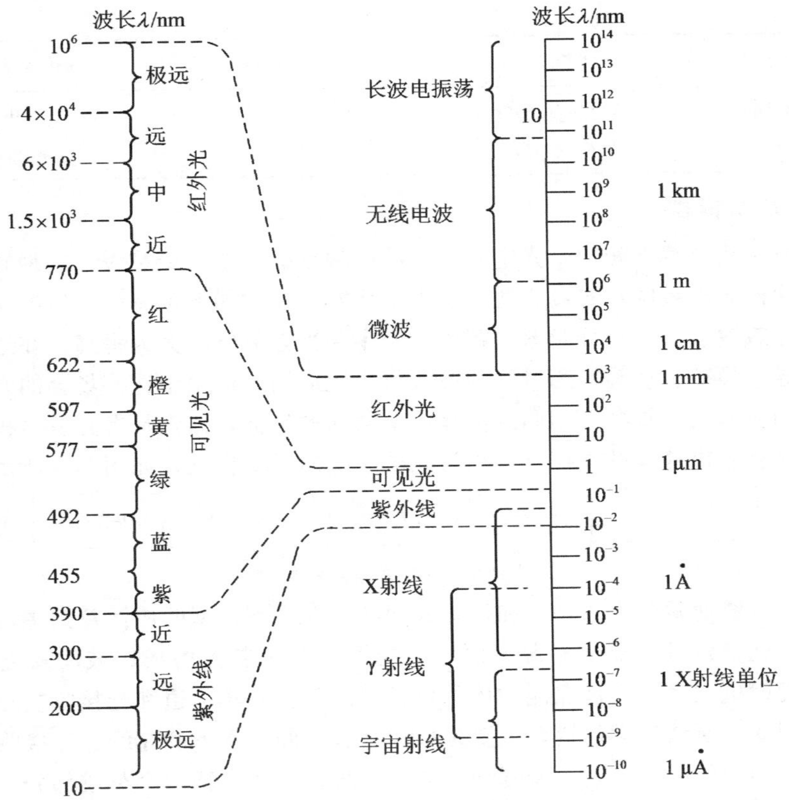

图 2.4 电磁波波谱图

从电磁波波谱图可以看出，电磁波波谱的光频段包括红外光、可见光、紫外光和 X 射线部分的电磁辐射，它的频率范围为 $3\times10^{12}\sim3\times10^{16}$ Hz，波长范围为 10 nm～1 mm。从光量子的观点看，单光子的能量为 $h\upsilon_f$ 。$h=6.626\times10^{-34}$ J·s，称为普朗克常数，υ_f 为光的频率。由于 1 J=0.624×10^{19} eV，故单光子能量可用 eV（电子伏特）表示为 $h\upsilon_f=4.134\times10^{-15}\cdot\upsilon_f$(eV)。光波段的单光子能量变化如表 2-1 所示。

表 2-1 光波段单光子能量表

波谱区	波长 λ	频率 υ_f/Hz	$h\upsilon_f$/eV
微波	300 nm～1 mm	$1\times10^9\sim3\times10^{12}$	0.000004 ～ 0.004
红外光	1 mm～0.76 μm	$3\times10^{12}\sim4.3\times10^{14}$	0.004 ～ 1.7
可见光	0.76～0.38 μm	$4.3\times10^{14}\sim5.7\times10^{14}$	1.7 ～ 2.3
紫外线	0.38～0.01 μm	$5.7\times10^{14}\sim10^{16}$	2.3 ～ 40

续表

波谱区	波长 λ	频率 v_f/Hz	hv_f/eV
X 射线	10～0.03 nm	$10^{16} \sim 10^{19}$	40 ～ 4000
γ 射线	＜0.03 nm	$> 10^{19}$	＞4000

2. 基本模型

与电子系统载波相比，光电系统载波的频率提高了几个量级。这种频率量级上的变化使光电系统在实现方法上发生了质变，在功能上也发生了质的飞跃。主要表现在载波容量、角分辨率、距离分辨率和光谱分辨率大为提高，在通信、雷达、制导、导航、观瞄、测量等领域获得广泛应用。应用于这些场合的光电系统的具体构成形式尽管各不相同，但有一个共同的特征，即都具有光发射机、光学信道和光接收机这一基本构型，称为光电系统的基本模型，如图 2.5 所示。

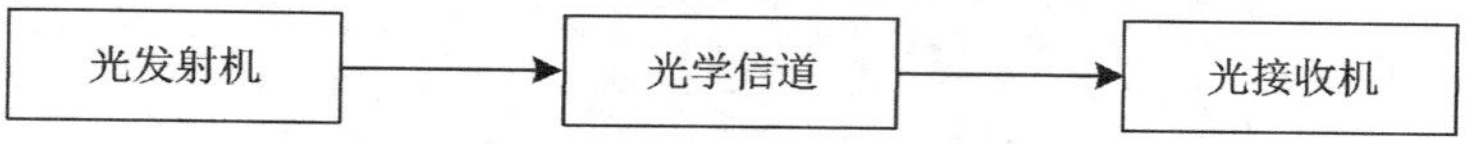

图 2.5 光电系统基本模型

光电系统通常分为主动式和被动式两类。在理解模型时应注意到主动式光电系统中，光发射机主要由光源（例如激光器）和调制器构成；被动式光电系统中，光发射机则理解为被探测物体的热辐射发射。光学信道和光接收机对两者是完全相同的。所谓光学信道，主要是指大气、空间、水下和光纤。光接收机用于收集入射的光信号并处理、恢复光载波的信息，主要包括三个组成部分，分别为接收透镜系统、光电探测器和后续处理器。接收透镜系统是光接收机的前端组件，通常由一些透镜或聚光部件组成，它的作用是将探测视场中所探测的光信息汇聚到光电探测器件的光敏面上；光电探测器部分，可以根据所探测的对象波谱，选择相对应探测波长的探测器作为目标探测核心部件，以提高光接收机的探测灵敏度和探测性能；后续处理器部分为光信号转为电信号后的处理部件，主要是将微弱的光信号进行信号放大、滤波、信号转换等，为目标识别提供高信噪比的信息。

光接收机可以分为两种基本类型，即功率探测接收机和外差接收机，功率探测接收机又称直接探测接收机或非相干接收机。光接收机的前端系统如图 2.6（a）所示，透镜系统和光电探测器用于检测所收集到的到达光接收机的光场瞬间光功率。这种光接收机的工作方式是最简单的一种，只要传输的信息体现在接收光场的功率变化之中，就可以采用这种接收机。外差接收机的前端系统如图 2.6（b）所示。本地产生的光波场与接收到的光波场经前端镜面加以合成，然后由光探测器检测这一合成的光波。外差式接收机可接收以幅度调制、频率调制、相位调制方式传输的信息。外差接收机实现起来比较困难，它对两个待合成的光场在空间相干性方面有严格的要求。因此，外差式接收机通常也称为空间相干接收机。无论是哪一种接收机，前端透镜系统都能把接收光场或合成后的光场聚焦到光探测器的表面，这就使得光探测器的面积可以比接收透镜的面积小很多。

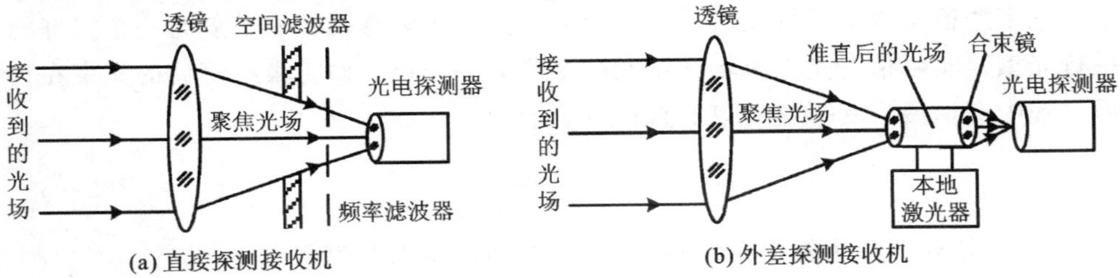

图 2.6　两种光接收机基本类型

3. 光源发射增益

光辐射特性可用一个光源的亮度函数加以描述。亮度函数 $L(\theta)$ 的单位是瓦每球面度平方米（W/sr · m^2），它描述在一个给定的方向角 θ 时，光源辐射的归一化功率，为单位发光面积在单位立体角的辐射功率，可见，光源亮度函数描述光源的辐射光功率分布。一个均匀辐射型光源在它的立体角 Ω_s 内具有相同的亮度分布，如图 2.7 所示。当均匀光源发光面积为 A_s，立体角为 Ω_s 时，所辐射的总功率为

$$P_s = L(\theta) A_s \Omega_s \tag{2-28}$$

对于辐射对称型光源，立体角 Ω_s 与平面辐射角 θ_s 的关系为

$$\Omega_s = 2\pi[1 - \cos(\theta_s/2)] \tag{2-29}$$

一个朗伯光源就是在 $|\theta| < \pi/2$ 的范围内均匀辐射的光源，对朗伯光源，$\Omega_s = 2\pi(\text{sr})$，$P_s = 2\pi L(\theta) A_s$。

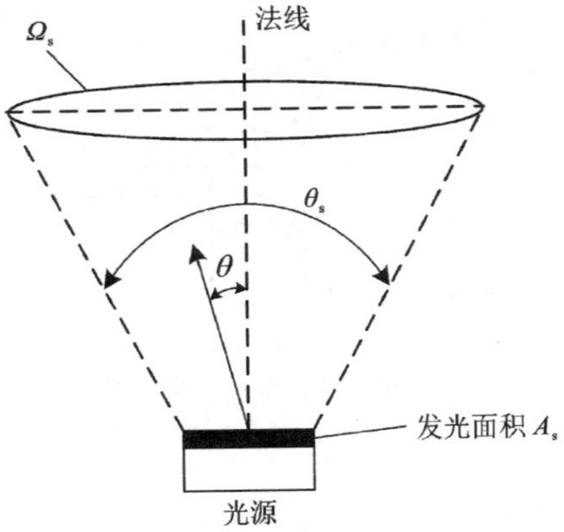

图 2.7　均匀辐射型光源亮度分布示意图

由光源辐射的光场可以采用光束生成光学系统进行收集和重新聚焦。实现重新聚焦通常是在光源或者调制器的输出端放置一些透镜的组合，把输出光束集中到一个特定的方向，图 2.8 是一种常规的光束形成和光汇聚基本原理。

在光源后面配置一个聚束和扩束透镜组合是为了产生准直光束。理想情况下，聚束透镜可以把光源场聚焦为一个点，然后扩束透镜把它扩展为一个完好的平行光束。实际情况是光源场并不能被聚焦为一个点，而扩束准直后的光束在传播过程中会扩展，其平面光束的直径可表示为

$$d_z = d_t\left[1+\left(\frac{\lambda z}{d_t}\right)^2\right]^{1/2} \tag{2-30}$$

式中，λ 为波长；d_t 为输出透镜直径；z 为透镜的出射距离。

在近场时 $[(\lambda z/d_t)^2<1]$，准直后的光束直径与透镜直径相同，从透镜出来的光束均匀地分布在整个透镜上。在远场时 $[(\lambda z/d_t)^2>1]$，光束的直径将随距离的增加而扩大，就好像光束是从一个点光源发出，其扩散的平面角约为

$$\theta_b \approx \frac{\lambda}{d_t}\ \text{rad} \tag{2-31}$$

此时远离光源的扩散光场分布在一个两维的立体角 Ω_b 之内，即

$$\Omega_b = 2\pi\left[1-\cos\left(\frac{\theta_b}{2}\right)\right] \approx \frac{\pi}{4}\theta_b^2 \tag{2-32}$$

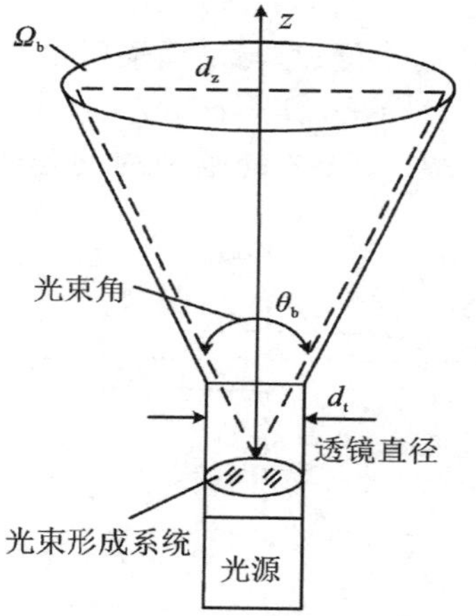

图 2.8　光束形成和光汇聚

4. 接收光功率

假定距光源很远的 R 处有一个小接收面 A_r，$R \gg \sqrt{A_r}$，则发射光场在接收面处表现为一平面光场。接收面上的光场强度为

$$I(t, R)=G_t\frac{P_s(t-t_d)}{4\pi R^2} \tag{2-33}$$

式中，$P_s(t)$ 为点光源的功率变化函数；$t_d=R/c$ 为从光源到 R 处的传输时延；G_t 为 A_r 所在方向的发射光增益。

令点光源发射恒定功率为 P_s 的光场，由光束整形系统将光场集中在立体角 Ω_s 之内，如图 2.9 所示。在 R 处，光束之内的光强度：

$$I(t, R)=\frac{G_tP_s}{4\pi R^2} \tag{2-34}$$

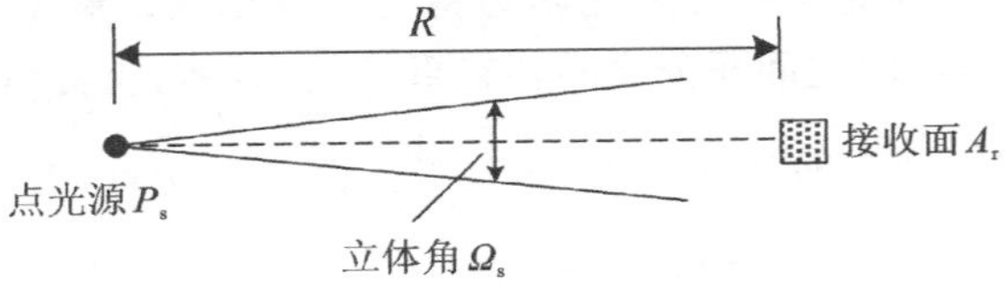

图 2.9　空间链路模型

接收面 A_r 收到的光功率是 R 处光强度在 A_r 面上的积分，即

$$P_r(t)=\cos\theta\int_{A_r}I(t, R)\,dA_r \tag{2-35}$$

式中，θ 为接收面 A_r 的法线与光功率流传输方向的夹角。如果 $\theta=0$（法线方向入射），则 A_r 上所接收的光功率为

$$P_r=\left(\frac{G_tP_s}{4\pi R^2}\right)A_r \tag{2-36}$$

式（2-36）为一个具有发射增益为 G_t 的光源所产生电磁场的标准功率流方程。相对于接收面积可以定义一个接收增益 G_r，它表示为

$$G_r=\left(\frac{4\pi}{\lambda^2}\right)A_r \tag{2-37}$$

则式（2-36）转变为

$$P_r=P_sG_tL_pG_r \tag{2-38}$$

式（2-38）中，L_p 表示为

$$L_p=\left(\frac{\lambda}{4\pi R}\right)^2 \tag{2-39}$$

式（2-39）中，L_p 表示波长为 λ 的光场在距离 R 的传输中所产生的损耗。

5. 探测功率和视场

在光接收机中，光阑上的场被成像于探测器所在的焦平面上。探测器对落在焦平面的像场进行响应，探测器上的光场功率可以通过将帕塞瓦尔（Parseval）定理，直接应用二维变换理论得到。

假定 $f_1(x, y) \leftrightarrow F_1(u, v)$ ，$f_2(x, y) \leftrightarrow F_2(u, v)$ 是两个变换对，根据帕塞瓦尔定理，有

$$\int_{-\infty}^{+\infty}\int_{-\infty}^{+\infty} f_1(x, y) f_2^*(x, y) \mathrm{d}x\mathrm{d}y = \left(\frac{1}{2\pi}\right)^2 \int_{-\infty}^{+\infty}\int_{-\infty}^{+\infty} F_1(u, v) F_2^*(u, v) \mathrm{d}u\mathrm{d}v \tag{2-40}$$

当 $f_1 = f_2$ 时，式（2-40）转变为

$$\int_{-\infty}^{+\infty}\int_{-\infty}^{+\infty} |f_1(x, y)|^2 \mathrm{d}x\mathrm{d}y = \left(\frac{1}{2\pi}\right)^2 \int_{-\infty}^{+\infty}\int_{-\infty}^{+\infty} |F_1(u, v)|^2 \mathrm{d}u\mathrm{d}v \tag{2-41}$$

式（2-41）可以与光阑积分和光学透镜的聚焦场联系起来，透镜上的场与经过透镜传输的聚焦场的空间积分之间存在直接关系，光场功率可定义为

$$[t\text{ 时刻焦平面上的光场功率}] = \int_{-\infty}^{+\infty}\int_{-\infty}^{+\infty} |f_\mathrm{d}(t, u, v)|^2 \mathrm{d}u\mathrm{d}v \tag{2-42}$$

根据式（2-41）和式（2-42），有

$$\begin{aligned}\int_{-\infty}^{+\infty}\int_{-\infty}^{+\infty} |f_\mathrm{d}(t, u, v)|^2 \mathrm{d}u\mathrm{d}v &= \left(\frac{1}{\lambda f}\right)^2 \int_{-\infty}^{+\infty}\int_{-\infty}^{+\infty} \left|F_\mathrm{r}\left(t, \frac{2\pi u}{\lambda f}, \frac{2\pi v}{\lambda f}\right)\right|^2 \mathrm{d}u\mathrm{d}v \\ &= \left(\frac{1}{2\pi}\right)^2 \int_{-\infty}^{+\infty}\int_{-\infty}^{+\infty} |F_\mathrm{r}(t, \omega_1, \omega_2)|^2 d\omega_1 d\omega_2\end{aligned} \tag{2-43}$$

式（2-43）中，$F_\mathrm{r}(t, \omega_1, \omega_2)$ 是 $f_\mathrm{r}(t, x, y)$ 在光阑区域 A 上的逆傅里叶变换。式（2-42）的逆傅里叶变换为

$$\int_A |f_\mathrm{r}(t, x, y)|^2 \mathrm{d}x\mathrm{d}y = [t\text{ 时刻光阑区域上的光场功率}] \tag{2-44}$$

式（2-44）表明，探测器在焦平面上收集到的功率与接收机光阑区域从接收到的光场收集到的功率相等。如果探测器足够大且包含了整个聚焦场，则位于焦平面上的探测器将收集到全部通过光阑区的功率，因此，探测器上的功率可以直接在接收机透镜上进行计算，而不需要实际的衍射场。

对于一个具体的探测器，可以准确地给出沿哪些方向入射的光场，是可以被检测到的，如图 2.10 所示，在焦平面上放置一个直径为 d_d 的圆形探测器，那么探测器表面的光场入射角为

$$\Omega_\mathrm{fv} = \frac{\pi}{4}\left(\frac{d_\mathrm{d}}{f}\right)^2 \approx \frac{A_\mathrm{d}}{f^2} \tag{2-45}$$

式中，f 为透镜焦距；A_d 为探测器面积；参数 Ω_fv 定义了能够被探测器表面观察到的光场入射角，因此，它也定义了有多少入射光场实际被检测到，称为接收机视场。

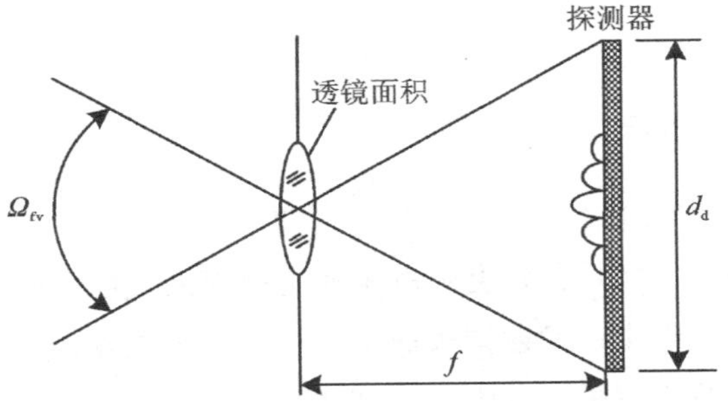

图 2.10 接收机视场与透镜和探测器面积的关系

2.2.2 光电探测器的物理效应

1. 光子效应和光热效应

光子效应指单个光子的性质对产生的光电子起直接作用的一类光电效应。探测器吸收光子后，直接引起原子或分子内部电子状态的改变。光子能量的大小，直接影响内部电子状态改变的大小。因为光子能量是 hv_f，所以光子效应就对光波频率表现出选择性，在光子直接与电子相互作用的情况下，其响应速度一般比较快。

光热效应是探测器元件吸收光辐射能量后，把吸收的光能变为晶格的热运动能量，引起探测器元件温度上升，温度上升的结果又使探测元件的电学性质或其他物理性质发生变化。所以，光热效应与单光子能量 hv_f 的大小没有直接关系，光热效应对光波频率没有选择性，在红外波段上，材料吸收率越高，光热效应也就越强烈，所以广泛用于对红外辐射的探测。因为温度升高是热积累的作用，所以光热效应的响应速度一般比较慢，而且容易受环境温度变化的影响。

2. 光电发射效应

在光照下，物体向表面以外空间发射电子（即光电子）的现象称为光电发射效应。能产生光电发射效应的物体称为光电发射体，在光电管中又称为光阴极。爱因斯坦方程描述了该效应的物理原理和产生条件，爱因斯坦方程

$$E_k = hv_f - E_\varphi \tag{2-46}$$

式中，$E_k=\dfrac{1}{2}mv^2$，表示电子离开发射体表面时的动能，m 为电子质量，v 为电子离开时的速度；hv_f 为光子能量；E_φ 为光电发射体的功函数。

如果发射体内电子所吸收的光子能量 hv_f 大于发射体的功函数 E_φ 的值，那么电子就能以相应的速度从发射体表面逸出。光电发射效应发生的条件为

$$v_f \geqslant \frac{E_\varphi}{h} = v_c \tag{2-47}$$

用波长 λ 表示时，有

$$\lambda \leqslant \frac{hc}{E_\varphi} = \lambda_c \tag{2-48}$$

式（2-47）和式（2-48）表示电子逸出表面的速度大于零，等号则表示电子以零速度逸出，即静止在发射体表面上。v_c 和 λ_c 分别称为产生光电发射的入射光波的截止频率和截止波长，其中，$h = 6.6\times10^{-34}\,\mathrm{J\cdot s} = 4.13\times10^{-15}\,\mathrm{eV\cdot s}$，$c = 3\times10^{14}\,\mu\mathrm{m/s}$，则有，$\lambda_c(\mu\mathrm{m}) = \dfrac{1.24}{E_\varphi(\mathrm{eV})}$，且 E_φ 小的发射体才能对波长较长的光辐射产生光电发射效应。

3. 光电导效应

光电导效应只发生在某些半导体材料中，金属没有光电导效应。金属之所以导电，是由于金属原子形成晶体时产生了大量的自由电子。自由电子浓度 n 是个常量，不受外界因素影响。半导体和金属的导电机理完全不同，温度为 0 K 时导电载流子浓度为零。温度在 0 K 以上时，由于热激发而不断产生热生载流子（电子和空穴），它在扩散过程中又受到复合作用而消失。在热平衡下，单位时间内热生载流子的产生数目正好等于因复合而消失的数目。因此，在导带和满带中维持着一个热平衡的电子浓度 n 和空穴浓度 p，它们的平均寿命分别用 τ_n 和 τ_p 表示。无论何种半导体材料，都可以满足式（2-49）。

$$np = n_i^2 \tag{2-49}$$

式中，n_i 为响应温度下本征半导体中的本征热生载流子浓度。

在外电场 E 的作用下，载流子产生漂移运动，漂移速度和电场 E 之比定义为载流子迁移率 μ，有

$$\begin{cases} \mu_n = \dfrac{v_n}{E} = \dfrac{v_n L}{u} \\ \mu_p = \dfrac{v_p}{E} = \dfrac{v_p L}{u} \end{cases} \tag{2-50}$$

式中，u 为端电压；L 为电场方向半导体的长度。v_n 和 v_p 分别为电子和空穴的漂移速度。

载流子的漂移运动效果用半导体的电导率 σ 来描述，定义为

$$\sigma = en\mu_n + ep\mu_p \tag{2-51}$$

式中，e 为单位电子电荷量。

如果半导体的截面积是 A ，则其电导 G 为

$$G=\sigma\frac{A}{L} \tag{2-52}$$

半导体的电阻 R_{d} 为

$$R_{\mathrm{d}}=\frac{L}{\sigma A}=\rho\frac{L}{A} \tag{2-53}$$

式中，ρ 为电阻率。

光辐射照射外加电压的半导体，如图 2.11 所示。

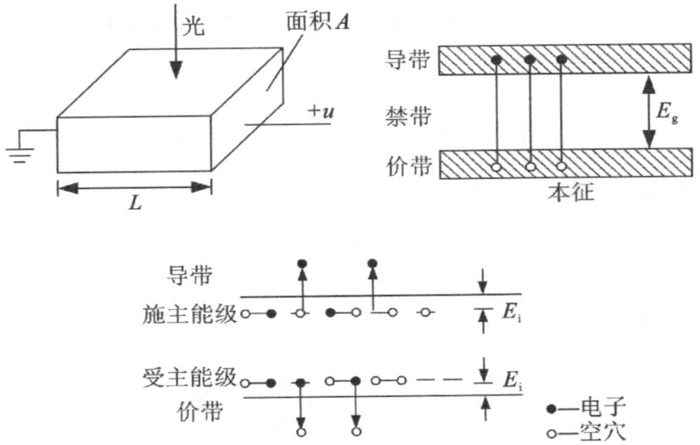

图 2.11　光辐射照射外加电压的半导体

如果照射光波长 λ 满足式（2-54）条件，那么光子将在其中产生新的载流子（电子和空穴），使半导体中的载流子浓度在原来平衡值上增加了 Δn 和 Δp 两个变量。新增加的部分在半导体物理中叫非平衡载流子，称为光生载流子。显然，Δn 和 Δp 将使半导体的电导增加一个量 ΔG ，称为光电导，相应于本征和杂质半导体，则称为本征光电导和杂质光电导。

$$\begin{cases}\lambda(\mu\mathrm{m})\leqslant\lambda_{\mathrm{c}}=\dfrac{1.24}{E_{\mathrm{g}}(\mathrm{eV})}(\text{本征})\\[2ex]\lambda(\mu\mathrm{m})\leqslant\lambda_{\mathrm{c}}=\dfrac{1.24}{E_{\mathrm{i}}(\mathrm{eV})}(\text{杂质})\end{cases} \tag{2-54}$$

式中，E_{g} 为禁带宽度；E_{i} 为杂质能带宽度。

对本征光电导情况，如果光辐射每秒产生的光电子-空穴对数为 N ，则

$$\begin{cases}\Delta n=\dfrac{N}{A_{\mathrm{L}}}\cdot\tau_{n}\\[2ex]\Delta p=\dfrac{N}{A_{\mathrm{L}}}\cdot\tau_{p}\end{cases} \tag{2-55}$$

式中，A_L 为半导体总体积。

由式（2-55），光电导 ΔG 为

$$\Delta G = \Delta\sigma \cdot \frac{A}{L} = e(\Delta n\mu_n + \Delta p\mu_p)\frac{A}{L} = \frac{eN}{L^2}(\mu_n\tau_n + \mu_p\tau_p) \tag{2-56}$$

式中，eN 为光辐射每秒激发的电荷量。

由于 ΔG 的增量将使外回路电流产生增量 Δi，有

$$\Delta i = u\Delta G = \frac{eNu}{L^2}(\mu_n\tau_n + \mu_p\tau_p) \tag{2-57}$$

从式（2-57）可见，电流增量 Δi 不等于每秒光激发的电荷量 eN，则光电导体的电流增益 M 为

$$M = \frac{\Delta i}{eN} = \frac{u}{L^2}(\mu_n\tau_n + \mu_p\tau_p) \tag{2-58}$$

以 N 型半导体为例，式（2-58）转为

$$M = \frac{u}{L^2}\mu_n\tau_n \tag{2-59}$$

将式（2-59）代入式（2-58），有

$$M = \frac{u_n}{L^2}\tau_n = \frac{\tau_n}{t_n} \tag{2-60}$$

式中，t_n 为电子在外电场作用下渡越半导体长度 L 所花费的时间，称为渡越时间。如果渡越时间 t_n 小于电子平均寿命 τ_n，则 $M > 1$，就有电流增益效果。

4. 光伏效应

光导现象是半导体材料的体效应，光伏现象是半导体材料的“结”效应。实现光伏效应需要有内部电势垒，当照射光激发出电子-空穴对时，电势垒的内建电场将把电子-空穴对分开，从而在势垒两侧形成电荷堆积，形成光生伏特效应。内部电势垒可以是 PN 结、肖特基势垒结及异质结等。以典型 PN 结讨论它的光伏效应，PN 结的基本特征是它的电学不对称性，在结区有一个从 N 侧指向 P 侧的内建电场存在。热平衡下，多数载流子 N 侧的电子和 P 侧的空穴扩散作用与少数载流子 N 侧的空穴和 P 侧的电子漂移作用相互抵消，没有净电流通过 PN 结，称为零偏状态。如果 PN 结正向偏置（P 区接电源正极，N 区接电源负极），则有较大正向电流通过 PN 结。如果 PN 结反向电压偏置（P 区接电源负极，N 区接电源正极），则有一很小的反向电流通过 PN 结，这个电流在反向击穿前几乎不变，称为反向饱和电流。图 2.12 和图 2.13 分别为 PN 结和它的伏安特性曲线。

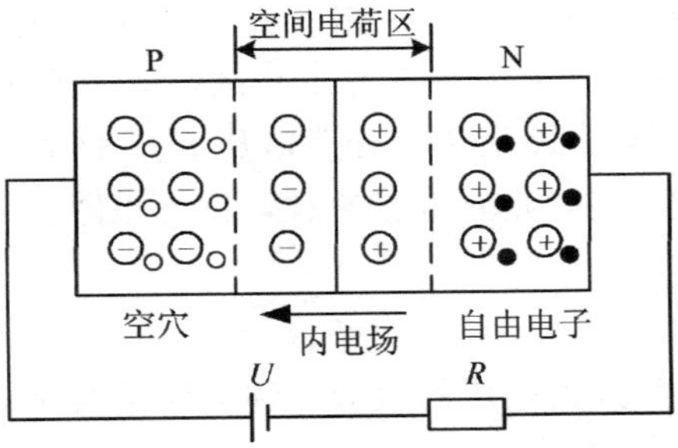

图 2.12　PN 结

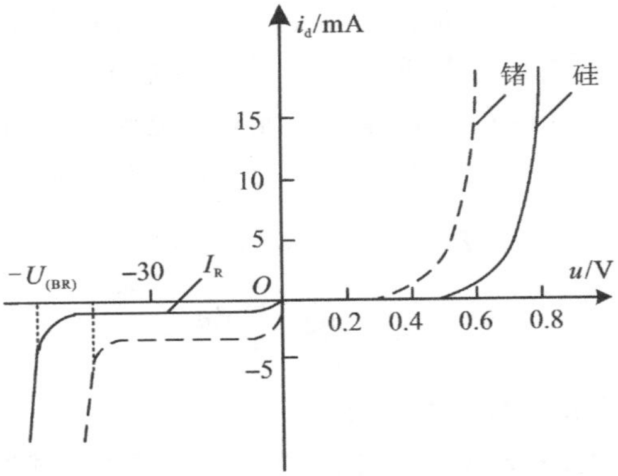

图 2.13　PN 结的伏安特性曲线

PN 结的伏安特性表示为

$$i_d = i_{so}\left[\exp\left(\frac{eu}{k_B T}\right) - 1\right] \tag{2-61}$$

式中，i_d 为暗电流；i_{so} 为反向饱和电流；e 为单位电子电荷量；u 为偏置电压；k_B 为玻耳兹曼常数；T 为绝对温度。

在零偏置情况下，PN 结的电阻 R_0 为

$$R_0 = \frac{du}{di}\bigg|_{u=0} = \frac{k_B T}{e i_{so}} \tag{2-62}$$

在零偏条件下，如果照射光的波长 λ 满足式（2－63）条件，那么，无论光照 N 区还是 P 区，都会激发出光生电子-空穴对。

$$\lambda(\mu m) = \frac{1.24}{E_i(eV)} \tag{2-63}$$

例如，如果光照在 P 区。由于 P 区的多数载流子是空穴，光照前热平衡空穴浓度本来就比较大，光生空穴对 P 区空穴浓度影响很小。相反地，光生电子对 P 区的电子浓度影响很大，从 P 区表面（吸收光能多，光生电子多）向区内自然形成电子扩散趋势。如果 P 区的厚度小于电子扩散长度，那么大部分光生

电子都能扩散进 PN 结，一旦进入 PN 结，就被内电场扫向 N 区。这样，光生电子-空穴对就被内电场分离开来，空穴留在 P 区，电子通过扩散流向 N 区。这时用电压表就能测量出 P 区正 N 区负的开路电压 u_0，称为光生伏特效应。如果用一个理想电流表接通 PN 结，则有电流通过，称为短路光电流。开路电压和短路光电流的关系为

$$u_0 = R_0 i_0 \tag{2-64}$$

光照零偏 PN 结产生开路电压的效应，称为光伏效应。

5. 光电转换定律

对于光电探测器而言，一端是光辐射量，另一端是光电流量。把光辐射量转换为光电流量的过程称为光电转换。光通量（即光功率）$P(t)$ 可以理解为光电子流，光子能量 hv_f 是光能量 E 的基本单元；光电流 $i(t)$ 是光生电荷 Q 的时变量，电子电荷 e 是光生电荷的基本单元。光通量和光电流为

$$P(t) = \frac{\mathrm{d}E}{\mathrm{d}t} = hv_f \frac{\mathrm{d}n_L}{\mathrm{d}t} \tag{2-65}$$

$$i(t) = \frac{\mathrm{d}Q}{\mathrm{d}t} = e \frac{\mathrm{d}n_E}{\mathrm{d}t} \tag{2-66}$$

式中，n_L 和 n_E 分别为光子数和电子数。

根据基本物理特性，$i(t)$ 应该正比于 $P(t)$，写成等式时，引进一个比例系数 D，即

$$i(t) = DP(t) \tag{2-67}$$

式中，D 为探测器的光电转换因子。

把式（2-65）和式（2-66）代入式（2-67），有

$$D = \frac{e}{hv_f}\eta \tag{2-68}$$

式中，$\eta = \frac{\mathrm{d}n_E/\mathrm{d}t}{\mathrm{d}n_L/\mathrm{d}t}$，称为探测器的量子效率，表示探测器吸收的光子数速率和激发的电子数速率之比，它是探测器物理性质的函数。再把式（2-68）代入式（2-67），则光电流函数为

$$i(t) = \frac{e\eta}{hv_f}P(t) \tag{2-69}$$

2.2.3 光电探测器性能参数

1. 响应率

响应率是表征光电探测器探测灵敏度的参量，它说明了在确定的入射光信号

下，探测器输出有用电信号的能力，定义光电探测器输出的信号电压为 U_s 或电流 I_s 与入射的辐通量 Φ_e 之比，称为电压响应率 S_U 或电流响应率 S_I，即 $S_U = U_s/\Phi_e$ 或 $S_I = I_s/\Phi_e$，其中，S_U 电压响应率的单位为伏每瓦（V/W），S_I 电流响应率的单位为安每瓦（A/W）。

2. 光谱响应率

探测器在波长为 λ 的单色光照射下，输出的电压 $U_s(\lambda)$ 或电流 $I_s(\lambda)$ 与入射的单色辐通量 $\Phi_e(\lambda)$ 之比称为光谱响应率，即 $S_U(\lambda) = \dfrac{U_s(\lambda)}{\Phi_e(\lambda)}$ 或 $S_I(\lambda) = \dfrac{I_s(\lambda)}{\Phi_e(\lambda)}$。

$S_U(\lambda)$ 或 $S_I(\lambda)$ 随波长 λ 的变化关系称为探测器的光谱响应曲线。若将光谱响应函数的最大值归一化为 1，得到的响应函数称为相对光谱响应曲线。一般将响应率最大值所对应的波长称为峰值波长（λ_m），通常峰值一半处对应的波长范围定义为探测器的光谱响应宽度。

3. 等效噪声功率

如果投射到探测器敏感元件上的辐射功率产生的输出电压（或电流）正好等于探测器本身的噪声电压（或电流），称为噪声等效功率，它对探测器所产生的效果与噪声相同，通常用符号“NEP”表示。

$$\mathrm{NEP} = \frac{\Phi_e}{I_s/\sqrt{\overline{i_n^2}}} \tag{2-70}$$

式中，$I_s/\sqrt{\overline{i_n^2}}$ 为信噪比。将电流响应率（$S_I = I_s/\Phi_e$）代入式（2-70），则

$$\mathrm{NEP} = \frac{\sqrt{\overline{i_n^2}}}{S_I} \tag{2-71}$$

等效噪声功率是信噪比为 1 时的探测器所能探测到的最小辐射功率，又称为最小可探测功率。其值愈小，探测器所能探测到的辐射功率愈小，探测器愈灵敏。

4. 探测率与比探测率

探测率 D 作为探测器探测最小光信号能力的指标，它可以使用等效噪声功率 NEP 的倒数表示，探测率 D 的表达式为

$$D = \frac{1}{\mathrm{NEP}} = \frac{S_I}{\sqrt{\overline{i_n^2}}}(W^{-1}) \tag{2-72}$$

对于探测器，D 越大越好。

比探测率又称归一化探测率，也叫探测灵敏度。实质上就是当探测器的敏感元件面积为单位面积（$A_d = 1\ \mathrm{cm}^2$），放大器的带宽 $\Delta f = 1$ Hz 时，单位功率的辐

射所获得的信号电压与噪声电压之比，通常用符号 D^* 表示

$$D^* = \frac{1}{\mathrm{NEP}^*} = \frac{S_I(A_\mathrm{d}\Delta f)^{1/2}}{\sqrt{\overline{i_\mathrm{n}^2}}} = D \cdot (A_\mathrm{d}\Delta f)^{1/2} \tag{2-73}$$

式中，NEP^* 为归一化参数 $\sqrt{A_\mathrm{d}\Delta f}$ 的等效噪声功率，A_d 的单位为 cm^2，Δf 的单位为 Hz，$\sqrt{\overline{i_\mathrm{n}^2}}$ 的单位为 A，S_I 的单位为 A/W，则 D^* 的单位为 $\mathrm{cm} \cdot \mathrm{Hz}^{1/2} \cdot W^{-1}$。

比探测率与探测器的敏感元件面积和放大器的带宽无关，一般情况下，D^* 越高，探测器的灵敏度越高，性能就越好。

5. 响应时间

响应时间是描述光电探测器的入射辐射响应快慢的参数。即当入射光辐射到探测器或遮断后，光电探测器在输出上升到稳定值或下降到照射前的值所需的时间，常用时间常数 τ 表示其大小。如图 2.14 所示，对于方波脉冲，把从上升到稳态值的 63％所需时间称为上升时间 $\tau_上$，而从稳态值下降到稳态值 37％所需时间称为下降时间 $\tau_下$。

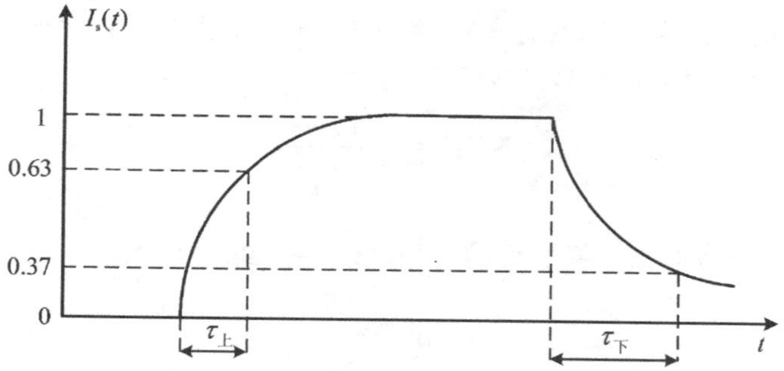

图 2.14 探测器的响应时间

6. 线性

探测器的线性在光度和辐射度等测量中是一个十分重要的参数。对于光电探测器，线性是指它输出的光电流或电压与输入的光通量成比例的程度和范围。探测器线性的下限往往由暗电流和噪声等因素决定，而上限通常由饱和效应或过载决定。实际上，探测器的线性范围的大小与其工作状态有很大的关系，也与它所在检测系统组成单元的线性和性能有关系，如偏置电压、光信号调制频率、信号输出电路等。

7. 量子效率

光电探测器的量子效率是指每入射一个光子所释放的平均电子数。假设入射到光电探测器上的光功率为 P，产生的光电流为 I_c，那么光电探测器的量子效

率为

$$\eta=\frac{I_c h v_f}{Pe} \tag{2-74}$$

式中，hv_f 为一个光子的能量；e 为一个电子的电荷量。

对于没有内部增益的光电探测器而言，$\eta=1$，也就是说一个光子能产生一个光电子；但对实际的光电探测器而言，$\eta<1$。很明显，光电探测器的量子效率越大越好。对于有内部增益的光电探测器，如光电倍增管和雪崩光电二极管，其量子效率可以大于 1。

2.2.4　光电探测器中的噪声及其等效处理

从信号采集与观测的示波器可以看到，在一定波长的光照下光电探测器输出的光电信号并不是平直的，而是在平均值上下随机地起伏，如图 2.15 所示，这种随机的、瞬间幅度不能预知的起伏，称为噪声。

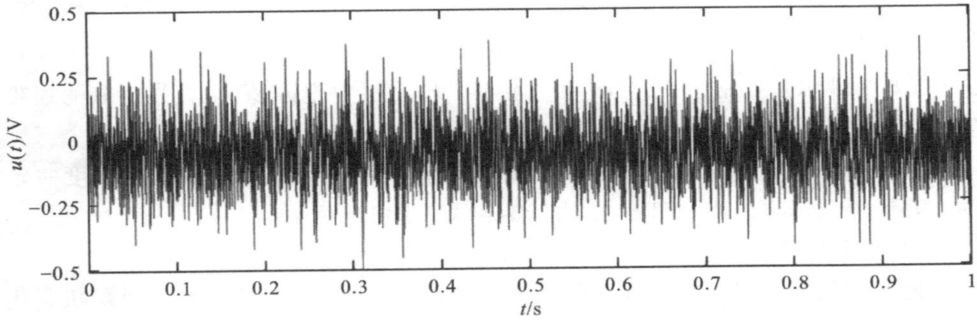

图 2.15　信号的随机起伏

对于平稳随机过程，通常采用先计算噪声直流电流（电压）值，然后将其对时间作平均，来求噪声电流（电压）的均方值。

直流电流值可表示为

$$I=\bar{i}=\frac{1}{T}\int_0^T i(t)\,\mathrm{d}t \tag{2-75}$$

噪声在平均值附近随机起伏，长时间的平均值为零，则噪声电流的均方值为

$$\overline{i_n^2}=\overline{\Delta i(t)^2}=\frac{1}{T}\int_0^T\left[i(t)-\overline{i(t)}\right]^2\mathrm{d}t \tag{2-76}$$

式中，噪声电流的均方值 $\overline{i_n^2}$ 代表了单位电阻上所产生的功率。

把噪声随机时间函数进行频谱分析，得到噪声功率随频率变化关系，即噪声的功率谱 $S(f)$。$S(f)$ 数值是频率为 f 的噪声在 1 Ω 电阻上所产生的功率，即

$$S(f)=\overline{i_n^2}(f) \tag{2-77}$$

根据功率谱与频率的关系，常见的有两种典型噪声，一种是功率谱大小与频率无关，称为白噪声；另一种是功率谱与 $1/f$ 成正比，称为 $1/f$ 噪声。

1. 噪声分类

1）热噪声

导体和半导体中的载流子在一定温度下都做无规则的热运动，频繁地与原子发生碰撞，在两次碰撞之间的自由运动过程中表现出电流，但是它们的自由程长短是不一定的，碰撞后的方向也是任意的；在没有外加电压时，从导体中某一截面看，往左和往右两个方向上都有一定数量的载流子，但每一瞬间从两个方向穿过某截面的载流子数目是有差别的，相对于长时间平均值上下有起伏，这种载流子热运动引起的电流起伏或电压起伏称为热噪声。热噪声均方电流 $\overline{i_n^2}$ 和热噪声均方电压 $\overline{U_n^2}$ 可由式（2-78）决定

$$\begin{cases}\overline{i_n^2}=\dfrac{4kT\Delta f}{R}\\ \overline{U_n^2}=4kT\Delta fR\end{cases} \tag{2-78}$$

式中，k 为玻尔兹曼常量；T 为热力学温度；R 为器件电阻值；Δf 为所取的通带宽度（频率范围）。

载流子热运动速度取决于温度，所以热噪声功率与温度有关。在温度一定时，热噪声只与电阻和通带有关，故热噪声属于白噪声。

2）散粒噪声

随机起伏所形成的噪声称为散粒噪声。入射到探测器表面的光子是随机起伏的，光电子从光电阴极表面溢出是随机的，PN 结中通过结区的载流子也是随机的，它们都是一种散粒噪声源。散粒噪声电流的表达式为

$$\overline{i_n^2}=2eI\Delta f \tag{2-79}$$

式中，e 为单位电子电荷；I 为输出平均电流。散粒噪声也是与频率无关，而与带宽有关的白噪声。

3）产生一复合噪声

半导体受光照时，载流子不断地产生一复合。在平衡状态时，载流子产生和复合的平均效果是相等的，但某一瞬间载流子的产生数和复合数是有起伏的。载流子浓度的起伏引起半导体电导率的起伏，在外加电压下，电导率的起伏使输出电流中带有的噪声称为产生一复合噪声。产生一复合噪声电流均方值为

$$\overline{i_n^2}=\frac{4I^2\tau\Delta f}{N_0[1+(2\pi f\tau)^2]} \tag{2-80}$$

式中，I 为总的平均电流；N_0 为总的自由载流子数；τ 为载流子寿命；f 为噪声频率。

4) 1/f 噪声

噪声的功率谱近似与频率成反比，称为 1/f 噪声。其噪声电流的均方值近似表示为

$$\overline{i_n^2}=\frac{\gamma I^\alpha}{f^\beta}\Delta f \tag{2-81}$$

式中，α 接近于2；β 为0.8～1.5；γ 是比例常数，它们的数值可由实验测量获得。在半导体器件中，1/f 噪声与器件表面状态有关。

5) 温度噪声

由探测器件本身温度变化引起的噪声称为温度噪声。温度噪声电流的均方值为

$$\overline{i_n^2}=\frac{4kT^2\Delta f}{G_t\cdot[1+(2\pi f\tau_t)^2]} \tag{2-82}$$

式中，G_t 为器件的热导；τ_t 为器件的热时间常数，大小为 C_t/G_t；C_t 为器件的热容；T 为周围温度。

在低频时，$(2\pi f\tau_t)^2\ll 1$，则温度噪声电流的均方值为

$$\overline{i_n^2}=\frac{4kT^2\Delta f}{G_t} \tag{2-83}$$

由此可见，低频时的温度噪声也具有白噪声的性质。图2.16为光电探测器噪声源的功率谱分布，在频率很低时，1/f 噪声起主导作用；当频率达到中间频率范围时，产生一复合噪声比较显著；当频率较高时，只有白噪声占主导地位，其他噪声影响很小。

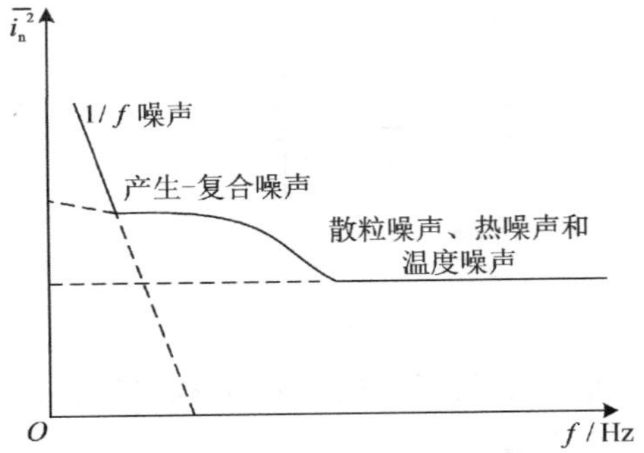

图2.16　光电探测器噪声源的功率谱分布示意图

2. 噪声的等效处理

1) 等效噪声带宽

电路带宽通常是指电路电压（或电流）输出的频率特性下降到最大值的某个百分比时所对应的频带宽度。例如，低频放大器的3 dB带宽，是指电信号频率

特性下降到最大信号的 0.707 倍时对应的从零频到该频率间的频带宽度。如图 2.17 所示，光电检测系统的等效噪声带宽定义为最大增益矩形带宽，可表示为

$$\Delta f_0=\frac{1}{S_0(f_0)}\int_0^{\infty}S(f_0)\mathrm{d}f \tag{2-84}$$

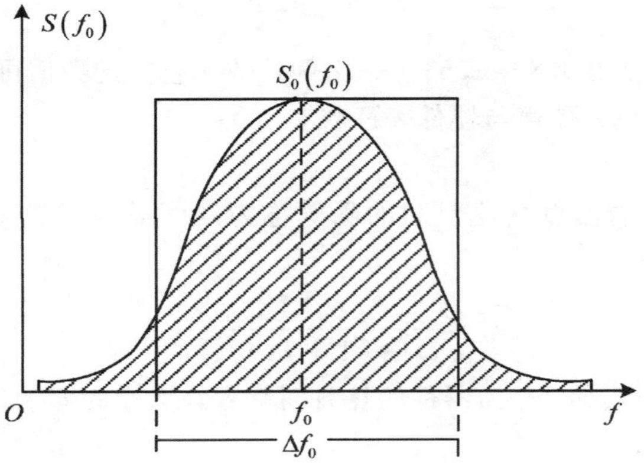

图 2.17　等效噪声带宽

2）噪声等效电路

图 2.18 所示为简单电阻的噪声等效电路，热噪声电流源 I_n 和电阻 R 并联。其噪声电流的均方值为

$$\bar{i}_n^2=\frac{4kT\Delta f}{R} \tag{2-85}$$

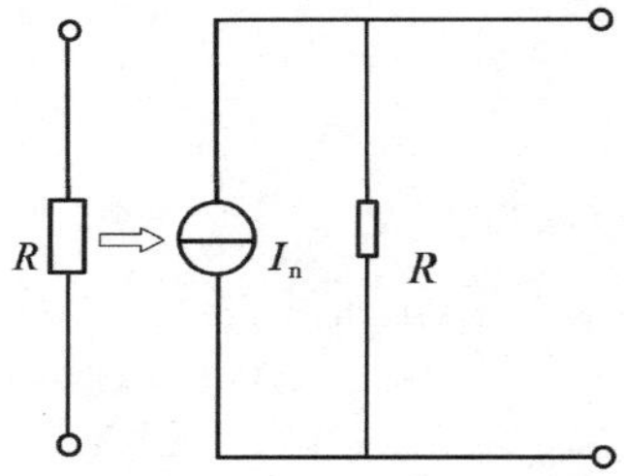

图 2.18　简单电阻的噪声等效电路

在电阻和电容 C 并联的情况下，电容 C 的频率特性使合成阻抗随频率的增加而减少，合成阻抗可表示为

$$R(f)=\frac{R}{1+(2\pi fRC)^2}\mathrm{d}f \tag{2-86}$$

因此，并联 RC 电路的噪声电压有效值为

$$\overline{U}_n^2=4kT\int_0^{\infty}\frac{R}{1+(2\pi fRC)^2}\mathrm{d}f \tag{2-87}$$

令 $\tan\beta = 2\pi fRC$，则式（2－87）变为

$$\overline{U}_{n}^{2} = \frac{4kTR}{2\pi RC}\int_{0}^{2\pi} d\beta \tag{2-88}$$

对式（2－88）求积分，并在分子、分母上同乘以 $4R$，则式（2－88）变为

$$\overline{U}_{n}^{2} = \frac{4kTR}{4RC} \tag{2-89}$$

式（2－89）中，$1/(4RC)$ 就是电路的等效噪声带宽 Δf，有

$$\Delta f = \frac{1}{4RC} \tag{2-90}$$

式（2－90）表明，并联 RC 电路对噪声的影响相当于使电阻热噪声的频谱分布由白噪声变窄为等效噪声带宽 Δf。频带变窄后的噪声非均匀分布曲线所包围的面积等于以 Δf 为带宽、$4kTR$ 为恒定幅值的矩形区域的面积。也就是说，用均匀等幅的等效带宽代替了实际噪声频谱的不均匀分布，可得到阻容电路热噪声的一般表达式

$$\overline{U}_{n}^{2} = 4kTR\Delta f \tag{2-91}$$

2.2.5 光辐射量计算

目标光辐射通常有自身辐射和反射外界光辐射两种。目标发出的辐射可能是以红外辐射为主，也可能以可见光为主。光辐射的度量方法有两种，第一种是物理（客观）的计量方法，称为辐射度参数，它适用于整个电磁辐射谱区，对辐射量进行物理的计量；第二种是生理（主观）的计量方法，是以人眼所能见到的光对大脑的刺激程度来对光进行计量的方法，称为光度参数。辐射度参数是指计量光源在辐射波长范围内发射连续光谱或单色光谱能量的参数。光度参数只适用于 0.39～0.78 μm 的可见光谱区域，是对光强度的主观评价，超过这个谱区，光度参数没有任何意义。

辐射度参数与光度参数在概念上虽不一样，但它们的计量方法却有许多相同之处。

1. 与光源有关的辐射度参数及光度参数

1）辐射能和光能

以辐射形式发射、传播或接收的能量称为辐射能，用符号 Q_e 表示，它的计量单位为焦耳(J)。光能是光通量在可见光范围内对时间的积分，用符号 Q_v 表示，它的计量单位为流明秒（lm · s）。

2）辐射通量和光通量

辐射通量是以辐射形式发射、传播或接收的功率；或者说，在单位时间内，

以辐射形式发射或接收的辐射能称为辐射通量，以符号 ϕ_e 表示，它的计量单位为瓦(W)，即

$$\phi_e = \frac{dQ_e}{dt} \tag{2-92}$$

若在 t 时间内所发射、传播、接收的辐射不随时间改变，式（2－92）可以简化为

$$\phi_e = \frac{Q_e}{t} \tag{2-93}$$

对可见光，光源表面在无穷小时间段内发射、传播或接收的所有可见光谱，其光能被无穷短时间间隔 dt 来除，其商定义为光通量 ϕ_v，即

$$\phi_v = \frac{dQ_v}{dt} \tag{2-94}$$

若在 t 时间内发射、传播或接收的光能不随时间改变，则式（2－94）简化为

$$\phi_v = \frac{Q_v}{t} \tag{2-95}$$

式中，ϕ_v 的计量单位为流明（lm）。辐射通量对时间的积分称为辐射能，而光通量对时间的积分称为光能。

3）辐射出射度和光出射度

对面积为 A 的有限面光源，表面某点处的面元向半球面空间内发射的辐射通量 $d\phi_e$，与该面元面积 dA 之比，定义为辐射出射度 M_e，即

$$M_e = \frac{d\phi_e}{dA} \tag{2-96}$$

式中，M_e 的计量单位是瓦每平方米（W/m^2）。

由式（2－96）可得，面光源 A 向半球面空间内发射的总辐射通量为

$$\phi_e = \int_A M_e dA \tag{2-97}$$

对于可见光，面光源 A 表面某一点处的面元向半球面空间发射的光通量 $d\phi_v$ 与面元面积 dA 之比称为光出射度，即

$$M_v = \frac{d\phi_v}{dA} \tag{2-98}$$

其计量单位为勒克斯（lx）或（lm/m^2）。

对均匀发射辐射的面光源有 $M_v = \frac{\phi_v}{A}$，由式（2－98）可得面光源向半球面

空间发射的总光通量为

$$\phi_v = \int_A M_v \mathrm{d}A \tag{2-99}$$

4）辐射强度和发光强度

将点光源在给定方向的立体角元 dW 内发射的辐射通量 dϕ_e，与该方向立体角元 dΩ 之比定义为点光源在该方向的辐射强度 I_e，即

$$I_e = \frac{\mathrm{d}\phi_e}{\mathrm{d}\Omega} \tag{2-100}$$

式中，$\mathrm{d}\Omega = \dfrac{\mathrm{d}A}{R^2}$，d$A$ 为球面某面元面积，R 为球面半径，辐射强度的计量单位为瓦每球面度（W/sr）。

点光源在有限立体角 Ω 内发射的辐射通量为

$$\phi_e = \int_\Omega I_e \mathrm{d}\Omega \tag{2-101}$$

各向同性的点光源向所有方向发射的总辐射通量为

$$\phi_e = I_e \int_0^{4\pi} \mathrm{d}\Omega = 4\pi I_e \tag{2-102}$$

对可见光，定义发光强度为

$$I_v = \frac{\mathrm{d}\phi_v}{\mathrm{d}\Omega} \tag{2-103}$$

对各向同性的点光源向所有方向发射的总光通量为

$$\phi_v = \int_\Omega I_v \mathrm{d}\Omega \tag{2-104}$$

一般点光源是各向异性的，其发光强度分布随方向而异，发光强度的单位是坎德拉（cd）。由式（2－104）可得，对发光强度为 1 cd 的点光源，向给定方向 1 sr（球面度）内发射的光通量定义为 lm，则在整个球空间所发出的总光通量为 $\phi_v = 4\pi I_v = 12.566$ lm 。

5）辐射亮度和发光亮度

光源表面某一点处的面元在给定方向上的辐射强度，除以该面元在垂直于给定方向平面上的正投影面积，称为辐射亮度，即

$$L_e = \frac{\mathrm{d}I_e}{\mathrm{d}A\cos\theta} = \frac{\mathrm{d}^2\phi_e}{\mathrm{d}\Omega\mathrm{d}A\cos\theta} \tag{2-105}$$

式中，θ 为所给方向与面元法线之间的夹角。辐射亮度 L_e 的计量单位为瓦每球面度平方米［W/(sr·m^2)］。

对可见光，发光亮度定义为光源表面某一点处的面元在给定方向上的发光强

度，除以该面元在垂直给定方向平面上的正投影面积，即

$$L_{v}=\frac{\mathrm{d}I_{v}}{\mathrm{d}A\cos\theta}=\frac{\mathrm{d}^{2}\phi_{v}}{\mathrm{d}\Omega\,\mathrm{d}A\cos\theta} \tag{2-106}$$

L_v 的计量单位是坎德拉每平方米（cd/m^2）。

若 L_e 和 L_v 与光源发射辐射的方向无关，且可由式（2－105）和式（2－106）表示，则该光源称为朗伯辐射体。黑体是一个理想的朗伯辐射体，粗糙表面的辐射体或反射体及太阳等是一个近似的朗伯辐射体，而一般光源的亮度与方向有关，当有一束光入射到它上面时，反射的光具有很好的方向性。

根据朗伯辐射体亮度不随角度 θ 变化的定义，得 $L=\frac{I_0}{\mathrm{d}A}=\frac{I_\theta}{\mathrm{d}A\cos\theta}$，即 $I_\theta=I_0\cos\theta$，表明在理想情况下，朗伯体单位表面积向空间规定方向单位立体角 $\mathrm{d}\Omega$ 内发射（反射）的辐射通量和该方向与表面法线方向的夹角的余弦成正比，这就是朗伯余弦定律，它揭示了辐射能量在空间上的分布规律。朗伯体的辐射强度按余弦规律变化，因此又称为余弦辐射体。如图 2.19 所示，为朗伯体辐射空间坐标。

余弦辐射体表面某面元的 $\mathrm{d}A$ 向半球面空间发射的通量为

$$\phi_{e}=\iint L\cos\theta\,\mathrm{d}A\,\mathrm{d}\Omega \tag{2-107}$$

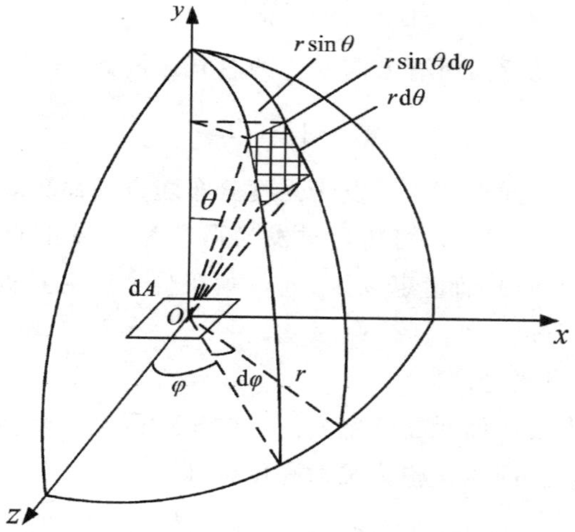

图 2.19　朗伯体辐射空间坐标

式中，$\mathrm{d}\Omega=\frac{r\,\mathrm{d}\theta\, r\sin\theta\,\mathrm{d}\varphi}{r^{2}}=\sin\theta\,\mathrm{d}\varphi\,\mathrm{d}\theta$。

对式（2－107）在半球面空间内积分，有

$$\phi_e = L\,dA\int_0^{\pi}d\varphi\int_0^{\pi/2}\sin\theta\cos\theta\,d\theta = \pi L\,dA \tag{2-108}$$

由式（2－108）得到的余弦辐射体的 M_e、L_e、M_v、L_v 的关系为

$$L_e = M_e/\pi \tag{2-109}$$

$$L_v = M_v/\pi \tag{2-110}$$

6）辐射效率与发光效率

光源所发射的总辐射通量 ϕ_e 与外界提供给光源的功率 P 之比，称为光源的辐射效率 η_e；光源发射的总光通量 ϕ_v 与提供的功率 P 之比，称为发光效率 η_v，有

$$\eta_e = \phi_e/P \times 100\% \tag{2-111}$$

$$\eta_v = \phi_v/P \times 100\% \tag{2-112}$$

对于某一量，它们所有的量纲指数都为零时，该量称为无量纲量。由此可知，辐射效率 η_e 为无量纲量，它描述某一特定体系发光效率 η_v 的计量单位是流明每瓦（$lm \cdot W^{-1}$）。

$$\eta_{e,\Delta\lambda} = \frac{\int_{\lambda_1}^{\lambda_2}\phi_{e,\lambda}\,d\lambda}{P} \times 100\% \tag{2-113}$$

式中，$\phi_{e,\lambda}$ 为光源辐射通量的光谱密集度，简称为光谱辐射通量。

2. 与接收器有关的辐射度参数及光度参数

从接收器的角度来讨论辐射度与光度的参数，称为与接收器有关的辐射度参数及光度参数。接收器可以是探测器，也可以是反射辐射的反射器，或是两者兼有的器件。与接收器有关的辐射度参数与光度参数有两种。

1）辐照度与光照度

将照射到物体表面某一点处面元的辐射通量 $d\phi_e$ 除以该面元的面积 dA 称为辐照度，即

$$E_e = \frac{d\phi_e}{dA} \tag{2-114}$$

式中，E_e 的计量单位是瓦每平方米（W/m^2）。

若辐射通量是均匀地照射在物体表面上的，则式（2－114）可简化为 $E_e = \frac{\phi_e}{A}$。辐照度是从物体表面接收辐射通量的角度来定义的，辐射出射度是从面光源表面发射辐射的角度来定义的。

本身不产生辐射的反射体接收辐射后，吸收一部分，反射一部分。若把反射体当作辐射体，则光谱辐射度 $M_{er}(\lambda)$ 与辐射体接收的光谱辐照度 $E_e(\lambda)$ 的关

系为

$$M_{er}=\rho_e(\lambda)E_e(\lambda) \tag{2-115}$$

式中，$\rho_e(\lambda)$ 为辐射度光谱反射比，是波长的函数。

将式（2－115）对波长积分，得到反射体的辐射出射度

$$M_e=\int\rho_e(\lambda)E_e(\lambda)\mathrm{d}\lambda \tag{2-116}$$

对可见光，用照射到物体表面某一面元的光通量 $\mathrm{d}\phi_v$，除以该面元面积 $\mathrm{d}A$，其值称为光照度，即

$$E_v=\frac{\mathrm{d}\phi_v}{\mathrm{d}A} \tag{2-117}$$

或表示为

$$E_v=\frac{\phi_v}{A} \tag{2-118}$$

E_v 的计量单位是勒克斯（lx）。

对接收光的反射体，同样有

$$m_v(\lambda)=\rho_v(\lambda)E_v(\lambda) \tag{2-119}$$

或者

$$M_v(\lambda)=\int\rho_v(\lambda)E_v(\lambda)\mathrm{d}\lambda \tag{2-120}$$

式中，$\rho_v(\lambda)$ 为光度光谱反射比，是波长的函数。

2）辐照量和曝光量

辐照量与曝光量是光电接收器接收辐射能量的重要度量参数。光电探测器件的输出信号大小常与所接收的入射辐射能量有关。将照射到物体表面某一面的辐照度 E_e 在时间 t 内的积分为辐照量，即

$$H_e=\int_0^t E_e\mathrm{d}t \tag{2-121}$$

式中，H_e 的计量单位是焦每平方米（$\mathrm{J/m^2}$）。

如果物体面元上的辐照度 E_e 与时间无关，则式（2－121）可简化为 $H_e=E_et$。

与辐照量 H_e 对应的光度量是曝光量 H_v，它定义为物体表面某一面元接收的光照度 E_v 在时间 t 内的积分，即

$$H_v=\int_0^t E_v\mathrm{d}t \tag{2-122}$$

式中，H_v 的计量单位是勒克斯秒（lx·s）。

常用相同的符号表示辐射度参数与光度参数，并在对应符号的右下角以

“e”表示辐射度参数，标以“v”表示光度参数。上面讨论的辐射度参数和光度参数的基本定义与基本计量公式，如表2-2所示。

表2-2 辐射度量与光度量的定义

辐射度参量				光度参量			
量的名称	量的符号	量的定义	单位符号	量的名称	量的符号	量的定义	单位符号
辐射能	Q_e		J	光量	Q_v		lm·s
辐射通量	ϕ_e	$\phi_e=\frac{dQ_e}{dt}$	W	光通量	ϕ_v	$\phi_v=\frac{dQ_v}{dt}$	lm
辐射出射度	M_e	$M_e=\frac{d\phi_e}{dA}$	W/m^2	光出射度	M_v	$M_v=\frac{\phi_v}{A}$	lm/m^2
辐射强度	I_e	$I_e=\frac{d\phi_e}{d\Omega}$	W/sr	发光强度	I_v	$I_v=\frac{d\phi_v}{d\Omega}$	cd
辐射亮度	L_e	$L_e=\frac{I_e}{dA\cos\theta}=\frac{d^2\phi_e}{d\Omega dA\cos\theta}$	$W/(sr\cdot m^2)$	发光亮度	L_v	$L_v=\frac{I_v}{dA\cos\theta}=\frac{d^2\phi_e}{d\Omega dA\cos\theta}$	cd/m^2
辐照度	E_e	$E_e=\frac{d\phi_e}{dA}$	W/m^2	光照度（照度）	E_v	$E_v=\frac{d\phi_v}{dA}$	lx
辐照量	H_e	$H_e=\int_0^t E_e dt$	J/m^2	曝光量	H_v	$H_v=\int_0^t E_v dt$	lx·s

3. 辐射能量计算

对于不同的探测系统，辐射源的尺寸大小各不相同，根据辐射源的相对尺寸大小不同，采用的辐照度计算公式也不同。一般根据辐射源相对于辐射探测系统的相对尺寸大小，将辐射源分为点源和面源两种。通常将辐射源的空间尺寸与辐射探测系统的瞬时视场对应的空间分辨率进行比较，如果辐射源的空间尺寸小于探测系统的空间分辨率，则认为辐射源为点源辐射体；反之，如果辐射源的空间尺寸大于探测系统的空间分辨率，则认为辐射源为面源辐射体。

1）点源对微面元的辐照度

如图2.20所示，设O为点源，受照微面元dA距点源的距离为l，其平面法线n与辐射方向夹角为α，对点源O所张立体角为

$$\mathrm{d}\omega = \frac{\mathrm{d}A\cos\alpha}{l^2} \tag{2-123}$$

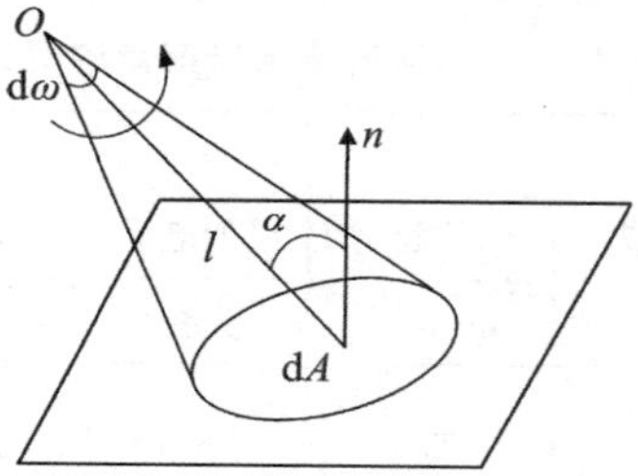

图 2.20 点源对微面元的辐照度

若点源在其平面法线 n 与辐射方向夹角 α 方向的辐射强度为 I ，则向立体角 $\mathrm{d}\omega$ 发射的通量 $\mathrm{d}P$ 为

$$\mathrm{d}P = I\mathrm{d}\omega = \frac{I\mathrm{d}A\cos\alpha}{l^2} \tag{2-124}$$

如果不考虑传播中的能量损失，则微面元的辐照度为

$$E = \frac{\mathrm{d}P}{\mathrm{d}A} = \frac{I\cos\alpha}{l^2} \tag{2-125}$$

即点源对微面元的照度与点源的发光强度成正比，与距离平方成反比，并与面元对辐射方向的倾角有关。当点源在微面元法线上时，式（2-125）变为 $E = \frac{I}{l^2}$ 。

2）点源向圆盘发射的辐射通量

点源向圆盘发射的辐射通量可用于计算距点源一定距离的光学系统或接收器接收到的辐射通量。如图 2.21 所示，点源 O 发出光辐射，距点源 l 处有一与辐射方向垂直半径为 R 的圆盘。由于圆盘有一定大小，由点源至圆盘上各点的距离不等，故圆盘上各点的辐照度不等，不能按均匀照明进行简单计算。

圆盘面上微面元 $\mathrm{d}A$ 接收的辐射通量为

$$\mathrm{d}P = E\mathrm{d}A = \frac{I\cos\alpha}{l^2}\mathrm{d}A \tag{2-126}$$

由图 2.21 可知，$\cos\alpha = l_0/\sqrt{\rho^2 + l_0^2}$ ，根据极坐标二重积分定义可得 $\mathrm{d}A = \rho\mathrm{d}\theta\mathrm{d}\rho$ ，所以半径为 R 的圆盘接收的全部辐射通量为

$$P = \int \mathrm{d}P = Il_0\int_0^{2\pi}\mathrm{d}\theta\int_0^R \frac{\rho}{(\rho^2 + l_0^2)}\mathrm{d}\rho = 2\pi I\left\{1 - \left[1 + \left(\frac{R}{l_0^2}\right)^2\right]\right\}^{-1/2} \tag{2-127}$$

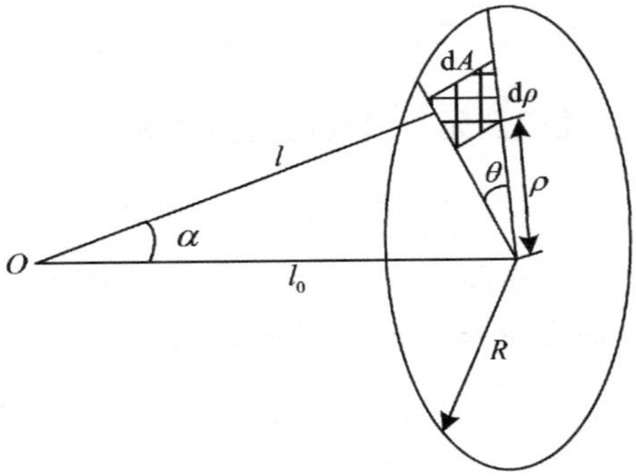

图 2.21 点源对圆盘的辐射

当圆盘距点源足够远时，即 $l_0 \gg R$ ，$l \approx l_0$，$\cos\alpha \approx 1$，则圆盘接收的辐射通量为

$$P = \frac{I}{l_0^2}\pi R^2 = \frac{I}{l_0^2}S \tag{2-128}$$

3）面辐射在微面元上的辐照度

如图 2.22 所示，设 dA 为面辐射源，Q 为受照面，n_1 为微面元 dA 的法线，与辐射方向夹角为 β ，n_2 为 Q 平面 O 点处的法线，与入射辐射方向的夹角为 α ，dA 到 O 点的距离为 l 。对面源 A 上微面元 dA ，运用距离平方反比定律得 O 点形成的辐照度为

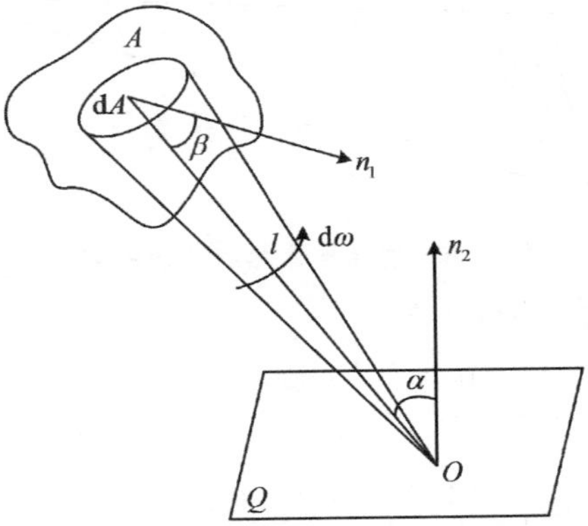

图 2.22 面源的辐照度

$$\mathrm{d}E = \frac{I_\beta \cos\alpha}{l^2} \tag{2-129}$$

式中，I_β 为面元 dA 在 β 方向上的发光强度。与对应的发光亮度 L_β 有关系 ，$I_\beta = L_\beta \cos\beta \mathrm{d}A$ ，代入式（2-129）可得

$$dE = \frac{I_\beta dA\cos\beta\cos\alpha}{l^2} = L_\beta \cos\alpha d\omega \quad (2-130)$$

面辐射源 A 对 O 点处微面元所形成的辐照度为

$$E = \int_A dE = \int_A L_\beta \cos\alpha d\omega \quad (2-131)$$

一般情况下，面辐射源在各个方向上的亮度是不等的，用式（2-131）求辐照度较困难。但对各方向亮度相等的朗伯辐射源，式（2-131）可简化为 $E = L\int_A \cos\alpha d\omega = L\omega_s$，为立体角投影定律，其中 $\omega_s = \int_A \cos\alpha d\omega$，$\omega_s$ 是所有立体角 $d\omega$ 在平面 Q 的投影之和。

4）朗伯辐射体产生的辐照度

如图 2.23 所示，朗伯扩展源为半径等于 R 的圆盘 A，取圆环状面元 $dA_1 = r dr d\varphi$，根据式（2-130），因 $\beta=\alpha$，则环状面元上发射的辐射在距圆盘为 l_0 的某点 A_d，朗伯辐射体产生的辐照度为

$$dE = L\frac{\cos^2\beta}{l^2} r dr d\varphi \quad (2-132)$$

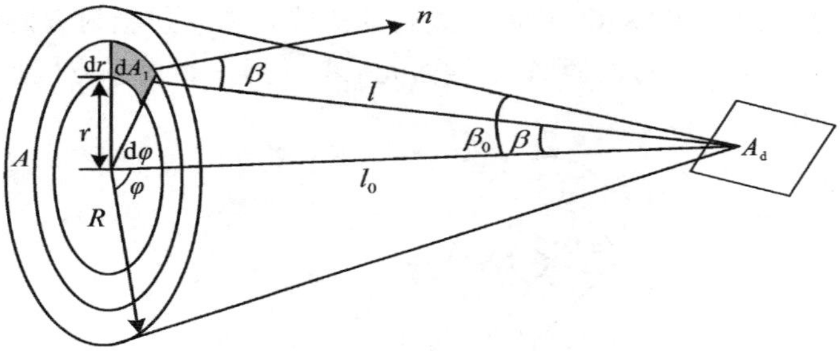

图 2.23 朗伯圆盘辐射体的辐照度

根据图 2.23 的几何关系，有

$$\begin{cases} l = l_0/\cos\beta \\ r = l_0\tan\beta \\ dr = l_0 d\beta/\cos^2\beta \\ dE = L\sin\beta\cos\beta d\beta d\varphi \end{cases} \quad (2-133)$$

那么，圆盘扩展源在轴上点产生的辐照度为

$$E = L\int_0^{2\pi} d\varphi \int_0^{\beta_0} \sin\beta\cos\beta d\beta = \pi L\sin^2\beta_0 \quad (2-134)$$

式中，β_0 为圆盘扩展源入射辐射方向与点 A_d 所在平面法线方向的夹角。

扩展源近似为点源的条件，由图 2.23 可得

$$\sin^2\beta_0=\frac{R^2}{R^2+l_0^2}=\frac{R^2}{l_0^2}\left[\frac{1}{1+(R/l_0)^2}\right] \tag{2-135}$$

圆盘的面积 A 为 πR^2，朗伯辐射体产生的辐照度转换为

$$E_0=\frac{LA}{l_0^2}\left[\frac{1}{1+(R/l_0)^2}\right] \tag{2-136}$$

若圆盘近似作为点源，它在同一点产生的辐照度为

$$E_0=\frac{LA}{l_0^2} \tag{2-137}$$

4. 光度量与辐射度量之间的关系

辐射度参数与光度参数是从不同角度对光辐射进行度量的参数，这些参数在一定光谱范围内（可见光谱区）经常相互使用，它们之间存在着一定的转换关系。有些光电传感器件采用光度参数标定其特性参数，而另一些器件采用辐射度参数标定其特性参数。

光视效能是指某一波长的单色光辐射通量可以产生多少相应的单色光通量，描述了光度量与辐射度量之间的关系。它可以定义为同一波长下测得的光通量与辐射通量之比，即

$$K_\lambda=\frac{\varphi_{v\lambda}}{\varphi_{e\lambda}} \tag{2-138}$$

光视效率归一化光视效能，即

$$V(\lambda)=\frac{K_\lambda}{K_m} \tag{2-139}$$

式中，K_m 为人眼对 555 nm 波长的单位辐射通量所产生的响应最大值。

2.3　光学目标成像原理

光学系统是把各种光学元件按一定方式组合起来，满足一定要求的系统。光学元件可分为成像与导光元件、分光元件。成像与导光元件主要有反射镜、透镜、光纤；分光元件主要有色散型、干涉型、二元器件和滤波型。色散型主要是棱镜和光栅分光，利用色散元件将复色光色散分成序列谱线，然后利用探测器测量每一谱线元的强度。干涉型基本上是基于迈克尔逊干涉仪同时测量所有谱线的干涉强度，然后对干涉图进行傅里叶变换，得到目标的光谱图。二元器件是比较新颖的分光技术，主要是利用二元光学透镜独特的色散特性实现分光。滤波型分光属于光学薄膜技术，是一种多通道滤波平面元件，主要采用滤波片进行分光。光学系统在光电系统中的作用包括以下四个方面：

（1）光学成像，完成对目标辐射的收集和放大，相当于接收天线；

（2）杂波抑制，通过各种光阑结构或调制盘等光机结构有效抑制背景干扰辐射；

（3）频谱选择，通过分光技术实现对目标的光谱探测；

（4）目标跟踪，通过扫描跟踪机构或调制盘获取目标的方位信息。

2.3.1 理想成像

大多数情况下，理想成像与实际成像过程中均存在几何像差。理想光学系统是对任意大的空间范围内，用任意宽的光束都能得到完善像的光学系统。理想成像是指从物点发出的光线经光学系统之后全部会聚于像点。根据费马原理可知，要实现理想成像，物、像之间必须满足等光程的条件。理想光学系统成像时具有如下特性：

（1）光轴上物点的像也在光轴上；

（2）垂直于光轴的物平面的像面必然也垂直于光轴；

（3）垂直于光轴的平面物体的像几何形状与物完全相似。

实际的光学系统都不能像理想光学系统那样在任意范围内成完善的像，而只能在靠近光轴的小范围内（窄光束）近似成完善的像，如图 2.24 所示。研究靠近光轴附近的小范围内的窄光束的成像过程就是近轴光学。然而，如果仅利用细光束成像，光通量不强，像面的照度不够；如果只限于小视场成像，则成像范围不够，较大的物面不能成准确的像。因此，实际光学系统成像总是有一定大小的视场范围和光束宽度，难以理想成像，从而产生了各种像差。

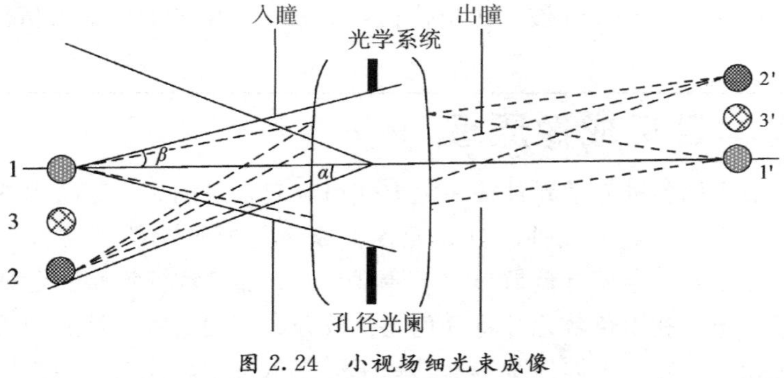

图 2.24 小视场细光束成像

所谓像差就是实际像与理想像之间的差异。与理想光学系统不同，物空间的一个物点发出的光束经实际光学系统后，不再会聚于像空间的一点，而是形成一个弥散的像斑。有两个因素能影响到光学系统成像的完善性，一是由于光的波动性产生的衍射效应，二是由于光学表面几何形状和光学材料色散产生的像差。像差大小与视场范围和光束宽度有关。视场范围是物体边缘对入瞳中心的张角 α，光束宽度是物点对入瞳边缘的张角 β，如图 2.24 所示。

2.3.2 光学系统的基本性能参数

光学系统的基本性能由三个主要参数表征，即焦距 f'、相对孔径 D/f' 和视场角 $2w$。

1. 焦距

自物方主点 H 到物方焦点 F 的距离称为物方焦距，用 f 表示；自像方主点 H' 到像方焦点 F' 的距离称为像焦距，用 f' 表示。焦距的正负是以相应的主点为原点来确定的，若由主点到相应焦点的方向与光线传播方向相同，则焦距为正，反之为负。理想光学系统如图 2.25 所示。

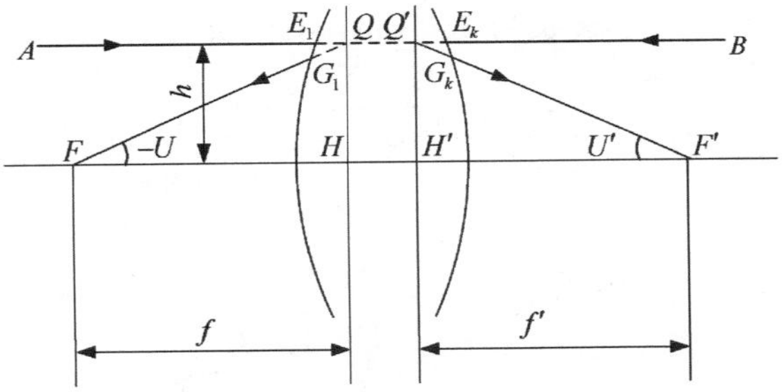

图 2.25 理想光学系统

由 $\triangle FQH$、$\triangle F'Q'H'$ 得到物方焦距和像方焦距的表达式为

$$f=\frac{h}{\tan U} \tag{2-140}$$

$$f'=\frac{h}{\tan U'} \tag{2-141}$$

光学系统的焦距决定所成像的大小。当物体处于有限距离时，像的大小为

$$y'=(1-\beta)f'\tan\omega \tag{2-142}$$

式中，y' 为像高；β 为横向放大率；ω 为半视场角。

当物体处于无限远时，式（2-142）简化为

$$y'=f'\tan\omega \tag{2-143}$$

可以看出，像的大小与光学系统的焦点成正比。为了分辨远处的物体目标。光学系统所成的像越大越好，所以焦距越长越好。

2. 相对孔径

相对孔径的定义为入瞳孔径与焦距之比。即

$$\frac{D}{f'}=\frac{1}{F} \tag{2-144}$$

式中，D 为入瞳孔径；F 为相对孔径倒数，称为 F 数。

为了限制入瞳孔径的大小，在光学系统中设置孔径光阑。孔径光阑被其前面的透镜组在整个光学系统物方空间所成的像被称为入射光瞳，简称入瞳；孔径光阑被其后面的透镜组在整个光学系统像方空间所成的像被称为出射光瞳，简称出瞳。因此入瞳、孔径光阑、出瞳是物像共轭关系，如图 2.26 所示。

光学系统的相对孔径决定其受衍射限制的最高分辨率和像面照度。这一最高分辨率就是通常所说的截止频率，即

$$N=\frac{D}{\lambda\cdot f'} \tag{2-145}$$

式中，N 为截止频率；λ 为波长。

通常可见光波段的中心波长为 555 nm，有经验公式：

$$N=\frac{D}{1.22\lambda f'}\approx\frac{1476}{F} \tag{2-146}$$

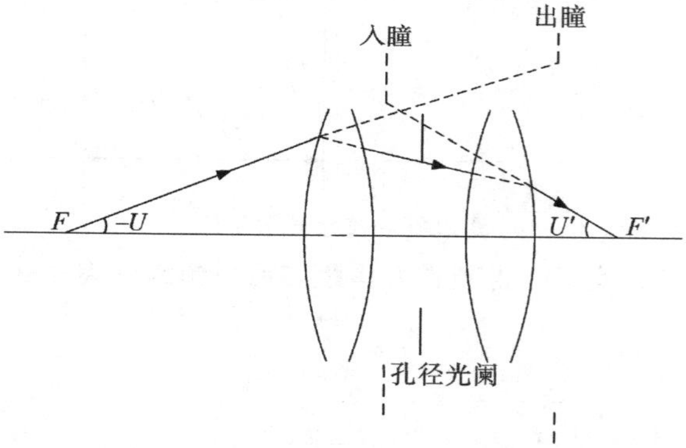

图 2.26 孔径光阑与入瞳、出瞳的关系

光学系统的相对孔径与像面照度的公式为

$$E'=\frac{\pi}{4}B\tau\left(\frac{D}{f'}\right)^2 \tag{2-147}$$

式中，E' 为像面照度；B 为物体的光亮度；τ 为光学系统透过率。

从式 (2-147) 可以看出，当物体光亮度与光学系统透过率一定时，像面照度仅与相对孔径的平方成正比。

为了使同一摄像光学系统在各种亮度下所成的像具有适宜的照度，其孔径光阑均采用直径可以连续变化的可变光阑。它的变化档次均以 $1/\sqrt{2}$ 为公比的等比级数排列，即像面照度每个档次之间相差约 1/2 倍，通常把相对孔径规定为如表

2-3 所示的规格，其中 F 数称为 F 光圈。

表 2-3　相对孔径与 F 光圈的关系

相对孔径	1:1	1:1.4	1:2	1:2.8	1:4	1:5.6	1:8	1:11	1:16	1:22	…
F 数	1	1.4	2	2.8	4	5.6	8	11	16	22	…

F 光圈只标明光学系统的名义相对孔径，称为名义光阑指数，它对考核光学系统的截止频率是起作用的。如果考核其像面照度，还得考虑光学系统透过率 τ 的影响，那么标明实际相对孔径的有效光圈指数则为

$$T = F\sqrt{\tau} \tag{2-148}$$

式中，T 为考虑了光学系统透过率的实际光圈数。

3. 视场角

对光学系统而言，被摄影物的空间范围称为视场，视场越大则轴外光束与光轴的夹角就越大。轴外光束的中心线称为主光线。主光线与光轴的夹角称为视场角。图 2.27 中，ω 即为视场角。因此，可以说光学系统的视场角决定了被摄景物的空间范围。一般来说，长焦距物镜的视场角小些，视场角为 60°～90°的物镜称为广角物镜，视场角在 90°以上的物镜为超广角物镜，而鱼眼物镜的视场角高达 180°以上。

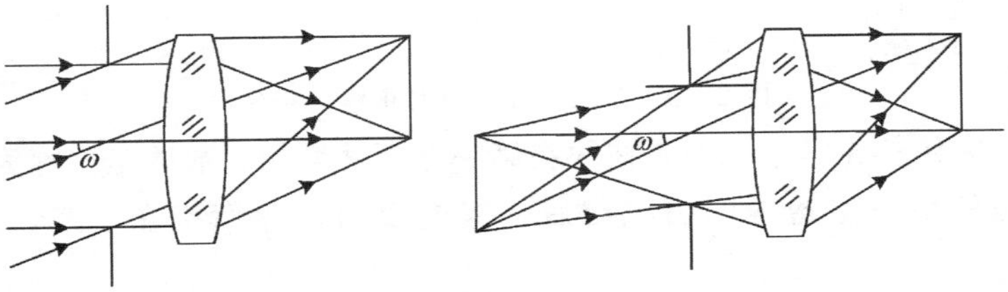

图 2.27　光学系统的视场角

光学系统的视场角由视场光阑所决定，视场光阑经光学系统在物方空间所成的像称为入射窗，视场光阑经光学系统在像方空间所成的像称为出射窗。入射窗、出射窗与视场光阑均为共轭成像关系。

在某些情况下，视场光阑与物面重合，物体本身就是入射窗，例如投影系统和显微系统。在另外一些情况下，视场光阑与像面重合，即以接收器本身的有效接收面积的边缘作为视场光阑。像面本身就是出射窗，例如各种摄像光学系统。视场光阑与物面重合，视场光阑的大小就是物面的大小。视场光阑与像面重合，视场光阑的大小就是接收器本身有效接收面积的大小。

对于大视场的光学系统，其通光口径不完全由相对孔径决定。当视场角增大

时，轴外光束的主光线与光轴的垂轴偏离量 h_p 增大，那么通光口径为

$$\phi = 2(h + h_p) \tag{2-149}$$

在相对孔径和视场角均很大时，由于整体尺寸或像差的原因，在光学系统中的某些镜片如前片或者后片，还要遮拦一些离轴外主光线较远的边缘光束，通常离中心视场越远，边缘光线遮拦越多，这种光线遮拦的现象称为渐晕。渐晕导致轴外点成像的相对孔径小于轴上点或像的相对孔径，两者之比称为渐晕系数。

在连续成像的组合系统中，第一个像面既是前一个系统的出射窗，又是后一个系统的入射窗。以保证第一像面与第二像面的共轭关系，前一个系统的出瞳与后一个系统的入瞳应该重合，使前后两个系统的入瞳和出瞳共轭，如图 2.28 所示为望远系统。孔径光阑在第一透镜上，即入瞳与孔径光阑重合。出瞳在目镜外面，而视场光阑在分划板（即像面）上。

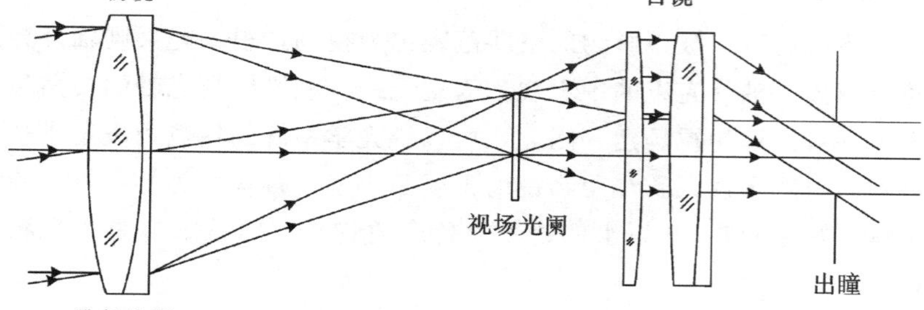

图 2.28 望远系统入瞳与出瞳的衔接

在二次成像的光学系统中，往往在第一像面处增加一般透镜，称为场镜。场镜的作用是使前一组透镜的出瞳与后一组透镜的入瞳衔接在一起，如图 2.29 所示。

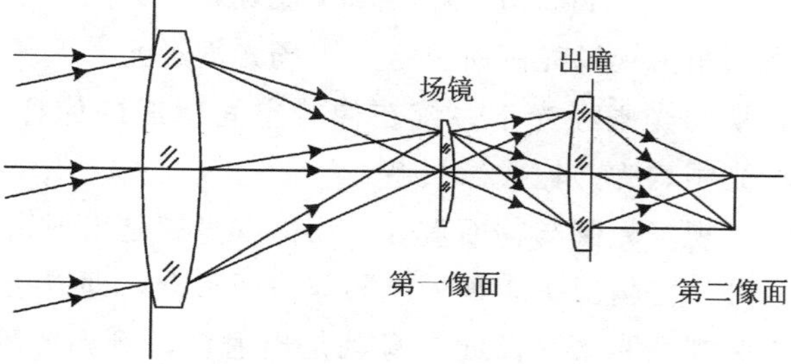

图 2.29 二次成像系统入瞳与出瞳的衔接

光学系统上述三个主要的性能参数是相互关联、相互制约的。企图同时提高这三个性能参数的指标很困难，只能根据不同的使用要求，在提高一个性能参数

指标的同时，适当地降低其余两个性能参数的指标。这也是摄像光学系统有多种多样结构形式和设计结果的原因。

上述三个主要的光学性能多重代表了一个光学系统的性能指标。它们的乘积为

$$f' \cdot (D/f) \cdot \tan\omega = 2h\tan\omega = 2y'h' = 2j \tag{2-150}$$

从式（2－150）可以看出，这个乘积是二倍拉氏不变量。拉氏不变量即拉格朗日-亥姆霍兹不变量。在延轴区域内光学系统从物面到像面均为

$$j = nh\omega = n'y'u' \tag{2-151}$$

因此可以说，拉氏不变量可以表征一个光学系统的总体性能指标。

4. 基本性能指标的确定

光学系统的性能指标是根据用户的使用要求制定的。光学设计者首先要把用户的使用要求"翻译"成光学系统的性能指标。比如，多远且多大的被摄体，这个被摄体要求分辨到什么程度，选择的接收器是底片还是CCD，是什么样的底片和CCD，以此来确定光学系统的焦距。被摄体在什么样的照度条件和对比情况下，接收器的分辨率和灵敏度如何，以此来确定光学系统的相对孔径。此外，要求被摄体的空间范围和接收器的有效接收尺寸，以此来确定光学系统的视场角。

上述三项基本性能指标，要统筹考虑、相互兼顾，在不能同时满足三项基本性能指标时要有所侧重，然后考虑采用什么样的光学系统结构形式，满足已经确定的性能指标。

2.3.3 几何像差

单色光成像会产生性质不同的五种像差，即球差、彗差、像散、场曲和畸变，这五种像差统称为单色像差。由于光学介质对不同的色光有不同折射率，不同色光通过光学系统时，因折射率不同而导致成像位置和放大倍率的差异，称为色差。色差有两种，不同色光成像位置差异的像差称为位置色差，不同色光的成像放大倍率差异的像差称为倍率色差。这七种像差都是在几何光学基础上定义的，统称为几何像差。

1. 球差

光轴上发出不同入射高度的光线经光学系统后，交于光轴的不同位置，相对于近轴像点（理想像点）有不同程度的偏离，这种偏离即为球差，如图2.30所示。

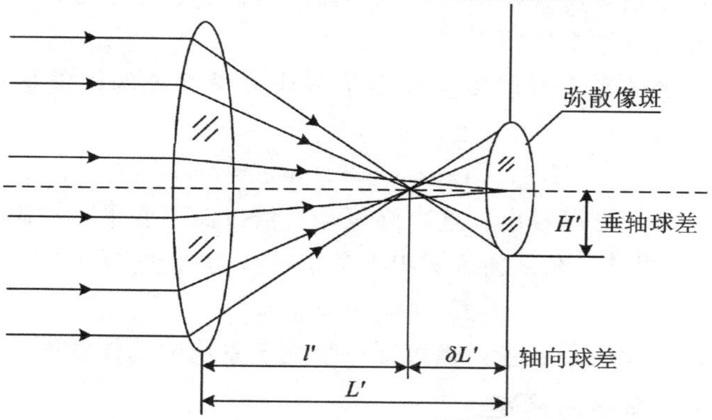

图 2.30 球差及其形成的弥散像斑

轴向球差可表示为 $\delta L'=L'-l'$，L' 是实际光线的像距，l' 是近轴光线的像距。球差可正，也可负。初级球差大小为

$$\delta L'=-\frac{h^2\varphi}{2(n-1)^2}\left[n^2-(2n+1)K+\frac{n+2}{n}K^2\right] \tag{2-152}$$

式中，h 为透镜的半通光孔径；φ 为光焦度；$K=c_1/(c_1-c_2)=c_1/c$ 为形状系数，$c_1=1/r_1$、$c_2=1/r_2$ 为薄透镜的两个表面曲率，c 为透镜的总曲率

$$c=c_1-c_2=\frac{\varphi}{n-1}=\frac{1}{f'(n-1)} \tag{2-153}$$

r_1 和 r_2 为曲率半径，f' 为薄透镜的焦距，根据薄透镜焦距公式可知 $f'=-f$ 。孔径较小时，主要存在初级球差；孔径较大时，高级球差增大。

由初级球差引起的最小弥散圆斑（简称弥散斑）位于离理想焦点约 $(3/4)\,|\delta L'|$ 处，即离边缘光线焦点 $(1/4)\,|\delta L'|$ 处，因而球差弥散斑直径 δd_s 应为

$$\delta d_s=\frac{1}{4}|\delta L'|(2u')=\frac{h^3\varphi^2}{4(n-1)^2}\left[n^2-(2n+1)K+\frac{n+2}{n}K^2\right] \tag{2-154}$$

球差斑角直径（角弥散）近似为

$$\delta\theta_s=\frac{\delta d_s}{f}=\delta d_s\cdot\varphi=\frac{h^3\varphi^3}{4(n-1)^2}\left[n^2-(2n+1)K+\frac{n+2}{n}K^2\right] \tag{2-155}$$

由式（2-154）和式（2-155）可见，如果透镜的孔径和焦距已定，则球差斑角直径 $\delta\theta_s$ 随折射率 n 和形状系数 K 而变。

当形状系数满足式（2-156）时，球差为最小。

$$k_{\min}=\frac{n(2n+1)}{2(n+2)} \tag{2-156}$$

即 $\frac{c_1}{c_2}=\frac{2n^2+n}{2n^2-n-4}$ 或 $\frac{r_2}{r_1}=\frac{2n^2+n}{2n^2-n-4}$。将其代入薄透镜焦距函数，可得

$$\begin{cases} r_1=\frac{2(n-1)(n+2)}{(2n+1)n}f' \\ r_2=\frac{2(n-1)(n+2)}{2n^2-n-4}f' \end{cases} \tag{2-157}$$

最小轴向球差为

$$\delta L'_{\min}=-\frac{h^2\varphi n(4n-1)}{8(n-1)^2(n+2)} \tag{2-158}$$

最小球差弥散斑角直径可将 $K_{\min}$ 值代入式（2-155），求得

$$\delta\theta_{\min}=\frac{h^2\varphi^3 n(4n-1)}{16(n-1)^2(n+2)} \tag{2-159}$$

若系统的入瞳（薄透镜的直径）为 D，则

$$h=\frac{D}{2},\ F=\frac{f'}{D}=\frac{f'}{2h}=\frac{1}{2h\varphi} \tag{2-160}$$

因此，式（2-159）可写为

$$\delta\theta_{\min}=\frac{n(4n-1)}{128(n-1)^2(n+2)}/F^3 \tag{2-161}$$

对锗透镜，$n=4$，最小球差时的透镜最佳形式可由式（2-157）求出，$r_1=f'$，$r_2=1.5f'$。

若锗透镜的 F 数为 2，则最小球差角直径为

$$\delta\theta_{\min}=\frac{0.0087}{8}\approx 1.1\times 10^{-3}\ \text{rad} \tag{2-162}$$

2. 彗差

工程光学中将轴外点发出的光束中通过入瞳中心的光线称为主光线，主光线和光轴构成的平面称为子午面，包含主光线并与子午面垂直的平面叫做弧矢面。轴外物点在理想像面上形成的像点不是一个点，而是入瞳彗星状的光斑，主光线形成一亮点，远离主光线不同孔径的光线束形成的像点是远离主光线的不同圆环，即彗差。子午彗差是在子午面内，上、下光线的交点到主光线的垂轴距离；弧矢彗差是在弧矢面内，上、下光线的交点到主光线的垂轴距离。

弧矢彗差弥散斑角直径为

$$\delta\theta_{\mathrm{t}}=\frac{W}{8n(n-1)F^2}[-(n+1)K+n^2] \tag{2-163}$$

对于轴外细光束，不存在由于光束的不对称性引起的彗差。对于轴外宽光束，若系统存在较大彗差，则将导致轴外像点成为彗星状的弥散斑，影响轴外像点的清晰程度。

3. 场曲

场曲是由于球面的几何形状引起的像面弯曲。无论光束宽度如何，大视场光学成像均存在场曲。不同视场，子午像面和弧矢像面对于理想像面的偏离用 x_t' 和 x_s' 表示，分别称为子午场曲和弧矢场曲，如图 2.31 所示。

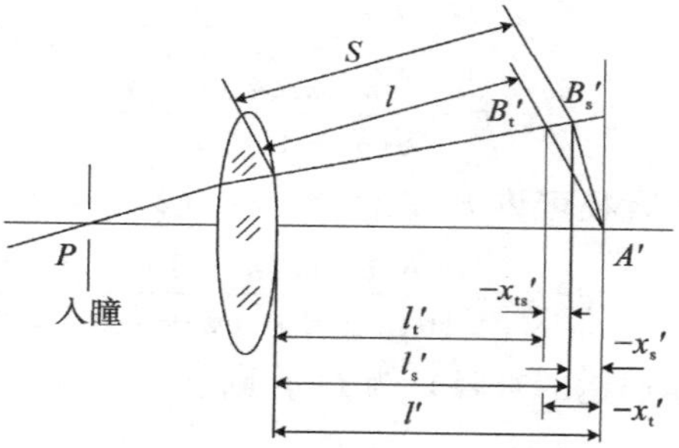

图 2.31 场曲和像散示意图

像散值和像面弯曲值都是对一个视场点而言的。由此可知，当存在场曲时，在高斯像面上超出近轴区的像点都会变得模糊。一个平面物体的像变成一个回转的曲面，在任何像平面处都不会得到一个完善的物平面的像。

细光束的像面弯曲 x_t' 和 x_s' 可由下式求得

$$\begin{cases} x_t' = l_t' - l' \\ x_s' = l_s' - l' \end{cases} \tag{2-164}$$

像散 x_{ts}' 与像面 x_t' 和 x_s' 弯曲的关系式为

$$x_{ts}' = x_t' - x_s' \tag{2-165}$$

细光束的场曲与孔径无关，只是视场的函数。像散和像面弯曲是两种既有联系又有区别的像差。像散的产生，必然引起像面弯曲。对整个光学系统而言，像散可依靠各面相互抵消得到校正，而像面弯曲却很难（有时甚至不可能）得到抵消。垂直于光轴的平面物体只有在近轴区域才近似成像为一个平面，对较大物面，像面不是平面而是曲面，因此，在弯曲面上接收图像可消除场曲。

4. 像散

轴外细光束成像时，子午光线的像点和弧矢光线的像点并不重合，两者分开的轴向距离称为像散。像散和场曲两者之间既有联系，又有差别。像散必然增加像面的弯曲，但是即使像散为零，子午像面和弧矢像面重合在一起，像面也不是平的，因为场曲是球面本身几何形状所决定的。因此，有像散必有场曲，但像散为 0 时场曲不见得为 0。

像散的弥散斑角直径为

$$\delta\theta_{\mathrm{n}}=W^2/2F \tag{2-166}$$

式中，W 为半视场角；F 为系统的 F 数。像散与透镜形状无关。

5. 畸变

理想光学系统的垂轴放大率为常数，在实际光学系统中，只有视场较小才具有这一性质。当视场较大或很大时，放大率要随视场而变，导致像与物失去相似性，这种成像缺陷称为畸变。畸变是垂轴像差，只改变轴外物点在理想像面的成像位置，使像的形状产生失真，但不影响像的清晰度。垂轴放大率随视场而变化的示意图如图 2.32 所示。

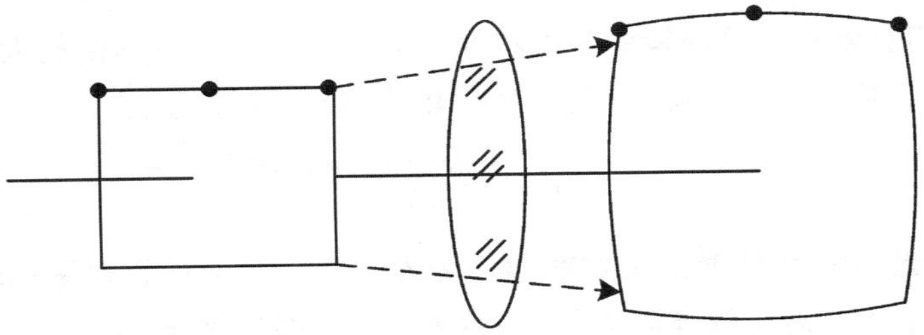

图 2.32　垂轴放大率随视场变化的示意图

畸变是视场的函数，存在正畸变和负畸变，如图 2.33 所示。

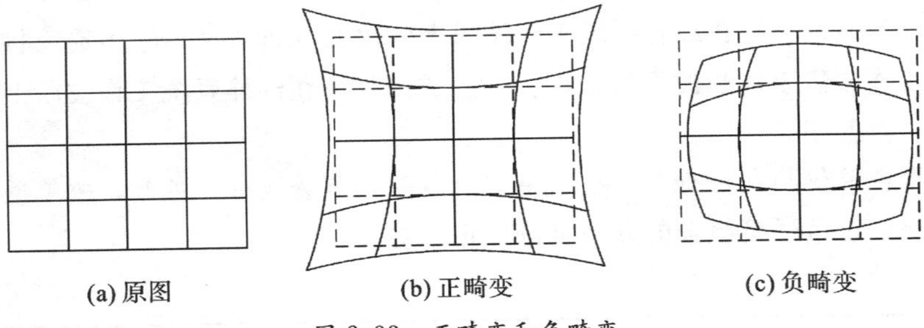

图 2.33　正畸变和负畸变

6. 位置色差

所有色差起因都是源于折射率因波长不同而变化。白光中红光波长较长，传播速度大，折射率就小，而蓝光波长短，折射率大。由于折射率不同随之引起不同色光焦距的变化，导致光学成像位置和放大倍率的变化。位置色差是轴上点两种色光成像位置的差异，如图 2.34 所示。

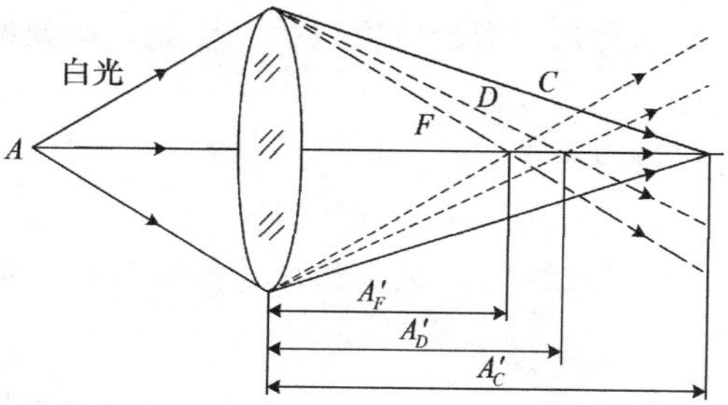

图 2.34 位置色差示意图

A_F' 为 F 光的会聚点，A_D' 为 D 光的会聚点，A_C' 为 C 光的会聚点。位置色差弥散斑角直径为

$$\delta\theta_{ch}=\frac{1}{2VF} \tag{2-167}$$

式中，V 为阿贝常数。单透镜的色差和 V 成反比，V 值越小色差越大。因此，又称 V 为色散倒数。对于可见光波段，V 值由式（2-168）确定。

$$V=\frac{n_D-1}{n_F-n_C} \tag{2-168}$$

式中，n_D 为光学材料 D 光的折射率；n_F 为光学材料 F 光的折射率；n_C 为光学材料 C 光的折射率。对于红外波段，V 值由式（2-169）确定。

$$V=\frac{n_m-1}{n_s-n_1} \tag{2-169}$$

式中，n_s 为透镜材料在红外系统工作波段上的短波限折射率；n_1 为透镜材料在红外系统工作波段上的长波限折射率；n_m 为透镜材料在红外系统工作波段上的波段中点波长折射率。

位置色差仅与孔径有关。正透镜有负色差，负透镜有正色差，故单透镜不能校正色差，正负透镜组合的办法可以校正色差。

2.4 典型光学系统

衡量光学系统性能的参数有很多，主要有相对孔径、F 数、视场和视场角等。相对孔径为入瞳直径 D，与焦距 f 之比，即 D/f，相对孔径对像面照度有很大影响。相对孔径的倒数就是 F 数。视场是探测器通过光学系统能感知目标存在的空间范围，度量视场的立体角称为视场角。视场角的单位为球面度（sr），目前习惯用平面角表示。

2.4.1　红外热成像仪光学系统

红外热成像仪光学系统先将景物的红外辐射收集起来，再经过光谱滤波和光学扫描聚焦到探测器阵列上，探测器将强弱不等的辐射信号转换成相应的电信号，然后经过放大和视频处理，形成视频信号，送到视频显示器上显示出来。图 2.35 是热成像仪光学系统示意图。

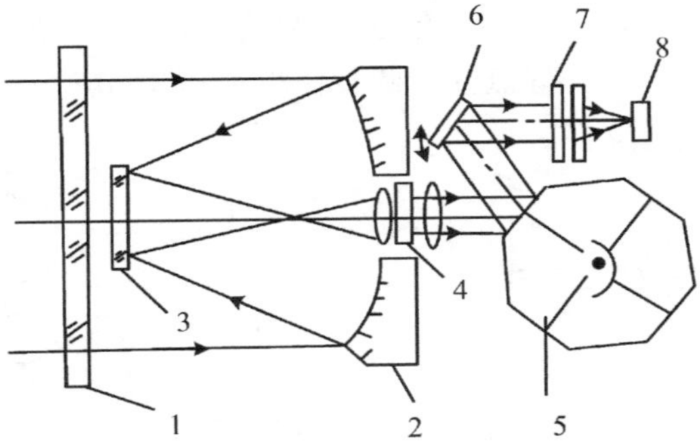

1 —保护窗口；2 —主镜；3 —次镜；4 —望远镜；5 —折反望远系统、八面外反射行扫描转鼓；6 —平面摆动帧扫描镜；7 —准直透镜；8 —单元碲镉汞器件。

图 2.35　热成像仪光学系统

由折反望远系统、八面外反射行扫描转鼓 5、平面摆动帧扫描镜 6 和准直透镜 7 所组成的热成像仪光学系统，其工作波段为 8 ～ 14 μm，探测器 8 为单元碲镉汞器件。其中，1 为保护窗口，2 为主镜，3 为次镜。主镜 2 和次镜 3 组成了一个包沃斯-马克苏托夫-卡塞格林物镜系统，与望远镜 4 一起组成了无焦望远系统，将光束压缩、准直为平行光束，使其中分别进行帧扫描和行扫描的扫描转鼓和平面摆镜被置于平行光路之中，以免产生扫描像差，准直透镜 7 的作用是使扫描光束会聚到探测器光敏面上。这种红外热像仪光学系统的 F 数约为 1.6，$D=110$ mm，像点弥散圆直径小于 0.15 mm。

包沃斯-马克苏托夫系统的焦点在球面反射镜和校正透镜之间，接收器必然造成中心部分挡光，使用起来很不方便，为此又发展了包沃斯-马克苏托夫-卡塞格林系统。这种系统把校正透镜的中心部分镀上铝、银等反射膜作次镜用，就可将焦点移到主反射镜之外。

2.4.2　红外跟踪光学系统

红外跟踪光学系统的作用是把目标的辐射能收集后聚焦到调制盘或多元探测器上，经调制盘旋转或光点在调制盘、多元探测器上旋转，变成调幅或调频等形式的载波辐射，再经场镜、光锥或浸没透镜等会聚后均匀地落到探测器上。红外跟踪光学系统主要分为十字形多元跟踪器系统和带探测器的跟踪系统两类。

1. 十字形多元跟踪器光学系统

图 2.37 是十字形多元跟踪器光学系统示意图，其中，图 2.36（a）是十字形多元探测器的形状及尺寸示意图，元件采用锑化铟器件，工作波段为 3～5 μm，中心波长为 4 μm；图 2.36（b）所示为偏轴双反射镜系统，其前面所安置的平行平板红外玻璃是起保护作用的窗口，次镜偏轴放置并作扫描转动，其扫描视场为瞬时视场的两倍，该系统的 F 数为 3，D ＝230 mm，瞬时视场为 0.83°，次镜遮挡比为 1/3，像点弥散圆直径小于 0.2 mm。

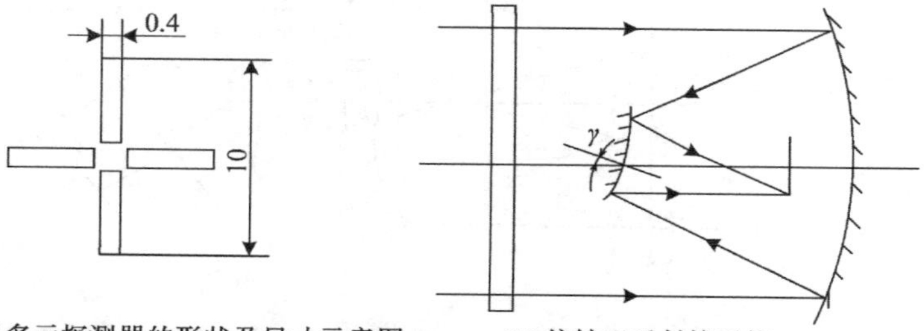

(a) 十字形多元探测器的形状及尺寸示意图　　(b) 偏轴双反射镜系统

图 2.36　十字形多元跟踪器光学系统

2. 带探测器光学系统的跟踪系统

图 2.37 是次镜作圆锥扫描的双反射镜主系统与场镜的组合系统，其探测器为单元锑化铟器件，工作波段为 3～5 μm，中心波长为 4 μm，光学系统由次镜偏轴作圆锥扫描的双反射镜卡氏系统加场镜与保护窗口共同组成，场镜位于次镜的焦平面上，各视场光线经场镜后能均匀地照在探测器上，调制盘花纹光刻于场镜的前平面上，所以系统的像质（即弥散圆斑直径）必须与调制盘的格宽相匹配，系统的 F 数为 5，D ＝200 mm，视场为 1.5°，次镜遮挡比为 1/4，像点弥散圆直径小于 0.6 mm（调制盘的格宽为 0.6 mm）。

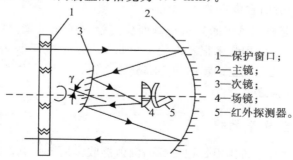

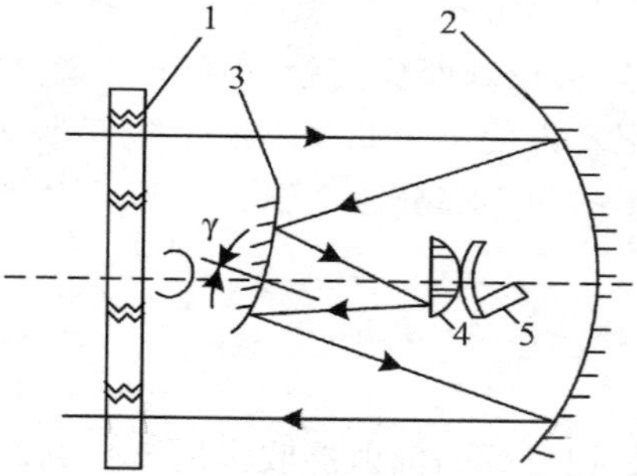

1—保护窗口；
2—主镜；
3—次镜；
4—场镜；
5—红外探测器。

图 2.37　双反射镜主系统与场镜的组合系统

图 2.38 是同轴调制盘旋转的双反射镜主系统与光锥、浸没透镜的组合系统，

其探测器为单元硫化铅器件，工作波段为 1～3 μm，中心波长为 1.8 μm，主系统为同轴的卡氏系统，由于采用了调制盘旋转的扫描形式（旋转轴为 AA'），主系统的焦平面位于主系统之外，调制盘为幅条式，条宽为 0.5 mm，由于主系统的 F 数较小，故探测器光学系统采用了光锥与浸没透镜的组合系统，硫化铅元件用高折射胶直接黏结在浸没透镜的后表面中央，光锥大端尺寸等于或稍大于焦平面尺寸，半球型浸没透镜使通过光锥射到它上面的光线的入射角减小，从而减小了光线在镜面上的反射损失。系统的 F 数为 1.45，D = 230 mm，视场角为 ±1.5°，次镜遮挡比为 1/3。

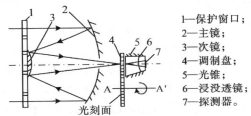

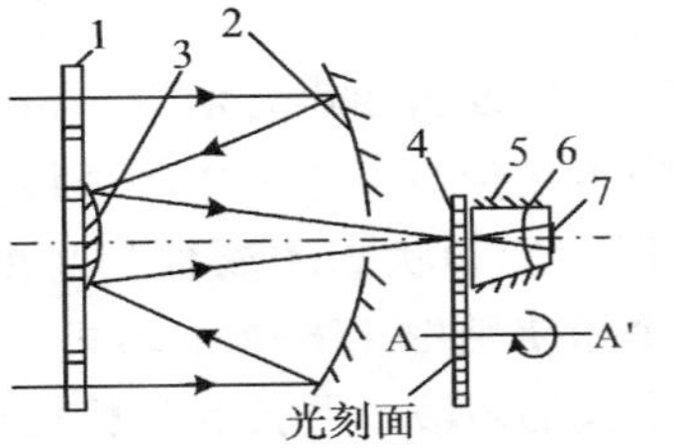

图 2.38 同轴调制盘旋转双反射主系统与光锥、浸没透镜的组合系统

习 题

1. 声传播的模型以及声传播特性主要包含哪些？

2. 声传播过程中，环境温度和风等因素是否对声传播有影响，主要体现在哪些方面？

3. 什么是光电系统？与电子系统相比，光电系统最大的不同是什么？

4. 光电探测器的物理效应都包含哪些？它们的特点是什么？

5. 光学目标理想成像的特性是什么？

6. 光学目标成像引起的几何像差都有哪些，它们的特点是什么？

7. 光学系统中焦距前主点与后主点的区别是什么？

第 3 章　声探测技术

3.1　声探测技术概述

声探测技术是利用传声器捕获目标发出的声音信息，通过声谱特征分析，发现和识别目标，并根据目标辐射噪声在传声器阵列中各个传声器间产生的时延和相位关系，实现对目标的位置特征、运动状态和属性信息的估计；可以分主动式、被动式或半主动式探测，在实际使用中主要是主动式和被动式声探测为主。主动式声探测是探测器发出特定形式的声波，并接收目标反射的回波，以发现目标并对其定位。主动式声探测主要用于探测水面和水下目标，通常采用超声波。被动式声探测是直接接收目标发出的声音，可在水中和空气中使用，这种方式易受其他声源的干扰。图 3.1 所示为主动和被动探测基本原理。

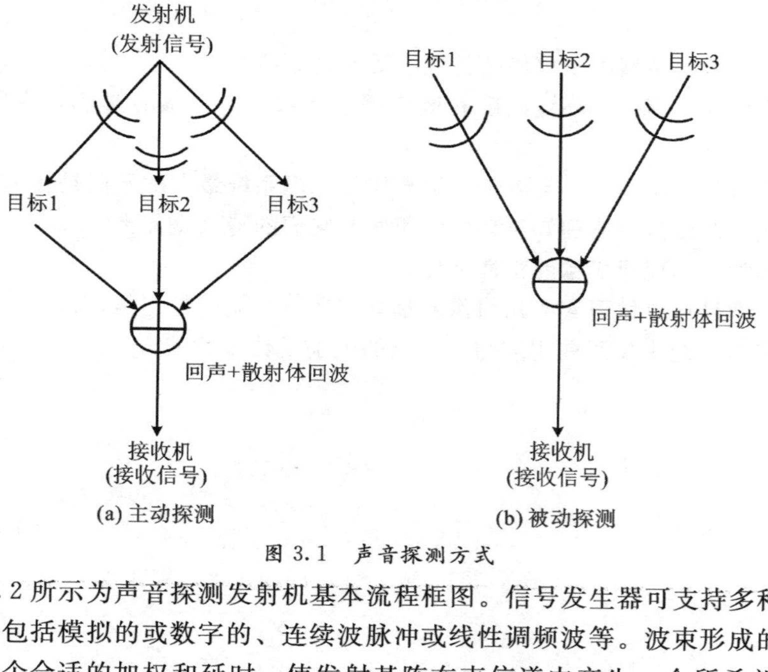

图 3.1　声音探测方式

图 3.2 所示为声音探测发射机基本流程框图。信号发生器可支持多种形式输出信号，包括模拟的或数字的、连续波脉冲或线性调频波等。波束形成的作用是给信号一个合适的加权和延时，使发射基阵在声信道中产生一个所希望的波束

图，该图决定了由发射机所发射声能的集中程度和空间分布情况。功率放大是为了获得足够大的电功率，将其与发射基阵匹配，并以较高的效率向探测环境发射声能。发射基阵的几何形状如圆阵、线阵、球阵依赖于具体的应用场合，发射基阵是多个辐射单元的综合，材料取决于传播介质。声呐系统中通常用压电陶瓷或磁致伸缩的金属作为电能和声能互换的器件。程序控制是整个发射机的管理或控制中心，用以保证发射机工作在期望状态下。

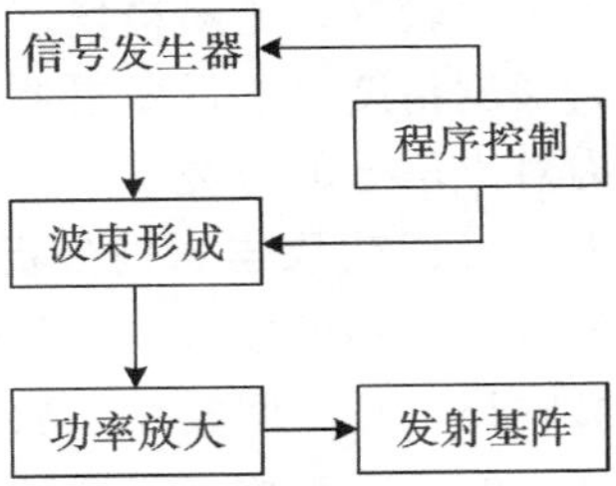

图 3.2 声音探测发射机框图

图 3.3 所示为声音探测接收机基本框图，接收基阵与发射基阵非常类似。动态范围压缩模块的功能是自动增益控制与时变增益放大，将所接收到的信号动态压缩到一定范围，以便后续系统正常工作。波束形成的功能与发射端类似，但方式较复杂，要实现抗噪声和混响场，需要进行一系列运算。信号处理、显示、听测、判决都和声音特性获取密切相关，共同代表信号处理系统。

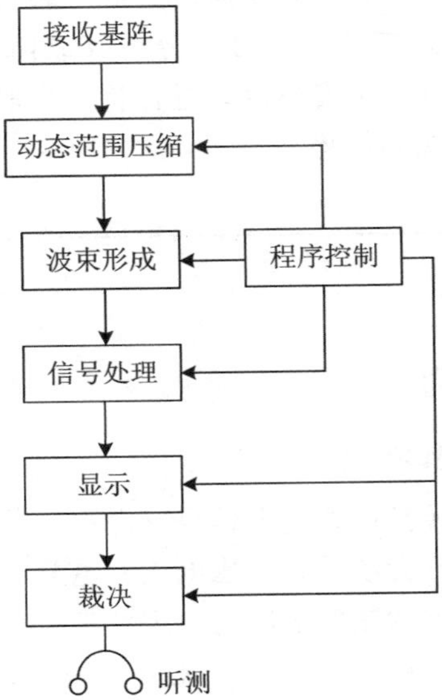

图 3.3 声音探测接收机框图

声探测作为一种传统的侦查手段，具有其他探测技术所没有的优势，声探测具有隐蔽性、全天候、不易受环境影响等优势。与激光、可见光和无线电探测方式相比，它具有以下优点：

（1）可见光、激光探测需要能够通视目标，在进行侦察探测时，侦察设备与目标之间若有遮挡物，则会直接影响探测效果，甚至会探测不到目标。而声波传输具有绕射性，在传播时能够绕过障碍物，探测到隐藏的声波发出物。

（2）无线电探测时容易受到电磁波的干扰，也容易被敌方检测到而暴露，而声传播因为是被动式探测，隐蔽性较好，不易被发现。

（3）声探测系统成本低，探测精度高、设备更便携。

对声目标的探测主要分为对声信号的分类识别与目标定位两部分。针对声目标的自动识别系统，可以将人从目标获取与识别分析的过程中解放出来，同时，由于人耳对多种噪声环境中的目标敏感度较低，以及受声音大小、环境复杂性的影响，对目标识别的正确率影响很大且时间较长，从可靠性方面来讲，远低于自动识别的效果，会影响战场环境的实时掌控。声音是信息的载体，声音中包含了大量的信息，通过对声音信号进行分析，可以得到外界的多方面信息。利用被动式的声探测对声音进行采集，声传感器可以安装在隐蔽处，不需要很特别的安装条件，成本低、功耗小，采集到的声音信号经过信号分析处理后可以得到声源的类型、距离、规模等多种信息。对声音信息的分类识别可以用在很多方面，例如，在人工智能领域，可以自动识别语音指令，并进行相应的执行；在战场可以进行信息收集，监听敌方下达指令，了解敌方武器装备及规模，对车辆、发动机等机械设备的震动声进行采集分辨，可以分析其故障，诊断故障类型；在军事中，可以通过传感器拾取外界声音信息，进行特征提取分类后，将信息发送回指挥中心，以便指挥员了解战场形势。

3.2 声探测系统

3.2.1 传声器及其阵列

1. 传声器的种类及其特性

将声信号（机械能）转换成相应电信号（电能）的换能器为传声器，即麦克风。传声器根据其原理可分为动圈式、压电式、电容式和驻极体式四种类型。

动圈式和压电式传声器的频率响应与稳定性都较差，在测量中很少应用。性能最好的传声器是电容式传声器，它具有灵敏度高、频率响应宽、动态范围大、稳定性好等特点，可以较好地满足声学测量的要求，但它必须依靠一个极化电压才能工作。驻极体式电容传声器不需要极化电压，目前测量用的驻极体式电容传声器的性能已与电容式传声器接近，而且抗潮性能优于电容式传声器，成本低廉，是一种很有发展前景的传声器。

2. 传声器的方向性

单个传声器对于低频声信号是无方向性的，只有对 10 kHz 以上的信号才呈现一定的方向性，且频率越高，方向性越强。为了实现对目标的定向，一般采用导向筒、合成波束方向图和利用几何关系三种方法，后两种方法需要采用传声器阵列才能实现定向。

1）采用导向筒

采用导向筒是在传声器前加一个导向筒，利用导向筒的内壁吸收其他方向的声波，实现方向性。但加了导向筒会使其转动惯量增大，而且声波衰减较大，同时方向性也不够好，难以满足战术技术要求。

2）采用合成波束方向图

采用合成波束方向图是利用声波到达传声器阵列的各传声器的时间差（时延）与方向有关，通过对各路信号加不同延迟后叠加，使其中一个方向的信号得到最大的增强，而其他方向的信号增强较小甚至相互抵消，形成波束方向图的方向性。波束方向图的方向性与信号频率、阵元个数及基阵大小有关，频率越高，阵元越多，基阵较大，方向图就越尖锐。对于阵元较多的阵列，还可以使某一个或几个方向较为钝感。对于低频声信号，当基阵较小、阵元较少时，波束的方向图较宽，往往难以满足测向精度的要求。

3）利用几何关系

利用几何关系也是利用声波到达传声器阵列的各传声器的时间差（时延）与方向有关，通过几何关系求解目标的位置。

3. 传声器阵列

利用几何关系定位时，传声器阵列可分为线阵、面阵和立体阵三种。对于固定式阵列来说，线阵只能对阵列所在直线为界的半个平面进行定位，否则没有唯一解。面阵可以在整个平面对目标进行定位，也可以对阵列所在平面为界的半个空间进行定位。立体阵则可以对整个空间定位，但其算法相对复杂。

由 n 个传声器组成的阵列可以得到 $n-1$ 个独立的时延，因此，确定平面目标的位置（距离和方位角）至少需要 3 个传声器，确定空间中目标的位置（距离、方位角和高低角）至少需要不在一条直线上的 4 个传声器，而确定空间目标的方向（方位角和高低角）则至少需要不在一条直线上的 3 个传声器。为了使定位具有全方位性，采用正多边形阵列最为合适。除远程警戒声雷达外，传声器阵列由于受体积和布设方法的限制，阵元的个数不宜过多，阵列孔径尺寸也较小。

3.2.2 前置放大器

声传感器输出方式有电压和电流两种方式。对于前置放大电路而言，需要一个高输入阻抗和低输出阻抗电路。声传感器作为一种微弱信号源，从输入端输入，经放大电路后，输出适合滤波电路工作的电压值。LM387 是 LM38X 系列中的一种。LM38X 系列是高级线性放大集成电路，具有低噪声值、宽频带及抑制脉动等优点。此外，采用单电源供电、内部有补偿以及较大的功率带宽。声音信号从输入端输入后，经过 LM387 和 LM1458 放大器放大，具体电路图如图 3.4 所示，MK_1 为声传感器并联 600 Ω 的电阻输出，主要用于阻制电流。

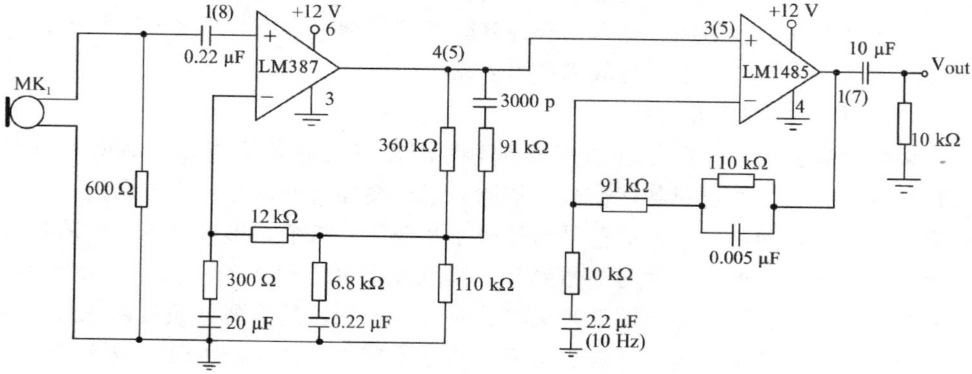

图 3.4 集成运放前置放大电路

3.2.3 程控放大电路

程控放大器是阵列声测系统中决定模拟电路响应声音强度范围的部件，利用程控放大器可以使 60～130 dB 的声压信号，得到幅度－5 ～5 V 的电压输出信号，从而保证对大范围内的声音具有足够高的响应信噪比。广泛采用的程控放大器有压控放大器、电压反馈型放大器、数/模转换（DAC）器件组成的放大器和专用程控放大器电路。利用 DAC 器件构成的放大器，信号的输入/输出关系与输入数字成正比，当把输入信号接入 DAC 的参考端时，由于 DAC 内部的开关电路采用 CMOS 器件，使得可以通过交流电流形成乘法式关系：

$$V_{out} = A \cdot V_{in} \tag{3-1}$$

式中，A 为程控放大电路的增益。压控型放大器只要提供控制电压就能调节增益。控制电压可采用 DAC 器件，得到按照线性变化的直流控制电压 V_c，将 V_c 经过滤波和光电耦合后，可以得到不受数字电路脉冲干扰的静态控制电压，即完全避免数字电路干扰模拟信号通道。所以，可以得到高精度的模拟信号。

AD604 是线性增益双压控放大器，具有节电工作模式。放大器的增益范围是 0～48 dB 或 6～54 dB，双放大器级联的增益为 0～96 dB。它对信号进行真正的放大，提高了信噪比。图 3.5 所示为压控型程控放大器原理图。

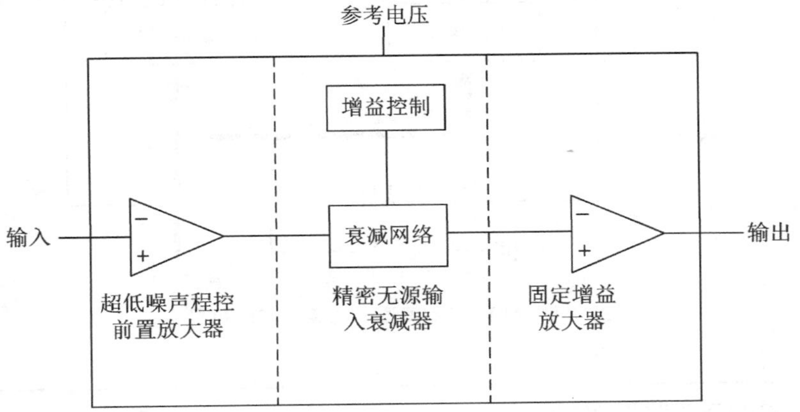

图 3.5　压控型程控放大器

3.2.4　滤波电路

滤波电路是模拟信号处理的重要部件，采用硬件滤波有利于提高系统对目标声源的选择性，减小干扰声源的影响。该系统中既要有较高的频率选择特性，即要求较高的滤波器阶数，又要保持足够的通道一致性，即通道传递函数的一致性误差要小。同时，要求元件数目少，便于缩小硬件尺寸和减少元件一致性误差源数目。

常用的模拟滤波器有无源滤波器、有源滤波器、集成滤波器件和数字程控滤波芯片等形式。前三种通过改变其中的电阻或电容来实现滤波器中心频率和带宽的改变，适合于中心频率和带宽固定或变化较少的场合。其中集成开关滤波器件具有很好的频率选择性和相位一致性，滤波器特性基本上只受一个外设电容元件的影响，同时具有节电工作模式。数字程控滤波芯片通过改变其输入的数字量，可以实现滤波器中心频率和带宽的改变。因此，采用数字程控滤波芯片可实现按需改变滤波器的中心频率和带宽。

图 3.6 所示的 MAX262 滤波器芯片是 CMOS 双二阶通用开关电容有源滤波器，内部有两个独立的程控滤波器，由微处理器精确控制滤波函数。可构成各种低通、高通、带通、带阻、全通配置，且不需外部元件。每个 MAX262 器件含有两个二阶滤波器，中心频率和 Q 值可调。中心频率有 64 个档位可调，Q 值有 128 个档位可调。中心频率 f_0 由采样频率 f_{clk} 和 N 决定，最大不超过 140 kHz，N 为输入量。

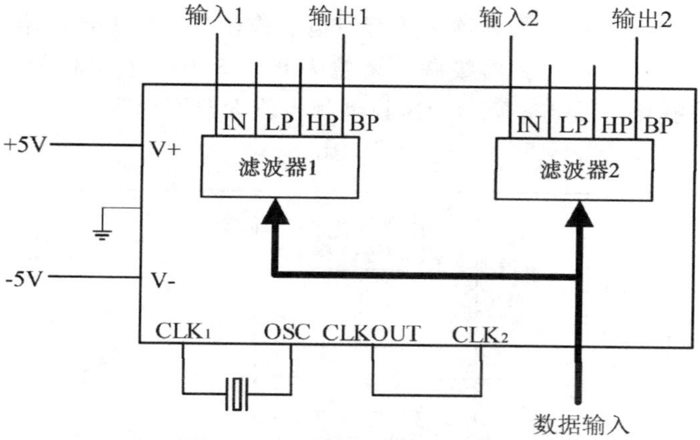

图 3.6 MAX262 程控滤波器内部结构图

3.3 声探测定位方法

声定位技术是利用声传感器（也称传声器）阵列和电子装置接收并处理声场信号，以确定自然声源或人为声源位置的一种技术。根据探测方式不同，声定位技术可分为主动声探测定位和被动声探测定位两种。主动声探测定位系统包括发射和接收装置；被动声探测定位系统仅有接收装置而没有发射装置。同传统的主动声探测定位技术相比，被动声探测定位技术具有隐蔽性强、不受电磁波干扰等特点，可用于探测车辆、坦克、火炮等军事目标位置，在军事、医疗、机器人等领域有着广泛应用。

目前，声传感器阵列被动声探测定位方法主要有波束形成定位方法、高分辨率谱估计定位方法、声压幅度比定位方法、基于时延估计定位方法等。

1. 波束形成定位方法

波束形成定位方法是基于最大输出功率的定位方法，其基本原理是采集声传感器阵列各阵元的信号，并赋予不同权值进行加权求和形成波束，并通过调整权值使得声传感器阵列输出的功率最大，最大输出功率所对应的位置即为目标声源位置。传统波束形成器的权值取决于声传感器阵列各阵元信号的相位延迟，而相位与信号间的时延差紧密相关，因此，传统波束形成器又称为时延求和波束形成器。传统的波束形成器工作原理如图 3.7 所示，FFT 为快速傅里叶变换（Fast Fourier Transform）。而现代波束，则根据某种权值调整判据进行权值调整，以此获得最佳波束形成器。此外，在进行时间校正的同时对信号加以滤波，因此，现代波束形成器也称为滤波求和波束形成器。

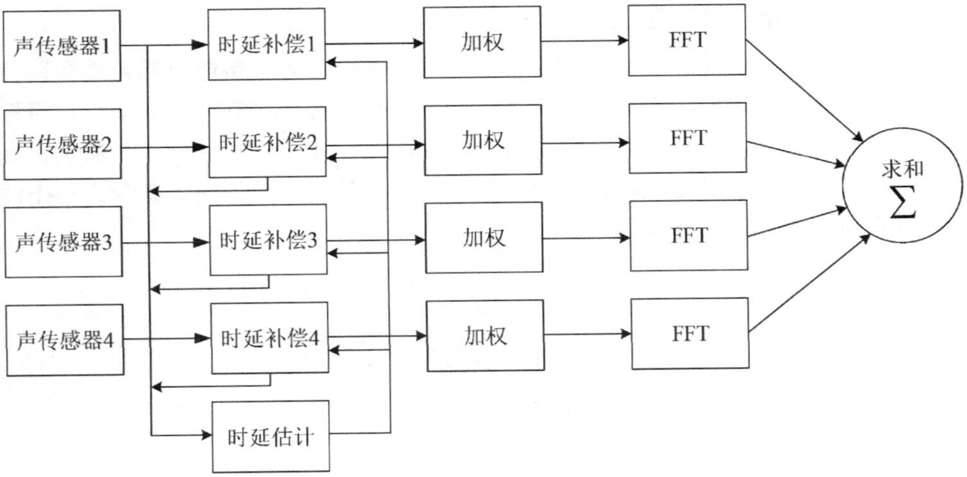

图 3.7　波束形成器工作原理

波束形成定位方法本质上是一种最大似然估计，它需要声源和环境噪声的先验知识。在实际应用中，这种先验知识往往较难获得。此外，定位估计是非线性优化问题，进行非线性优化时，其目标函数通常存在多个极点，对初始点选取很敏感。当采用搜索全局最优点方法时会增加计算量，不适用于实时系统。

2. 高分辨率谱估计定位方法

高分辨率谱估计定位方法是利用声传感器阵列的各阵元接收信号相关矩阵的空间谱，通过求解声传感器间的相关矩阵估计目标声源位置。常用方法有特征值分解法（如 MUSIC、ESPRIT 算法）、最小方差估计法（MVE）、最大熵法(ME)、自回归 AR 模型法等。高分辨率谱估计定位方法适合处理多声源定位问题，但需要假设信号源为理想信号源、声传感器特性相同，且声音信号是窄带平稳过程，而且声传感器阵列处于远场情况。这些条件限制使得该方法不适合近距离定位，其定位效果及稳定性不如波束形成定位法，运算量也较大。

3. 声压幅度比定位方法

声压幅度比定位方法是利用声传感器阵列各阵元接收到目标声信号的声压幅度比的差异实现目标声源定位的。所谓声压幅度比是指由声压在声传感器处产生的输出电压与相应目标声源到声传感器间距离的对应关系所推导出的用于声源定位的约束条件。这些约束条件既可以单独使用，也可以和基于时间差方法导出的约束条件一起使用。将多个声传感器布设成立体阵列，即可确定目标声源的三维空间位置。该方法对声传感器的匹配性能及安装精度等要求较高，对噪声和采集速率也很敏感，定位精度受外界条件影响较大。

4. 基于时延估计定位方法

基于时延估计定位方法是利用声传感器阵列各个阵元上接收目标声信号因传输距离不同而引起的时间差，然后根据时间差列出方程，方程的解即为声源目标的空间位置，从而实现声源目标的联合测向和测距，定位原理如图 3.8 所示。基于时延估计定位方法的定位精度相对较高，实时性较好，其算法计算量远小于波束形成定位方法和高分辨率谱估计定位方法。

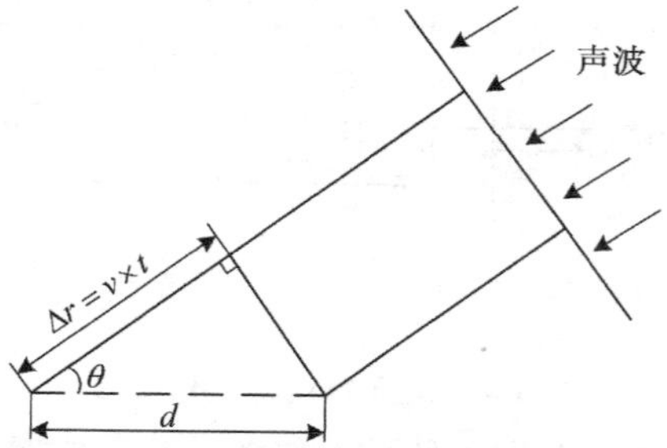

v —声速；t —声波到达时间差；d —阵元间距。

图 3.8 时延估计定位原理

时延估计定位方法分成时延估计和定位两步完成，因此，定位算法使用的时延估值是对过去时间的估计，是一次最优估计；此外，受反射混响、噪声以及量化等引起的时延估计误差会传递给定位估计，影响整个系统定位的准确性；该方法应用于单声源定位时，定位效果较好。在地面战场被动声探测系统中，时延估计定位方法定位精度高、实时性好，具有较强的抗干扰性能。

5. 阵列技术

被动声探测定位方法对声源目标定位性能的影响与声传感器布设阵列形式有关，随着阵列布设方式的不同，所得到的目标定位性能也不同。声传感器阵列布设方式可分为线性阵列、平面阵列和立体阵列等形式。

线性阵列可以确定目标的二维参量，但由于其轴对称性，故在定位时会造成空间模糊。平面阵列能确定目标的二维参量，可以在整个平面对目标进行定位，也可以对阵列所在平面为界的半个空间进行定位。例如，如果声源目标是落地的炮弹，要测量落点的位置，可以采用平面阵列；如果声源目标是低空或超低空飞行的武装直升机以及地面上的坦克，亦可以采用平面阵列，由 N 个传声器阵元组成的阵列，可得到 $N-1$ 个独立的时延估计。空中直升机对于被动声定位系统而言，可认为声传感器阵列处于远场情况，因此，空中直升机可被看作点目标，具有三个自由度；地面上的坦克则只有两个自由度。如果定位系统要求具有通用性，盲区范围小，就必须使用立体阵列。

由于在相同时延估计精度下，不同阵形如三角阵、正方形阵或平面圆阵等，所得到的目标定位性能不同。所以，在实际应用中选用和设计合理的阵列形式非常重要。合适的几何阵形，不仅可以消除目标方位变化对测距精度的影响，还可以抑制时延估计方差对测距性能的影响。

与线性阵列、平面阵列结构相比，球形阵列作为一种特殊的立体阵列，在三维空间中具有良好的空间对称性，这一特点使得球形阵列非常适合用于对三维空间中的声场信号进行处理。另外，使用球形阵列在球坐标系中将声场分解成球谐函数的展开式的一个主要的优点是，球谐分解可以将接收信号中频率相关的分量从角度相关的分量中解耦出来，这一特点非常有利于处理宽带源声信号产生的声场。

3.4 时延估计法

时延估计方法主要有直接时延估计法和间接时延估计法。直接时延估计法一般适用于宽带源信号定位。直接时延估计的目的是估计出声源信号到达两个声传感器的时间差，利用直接时延估计法实现声源定位至少需要 3 个传感器。估计出其中两个声传感器相对于基准传感器的时延，可以得到两条双曲线，声源的几何位置则为两个双曲线的交点。直接时延估计法主要包括互相关时延估计方法、基于高阶统计量的时延估计方法和基于循环统计量的时延估计方法。间接时延估计法一般适用于窄带源信号定位。间接时延估计中对于均匀线阵，由于时延包含了角度和距离两个参数，因此，可以直接对这两个参数进行估计，确定声源的位置。间接时延估计法有极大似然法、特征值分解法、多项式根法、SWV（Spatial Wigner-Ville）变换法、二阶统计量法、循环统计量法等时延估计方法。

常用的时延估计方法主要有基本互相关法、广义互相关法（Generalized Cross Correlation，GCC）、相位谱时延估计法和自适应滤波时延估计法（ATDE）等。

1. 基本互相关法

对于远处的声信号源，当其距离远大于自身尺寸时，可以把它作为一个点声源。设点声源发出的信号到达任意传声器，接收的信号记为 $s(t)$，再经具有一定距离的两个传声器 s_1 和 s_2，测量得到两个传声器的信号分别记为 $x_1(t)$ 和 $x_2(t)$，考虑传声器 s_1 和 s_2 间的距离远小于到目标的距离，因此可以忽略传声器 s_1 和 s_2 之间信号幅度的相对衰减，那么，传声器 s_1 和 s_2 信号的数学模型为

$$\begin{cases} x_1(t)=s(t)+n_1(t) \\ x_2(t)=s(t-D)+n_2(t) \end{cases} \tag{3-2}$$

式中，D 为声源信号到达两个传声器的时延差；$n_1(t)$ 和 $n_2(t)$ 为传声器 s_1 和 s_2 测量噪声，信号与噪声之间互不相关。

则 $x_1(t)$ 和 $x_2(t)$ 的互相关函数为

$$R_{x_1x_2}(\tau)=E[x_1(t)\cdot x_2(t+\tau)] \tag{3-3}$$

将式（3-3）展开，可得

$$\begin{aligned}R_{x_1x_2}(\tau)&=E\{[(s(t)+n_1(t)][s(t-D+\tau)+n_2(t+\tau)]\}\\&=E\{[(s(t)\cdot s(t-D+\tau)]+E[n_1(t)\cdot s(t-D+\tau)]\}+\\&\quad E[(s(t)\cdot n_2(t+\tau)]+E[n_1(t)\cdot n_2(t+\tau)]\\&=E[(s(t)\cdot s(t-D+\tau)]\\&=R_{SS}(\tau-D)\end{aligned} \tag{3-4}$$

式中，R_{SS} 为声信号的自相关函数。

由式（3-4）可知，当 $\tau=D$ 时，$x_1(t)$ 和 $x_2(t)$ 的自相关函数 $R_{SS}(\tau-D)$ 输出最大相关峰值。因此，互相关法估算时延本质上是求函数极大值问题，主极大峰值比较尖锐时，极大值点的位置才比较容易确定。

2. 广义互相关法

广义互相关法时延估计是基本互相关法的改进形式。互相关函数的傅里叶变换是互功率谱函数，在相关器前加窗函数综合为广义互相关算法。广义互相关法基本原理是在求取信号互相关函数之前对其功率谱进行加权滤波，突出信号并抑制噪声干扰部分，从而突出相关函数在时延处的峰值。首先对信号进行预滤波，然后送入相关器进行互相关。$x_1(t)$ 和 $x_2(t)$ 用广义互相关法估算时延 $\hat{D}$ 的流程框图如图 3.9 所示。

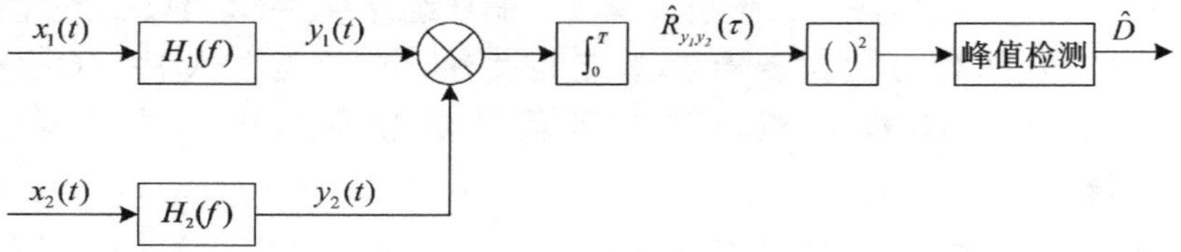

图 3.9　广义互相关法时延估计原理图

由图 3.9 可知，加窗函数预滤波后，$x_1(t)$ 和 $x_2(t)$ 的互功率谱函数可表示为

$$\hat{G}_{x_1x_2}(f)=H_1(f)H_2^*(f)G_{x_1x_2}(f) \tag{3-5}$$

实际应用中，由于存在噪声和干扰，使得普通的互相关函数法存在一些缺陷，主要有相关峰不够尖锐、出现伪峰、相关峰互相重叠等。为了达到尽量锐化 $\tau=D$ 处的时延相关峰，对互相关函数法加以改进，得到了广义互相关法。广义

互相关法是在互相关函数法的频域上加一个广义权函数 $\Psi_g(f)$，即取广义互相关函数为

$$\hat{R}_{y_1y_2}(\tau)=\int_{-\infty}^{+\infty}\Psi_g(f)G_{x_1x_2}(f)e^{j2\pi f\tau}df \tag{3-6}$$

式中，$\Psi_g(f)=H_1(f)H_2^*(f)$ 为加权函数。

由上述原理可知，广义互相关法不能处理非平稳信号，在信号与噪声、噪声与噪声相关条件下，其时延估计精度会急剧下降；另一方面，其加权函数需要相应先验知识。但广义互相关法运算量小，便于硬件实现，在信噪比较高情况下定位精度也较高，因而广义互相关法多应用于实时系统，在声定位系统中应用较广泛。

加权函数可以根据输入信号的特征参数来选择，比如频谱、带宽、信噪比等，这些参数可以是先验知识，也可以是通过估计得到的。选择不同形式的权函数，也就构成了不同的处理器。常见的处理器有 ROTH 处理器、平滑相干变换（SCOT）处理器、相位变换（PHAT）处理器和最大似然估计器权函数等。

1）ROTH 权函数

ROTH 权函数为

$$\Psi_g(f)=\frac{1}{G_{x_1x_1}(f)} \tag{3-7}$$

相应的广义互相关函数估计表达式为

$$\hat{R}_{y_1y_2}(\tau)=\int_{-\infty}^{+\infty}\frac{\hat{G}_{x_1x_2}(f)}{G_{x_1x_1}(f)}e^{j2\pi f\tau}df \tag{3-8}$$

2）平滑相干变换（SCOT）权函数

SCOT 权函数为

$$\Psi_s(f)=\frac{1}{\sqrt{G_{x_1x_1}(f)G_{x_2x_2}(f)}} \tag{3-9}$$

相应的广义互相关函数估计表达式为

$$\hat{R}_{y_1y_2}(\tau)=\int_{-\infty}^{+\infty}\frac{\hat{G}_{x_1x_2}(f)}{\sqrt{G_{x_1x_1}(f)G_{x_2x_2}(f)}}e^{j2\pi f\tau}df \tag{3-10}$$

3）相位变换（PHAT）权函数

PHAT 权函数为

$$\psi_p(f)=\frac{1}{|G_{x_1x_2}(f)|} \tag{3-11}$$

相应的广义互相关函数估计表达式为

$$\hat{R}_{y_1y_2}(\tau)=\int_{-\infty}^{+\infty}\frac{\hat{G}_{x_1x_2}(f)}{|G_{x_1x_2}(f)|}e^{j2\pi f\tau}df \tag{3-12}$$

对于噪声之间互不相关的情况，也就是等于 $\psi_p(f)=0$ 时，

$$\frac{\hat{G}_{x_1x_2}(f)}{|G_{x_1x_2}(f)|}=e^{j\theta(f)}=e^{j2\pi fD} \tag{3-13}$$

此时广义互相关函数为

$$R_{y_1y_2}(\tau)=\delta(t-D) \tag{3-14}$$

从理论上讲，相位谱法时延估计的分辨率非常高。然而，实际应用中，由于互谱估计存在误差，而且估计器也不可能是严格的线性相位系统，所以，互相关函数估计结果也就不是严格的 δ 函数。相位变换法中另外一个明显的缺点是，用信号自谱的倒数进行加权，因此，信号功率最小的地方误差最大，特别是互谱为 0 的频带上，相位函数 $\theta(f)$ 也就没有意义，相位估计值会出现异常。

4）最大似然估计器权函数

最大似然估计器权函数为

$$\psi_{HT}(f)=\frac{1}{|G_{x_1x_2}(f)|}\cdot\frac{|\gamma_{12}(f)|^2}{1-|\gamma_{12}(f)|^2} \tag{3-15}$$

相应广义互相关函数估计为

$$\hat{R}_{y_1y_2}(\tau)=\int_{-\infty}^{+\infty}\frac{|\gamma_{12}(f)|^2}{1-|\gamma_{12}(f)|^2}\cdot\frac{\hat{G}_{x_1x_2}(f)}{|G_{x_1x_2}(f)|}e^{j2\pi f\tau}df \tag{3-16}$$

根据相干性的强度来对相位进行加权，其时延估计的理论方差为

$$\mathrm{var}[\hat{D}]=\frac{\int_{-\infty}^{+\infty}|\psi(f)|^2(2\pi f)^2G_{x_1x_1}(f)G_{x_2x_2}(f)[1-|\gamma_{12}(f)|^2]df}{T\int_{-\infty}^{+\infty}(2\pi f)^2|G_{x_1x_2}(f)|\psi^2(f)df} \tag{3-17}$$

以上几种权函数对于非相关噪声以及自噪声信号和频谱很宽的信号是相当有效的，但对于频谱较窄的信号，特别是以线谱为主的信号，在点声源干扰下，广义互相关函数往往会产生很大的干扰峰，此时还必须根据信号的功率谱对全函数加以修正。

3. 相位谱时延估计法

信号的互相关函数与其功率谱是一对傅里叶变换对，因此可以在频域实现时延估计。相位谱时延估计法硬件实现容易，适用于环境噪声较小的情况，且相位和时延应具有近似线性关系。当信号的相位谱起伏较大时，算法性能会下降。

如果认为环境噪声是统计独立的，那么接收到的两信号之间的互相关函数可以用信号的自相关函数表示：

$$R_{xy}(\tau)=E[x(t)y(t+\tau)]=R_{ss}(\tau-D) \tag{3-18}$$

因此，利用傅里叶变换，互功率谱函数可以表示为

$$G_{xy}(f)=\int_{-\infty}^{+\infty}R_{xy}(\tau)\mathrm{e}^{-\mathrm{j}2\pi f\tau}\mathrm{d}\tau=G_{ss}(f)\mathrm{e}^{\mathrm{j}2\pi fD} \tag{3-19}$$

式（3-19）可以看出，时延参数和信号频率决定了互功率谱函数的相位，即互相位谱可以表示为

$$\phi_{xy}(f)=2\pi fD \tag{3-20}$$

4. 自适应滤波时延估计法

自适应滤波时延估计法是一种基于自适应信号处理技术的时延估计算法。这种时延估计算法采用自适应横向滤波器对信号进行滤波消除噪声，按服从 $x_1(t)$ 和 $x_2(t)$ 最小原则来调节滤波器的权系数，然后根据权系数估计时延 $\hat{D}$ 。图3.10为LMS（Least Mean Square，最小均方误差）自适应滤波器。

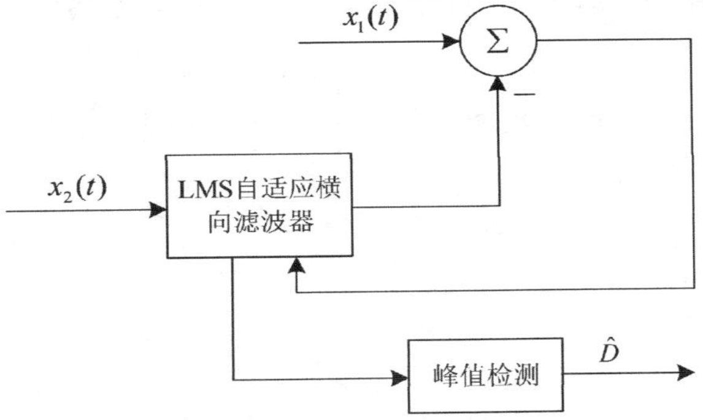

图3.10 基于LMS自适应滤波器的时延估计原理图

以一路信号 $x_1(t)$ 为目标信号，另一路信号 $x_2(t)$ 为参考信号，根据两路信号的误差自动调整自适应滤波器的权值系数，使得参考信号 $x_2(t)$ 逼近目标信号 $x_1(t)$ ，即本质上等效于在参考信号 $x_2(t)$ 中插入一个延迟 τ 使得两通道信号对齐达到相关峰值。自适应滤波时延估计法不需要目标信号与噪声的统计先验知识，且自适应滤波器的参数在迭代过程中根据最优准则不断调整，因此，自适应时延估计用于跟踪动态变化的输入环境时有独特优势，并且其鲁棒性很好，广泛应用于未知信号和噪声统计特性方面。另外，随着声探测技术的不断发展及信号处理技术的日益成熟，还发展形成了诸如高阶统计量时延估计法、基于小波变换的广义互相关时延估计法、基于子空间分解的时延估计法等方法，它们各有自身优点及应用场景。

3.5 典型被动声定位模型

被动声探测定位方法对声源目标定位性能的影响与传声器布设阵列形式有关，随着阵列布设方式的不同，所得到的目标定位性能也不同。传声器阵列布设方式可分为线性阵列、平面阵列和立体阵列等形式。

3.5.1 线阵定位模型

线阵定位由布设在一条直线上的若干个传声器组成，是用于对半个平面进行定位（或定向）的常用阵形，若阵列能够转动，则可以对整个平面进行定位（或定向）。线阵定位主要有二元线阵、三元线阵和多元线阵等。

1. 二元线阵

二元线阵是最简单的传声器阵列，如图 3.11 所示，它只能用于远距离目标的定向。设两个传声器 S_1 和 S_2 对称布设在 x 轴上相距 D 的两点，其坐标分别为 $(-D/2,0)$ 和 $(D/2,0)$，目标位于 $T(x,y)$，距离为 r，方位角为 φ，则声程差为

$$d = r_2 - r_1 \approx D\cos\varphi\left[1 - \frac{1}{8}\sin^2\varphi\left(\frac{D}{r}\right)^2\right] \tag{3-21}$$

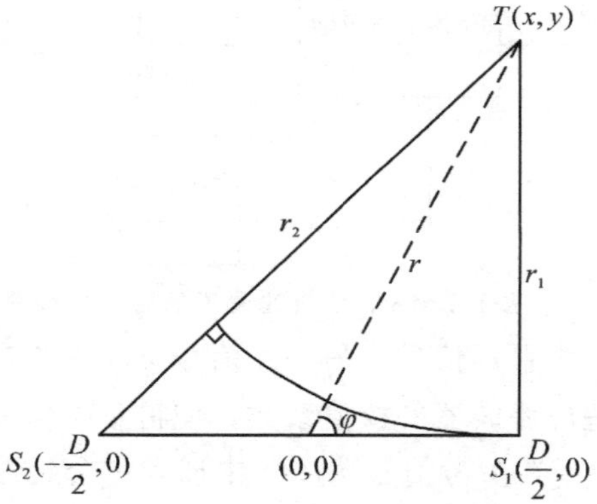

图 3.11 二元线阵示意图

声程差与两个传声器间接收信号的时间差，即时延 τ 成正比，比例系数为声速 c，即

$$d = c\tau \tag{3-22}$$

由于 $r \gg D$，所以

$$\cos\varphi = \frac{d}{D} \tag{3-23}$$

其定向的均方误差为

$$\sigma_{\varphi}=\left|\frac{\partial \varphi}{\partial d}\right|\sigma_{\mathrm{d}}=\frac{1}{D\,|\sin\varphi|}\sigma_{\mathrm{d}} \tag{3-24}$$

式（3-24）中，σ_{d} 为声程差估计的均方误差。由此可见，定向精度与距离无关，但与目标方位角有关，当目标位于 y 轴附近，即位于两传声器连线垂直平分线附近时，定向精度较高；而当目标位于 x 轴附近，即位于两传声器连线附近时，定向精度很低，甚至无法定向。

2. 三元线阵

三元线阵的示意图如图 3.12 所示，三元线阵传声器阵列不仅可以定向，也可以定距。

设两传声器 S_1 和 S_2 对称布设于原点（0，0）的传声器 S_0 两边，坐标分别为（$-D$，0）和（D，0），目标位于 $T(x,\ y)$，距离为 r，方位角为 φ，则声程差为

$$\begin{cases} d_1=r_1-r\approx -D\cos\varphi\left(1-\dfrac{\sin^2\varphi}{2\cos\varphi}\cdot\dfrac{D}{r}\right) \\ d_2=r_2-r\approx D\cos\varphi\left(1+\dfrac{\sin^2\varphi}{2\cos\varphi}\cdot\dfrac{D}{r}\right) \end{cases} \tag{3-25}$$

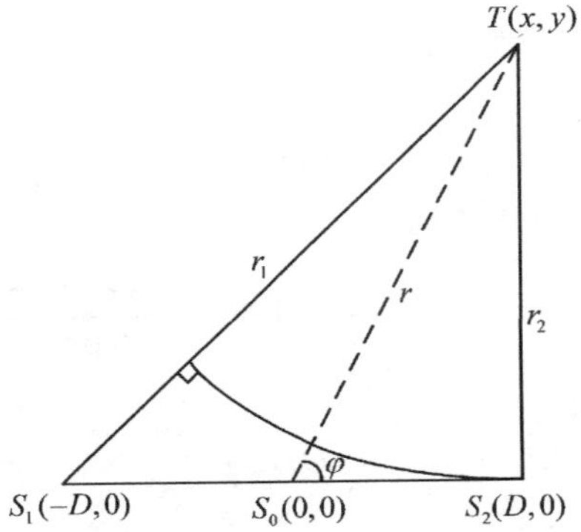

图 3.12　三元线阵示意图

两式分别相加和相减，得

$$\begin{cases} d_2-d_1=2D\cos\varphi \\ d_2+d_1=\dfrac{D^2\sin^2\varphi}{r} \end{cases} \tag{3-26}$$

由此可得定向和定距计算式为

$$\begin{cases} \cos\varphi = \dfrac{d_2 - d_1}{2D} \\ r = \dfrac{D^2 \sin^2 \varphi}{d_2 + d_1} \end{cases} \tag{3-27}$$

定向和定距的均方误差可以表示为

$$\begin{cases} \sigma_\varphi = \dfrac{\sqrt{2}}{2D\,|\sin\varphi|}\sigma_{\mathrm{d}} \\ \sigma_r = \dfrac{\sqrt{2}}{\sin^2\varphi} \cdot \left(\dfrac{r}{D}\right)^2 \sigma_{\mathrm{d}} \end{cases} \tag{3-28}$$

由此可见，三元线阵模型的定向精度与距离无关，而定距精度与距离有关，其误差与距离平方成正比。两者都与目标方位角有关，当目标位于 y 轴附近时，其定向和定距精度远高于目标位于 x 轴附近时。

3. 多元线阵

为了提高定向、定距精度，增加阵元数量是一个有效的方法。最常用的是 $2n+1$ 元等距线阵。取线阵沿 x 轴布设，中间的传声器 S_0 位于原点（0，0），则 x 轴正方向第 k 个传声器 S_k 的坐标为（kD，0），到目标的距离为 r_k；x 轴负方向第 k 个传声器 S_k' 的坐标为（$-kD$，0），到目标的距离为 r_k'。

传声器 S_k 与 S_{k-1} 的声程差为

$$d_k = r_k - r_{k=1} \approx -D\cos\varphi\left[1 - \frac{(2k-1)\sin^2\varphi}{2\cos\varphi} \cdot \frac{D}{r}\right] \tag{3-29}$$

传声器 S_k' 与 S_{k-1}' 的声程差为

$$d_k' = r_k' - r_{k-1}' \approx D\cos\varphi\left[1 + \frac{(2k-1)\sin^2\varphi}{2\cos\varphi} \cdot \frac{D}{r}\right] \tag{3-30}$$

两式分别相加和相减，得

$$\begin{cases} d_k' - d_k = 2D\cos\varphi \\ d_k' + d_k = (2k-1)\dfrac{D^2\sin^2\varphi}{r} \end{cases} \tag{3-31}$$

由此可得定向和定距计算式为

$$\begin{cases} \cos\varphi_k = \dfrac{d_k' - d_k}{2D} \\ r_k = (2k-1)\dfrac{D^2\sin^2\varphi}{d_k' + d_k} \end{cases} \tag{3-32}$$

对于 $k=1$，2，…，n，其定向误差相同，而定距误差不同。为此，对于 n 个定向结果 $\cos\varphi_k$ 进行算术平均，有

$$\cos\varphi_k = \frac{\sum_{k=1}^{n}(d_k' - d_k)}{2nD} \tag{3-33}$$

此时，定向的均方误差为

$$\sigma_\varphi = \frac{1}{\sqrt{2n}D\,|\sin\varphi|}\sigma_d \tag{3-34}$$

为了得到距离的最佳估计，应对 n 个定距结果 $r_{(k)}$ 进行方差倒数加权平均，而 $r_{(k)}$ 的估计均方差为

$$\sigma_k = \frac{\sqrt{2}}{(2k-1)\sin^2\varphi}\left(\frac{r}{D}\right)^2\sigma_d \tag{3-35}$$

由于

$$\sum_{k=1}^{n}(2k-1)^2 = \frac{1}{3}n(4n^2-1) \tag{3-36}$$

得定距公式为

$$r = D^2\sin^2\varphi\frac{\sum_{k=1}^{n}\frac{(2k-1)^3}{d_k'+d_k}}{\sum_{k=1}^{n}(2k-1)^2} = \frac{3D^2\sin^2\varphi}{n(4n^2-1)}\sum_{k=1}^{n}\frac{(2k-1)^3}{d_k'+d_k} \tag{3-37}$$

其定距得均方误差为

$$\sigma_r = \frac{\sqrt{6}}{\sqrt{n(4n^2-1)}\sin^2\varphi}\left(\frac{r}{D}\right)^2\sigma_d \tag{3-38}$$

由此可见，增加阵元数量是提高定距精度的有效方法。在给定阵元数和总孔径的条件下，优化各阵元的间距，可进一步提高定距精度。

3.5.2　平面阵定位模型

以声传感器单元形成的平面阵定位测试方法，典型的有四元平面阵和五元平面阵，它们的共同特点是在一个基准平面上布置具有一定已知距离关系的多声传感单元，组成所需的定位计算模型。

1. 四元平面阵

在进行三维空间声目标定位中，通常采用多声传感器构成的声阵列，在一个平面上按照一定的平面位置距离关系，布置4个声传感器，如图3.13所示，称为四元平面阵列定位。4个声传感器阵元的坐标分别为 $S_1(D, 0, 0)$、$S_2(0, D, 0)$、$S_3(-D, 0, 0)$、$S_4(0, -D, 0)$，目标声源 T 的坐标为 (x, y, z)，球坐标为 (r, φ, θ)，目标到坐标原点的距离为 r，目标声源位

置在 xOy 平面的投影点记为 $T'(x, y, 0)$，俯仰角为 θ，方位角为 φ。

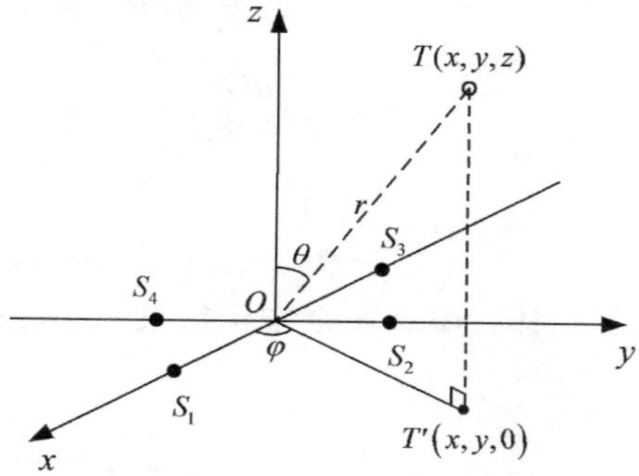

图 3.13 四元平面阵测试原理图

假设目标为点声源，目标产生声源以球面波形式传播，声源到达阵元的传播时间为 t_1、t_2、t_3、t_4。如果以声传感器 S_1 为基准，目标声源 T 在声传感器 S_1 与其他声传感器 S_2、S_3、S_4 接收到的声信息存在时延，分别记为 τ_{12}、τ_{13} 和 τ_{14}，即 $\tau_{12}=t_1-t_2$、$\tau_{13}=t_1-t_3$、$\tau_{14}=t_1-t_4$，采用球坐标表示目标声源的位置，则有

$$\begin{cases}(x-D)^2+y^2+z^2=r_1^2 \text{①} \\ x^2+(y-D)^2+z^2=r_2^2 \text{②} \\ (x+D)^2+y^2+z^2=r_3^2 \text{③} \\ x^2+(y+D)^2+z^2=r_4^2 \text{④}\end{cases} \tag{3-39}$$

其中

$$\begin{cases}r_1=ct_1 \\ r_2=ct_1+c\tau_{12} \\ r_3=ct_1+c\tau_{13} \\ r_4=ct_1+c\tau_{14}\end{cases} \tag{3-40}$$

由于①+③=②+④，可得 $r_1^2+r_3^2=r_2^2+r_4^2$

代入得

$$(ct_1)^2+(ct_1+c\tau_{13})^2=(ct_1+c\tau_{12})^2+(ct_1+c\tau_{14})^2 \tag{3-41}$$

平方展开即可得

$$t_1=\frac{\tau_{12}^2+\tau_{14}^2-\tau_{13}^2}{2(\tau_{13}-\tau_{12}-\tau_{14})} \tag{3-42}$$

当目标位于远场时（$r \gg ct_i$），可认为

$$r \approx r_1=ct_1=\frac{(\tau_{12}^2+\tau_{14}^2-\tau_{13}^2)\cdot c}{2\cdot(\tau_{13}-\tau_{12}-\tau_{14})} \tag{3-43}$$

通过 ③ − ① ，④ − ② 得

$$\begin{cases}4Dx = r_3^2 - r_1^2 \\ 4Dy = r_4^2 - r_2^2\end{cases} \tag{3-44}$$

可得

$$\tan\varphi = \frac{y}{x} = \frac{r_4^2 - r_2^2}{r_3^2 - r_1^2} = \frac{r_4 - r_2}{r_3 - r_1}\frac{r_4 + r_2}{r_3 + r_1} \tag{3-45}$$

当目标位于远场时有 $\dfrac{r_4 + r_2}{r_3 + r_1} \approx 1$，则可得

$$\varphi \approx \arctan\frac{r_4 - r_2}{r_3 - r_1} = \frac{\tau_{14} - \tau_{12}}{\tau_{13}} \tag{3-46}$$

对目标俯仰角，令 $m = \sin\theta$ ，$\sin\theta$ 的估计值为 $\hat{m}$ ，误差为 $\tilde{m}$ ，则可得

$$\begin{cases}\tilde{m}_1 = r\hat{m}\cos\varphi - x \\ \tilde{m}_2 = r\hat{m}\sin\varphi - y\end{cases} \tag{3-47}$$

误差平方和

$$\sum_{i=1}^{2}\tilde{m}_i^2 = (r\hat{m}\cos\varphi - x)^2 + (r\hat{m}\sin\varphi - y)^2 \tag{3-48}$$

由最小二乘法可得

$$\hat{m} = \frac{x\cos\varphi + y\sin\varphi}{r} = \frac{y\cot\varphi\cos\varphi + y\sin\varphi}{r} = \frac{y}{r\sin\varphi} \tag{3-49}$$

$$\hat{m}^2 = \frac{y^2}{r^2\sin^2\varphi} = \frac{y^2}{r^2}\cdot\frac{1+\tan^2\varphi}{\tan^2\varphi} = \frac{y^2}{r^2}\cdot\frac{1+\left(\dfrac{r_4 - r_2}{r_3 - r_1}\right)^2}{\left(\dfrac{r_4 - r_2}{r_3 - r_1}\right)^2} \tag{3-50}$$

将上式中 y 代入，则可得

$$\hat{m}^2 = \frac{(r_4 + r_2)^2[(r_3 - r_1)^2 + (r_4 - r_2)^2]}{(4D)^2 r^2} \tag{3-51}$$

当目标位于远场时，可近似认为 $r_4 + r_2 = 2r$ ，则

$$\hat{m}^2 = \frac{(c\tau_{13})^2 + (c\tau_{14} - c\tau_{12})^2}{4D^2} \tag{3-52}$$

则可得

$$\theta = \arcsin\frac{\sqrt{\tau_{13}^2 + (\tau_{14} - \tau_{12})^2}\cdot c}{D} \tag{3-53}$$

式（3-43）、式（3-46）和式（3-53）中，c 表示声速。时延 τ_{12}、τ_{13}、τ_{14}、

c 和 D 的估计误差都会使定位精度受到影响。φ 只与 τ_{12}、τ_{13}、τ_{14} 有关，而与 c、D 无关，因此，有效声速 c 和布阵间距误差 D 产生的误差对方位角的影响可忽略不计。

2. 五元平面阵

建立在四元平面阵的布置基础上，在四元平面阵坐标原点增加一个声传感器，定义该声传感器的坐标为 $S_0(0,\ 0,\ 0)$，与其他四个声传感器形成五元平面阵，如图 3.14 所示。

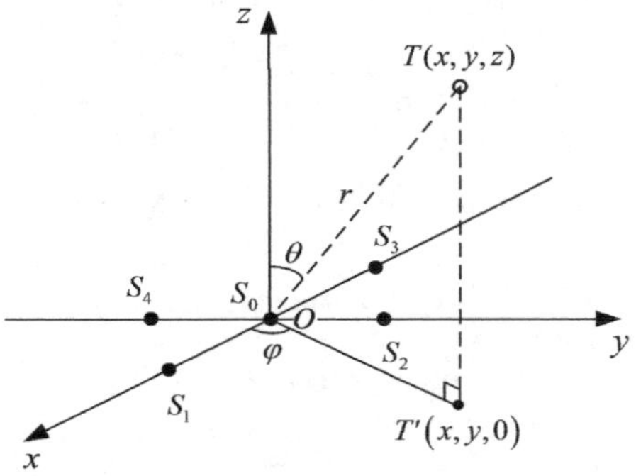

图 3.14 五元平面阵测试原理图

图 3.14 中，五个声传感器阵元的坐标分别为 $S_0(0,\ 0,\ 0)$、$S_1(D,\ 0,\ 0)$、$S_2(0,\ D,\ 0)$、$S_3(-D,\ 0,\ 0)$、$S_4(0,\ -D,\ 0)$，目标声源 T 的球坐标表示为 $(r,\ \varphi,\ \theta)$，r 为目标声源 T 到坐标原点的距离，目标声源位置在 xOy 平面的投影点记为 $T'(x,\ y,\ 0)$，φ 为目标声源 T 的方位角，θ 为目标声源点 T 的俯仰角。以声传感器 S_0 为基准，目标声源 T 在声传感器 S_0 与其他声传感器 S_1、S_2、S_3 和 S_4 的时延，记为 τ_{0i}，$i=1$、2、3、4，则五元平面阵目标的位置为

$$\begin{cases} D^2+2rc\tau_{01}-c^2\tau_{01}^2-2rD\sin\theta\cos\varphi=0 & ① \\ D^2+2rc\tau_{02}-c^2\tau_{02}^2-2rD\sin\theta\cos\left(\dfrac{\pi}{2}-\varphi\right)=0 & ② \\ D^2+2rc\tau_{03}-c^2\tau_{03}^2-2rD\sin\theta\cos(\pi-\varphi)=0 & ③ \\ D^2+2rc\tau_{4}-c^2\tau_{04}^2-2rD\sin\theta\cos\left(\dfrac{\pi}{2}+\varphi\right)=0 & ④ \end{cases} \tag{3-54}$$

通过 ①＋②＋③＋④ 可得

$$4D^2+2rc\sum_{i=1}^{4}\tau_{0i}-c^2\sum_{i=1}^{4}\tau_{0i}^2=0 \tag{3-55}$$

则可得

$$r=\frac{\left(c^{2}\sum_{i=1}^{4}\tau_{0i}^{2}-4D^{2}\right)}{2c\sum_{i=1}^{4}\tau_{0i}} \tag{3-56}$$

通过③－①，④－②可得

$$\begin{cases}4rD\cos\varphi=2rc(\tau_{01}-\tau_{03})-c^{2}(\tau_{01}^{2}-\tau_{03}^{2})\\4rD\sin\varphi=2rc(\tau_{02}-\tau_{04})-c^{2}(\tau_{02}^{2}-\tau_{04}^{2})\end{cases} \tag{3-57}$$

则可得

$$\tan\varphi=\frac{(\tau_{02}-\tau_{04})[2r-c(\tau_{02}+\tau_{04})]}{(\tau_{01}-\tau_{03})[2r-c(\tau_{01}+\tau_{03})]} \tag{3-58}$$

考虑实际中目标位于远场，此时有 $r\gg|c\tau_{0i}|$，可得

$$\varphi\approx\arctan\left(\frac{\tau_{02}-\tau_{04}}{\tau_{01}-\tau_{03}}\right) \tag{3-59}$$

同理，通过最小二乘法可得

$$\theta\approx\arcsin\left(\frac{c}{D}\sqrt{(\tau_{01}-\tau_{03})^{2}+(\tau_{02}-\tau_{04})^{2}}\right) \tag{3-60}$$

式（3－59）求出的方位角 φ 的范围是 $\left[-\frac{\pi}{2},\frac{\pi}{2}\right]$，实际中可通过判断 φ、τ_{01} 与 τ_{03} 的关系来确定目标投影所在象限对方位角进行修正。由观测信号计算出到达传声器的时延差值，求出声源目标在五元十字阵中的球坐标参数。

对于空间中的确定声源，由于声信号到达各点传声器的时间各不相同，可以利用时间延时计算出距离差值，进而建立几何关系求出目标位置信息。确定目标声源在三维坐标系中的三个位置参数需要通过四个传声器获得三个独立的时延值，而五元十字阵克服了四元十字阵定位误差与目标方位角有关的问题。

3.5.3　立体阵定位模型

立体阵定位与平面阵定位都是利用目标声源到各个声传感器的时延参数来建立模型，所不同的是立体阵定位方法所涉及的各个声传感器布置的位置不在一个基准平面上，而是存在多个平面。典型的立体阵定位主要有五元立体阵，它是采用五个声传感器在不同的平面上布阵的原理，如图 3.15 所示。声传感器 S_1、S_2、S_3 和 S_4 布置在 xOy 平面上，而声传感器 S_0 不在 xOy 平面，声传感器 S_0、S_1、S_2、S_3 和 S_4 形成了一种立体的布置关系，称为五元立体阵。

在图 3.15 中，声传感器 S_0 位于 Oz 轴上，它的坐标为 $(0, 0, H)$，S_1、S_2、S_3 和 S_4 在 xOy 平面上的坐标分别为 $(D, 0, 0)$、$(0, D, 0)$、$(-D, 0, 0)$ 和

(0，$-D$，0)。T 为需要确定的目标声源位置，记为 $T(x,y,z)$，目标声源位置在 xOy 平面的投影点记为 $T'(x,y,0)$，方位角为 φ，俯仰角为 θ，则目标声源位置的极坐标为 (r,φ,θ)。

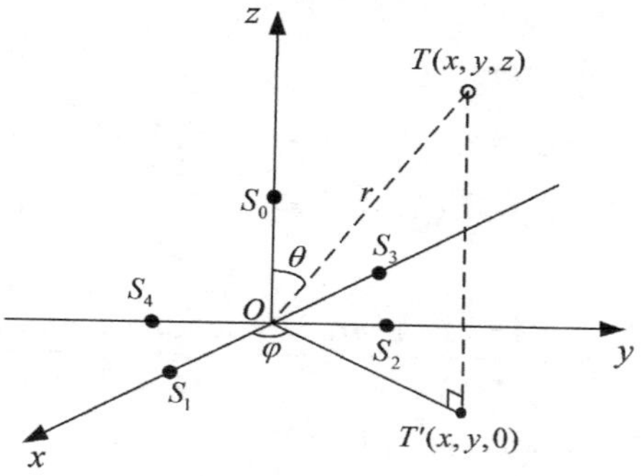

图 3.15　五元立体阵测试原理图

设目标声源 T 到每个声传感器之间的距离分别为 $r_0 \sim r_4$，每个声传感器 S_0、S_1、S_2、S_3、S_4 捕获的目标声源的时刻分别为 t_0，t_1、t_2、t_3、t_4，则声信号到达 S_0 与到达 S_1 的相对时延为 $\tau_{0i} = t_i - t_0$，其中 $i = 1、2、3、4$，$T(x,y,z)$ 与五个声传感器的时空函数，即

$$\begin{cases} x^2 + y^2 + z^2 = r^2 & ① \\ x^2 + y^2 + (z-H)^2 = (ct_0)^2 & ② \\ (x-D)^2 + y^2 + z^2 = (ct_0 + c\tau_{01})^2 & ③ \\ x^2 + (y-D)^2 + z^2 = (ct_0 + c\tau_{02})^2 & ④ \\ (x+D)^2 + y^2 + z^2 = (ct_0 + c\tau_{03})^2 & ⑤ \\ x^2 + (y+D)2 + z^2 = (ct_0 + c\tau_{04})^2 & ⑥ \end{cases} \tag{3-61}$$

式中，c 为当前声速。同时，根据声源 T 在球坐标系下的极坐标 (r,φ,θ)，$T(x,y,z)$ 的位置可表示为

$$\begin{cases} x = r\sin\theta\cos\varphi \\ y = r\sin\theta\sin\varphi \\ z = r\cos\theta \end{cases} \tag{3-62}$$

这是一个未知数为 x、y、z、r、t_0 的五元二次方程，解出该方程即可求得目标的位置 $T(x,y,z)$。将式 (3-61) 中的第③和第⑤式相加，第④和第⑥式相加，同时由于 $r \gg D$，所以可得到距离 $r \approx r_1$ 为

$$r = \frac{(\tau_{02}^2 - \tau_{01}^2 + \tau_{04}^2 - \tau_{03}^2)c}{2(\tau_{01} - \tau_{02} + \tau_{03} - \tau_{04})} \tag{3-63}$$

分别将式 (3-61) 中的第③和第⑤式相减，第④和第⑥式相减，第③、第

④、第⑤和第⑥式相加，可得到 x 、y 、z 的表达式为

$$\begin{cases} x=\dfrac{2r(\tau_{03}-\tau_{01})+(\tau_{03}^{\ 2}-\tau_{01}^{\ 2})c}{2D} \\ y=\dfrac{2r(\tau_{04}-\tau_{02})+(\tau_{04}^{\ 2}-\tau_{02}^{\ 2})c}{2D} \\ z=\dfrac{r(\tau_{01}+\tau_{02}+\tau_{03}+\tau_{04})c}{4H} \end{cases} \tag{3-64}$$

结合式（3-62）可知 $\tan\varphi=\dfrac{x}{y}$，由此将式（3-64）代入可得方位角 φ 为

$$\varphi=\arctan\frac{\tau_{04}-\tau_{02}}{\tau_{03}-\tau_{01}} \tag{3-65}$$

结合式（3-62）可知 $\tan\theta=\dfrac{\sqrt{x^2+y^2}}{z}$，由此将式（3-62）代入可得到俯仰角 θ 为

$$\theta=\arctan\left(-\frac{2H\sqrt{(\tau_{01}-\tau_{03})^2+(\tau_{02}-\tau_{04})^2}}{D(\tau_{01}+\tau_{02}+\tau_{03}+\tau_{04})}\right) \tag{3-66}$$

将方位角、俯仰角和距离值代入球坐标系表达式（3-62）中，可以解算出目标声源 T 在坐标系 $Oxyz$ 中的位置信息如下

$$\begin{cases} x=\dfrac{\Sigma}{\sqrt{1+\Sigma^2}}\cdot\dfrac{(\tau_{02}^{\ 2}-\tau_{01}^{\ 2}+\tau_{04}^{\ 2}-\tau_{03}^{\ 2})c}{2(\tau_{01}-\tau_{02}+\tau_{03}-\tau_{04})}\cdot\dfrac{1}{\sqrt{1+\left(\dfrac{\tau_{04}-\tau_{02}}{\tau_{03}-\tau_{01}}\right)^2}} \\ y=\dfrac{\Sigma}{\sqrt{1+\Sigma^2}}\cdot\dfrac{(\tau_{02}^{\ 2}-\tau_{01}^{\ 2}+\tau_{04}^{\ 2}-\tau_{03}^{\ 2})c}{2(\tau_{01}-\tau_{02}+\tau_{03}-\tau_{04})}\cdot\dfrac{\dfrac{\tau_{04}-\tau_{02}}{\tau_{03}-\tau_{01}}}{\sqrt{1+\left(\dfrac{\tau_{04}-\tau_{02}}{\tau_{03}-\tau_{01}}\right)^2}} \\ z=\dfrac{1}{\sqrt{1+\Sigma^2}}\cdot\dfrac{(\tau_{02}^{\ 2}-\tau_{01}^{\ 2}+\tau_{04}^{\ 2}-\tau_{03}^{\ 2})c}{2(\tau_{01}-\tau_{02}+\tau_{03}-\tau_{04})} \end{cases} \tag{3-67}$$

式中，$\Sigma=(-\dfrac{2H\sqrt{(\tau_{01}-\tau_{03})^2+(\tau_{02}-\tau_{04})^2}}{D(\tau_{01}+\tau_{02}+\tau_{03}+\tau_{04})})$，可以看出五元立体声阵列能够同时获得与实际声速无关的声源目标的方位角和俯仰角估计值，从而排除了温度、气压、风速、声速、风向等时变环境大气参数对声源测向估计的影响，保证了系统定位准确性。

3.6 声探测信号处理

对于声传感器定位系统，由于其基线短、背景噪声干扰以及信号的多途性，而且在实际应用中算法可能出现不稳定，得到的时延估计误差不可能完全准确，预测方向和攻击时间会产生较大的误差，以至难以满足精度要求。因而，在声定位系统中，除了对时延估计算法进行研究，声传感器的后置信号处理也是非常重要的，是提高整个定位测量精度的有效途径。多声传感器信号处理比较典型的方法有卡尔曼滤波、扩展卡尔曼滤波和自相关函数法等。

3.6.1 卡尔曼滤波器

卡尔曼滤波器是理想的最小平方递归估计器，它是利用递推算法，即后一次的估计计算利用前一次的计算结果。与其他估计算法相比较，卡尔曼滤波器具有算法简单及存储量小的优点，所以广泛用于近代数据处理系统中。卡尔曼滤波器的工作原理如图 3.16 所示。

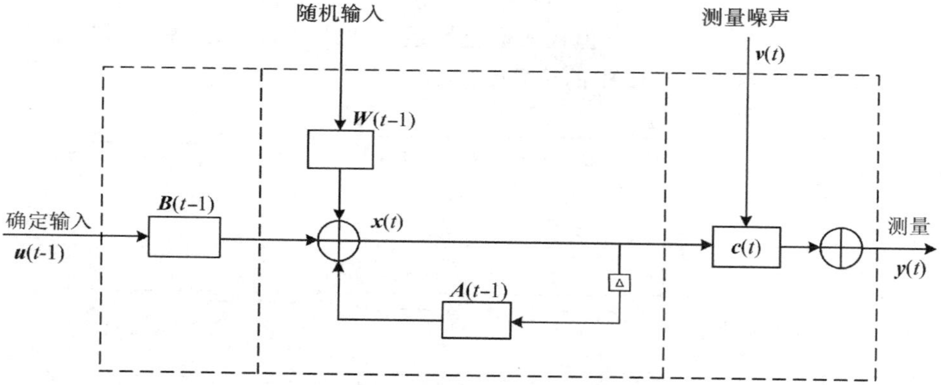

图 3.16 卡尔曼滤波器工作原理图

卡尔曼滤波器的状态方程及其测量方程分别为

$$\boldsymbol{x}(t)=\boldsymbol{A}(t-1)\boldsymbol{x}(t-1)+\boldsymbol{B}(t-1)\boldsymbol{u}(t-1)+\boldsymbol{W}(t-1)\boldsymbol{\omega}(t-1) \quad (3-68)$$

$$\boldsymbol{y}(t)=\boldsymbol{c}(t)\boldsymbol{x}(t)+\boldsymbol{v}(t) \quad (3-69)$$

式中，$\boldsymbol{A}(t-1)$、$\boldsymbol{B}(t-1)$、$\boldsymbol{W}(t-1)$ 和 $\boldsymbol{c}(t)$ 分别是实数矩阵，$\boldsymbol{\omega}(t-1)$ 和 $\boldsymbol{v}(t)$ 是随机向量。

3.6.2 扩展卡尔曼滤波器

在通信、雷达、自动控制和其他的一些领域中，从被噪声污染的信号中恢复有用信号的波形，或者估计状态，均可采用卡尔曼滤波器。例如航天飞机轨道的估计、雷达目标的跟踪、生产过程的自动化、天气预报等。卡尔曼滤波主要用来解决目标航迹的最佳估计问题，但它所使用的动态方程和观测方程均是线性的。在雷达目标跟踪等很多实际应用中，传感器所给出的是目标的斜距、方位角和高低角，数据与目标之间又是非线性的，目标的状态方程只有在直角坐标系中才是线性的。这就导致若在直角坐标系和极坐标系中只选择在一个坐标系中建立系统动态方程，要么是状态方程是线性的，测量方程是非线性的；要么是状态方程是非线性的，测量方程是线性的。这便是在现代雷达跟踪中往往采用混合坐标系的原因。扩展卡尔曼滤波器，是一种采用混合坐标系进行滤波和残差计算的卡尔曼滤波器，在实际运算时，它所采用的动态方程和测量方程均是线性的。图 3.17 为混合坐标系统跟踪滤波器工作原理图。扩展卡尔曼滤波器与标准卡尔曼滤波器的主要区别在于

(1) 在计算残差时，采用极坐标系；

(2) 在跟踪计算时，采用直角坐标系；

(3) 输出数据为直角坐标系数据；

(4) 在两者的交接处进行相应的坐标变换。

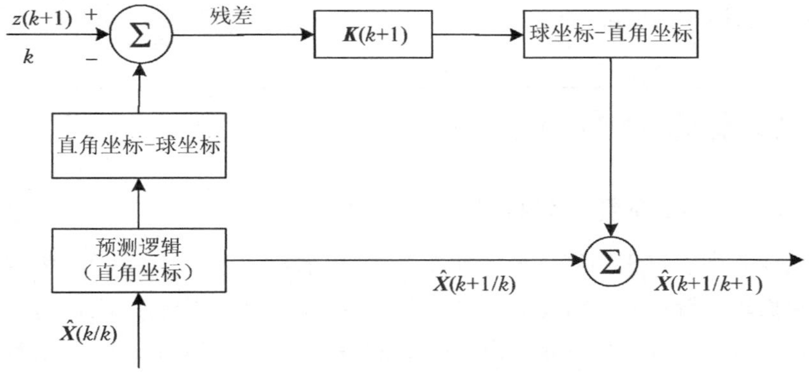

图 3.17 混合坐标系统跟踪滤波器工作原理图

在图 3.17 中，$\hat{\boldsymbol{X}}(k)$ 是状态方程，$z(k+1)$ 是测量方程，$\boldsymbol{K}(k+1)$ 是滤波增益矩阵，$\hat{\boldsymbol{X}}(k+1/k+1)$ 是滤波输出。

3.6.3 目标数学模型

目标数学模型是目标探测及跟踪的基本要素之一，模型的准确与否直接影响目标探测的效果。在建立模型时，既要使所建立的模型符合实际，又要便于数学处理。这种数学模型应将某一时刻的状态变量表示为前一时刻状态变量的函数，

所定义的状态变量应是全面反映系统动态特性的一组维数最少的变量。在被动声定位中，确定目标的变量可以采用直角坐标系的（x，y，z），也可以采用球坐标系的（r，θ，φ）。由于定距精度远低于定角精度，所以在直角坐标系中，x、y 和 z 间存在很大的相关性和耦合，直接求解不仅维数较高，而且关系复杂，难以求解；若强行解耦，则它们间的相关性和耦合会被忽略，虽然维数和复杂性都降低了，但模型精度也降低了，必然导致滤波效果的降低甚至发散。当采用球坐标时，r、θ 和 φ 间的相关性就很小，有利于进行卡尔曼滤波。目标运动的数学模型主要有常速度模型和常加速度模型。当目标以直线或大曲率半径运动时，r、θ 和 φ 的变化率较为匀速，可以采用常速度模型表征。

假设被跟踪测量值为 x，它的变化是匀速的，变化速度为 x'，x' 的波动用随机速度扰动 V_x 表示，则常速度模型的运动方程为

$$\begin{bmatrix} x_{k+1} \\ x'_{k+1} \end{bmatrix} = \begin{bmatrix} 1 & T \\ 0 & 1 \end{bmatrix} \begin{bmatrix} x_k \\ x'_k \end{bmatrix} + \begin{bmatrix} 0 \\ V_x(k) \end{bmatrix} \tag{3-70}$$

测量方程为

$$z_{k+1} = [1 \quad 0] \begin{bmatrix} x_{k+1} \\ x'_{k+1} \end{bmatrix} + S_x(k+1) \tag{3-71}$$

式中，T 为探测时间间隔；S_x 为测量误差。

3.7 弹着点坐标声探测技术

3.7.1 四元线阵弹着点坐标测试

四元线阵弹着点坐标测试原理如图 3.18 所示，S_1、S_2、S_3 和 S_4 为四个声传感器，它们均布置在 Ox 轴线上，并且声传感器之间有一定的间距，间距的取值可以根据测试的试验条件确定；Oy 轴为探测的高度，坐标系 xOy 为求解的弹着点坐标平面。为了减少四个声传感器的信号存储数据量，一般在四元线阵声传感系统中引入光电传感器作为同步触发源，即利用光电传感器捕获弹丸穿过测试区的某一位置瞬间信息，通过光电传感器信号转换，提供 S_1、S_2、S_3 和 S_4 声传感器的同步采集控制指令。在图 3.18 中 S_0 为光电传感器。对于光电传感器一般为光电探测靶，其探测区域为一个平面，在测试中该平面放置于坐标系 xOy 的平面上。当弹丸穿过光电探测传感器的探测平面时，可以定义为四元线阵弹着点坐标测试系统的测试平面。

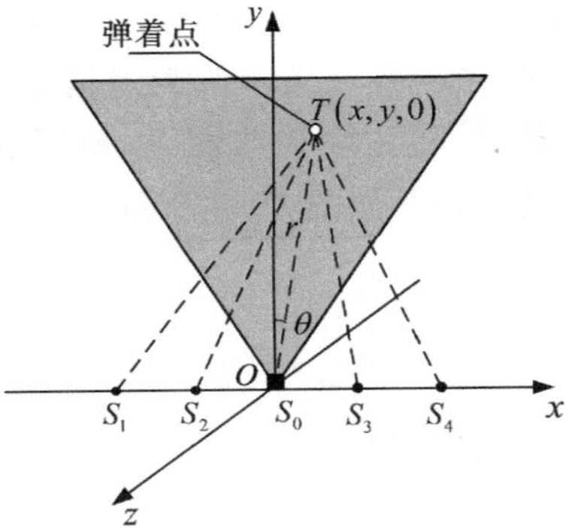

图 3.18　四元线阵弹着点坐标测试原理图

以光电传感器为坐标系 xOy 的原点 O，则四个声传感器在坐标系 xOy 中分别为 $S_1(-2D,0,0)$，$S_2(-D,0,0)$，$S_3(D,0,0)$，$S_4(2D,0,0)$。假设弹丸目标声源 T 的坐标为 $(x,y,0)$，目标到坐标原点的距离为 r，俯仰角为 θ；光电传感器触发起始时刻为 t_0，四个声传感器捕获到弹丸在平面 xOy 形成激波产生的时刻为 t_i（$i=1,2,3,4$），i 为四个声传感器在 Ox 轴布置的序号。则有

$$\begin{cases}(x+2D)^2+y^2={v_d}^2(t_1-t_0)^2={v_d}^2{\tau_1}^2\\(x+D)^2+y^2={v_d}^2(t_2-t_0)^2={v_d}^2{\tau_2}^2\\(x-D)^2+y^2={v_d}^2(t_3-t_0)^2={v_d}^2{\tau_3}^2\\(x-2D)+y^2={v_d}^2(t_4-t_0)^2={v_d}^2{\tau_4}^2\end{cases}\tag{3-72}$$

式（3-72）中，$\tau_1\sim\tau_4$ 为弹丸在四个声传感器产生激波时刻与光电传感器被触发时刻之间的时间差，通过求解式（3-72），获得弹着点坐标为

$$\begin{cases}x=\dfrac{{v_d}^2(\tau_2^2-\tau_3^2)}{4D}\\y=\sqrt{\dfrac{16{v_d}^2D^2(\tau_1^2-\tau_2^2+\tau_3^2)-{v_d}^4(\tau_2^2-\tau_3^2)-64D^4}{16D^2}}\end{cases}\tag{3-73}$$

式中，v_d 为弹丸激波在靶平面的视速度。

3.7.2　双三角立体声阵列弹着点坐标测试

双三角立体声阵列弹着点坐标测试原理如图 3.19 所示，以 S_1、S_2 和 S_3 三个声传感器作为一个三角声阵列基阵 A，基阵 A 的中心为 O_1，S'_1、S'_2 和 S'_3 为另一个三角声阵列基阵 B，其中心为 O_2。每个声阵列基阵中的三个声传感器构成一个边长为 d 的等边三角形，两个三角声阵列基阵的中心的距离为 $2L$，即

$O_1O_2=2L$ ，以两个三角声阵列基阵中心 O_1 和 O_2 连线的中点作为坐标系 Oxy 的原点 O 。激波波前的法线与两个三角声阵列基阵水平线的夹角分别为 θ_1 和 θ_2，设弹丸激波从声传感器 S_1 传到声传感器 S_3 所用的时间为 t_1，从声传感器 S_1 传到声传感器 S_2 的时间为 t_2，如图 3.20 所示。

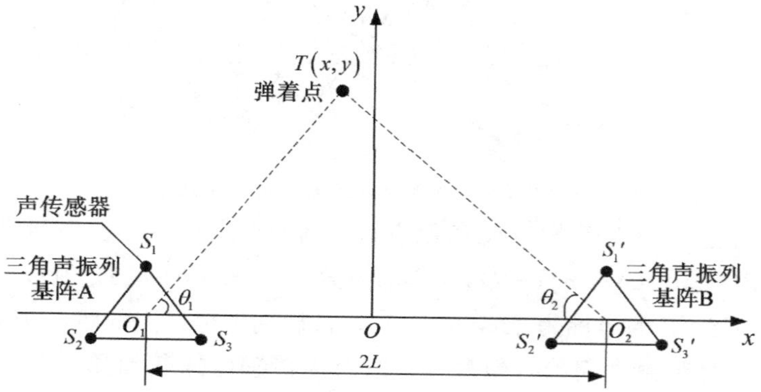

图 3.19　双三角立体声阵列弹着点坐标测试原理

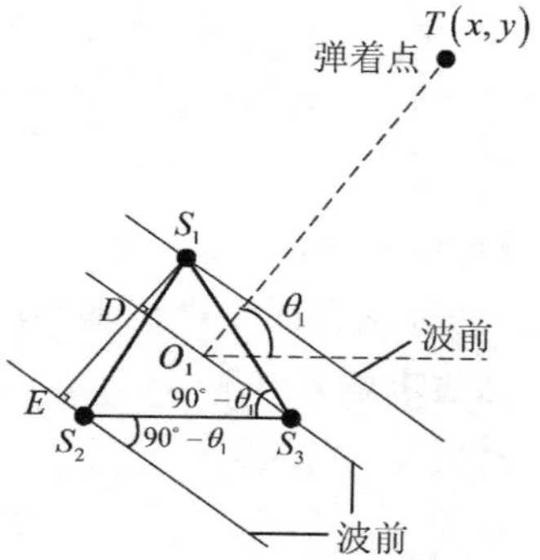

图 3.20　三角形阵列测量原理图

依据声传播原理可知

$$t_1=S_1D/V_e \tag{3-74}$$

式中，V_e 是激波在预定靶面上的传播速度；S_1D 是声传感器 S_1 到声传感器 S_3 的垂直距离。S_1E 是声传感器 S_1 到 S_2 的垂直距离。

在 $\triangle S_1DS_3$ 中有

$$S_1D=d\cdot\sin\angle S_1S_3D=d\cdot\sin(\theta_1-30°)=\frac{1}{2}(\sqrt{3}\sin\theta_1-\cos\theta_1)d \tag{3-75}$$

$$t_2=S_1E/V_e \tag{3-76}$$

在 $\triangle S_1ES_2$ 中有

$$S_1E = d \cdot \sin\angle S_1S_2E = d \cdot \sin(\theta_1 + 30°) = \frac{1}{2}(\sqrt{3}\sin\theta_1 + \cos\theta_1)d \quad (3-77)$$

$$\frac{t_1}{t_2} = \frac{S_1D}{S_1E} = \frac{\sqrt{3}\sin\theta_1 - \cos\theta_1}{\sqrt{3}\sin\theta_1 + \cos\theta_1} \Rightarrow \tan\theta_1 = \frac{1}{\sqrt{3}} \cdot \frac{t_2 + t_1}{t_2 - t_1} \quad (3-78)$$

从以上公式可以看出，弹丸激波波前法线与水平线的夹角只与激波依次到达 3 个传感器的时间差有关，而与声速无关，利用测时仪记下时间 t_1 和 t_2，就可以计算出声基阵 A 中弹丸激波波前的法线与水平线的夹角为 θ_1 的正切值，同理，也可以确定出声基阵 B 中弹丸激波波前的法线与水平线的夹角为 θ_2 的正切值，从而弹丸坐标计算函数可以通过式（3-79）和式（3-80）获得。

$$x = \frac{L(\tan\theta_2 - \tan\theta_1)}{\tan\theta_1 + \tan\theta_2} \quad (3-79)$$

$$y = \frac{2L\tan\theta_1 \cdot \tan\theta_2}{\tan\theta_1 + \tan\theta_2} \quad (3-80)$$

3.8 弹丸炸点声定位技术

在实际应用中，单五元立体声阵列可探测范围有限，对于随机弹丸炸点的空间位置往往是不确定的，仅仅依靠单五元立体声阵列容易出现漏测的可能。从五元立体声阵列的机理来看，立体声阵列具有布置简单、使用灵活的优点，比较适合外场试验使用。为了提高不确定弹丸炸点位置的测试，可以建立在单五元立体声阵列的基础上，发展多个单五元立体声阵列的测试方法。通过每一个单五元立体声阵列测试的数据，可以引用多个五元立体声阵列测试数据的融合处理方法，提高测试系统的可靠性和测试精度，是当前弹丸炸点空间位置测试的有效手段。

以三个五元立体声阵列为例，介绍多五元立体声阵列的弹丸炸点空间位置测试方法，测试原理如图 3.21 所示。以每一个五元立体声阵列作为一个独立的单元声基阵，三个单元声基阵（A，B，C）按照一定的已知空间位置布置，每个声基阵单元中的五个声传感器的布置采用图 3.15 所示的原理。在图 3.21 中，$T(x, y, z)$ 为弹丸爆炸实际位置，三个单元声基阵的相对中心原点 O_1、O_2、O_3 呈等腰三角形分布，其中，点 O_1、O_2、O_3 分别为三个单元声基阵 A、B、C 的中心原点，单元声基阵 A 中心原点 O_1 位于 x 轴上，与测试系统的相对中心原点 O 距离为 S，即 O_1 点坐标为 $(S, 0, 0)$；单元声基阵 B 和基阵 C 的中心位于 x 轴负半轴区域，它们的中心坐标分别为 $(-S, S, 0)$，$(-S, -S, 0)$。r_A、r_B 和 r_C 分别为点 O_1、O_2 和 O_3 到弹丸实际炸点的距离。为了提高信号采集效率和减少目标信号的识别计算量，往往在多单元声基阵测试系统中引入同步触发装置。当同步触发装置获取到弹丸爆炸信息后，控制三个单元声基阵同步采集弹丸爆炸瞬间的声源信号。

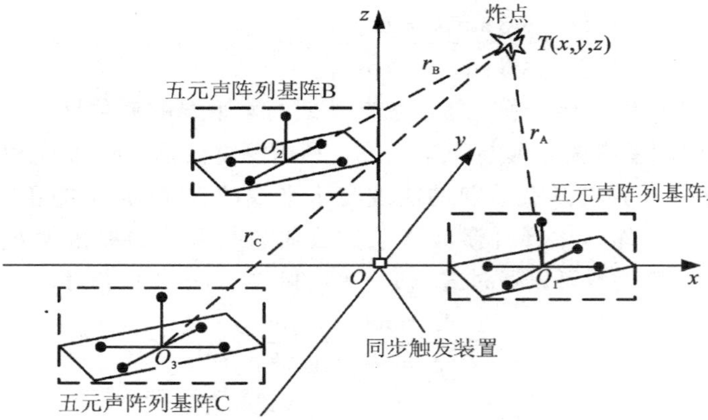

图 3.21 三个五元立体声阵列弹丸炸点位置测试基本原理

由图 3.21 可知，在坐标系 $Oxyz$ 中，单元声基阵 A、B、C 的坐标系为 $O_1x_1y_1z_1$、$O_2x_2y_2z_2$、$O_3x_3y_3z_3$，它们与坐标系 $Oxyz$ 的相对偏移量分别为 $(S,0,0)$、$(-S,S,0)$、$(-S,-S,0)$。根据五元立体阵中式（3-67），如果每一个单元声基阵均捕获弹丸炸点声信息，则每个单元声基阵均可以计算出弹丸炸点位置。记三个单元声基阵计算的弹丸炸点坐标分别为 $T_{B1}(x_1, y_1$、$z_1)$、$T_{B2}(x_2, y_2, z_2)$、$T_{B3}(x_3, y_3, z_3)$。可以通过求取平均值方法，确定最终的弹丸炸点的坐标 $T(x, y, z)$，即

$$\begin{cases} x = \dfrac{x_1 + x_2 + x_3}{3} \\ y = \dfrac{y_1 + y_2 + y_3}{3} \\ z = \dfrac{z_1 + z_2 + z_3}{3} \end{cases} \tag{3-81}$$

该计算方法可以推广到 n 个五元立体声基阵。

3.9 声探测技术应用

随着新式武器装备的不断涌现，现代战争的战场空间日趋立体，前方后方难以区分，即“海地空天”一体化作战样式。因此，未来声探测装备的发展必须紧扣现代战争作战特点，从实战角度和部队需求出发，提高声探测装备的性能，丰

富声探测装备的种类。声探测装备的核心任务是尽可能早地发现和识别目标，而在战场环境下，声传播所受干扰非常复杂，所以要求声探测装备前端的传声器必须要有极高的灵敏度和抗环境噪声能力。新型声探测装备正朝着多功能、多用途、小型化和智能化方向快速发展，同时从复杂庞大的设备向隐蔽防伪、便于单兵携行的小型精装化方向发展。

1. 声探测技术在火炮侦察中的应用

声探测系统可通过接收火炮射击时产生的声波，确定火炮的位置。根据声波到达位于声测基线两端拾音器的时间差，可确定声源方向线。6 个拾音器测出的 3 条声源线的交点，就是声源的位置。20 世纪 90 年代国外装备的新型声测系统，如瑞典的 Soras6 炮兵声测系统、美国的 PALS 被动声定位系统、英国的 HALO 敌方火炮定位系统、以色列的 IGLOO 系统等，都是采用计算机的自动定位系统，探测距离可达 20～40 km。以瑞典的 Soras6 系统为例，该系统由计算机、气象设备和 9 个拾音器组成。9 个拾音器预先布设在宽 8 km、纵深 1～2 km 的区域内，并准确定位，将其坐标值输入计算机。拾音器直接放置在地面，通过双线电缆与计算机相连。敌方火炮射击时，可立即将计算出的炮位数据显示出来，并可打印输出。该系统可同时处理 200 个目标，目标距离小于 25 km 时，测量误差为 2%。

美国陆军在第一次世界大战中就利用声探测技术确定敌方火炮、迫击炮阵地，在炮兵作战中曾立下汗马功劳。据统计，在第二次世界大战和朝鲜战争中，有 75%的火炮侦察任务是利用声测手段完成的。其后，在 1997 年英国海、陆军装备了“日晕”火炮声测定位系统。该系统可探测出一次炮击的声音所产生的负压的空间分布，并可精确测定这一负压的来向。在对 30 km 外射击的火炮进行定位时，该系统的圆概率误差为 30 m，在最好条件下可对 60 km 外的 155 mm 火炮进行定位，且价格大约只有一部火炮定位雷达的 10%。作为英国陆军先进声测项目，英国 BAE 系统公司 2002 年开发了新型先进敌方“海螺”（HALO Mark2）火炮定位系统，用于在城市和山区环境中发现并查明敌军火炮的位置。该系统比早期的型号更加精确，堪称当时最先进的火炮定位系统，可以发现探测到许多类型的武器，包括火炮、迫击炮、坦克炮和炮弹爆炸等，即使是在高密度的多次发射中，也可提供清楚的武器坐标。在火炮声探测的基础上人们还进一步发展了针对枪声的定位系统，这在国外已广泛装备于部队。

2. 声探测技术在侦察预警系统中的应用

利用声音信息探测低空/超低空武装直升机和巡航导弹等目标，是声探测技术在防空预警中重要的应用方向。目前，已经形成系列产品装备部队，在防空侦察、预警等方面有着不可替代的作用，特别是在强电磁环境、反恐作战中具有重要意义。例如，以色列研制的AEWS声测预警系统，可以探测微型飞机、直升机和慢速飞行的固定翼飞机。瑞典Swctron公司研制的Helisearch直升机声测系统及英国Ferranti公司的Picker直升机报警器，具有很强的多目标探测与识别能力。以色列将声探测技术应用于海军，研制了潜艇反直升机声探测浮子，用于检测海面目标的噪声信号，具有对目标的定位和轨迹跟踪能力，降低了潜艇受反潜机的威胁程度。美国研制的单兵操作的小型声测系统，则是完成监听和警戒任务的声探测系统。该系统可接收1～4 kHz的声音，并通过声学和流体力学的结合将声音放大，从而监听话音和其他声音，在敌人临近时发出报警信号。

另外，利用声探测单元组网探测低空/超低空巡航导弹等目标的技术虽然国外没有实装报道，但技术研究却一直在持续发展，从陆基声探测单元组网到海上浮标网，局部验证试验一直都没有停止过。其主要内容则是通过综合运用布设在侦察和预警区域内的多个声探测单元的探测信息，利用信息共享和信息融合技术实现大区域侦察和预警，同时提高整个系统的探测性能。如美国在20世纪90年代就进行过利用海上浮标探测巡航导弹的试验。

3. 声探测技术在隐身目标中的应用

随着隐身技术的发展，使得以雷达和光电探测为主的侦察装备的探测能力受到严峻挑战，如美国利用“隐身”武装直升机突破了巴基斯坦雷达防空网。目前，各国都在寻求新的手段以解决对类似隐身飞机、隐身巡航导弹等具有隐身功能突袭武器的探测问题。由于这些目标不可避免地要向外辐射高强度噪声，且对这些空中目标实现消声是相当困难的，因此，使用声学系统探测隐形目标是有效的途径之一。其基本探测装置是高灵敏度传声器阵列，探测原理与其他应用类似。

由于声探测设备具有简单、成本低、组网后可无人值守等特点，使得其成为一种简单、有效的防空手段，是各国研究的重点。美国就曾用由5只传声器组成的声探测单元定向跟踪到8 km外的B-2轰炸机，每个声探测单元将探测到的信息传送给中央设施进行融合处理，论证了建造400个探测单元的警戒线即可覆盖B-2轰炸机可能进入苏联的路径，这样的“警戒线”能对飞过覆盖区的任何飞机发出警报。同时进一步论证了采用声探测技术探测跟踪隐身飞机的可行性。

4. 声探测技术在气象探测中的应用

声探测气象雷达是从20世纪60年代末发展起来的低空大气遥感技术，由于受温度、湿度、风速等气象要素的不均匀性引起的声波散射强度约比电磁波散射大100万倍，所以用声波来探测大气气象参数具有较高的灵敏度。目前国外已经研制出相当成熟的产品，广泛应用于机场等民用领域，并进一步通过环境适应性改进，在低空风的测量与修正中也能起到关键作用。目前，各国已发展多种型号的产品，典型的是法国PA系列产品。声探测气象雷达以散射特性为原理，向大气发射定向的人工声脉冲波，随后接收来自不同时间（对应于不同距离）大气的声回波信号，利用回波信号的强度和频率的偏移来定量或半定量测定气象要素，可以探测大气温度、湿度层结和稳定度，以及风向风速等气象要素的空间分布，通过几个方向的径向风速测量值和简单的三角关系，可得到全风矢量。由于大气对声波具有强烈的吸收和散射能力，声波在大气中传播衰减很快，因此，最大探测距离受到一定的限制，目前多在600 m左右，少数情况下可达到1000 m以上，但完全可以解决低空风测量的需求。

习　题

1. 与激光、可见光和无线电探测方式相比，声探测有什么优点？
2. 声传感器阵列被动声探测定位方法包含了哪几种？
3. 常见的声探测信号处理方法有哪些？
4. 简述立体阵定位方法。
5. 简述时延估计定位方法。
6. 利用几何关系定位时，传声器阵列主要分为哪几种？它们的特点是什么？

第 4 章 激光探测技术

4.1 激光探测技术概述

随着激光技术和激光器件的快速发展，激光技术在军事及民用各个领域的应用日趋广泛，特别是在军事技术中，在激光探测、激光制导、激光测距、激光模拟、强激光武器、激光致盲武器、激光陀螺、激光引信等多个领域得到了广泛应用。由于激光具有方向性好、亮度高、单色性好、相干性好，且波长处于光波频段等本质属性，使得应用激光作为探测手段的各种新型探测系统在探测精度、探测距离、角分辨率、抵抗自然和人工干扰能力等方面都比原有系统有较大的提高。激光探测技术应用于各种导弹（对空、对地、对海导弹等）及一些常规弹药（如航空炸弹、迫弹等）引信方面已取得了大量成果，并已有多种型号产品投入使用，这也为破甲弹用激光定距引信提供了实现基础。国内许多现代战场中，电磁环境日益恶化，特别是人为电磁干扰使无线电近炸引信等制导系统的生存能力和正常作用能力受到极大威胁。激光探测技术恰恰为无线电探测提供了必要的补充，因其自身的特性，抗干扰能力较强，已被大量应用在现代武器系统中。

激光具有以下特点：

1. 方向性强

激光束的发散角很小，比普通光和微波的波束小 2～3 个数量级，因此激光束在空间传播时能量高度集中，在相同的发射功率下，探测距离较远。

2. 单色性好

单色性是指光强按频率（波长）分布的情况。由于激光本身是一种受激辐射，再加上谐振腔的选模和限制频率宽度的作用，因而发出的是单一频率的光。但是，激光态总是有一定的能级宽度，加之温度、振动、泵浦电源的波动等因素的影响，造成谐振腔腔长的变化和谱线频率的改变，光谱线总有一定的宽度。所以，激光单色性的好坏可以用频谱分布的宽度来描述。频谱宽度越窄，说明光源的单色性越好。这一特点使得作为探测光源的激光可提供较好的抗太阳或者背景等自然光干扰的特性。

3. 相干性好

激光是将强度和相干性理想结合的强相干光，正是激光的出现，才使相干光学的发展获得了新的生机。相干性分为时间相干性和空间相干性。时间相干性是指空间上同一点的两个不同时刻的光场振动是完全相关的，有确定的相位关系；空间相干性是指在光束整个截面内任意两点间的光场振动有完全确定的相位关系。通俗地说，将一束光分成两束，在不同路径传播，然后再将它们会合在空间同一点，如果在会合区域出现干涉条纹，则说明这一时间间隔内它们是相干的，将能产生干涉条纹的最长时间间隔称为这束光的相干时间。激光集高度单色性和方向性于一身，所以具有很好的相干性。

4. 瞬时性

瞬时性是指激光脉冲宽度的可压缩性。激光的高度单色性和方向性，是光能量在频率和空间上的高度集中性的表现，激光的高度瞬时性则是光能量在时间上的高度集中，即短时间内发射足够大的光能量，或者说高峰值功率特性。随着激光脉冲压缩技术的发展，激光脉冲越来越窄，出现了皮秒和飞秒级的超短激光脉冲。

5. 高亮度

光源的单色亮度是表征光源定向发光能力强弱的一个重要参数，定义为单位截面、单位频带宽度和单位立体角内产生的光功率。对于激光而言，由于其具有极好的方向性和单色性，因此其单色亮度很高。一般光源发光是在空间的各个方向以及极其宽广的光谱范围内辐射，而激光的辐射范围可以在 0.06°左右，因此，即使普通光源和激光光源的辐射功率相同，激光亮度也是普通光源的上百万倍。

4.2　激光探测方式

4.2.1　点探测和像探测

凡是能把光辐射量转换成另一种便于测量的物理量的器件，就称为光探测器。不过，从近代测量技术看，电量测量不仅最方便，而且最精确，所以大多数光探测器都是把光辐射量转换成电量来实现对光辐射量的探测；即便直接转换量不是电量，通常也总是把非电量再转换为电量来测量。根据转换电量的光敏面光场空间分布的不同，转换光辐射量的光电探测器探测方式可分为点探测和像探测。如果整个光敏面不区分光场的空间分布，称为点探测器或单元探测器；如果能区分光场的空间分布，称为像探测器或阵列探测器。

目前，在被动光学探测的基础上发展了主动激光照射成像的探测技术，它的基本原理是利用激光器照射空间目标，将目标的全部或关键特征部位照亮，使其满足接收系统探测要求，再利用传统被动成像光学系统探测目标。与主动激光照射成像的探测技术相比，激光探测是指向目标发射连续或脉冲的激光波束，由接收系统接收目标反射的回波，通过对回波所携带信息的分析，提取感兴趣的目标特征。用于成像探测目的的探测器称为像探测器。图像是空间变化的光强分布，所以像探测器必须能够对空间不同位置的光强变化实施独立的光电转换，即把入射到探测器光敏面上按空间分布的光强信号，转换为按时序串行输出的电信号，即视频信号，而视频信号借助显示器可以再现入射的光图像信号。

4.2.2 直接探测

光电探测器的基本功能就是把入射到探测器上的光功率直接转换为等比例的光电流，光电流随时间的变化也反映了光功率随时间的变化。利用光电探测器直接进行光电转换功能，实现信息的解调，这种探测方式通常称为直接探测。直接探测系统的组成如图 4.1 所示。因为光电流实际上是相应于光功率的包络变化，所以直接探测方式也常叫做包络解调或包络探测。

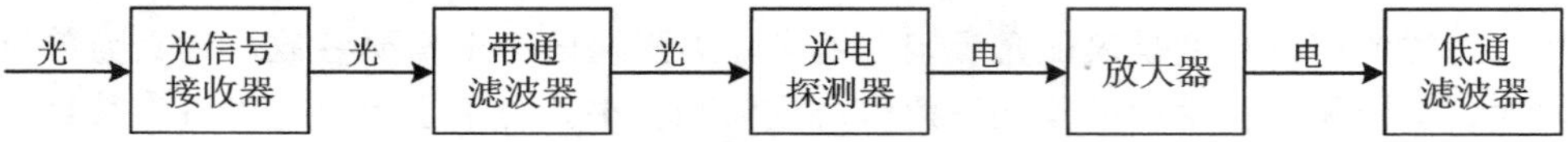

图 4.1 直接探测系统

直接探测系统的最大不足是它的输入、输出信噪比性能不好。一般来说，由于噪声影响，直接探测系统所能探测的光功率下限在 10^{-8} W～10^{-9} W 量级。为了改善这一性能，电子学中的相关检测，直接把光电转换无法探测到的信号再与另一路参考信号进行相关积分处理，利用信号和噪声的不相关性进一步消除噪声，将信号检测出来，它能使直接探测系统的输出信噪比提高 2～3 个数量级。

4.2.3 外差探测

光外差原理与电子学外差原理一样。光外差探测所用的探测器，只要光谱响应合适，原则上和直接探测所用的探测器相同。由于光外差探测是基于两束光波在光电探测器光敏面上的相干效应，响应干涉条纹的变化，所以光外差探测也常称为光波的相干探测。相比而言，直接探测又称为非相干探测。

与直接探测方法相比，光外差探测多了一个本振激光器。由于信号光与本振光在探测器光敏面上相干涉（电子学称为混频），干涉条纹的变化速度由信号光与本振光的差频（电子学称为中频）项决定。虽然探测器不响应很高的光频变化，但对差频变化能很好响应，故输出的光电流也就是差频电流，它包含了光信号的幅度、频率和相位信息。与直接探测相比，外差探测是一种全息探测，不仅能解调强度调制光信号，而且能解调频率和相位调制光信号。图 4.2 为光外差系统。

由于本振激光束与信号光的相干作用，外差探测能将很弱的光信号从噪声中检测出来，而且转换增益很高，具有天然的弱信号探测能力。虽然光外差原理与电子学外差原理相同，但光波干涉由于各种原因很难满足干涉条件，所以在外差方法上就具有了复杂性和困难性。除一般的干涉条件要求外，对两光束的准直要求很高。

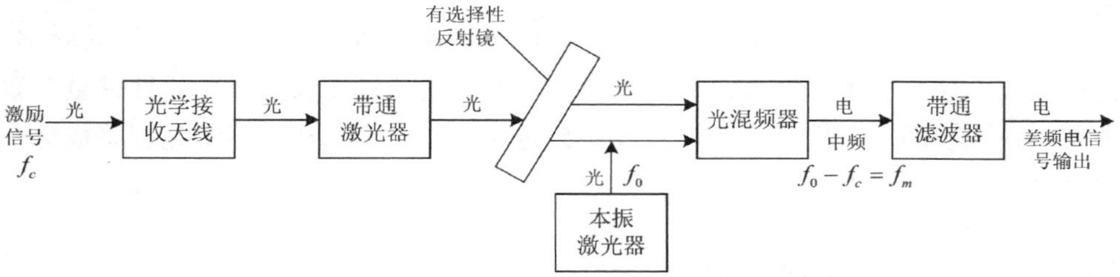

图 4.2　光外差系统

4.3　激光近炸引信探测技术

激光近炸引信是激光探测技术与近炸引信技术相结合的产物。激光探测为实现引信的近炸功能提供了技术基础和有效的探测手段，并决定了它的本质特性；近炸引信的战术、技术条件和特点则为激光近炸引信新技术规定了用途、设计方法和准则，使激光近炸引信成为一个具有鲜明特色、有别于其他激光探测领域的系统技术。激光近炸引信与激光测距相比，具有以下特殊要求。

(1) 近程、超近程探测。近炸引信与测距机、雷达最明显的不同是探测距离，后两者通常要求有较远的探测距离，一般为几千米到几十千米，甚至更远；但近炸引信的作用距离通常很近，只有几米到十几米，甚至 1 m 以下。然而大多数的激光雷达、激光测距机在小于 100 m 的距离范围内存在盲区，使得它们采用的某些探测体制在近炸引信这种要求超近距离探测的场合并不适用。另外，当利用激光脉冲往返时间测定距离时，迫弹近炸引信要求的作用为 1～5 m，则对应的往返时间只有 6.7～33.5 ns，对这么短的时间进行精确测量，给这种作用体制的激光近炸引信的设计提出了特殊要求，因此在测距体制及信号处理方法上也必须采取新的对策。

（2）只要求单点“定距”，而不要求大空间范围的“测距”。

（3）体积小、功耗低。这一要求是激光引信设计中的主要约束条件。

（4）高过载环境。激光近炸引信目前已在导弹、航空炸弹、迫弹等多种武器系统中得到应用，在大部分的发射武器弹药中，引信都必须承受很大的过载加速度，一般为几百到上万个 g 。这种特殊的工作环境使得大多数现存的激光器种类都不能正常工作，而只有半导体激光器由于其自身结构和工艺上的特点，能够适应引信的这一要求。

（5）弹目之间存在高速运动。无论弹丸的作用目标是空中目标、地面目标还是海上目标，引信与目标之间总是存在着较高速度的相对运动，或者是弹目同时运动，或者是目标静止，弹丸运动。这种相对运动是否会对定距精度造成影响，进行系统设计时应予以考虑。一般来说，这种影响总是与发射激光脉冲的重复频率联系在一起的。特别是对于多脉冲积累定距体制，弹目相对运动速度将成为一项重要的误差而影响定距精度。

4.3.1　几何截断定距体制

几何截断定距体制又称三角定距法，在各种导弹特别是反坦克导弹、反武装直升机导弹和各种打击空中目标的导弹激光近炸引信中应用非常广泛。这种定距体制在原理上是激光特点与近炸引信特定要求相结合的新产物，但从系统设计角度却仍与激光测距、激光雷达技术、无线电近炸引信技术有很多相似之处。

1. 作用原理

对应用于空空、地空导弹的激光近炸引信，要求引信在弹体周向提供全向探测的能力，这通常要使用多组激光发射器和接收器来实现，即引信发射机和接收机在弹体周向均匀排列（通常使用 4～6 组），发射光学系统先对激光器发出的具有较大束散角的光束进行准直，然后用柱镜或反射光锥、光楔在弹体径向进行扩束，通常使用 4～6 个象限使之形成 360°发射视场角。接收光学系统用浸没透镜或抛物面反射镜使之形成 360°的接收视场角，如图 4.3 所示。在垂直弹轴的方向上，很窄的发射激光束和接收机接收视场交叉而形成了一个重叠的区域，只有当目标进入这个区域，接收机才能探测到目标反射的激光回波。重叠区域的范围对应着引信最大和最小作用距离。

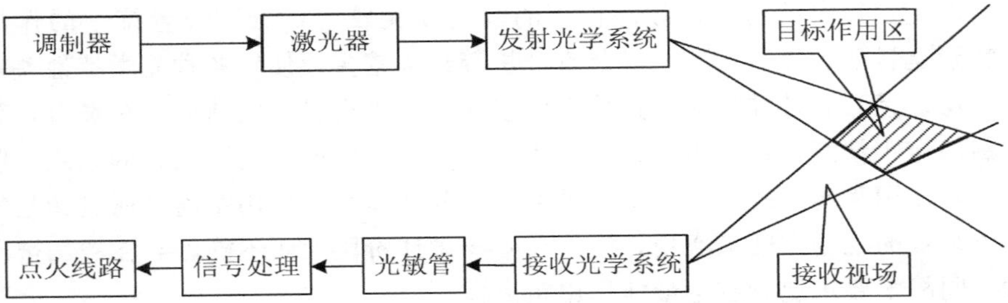

图 4.3　几何截断定距体制的原理

对于应用于反坦克破甲弹的激光近炸引信，只要求前向目标探测，一般只要使用一组发射接收机即可达到要求。发射机、接收机分别安装于弹体头部的圆截面直径的两端，发射光束的束散角（即发射机视场角）和接收机视场角基本相同，但由于安装方向具有一定的倾斜角度，使发射光束与接收机视场在前方某一区域重叠，发射光束轴线和接收光束轴线交会于一点，构成三角形，其底边上的高即为引信的作用距离。当目标进入重叠区，接收机探测到目标回波，经光电转换、放大、输出一系列脉冲信号，其包络曲线的最大值对应于引信的作用距离。

2. 几何截断定距体制的特点

几何截断定距体制的产生基于激光和近炸引信两个特点。

(1) 激光工作于电磁波的光波段，波长极小，故其发射和接收视场的几何参数可以比较容易地使用光学元件精确控制。

(2) 近炸引信一般只要求对超近程目标进行探测。

这种体制的优点如下：

(1) 定距精度很高，对全向探测激光近炸引信一般作用半径为 3～9 m，截止距离精度可达到±0.5 m；对前向探测激光近炸引信作用距离一般在 1 m 以下，定距精度可达±0.1 m。

(2) 全向探测激光近炸引信采用几何截断定距体制，可在提供 360°的周向探测范围与只需较简单的处理电路两方面提供较好的统一。

由于几何截断体制上述的优点，使得其非常适合用于对空中目标进行探测的近炸引信，如空空导弹、地空导弹等；同时，对于要求作用距离极近、精度要求相应也非常高的地面目标近炸引信，由于使用其他体制难以达到要求，几何截断体制也显示出了自身特有的优势。

这种体制也存在着以下局限性。

(1) 定距精度受目标特性变化和作用距离影响较大。根据原理可知，引信的作用区域由发射视场和接收视场的光路交叉重叠形成，但对于要求作用距离较远的情况，难以控制发射视场和接收视场在较远处得到较小的重叠区域；对于目标反射特性差别较大的情况，脉冲包络的幅度变化较大，难以设置统一的作用门限。特别是目前坦克、战车、武装直升机等越来越多地使用各种光学特性差别很大的涂层、迷彩和外挂物等，这使得即使在作用距离较近的前向定距场合，为达到较高的定距精度，也不得不考虑采用其他对目标反射特性不敏感的定距体制。

（2）作用距离不能现场装定。虽然几何截断体制的作用距离可通过调整发射与接收装置的视场角度来实现，但这只限于设计阶段，而不能做到在战场情况下针对不同战术要求现场装定最佳作用距离。

因此，这种体制并不适用于要求作用距离稍远或目标反射特性变化较大以及要求作用距离可现场装定等许多激光近炸引信。

4.3.2 距离选通定距体制

1. 作用原理

距离选通式激光近炸引信作用原理框图如图 4.4 所示，脉冲调制器激励脉冲半导体激光器发射峰值功率较高的光脉冲，通过发射光学系统形成一定形状的激光束，光脉冲照射到目标后，部分光反射到接收光学系统，经接收光学系统会聚在光敏管上输出电脉冲信号，再经放大、整形等处理后送到选通器。另一方面，脉冲调制器激励半导体激光器的同时，激励信号经延迟器适当延迟后，控制选通器。因此，只要选择适当的延迟时间，就可以使预定距离范围内的目标反射信号通过选通器到达点火电路，但此距离之外的目标回波信号无法通过选通器，难以实现在预定的距离范围内起爆。

2. 距离选通定距体制的特点

距离选通定距体制，可以说是脉冲激光测距技术与脉冲无线电引信技术相结合的产物。它采用测定激光脉冲从弹上发射机到目标往返飞行时间的方法来确定弹目之间的距离，它的测距原理和发射、接收技术原理与脉冲式激光测距机制类似，只是由于探测距离要求极近和对系统体积功耗等的限制，两者测定时间间隔的方法存在较大区别。

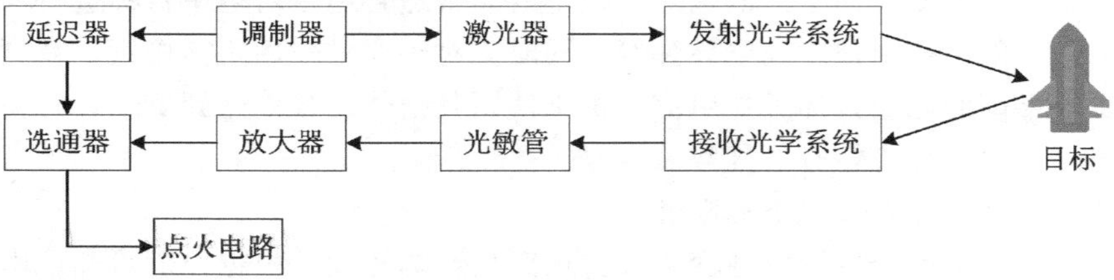

图 4.4 距离选通定距体制的原理

脉冲测距机制由选通门、晶体振荡器和计数器组合方法，适于测定在较大作用范围内连续变化的距离，并且在无须重新调整的情况下，对任一未知目标距离进行探测。但在近炸引信这种要求在超近距离范围内精确定距的场合，如果使用与测距机相同的计时方法，则为达到系统精度指标，必须采用性能稳定的高频振荡器和工作速度极快的计数器。在距离选通定距体制的激光近炸引信中，实际采用的是由脉冲无线电近炸引信借鉴而来的距离选通门方法，这是由近炸引信原理不同于测距机制的特点决定的。主要体现在：

（1）近炸引信属超近距离探测，使用距离门定距通常不会出现距离模糊的问题。

（2）近炸引信通常只要求对作用目标定距，即只对目标是否已进入作用区感兴趣，而对目标不处于作用区时的每一个具体的距离信息不关心。因此，只要求对单一距离进行测定。而测距机则要求对目标“测距”，即要求对作用范围内的任何目标、任何时刻的距离信息都能连续测定。

与几何截断体制相比，距离选通体制具有如下优点。

（1）采用回波脉冲的相位信息判断距离，在激光近炸引信中，目标是否进入预定距离一般可通过两种方法判断：一是回波脉冲信号的强度，二是回波脉冲与参考脉冲的相位延迟信息。由激光近炸引信的作用距离方程可知，影响回波信号强度的因素不仅仅是距离，还有发射激光脉冲的功率波动、目标的光学特性（包括粗糙度、反射率）和大气传输条件等，因而在各种影响因素不能得到有效控制的情况下，难以达到较高的定距精度。而目标回波脉冲与参考脉冲之间的相位差，主要决定因素是光波往返时间和光电系统内部延时，通常内部延时容易控制或补偿，因而可得到较高的定距精度。

（2）距离选通门就如同是一个品质因素很高的时空滤波器，从时间的角度来看，在极小占空比信号的“空”时间内，只有夹在距离门之间极短的时间段内的信号能够通过；从空间的角度来看，在由接收机灵敏度确定的最大作用距离以内，只有由距离门确定的预定距离的回波信号可以通过，从而大大降低了系统虚警率。

距离选通定距体制的缺点是无法很好地克服接收视场近处的干扰，对于细小物体的分辨力不从心，需要通过其他方法来协助判别信号，否则极易产生虚警。

4.3.3　脉冲鉴相定距体制

1. 作用原理

脉冲鉴相定距体制是由距离选通定距体制改进和发展而来的一种系统综合性能更好的激光近炸引信定距方法，它的定距原理如图 4.5 所示。激光脉冲电源激励脉冲半导体激光器发射光脉冲，经光学系统准直，照射到目标表面，一部分反射光由接收光学系统接收后，聚焦到接收光学系统的光敏管上，输出电脉冲信号，经放大、整形等处理后送到脉冲鉴相器。另外，在激光脉冲电源激励半导体激光器的同时，激励信号经延迟器适当的延迟后，送到脉冲鉴相器，作为基准脉冲与回波脉冲进行前沿相位比较，当两脉冲前沿重合，即表示目标在预定距离上时，给出起爆信号。

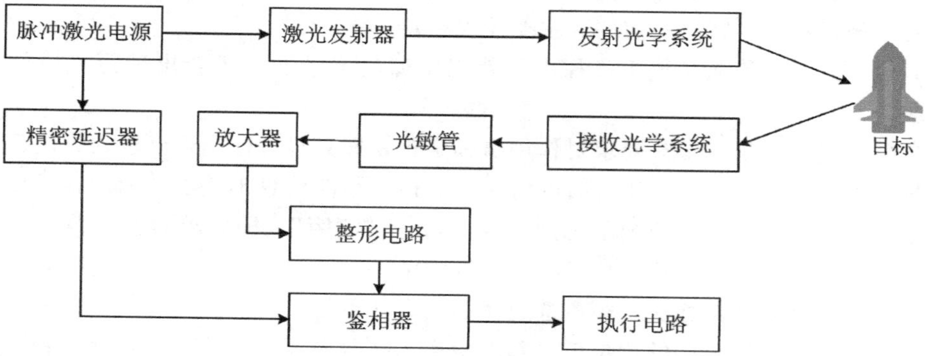

图 4.5 脉冲鉴相定距体制的原理

2. 脉冲鉴相定距体制的特点

脉冲鉴相法使用脉冲前沿鉴相器代替原来的距离门，结合精密脉冲延时技术，在定距精度和灵活性上，都比距离选通体制有较大的提高。

(1) 距离选通体制的“定距”通常是一个距离范围，只能靠减小距离门的时间间隔来逼近某一距离点，以达到更好的精度，而脉冲鉴相体制从理论上来讲探测的是一个固定的距离点，在能够精确控制光电系统内部延时的情况下，可以达到很高的定距精度。当然，由于鉴相器工作速度的影响，也存在一个模糊距离，即定距误差。

(2) 脉冲鉴相法处理信息的主要对象是脉冲前沿的相位信息，表现在接收系统的设计思想上就是不失真地提取出脉冲的前沿相位信息，而把其他如幅度、脉宽、脉冲波形等信息剔除，或只作为抗干扰等辅助手段。这里的脉冲主要针对回波信号脉冲，因为它在空间传播、目标反射、光电转换、电脉冲放大过程中，前沿相位信息损失较大，需要精心处理才能得到恢复，而基准脉冲只经过电子延时器，前沿相位信息基本无损失，通常无须处理。

(3) 由于鉴相器具有结构简单、使用灵活的特点，脉冲鉴相法结合可调节的电子脉冲延时器易于实现作用距离可现场装定的功能。另外，结合精密可调电子延时器可实现对系统延时的精确自动补偿，进一步提高系统定距精度，特别是对产品批量很大的常规武器弹药的生产和检验有较重大的现实意义。

(4) 脉冲鉴相体制可以认为是距离选通定距体制的距离门选通的时间或空间

在减小到零时的一种极限情况，从这种意义上来说，它具有更好的时空滤波特性，即更好的抗干扰特性和更低的虚警率。

由上述脉冲鉴相定距体制的特点可见，这种方法非常适合应用于要求作用距离分档可调的追弹激光近炸引信、对定距精度要求很高的云爆弹激光近炸引信和取代几何截断体制应用于要求精确定距的作用距离极近的反坦克弹药近炸引信中。

4.3.4 脉冲激光测距机定距体制

1. 作用原理

脉冲激光测距机定距体制与用于雷达、火控等的原理相似。激光脉冲发射器向目标发射一个激光脉冲，同时向门控电路输入一个由发射脉冲采样得到的光电脉冲，开启门控开关，由时钟晶振向计数器输出填充脉冲开始计时，激光脉冲信号经过发射光学系统照射到目标，在空间形成激光器所需形式的探测物理场。光学接收系统吸收从目标反射的光学能量，目标反射回波信号脉冲经放大、整形，送到控制门并关闭门控开关，计数器停止计数。则由计数器所计填充脉冲数与晶振振荡周期就可得到距离信息，图 4.6 是脉冲激光测距机定距体制的原理图。

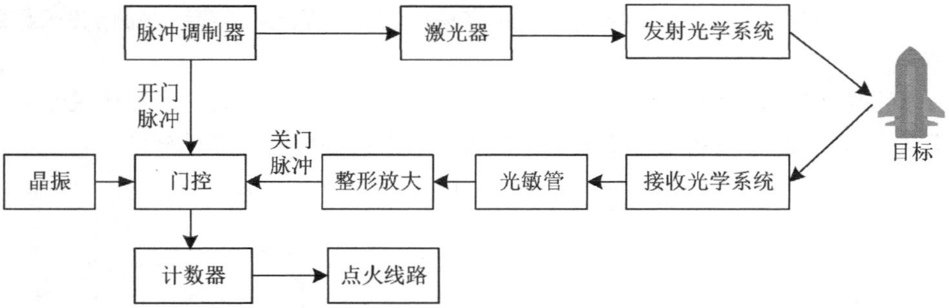

图 4.6　脉冲激光测距机定距体制的原理

测距系统距离待测目标的距离为 R，脉冲激光信号在探测途中经过的时间为 t，光在测距介质中的传播速度为 c，则有

$$R = ct/2 \tag{4-1}$$

式中，飞行时间 t 是通过计数器对激光脉冲从向目标发射，到从目标反射回接收器这个时间间隔内所记录的钟频脉冲的数量来测量。在飞行时间 t 中，假设计数器记录了 n 个钟频脉冲，并且每个相邻钟频脉冲之间的时间间隔为 τ，则钟频脉冲的振荡频率可以表示为 $f = 1/\tau$，则

$$R = ct/2 = cn\tau/2 = cn/(2f) = ln \tag{4-2}$$

式中，l 为每个相邻时钟频率脉冲的时间间隔对应的测量距离增量。因此，我们

可以根据计算飞行时间中时钟频率脉冲的数量来计算要测量的距离。

2. 脉冲激光测距机定距体制的特点

脉冲激光测距机定距体制是专门针对激光探测技术在子母弹母弹开仓远距离作用引信中的应用前景提出的。因为母弹开仓引信要求的作用距离较远（50～100 m），而定距精度要求不高（约 10 m），所以对测距机中的关键电子部件晶体振荡频率和计数器的工作速度要求都较低，很容易满足要求。对于较远作用距离的情况，使用前面介绍的距离选通定距体制或脉冲鉴相体制，其优点并不能得到体现，但是，在这种体制中可以借用距离门的思想，采用软件或硬件的距离门提高抗干扰性能。使用脉冲激光测距机体制则较适合于远距离定距，且有较成熟的系统设计方法可以借鉴，与现有技术有良好的相容性。

4.3.5 伪随机码定距体制

1. 作用原理

伪随机码激光引信测距的原理和一般的测距方法一样，都是利用回码和本地码重合时出现相关函数的峰值，然后根据这个时间差即可用相关的处理电路算出探测的距离。但是，激光发出的码元和一般的不同，这种码元不容易被干扰，特别是人为的有源干扰。对于接收方，却容易接收并且能够很容易达到相关函数的峰值。

伪随机码测距原理如图 4.7 所示，图 4.7（a）是它的本地码和回码关系，图 4.7（b）是它的相关函数。图 4.8 是伪随机码探测和测距的原理框图。

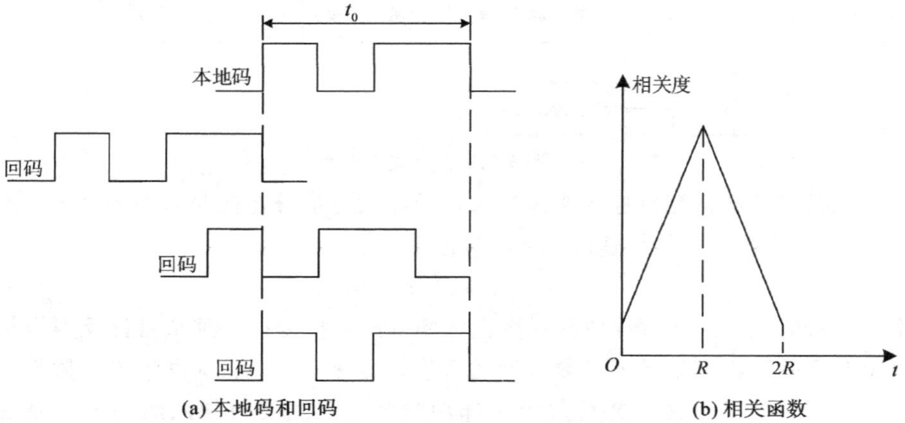

图 4.7 伪随机码测距原理

伪随机码发生器用于产生一定码元宽度和频率的伪码信号，其经调制后获得满足激光器脉冲宽度要求的伪码脉冲信号，经激光发射器发射编码的激光脉冲，最后经过发射光学系统对激光束进行准直或扩展后照射到目标，在空间形成所需形式的探测物理场。接收光学系统吸收从目标反射的光学能量，同时完成滤光器的滤光和光束的聚焦，经光敏管和探测放大器完成光电转换和信号预处理。进入相关电路完成本地码和回波信号的相关判别与计算，根据目标和背景的特性实现目标的识别和方位的判断。

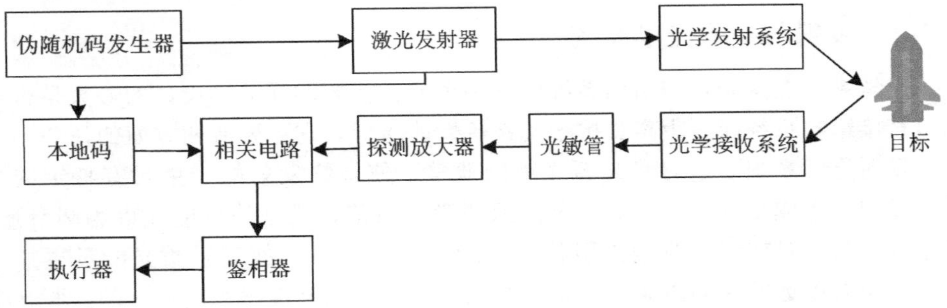

图 4.8　伪随机码探测和测距原理框图

利用激光引信的延时系统，对于激光发出的码元，当激光回码的前沿与它本地码的后沿重合时，是激光探测的最大距离 R_M ，当回码的后沿与本地码的前沿重合时，是激光探测的最小距离 0，而激光可以探测出 0～ R_M 的任何一个距离。当回码的前沿和本地码的后沿重合时，它的相关函数的值就会增加，可以选定在相关函数峰值的地方触发引信，这时的理想状态的测定距离为

$$R = t_0 \cdot c \tag{4-3}$$

式（4－3）为理想的关系式。由于采用的有关器件存在一个综合响应时间 Δt ，因此，实际估算探测距离的关系式应为

$$R = (t_0 - \Delta t) \cdot c \tag{4-4}$$

由式（4－4）可知，码元长度越宽，器件综合响应延迟时间越小，探测的距离将越大。

2. 伪随机码定距体制的特点

（1）和一般激光引信不同，伪随机码定距体制将伪随机码应用在激光近炸引信中，伪随机码具有良好的自相关性和互相关性，可以有效抵抗信号传播中的干扰。伪随机码相对于白噪声易于产生、复制和控制，由于伪随机序列具有自相关函数尖锐，而互相关函数很小的特点。在相关判决时，可检测到反射激光信号的自相关峰值，而不能检测到其他信号或干扰，抗干扰能力强。

（2）采用伪随机码在近炸引信中定距，利用相关峰值作为测量标志，可以保证距离精确测量到一个码元内，定距精度高。

（3）随着技术的不断发展，伪随机码定距原理在各个领域的应用越来越广泛。但是，它也有一些缺点。伪随机码定距需要发送端和接收端都配备伪随机码发生器，增加了设备的复杂性和成本。

4.4 激光近炸引信发射与接收系统

4.4.1 发射与接收光学系统

光学系统在激光近炸引信系统中是一个非常重要的环节，设计的参数是否合理，直接影响系统探测距离、抗干扰性等性能指标，它主要有两方面的任务：一是，发射光学系统通过对激光器光束的调整，使最终发射的光束具有特定的视场，以利于完成系统功能；对于周向探测激光引信，通常使发射光束为圆盘形、扇形等形状；对前向探测激光引信，一般通过准直作用使发射激光能量更加集中，从而有更远的探测距离。二是，利用比光电敏感元件感光面积大的接收光学系统把大部分来自目标的反射光收集并会聚到光电探测器上，大大提高了引信的灵敏度。

激光近炸引信光学系统主要有发射和接收光学系统，发射和接收的视场保证并限制了引信的接收“视角”，使引信的定位精度得到保证，或者说使激光引信具有非常高的“角分辨率”，同时也提高了抗干扰能力，特别是人为的光电干扰。

1. 发射光学系统

在前向探测激光近炸引信中，发射光学系统的主要作用就是对半导体激光器发出的激光进行准直。半导体激光器发出的激光束通常有较大束散角。为使半导体激光器发射能量更加集中在探测方向，以达到更远的探测距离，通常用凸透镜或透镜组对光束进行准直。

2. 接收光学系统

激光引信中接收光学系统主要作用是将目标反射光能量收集并会聚到光电探测器的小光敏面，对光学系统的成像质量要求不高。另外，由于系统体积的限制，也不允许使用复杂的光学系统，通常情况使用单个透镜即可得到较好的效果。在实际探测中，因为目标相对较远，探测器应置于透镜焦平面上，这时系统的半视场角为

$$\omega = \frac{\varphi}{2f} \tag{4-5}$$

或视场立体角 Ω 为

$$\Omega = \frac{S}{2f} \tag{4-6}$$

式中，φ 为探测器直径；S 为探测器光敏面积；f 为焦距。可见，接收机视场由光学镜头的焦距和光电探测器的光敏面积决定。通常，为了得到足够大的接收视场，必须选用光敏面积大的探测器或减小光学镜头焦距，但是，这两种方法在实际的系统设计中都受到限制，主要体现在

(1) 光敏面积大的探测器，其成本高，同时随着光敏面积增大，光电探测器的等效噪声功率（NEP）也随着增大，但是，这通常不会成为系统噪声的主要成分。

(2) 接收光学镜头焦距的减小，必然是以增大光学镜头的径向尺寸为代价。

根据激光引信距离方程式

$$P_{\mathrm{r}}=\frac{P_{\mathrm{t}}\eta_{\mathrm{t}}\eta_{\mathrm{r}}K(R)\mathrm{e}^{-2\sigma R}\rho S_{\mathrm{r}}}{\pi R^{2}} \tag{4-7}$$

式中，P_{r} 为接收功率；P_{t} 为激光器发射功率；η_{t} 为发射光学系统效率；η_{r} 为接收光学系统效率；$K(R)$ 为发射视场与接收视场部分重合造成的衰减系数；ρ 为目标反射率；σ 为大气衰减系数；R 为激光器到目标的距离；S_{r} 为接收机光学系统孔径面积。

可见，系统探测性能受光学系统参数的影响，主要包括发射与接收光学系统效率、视场重合系数 $K(R)$，其中，$K(R)$ 是个可以通过设计控制的重要参数。从视场重合系数 $K(R)$ 的大小变化可以看出，接收视场角并非越大越好，在激光引信优化设计时应满足两方面的要求：一是，在引信作用距离内必须有重叠，理想的情况是完全重叠区在引信要求的距离附近，而在较近和较远的距离逐渐衰减，使引信只对作用距离内的目标敏感，提高引信对自然和人为干扰的抵抗能力；二是，在引信作用距离要求分挡可调的情况下，较理想的状态是把完全重叠区设置在最远的作用距离，使重叠区随距离减小而逐渐减小，但是必须保证在最小的作用距离也有足够的反射信号，这样的光学系统有利于减小由距离引起的回波信号幅度变化的范围。

4.4.2　激光与光敏元件

1. 半导体脉冲激光器

半导体脉冲激光器是目前在激光近炸引信中得到实际应用最多的激光源。半导体脉冲激光器的主要参数包括峰值功率 P_{m} 、峰值波长 λ_{p} 、光谱范围 $\Delta\lambda$ 、阈值电流 I_{th} 、垂直和水平方向发散角等。

2. 光电探测器

光敏二极管又称为光伏探测器，从原理上讲就是一个 P－N 结二极管。它的伏安特性与普通二极管的相同。在正向偏压作用下，随着电压的增加，电流很快增大。当光敏二极管未受光照时，仅有环境温度产生的微小暗电流和反向偏压产

生的漏电流。在光的照射下，伏安曲线有所不同，曲线近似平行下移，下移的程度取决于光照的强度。光生电流通常情况下远大于暗电流和漏电流。光伏探测器大多工作在伏安曲线平行下移区域。由于在区域内电流随光照强度的增大而增大，与光导现象类似，因而，常称工作在此区域内的光伏探测器的工作模式为光导模式。光导模式的光伏探测器需在反偏压条件下工作。

反向偏压将增加耗尽区宽度，所以时间常数减小，原因是耗尽区越宽，在其附近吸收信号光子的概率越大。这就缩短了自由载流子从吸收区向耗尽区运动的时间。如果反向偏压足够高，在电场中运动的电子和空穴将被加速，从而获得足够的能量，以至于晶格碰撞时产生额外的自由载流子。随着反向电压的进一步提高，自由载流子倍增因子变大。这种原理工作的探测器称为雪崩光电二极管。图 4.9 所示为 PIN 光电探测器等效电路。

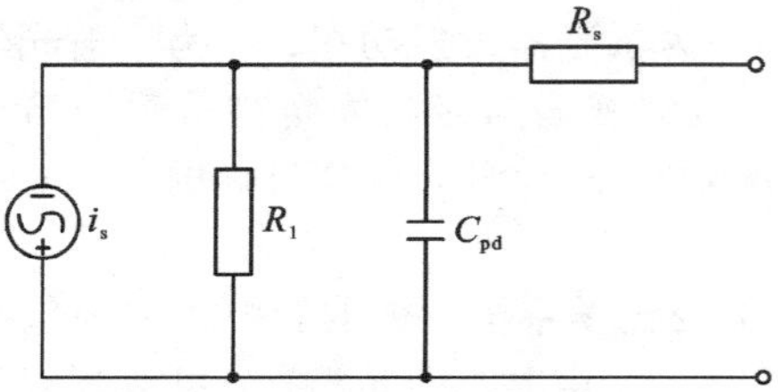

图 4.9 PIN 光电探测器等效电路

在图 4.9 所示的等效电路中，雪崩二极管的信号电流可以表示为

$$I_s = q\eta \frac{P_s}{hv} M \tag{4-8}$$

式中，M 为雪崩电流增益因子，即产生雪崩倍增时的光电流 I_s 与无雪崩倍增时的光电流 I_{s0} 之比；P_s 为入射辐射功率；q 为电子电量；η 为量子探测效率；h 为普朗克常量；v 为光子频率。

其均方噪声电流为

$$i_n^2 = 2qM^3 \Delta f \tag{4-9}$$

式中，Δf 为系统带宽。

由式（4－8）和式（4－9）可见，信噪比正比于 $1/\sqrt{M}$，即信号电流随 M 值增加而增加，但噪声增加更快。因此，在放大器噪声占优势的情况下，雪崩光电二极管 M 引起的噪声增加并不会显著提高系统的噪声，而是明显地增加了信号电平。

探测器噪声与偏压、调制频率和探测器面积有关。当调制频率和偏压恒定时，探测器信噪比与探测器面积的平方根成正比。

光导探测器的另一种工作模式为零偏模式，即在零偏压的条件下工作。此时，流过探测器的电流为光生电流。光照功率不同，流过探测器的电流也不同，当此电流流过负载电阻而形成的输出电压也将不同。通常把这种工作模式称为光伏工作模式。

光伏工作模式即零偏模式，可省去偏置电流，也可避免偏置电源引入的热噪声。它的光谱范围较宽，低频信噪比较好，是良好的弱辐射探测器。但是由于不加偏压，故响应速度较低，不适合做高速或高频探测器。

4.4.3　低噪声光电前置放大器

在激光引信接收机中，放大器主要包括前置放大器和主放大器，它的设计对系统的定距精度和探测距离有重要的影响。前置放大器是一种用来完成传感器与后续电路性能匹配的部件，对其主要的性能要求由传感器性质和后续处理电路的要求决定，对于激光引信中的光电前置放大器，最重要的性能要求是低噪声，这是因为对目标测距（定距）的情况下，进入接收视场的回波功率非常小，在激光引信要求的探测距离范围内，放大器的噪声已经成为探测的主要限制因素，低噪声的前置放大器就意味着大的探测距离。主放大器主要是用来提供足够大的增益，以方便后续处理，但同时必须满足系统带宽的要求，保证有用信息不会丢失。另外，为保证在回波信号幅值变化很大的情况下仍有很好的定距精度，可能要求主放大级增益在较大的范围内能够自动调整。

图 4.10、图 4.11 是两种由 BJT 组成的低噪声前置放大电路，对于图 4.10，为减小 Miller 效应的影响，第一级采用共集电极形式，采用这种电路在互阻增益为 10000 时，实际可达到 30 MHz 的带宽，影响带宽的一个重要因素是反馈电阻两端的寄生电容，为尽量减小此寄生电容，反馈电阻采用多个电阻串联的形式。这种电路可得到非常好的综合性能，成本较低。输出噪声峰值 $V_{p\text{-}p} \leqslant 1\ \text{mV}$。

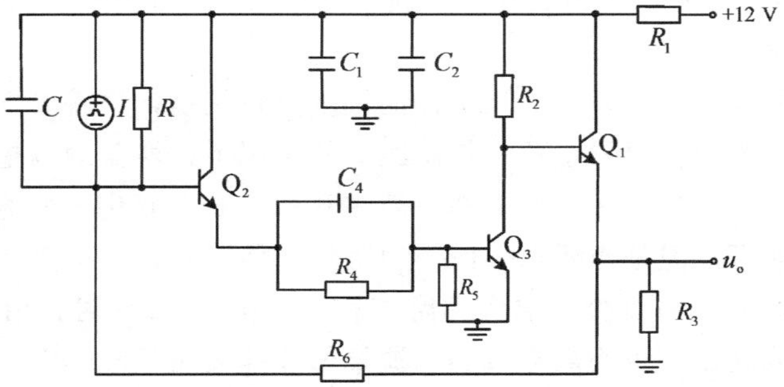

图 4.10　一种 BJT 低噪声前置放大电路

图 4.11 为另外一种 BJT 低噪声前置放大电路的原理图，这种结构的前放由于直接使用共射级电路形式作为输入级，因而具有更低的噪声系数，但同时由于

Miller电容的影响，要达到较宽的频带比较困难，必须在电路中对频率进行补偿，如电容 C_5 与 R_{13} 可构成一个高频零点以对消一个高频极点，达到增加带宽的作用。

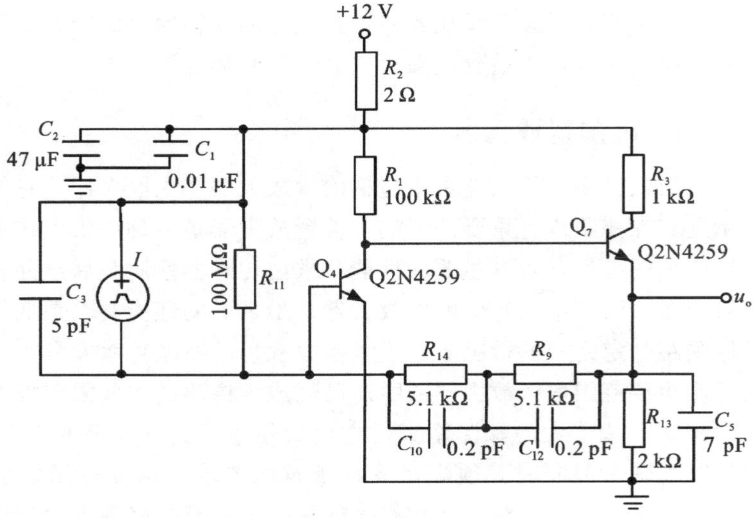

图 4.11　另一种 BJT 低噪声前置放大电路

4.4.4　高增益宽频带主放大器

对接收机主放大器的要求主要包括高增益、宽频带和增益可调整。一般前置放大器可提供 80 dB 左右的增益，若接收机接收的回波功率为 1 μW，而光探测器灵敏度为 0.5 μA/μW，为把回波信号放大到伏的量级，要求主放大器还要提供约 70 dB 的增益。为保证多级串联统的带宽达到 30 MHz，要求主放的频带大于 30 MHz。可见，主放大器要求的增益带宽很大，通常用一级放大难以达到要求，必须多级串联。

为提高定距精度，需要对回波脉冲的幅度进行控制，这就要求主放级的增益可以调整，在激光引信只要求单一作用距离的情况下，增益的调整主要是针对目标反射率的变化，典型目标的反射率一般在 0.05～0.8 变化，增益调整范围只要在 30 dB 以内即可；但是当要求引信作用距离分挡可调且可调范围较大时，增益调整范围相应增大，例如在要求作用距离在 1～10 m 可调时，由于回波信号功率与距离平方成反比，由距离造成的回波幅值变化就可达 40 dB，加上由目标和环境因素造成的约 30 dB 的幅值变化，可达到 60 dB。如此大的输入信号动态范围，在实际的设计中必须予以考虑，否则将给定距精度带来很大的误差，甚至使主放级深度饱和，引起输出信号波形质量恶化和器件传输延迟变化等后果。在固定作用距离情况下，由简单的几何关系可推导出触发点时间差异与脉冲上升沿和脉冲幅值动态范围之间的关系式：

$$\Delta t = t_2 - t_1 = K_1 \cdot K_2 \cdot t_r \tag{4-10}$$

式中，$K_1 = 1.25(1-\frac{1}{\alpha})$；$K_2 = \frac{V_{ref}}{V_{P-min}}$；$t_r$ 为输出脉冲上升沿时间。K_1 中的 α 为最大回波峰值与最小回波峰值之比，称幅度比值系数，$\alpha = \frac{V_{P-max}}{V_{P-min}}$，其中，$V_{P-max}$ 为回波脉冲信号峰值最大值，V_{P-min} 为回波脉冲信号峰值最小值；K_2 中的 V_{ref} 为阈值电压。

假设系统带宽为 30 MHz，输出脉冲上升沿 $t_r = 0.35/30 \times 10^6 \approx 12$ ns，目标和环境造成的回波幅值变化为 20～30 dB，即 $\alpha > 10$，则 $K_1 \approx 5/4$。设 $K_2 = 1/2$，则有 $\Delta t = (5/4) \times (1/2) \times 12 = 7.5$ ns，对应的定距误差约为 1 m。

在作用距离分挡可调的激光近炸引信中，由于接收机输入信号动态范围过大，则必须对增益进行调节。这种增益的调节可分为两个阶段，首先，对距离分挡装定造成的回波幅值变化，可在装定距离的同时装定增益，使每一个距离挡位对应一个增益挡位；其次，对应目标反射率造成的信号幅值变化，则必须在目标探测的过程中通过自动增益控制予以减小。

4.4.5　激光引信抗干扰技术

1. 主动干扰

接收机能够探测到的但又并非发射机发射的干扰信号，这种干扰主要是由太阳、大气、地面背景等的辐射引起的，称为主动干扰。

2. 被动干扰

当发射机发射的光脉冲在空间路径上遇到各种悬浮粒子，诸如烟雾、云、雨等时，部分信号将发生后向散射，这种由主动辐射光脉冲引起的干扰称为被动干扰。悬浮粒子可以看作一种均匀介质，用衰减系数加以描述如下

$$\sigma = \alpha_a + \alpha_s \tag{4-11}$$

式中，α_a 为吸收系数；α_s 为散射系数。

对于激光引信来说，后向散射是非常重要的问题，因为一部分散射能量进入接收机视场，在接收机接收到的散射能量足够大时，被判为回波信号，从而引起系统虚警。

后向散射功率与激光引信系统灵敏度的关系：

$$\frac{P_s}{P_{\sigma^s}} = \frac{4\rho_e}{\sigma R_g} \tag{4-12}$$

式中，P_{σ^s} 为接收的后向散射功率；P_s 为激光引信最小可探测功率；ρ_e 为最小目标反射率；R_g 为距离门宽度。R_g 是指可进入距离门的后向散射空间范围，这个空间范围是由发射激光脉冲的宽度决定的。

当脉冲宽度较宽时，对较近的悬浮颗粒的后向散射在后部造成积累形成比较大的假回波，而且这个假回波信号延迟时间由光脉冲宽度决定，当光脉冲宽度较宽时有可能进入距离门。由激光引信距离方程式（4－7）和式（4－12）可得

$$\frac{P_s}{\rho_e} \propto \frac{1}{R_{max}^2} \tag{4-13}$$

式中，R_{max} 为系统可探测的最远距离。

而由式（4－13）可知 $P_s/\rho_e \propto P_{\sigma^s}$，所以有

$$R_{max}^2 \propto \frac{1}{P_{\sigma^s}} \tag{4-14}$$

由式（4－14）可见激光引信的最大探测距离与进入接收机的后向散射能量成反比，也就是说，除激光引信距离方程中涉及的各项因素外，后向散射也是限制激光引信探测距离提高的一个因素。

在使用足够窄的激光脉冲和距离门的情况下，悬浮粒子的后向散射可分为两种情况。第一种情况如图 4.12 所示，弹体完全处于悬浮粒子的包围之中，这种情况下，在离引信较近的距离，由于距离门的作用，虽然有较强的后向散射信号，但是并不能造成系统虚警，而在作用距离处，颗粒的后向散射信号在向引信传播的路径上又被处于中间距离上的悬浮粒子衰减，因此，在这种情况下能够进入接收机的后向散射信号通常是很小的。

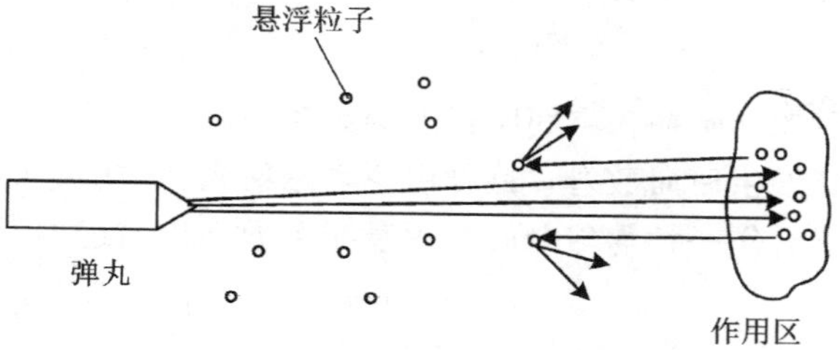

图 4.12　弹体完全处于悬浮颗粒包围之中的后向散射情况

第二种情况如图 4.13 所示，悬浮粒子团的边缘正处于作用距离上，这时，在距离门位置的后向散射信号可以顺利地到达引信接收机，这种情况是最不利的。因此，在实际设计激光近炸引信时，只要计算或测定到在后一种情况下的后向散射信号，即可作为校验系统对悬浮颗粒后向散射干扰的依据。

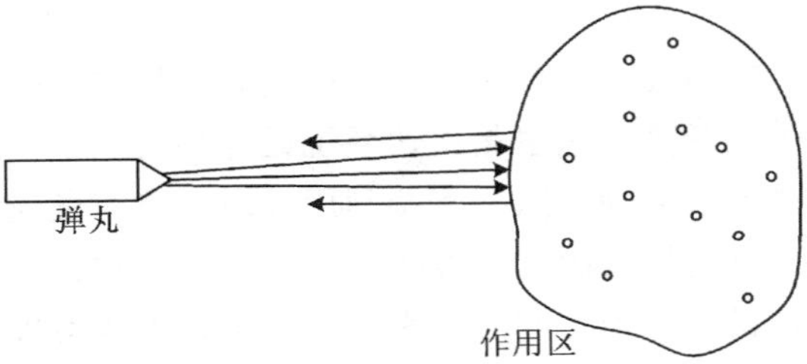

图 4.13 悬浮粒子团边缘正处于目标作用区的后向散射情况

4.5 激光雷达探测技术

激光雷达是一种可以精确、快速获取目标三维空间信息的主动激光探测技术。三维成像激光雷达作为一种主动成像系统，与被动成像系统相比，具有可获得高精度距离信息，并且不受光照条件限制的优势；与微波成像系统相比，具有角分辨力高、测量精度高、抗干扰能力强以及系统易小型化的优点。在目标识别、分类和高精度三维成像及测量方面有着独特的技术优势，因而被广泛应用于军事、航空航天以及民用三维传感等领域。激光雷达三维成像系统按照成像体制可以分为扫描式成像系统和面阵成像系统两种，按激光距离测量体制可以分为直接脉冲测距、相位式测距以及线性调频测距等类型。

1. 激光测距原理

激光雷达要实现目标距离测量，必须确保能够接收到足够的回波信号，而计算激光回波信号的依据则是激光雷达方程，通用的激光雷达方程：

$$P_{\mathrm{R}}=\frac{4P_{\mathrm{T}}}{\pi\theta_{\mathrm{T}}^{2}R^{2}}\cdot\frac{\int\rho\,\mathrm{d}A}{\Omega\cdot R^{2}}\cdot\frac{\pi D^{2}}{4}\cdot\eta_{\mathrm{atm}}\cdot\eta_{\mathrm{sys}}+P_{\mathrm{b}} \tag{4-15}$$

式中，P_{R} 是接收回波功率；P_{T} 是发射激光功率；P_{b} 是背景辐射和噪声功率；R 是目标与雷达之间距离；θ_{T} 是发射天线视场角/光束发散角；ρ 是目标表面对激光的反射率，$\mathrm{d}A$ 是目标表面面元；Ω 是目标光散射立体角；D 是接收天线孔径；η_{atm} 是传输介质的双程透过率；η_{sys} 是光学系统透过率。

激光雷达方程的物理意义：$\dfrac{4P_{\mathrm{T}}}{\pi\theta_{\mathrm{T}}^{2}R^{2}}$ 为激光发射功率分摊在被光斑覆盖到的目标表面积上的部分，$\int\rho\,\mathrm{d}A$ 为目标将该部分照射功率向外散射的总散射功率，$\dfrac{1}{\Omega\cdot R^{2}}\cdot\dfrac{\pi D^{2}}{4}$ 为目标散射功率被雷达天线孔径接收的部分；在这整个过程中还需要考虑光信号功率在雷达系统内部和自由空间中传播的损耗。由式（4－15）可知，在外部条件一定的情况下，激光发射功率越高，接收孔径越大，背景噪声抑制越好，系统的信噪比越高，这也是雷达系统设计的要点。

激光测距的方法有很多种，除了直接利用计时电路对激光脉冲的飞行时间进行测量外，还可以通过对发射激光信号的幅值、频率、相位等进行调制，从而间接获得目标的距离。目前较为常用的激光测距技术，大致可以分为直接脉冲飞行时间探测、幅度调制连续波探测以及频率调制连续波探测三种。

1）直接脉冲飞行时间探测

直接脉冲飞行时间探测，顾名思义就是直接测量激光脉冲从发射到经目标散射后返回雷达的往返时间 t，已知激光在大气中的传输速度 c，得到被测目标的距离 $r=ct/2$。根据雷达系统选择线性探测器或者单光子探测器，又可以将直接脉冲测距技术细分为线性探测和光子计数探测。线性探测模式下，探测器的电脉冲响应与入射光强呈线性关系，可以采用恒比定时、阈值鉴别法等高精度时间测量技术，获得激光脉冲的往返飞行时间。而在光子计数探测模式下，探测器工作在盖革模式，具有单光子级灵敏度，一个信号光子即能触发一次电脉冲响应，但此时探测器只能响应回波信号的有无，不能提供信号的强度信息。光子计数模式一般用于远距离探测，回波信号弱，光子数很少，此时探测器对回波信号的响应可以认为服从泊松分布，当入射到探测器的信号和噪声的总光电子数为 m 时，理论上产生 k 次光子事件的概率密度为

$$p(k)=e^{-m}\frac{m^k}{k!} \tag{4-16}$$

至少有一次光子事件发生即代表探测器响应到回波信号，因此探测到信号或噪声光子事件的概率为

$$P(k>0)=1-p(k=0)=1-e^{-m} \tag{4-17}$$

对于线性探测器，其输出的回波信号为随时间变化的电压值，经过 A/D 采样后，每一发激光脉冲都能获得一个随时间变化的回波波形，探测电路带宽足够高时能够获得目标纵深剖面的回波强度轮廓，又称为全波形探测，在信噪比足够高时能够获得更为丰富的目标信息。对于线性探测的激光雷达回波信号，关注的是回波功率与信噪比。为了获得更远的探测距离，系统应提高发射脉冲的峰值功率，同时降低探测电路的噪声。与线性探测相比，光子计数探测器具有更高的灵敏度，这使得光子计数探测器在远距离或者微弱信号探测领域的应用越来越广泛。

对于光子计数的激光雷达回波信号，关注的是回波光子数与噪声计数，为了获得更远的探测距离，系统应提高发射脉冲的单脉冲能量，同时抑制噪声光子计

数，而对于工作在白天的激光雷达系统来说，噪声光子中占主导地位的是日光背景噪声计数，因此采用窄带宽、高带外抑制的光学滤波器件，同时尽量减小接收光学系统的接收视场角是光子计数探测激光雷达系统的关键。

对于探测灵敏度极高的光子计数探测激光雷达，也称为“单光子”探测激光雷达，这是指其接收灵敏度达到了能够响应单个光子能量的程度，但实际上，仅仅能够响应单个光子是不足以完成实际探测的，因为系统必然会存在噪声，如探测器的暗计数、背景噪声计数等，必须要把实际的回波光子计数与这些噪声计数区分开来才能实现探测，这可以通过系统的优化设计，以及信号处理算法的改进来实现。

直接脉冲测量激光雷达发射的一般为纳秒级脉宽的激光脉冲，优点是作用距离远、探测时间短，理论上单发脉冲即可完成测距，尤其随着光子计数探测器的发展与成熟，使得雷达系统可以实现上百公里甚至上千公里的测量；缺点主要是其测距精度相对较低（主要受限于发射激光脉冲宽度和探测器响应时间抖动），一般可以达到厘米量级，不适合要求毫米甚至亚毫米量级的高精度测量领域。

2）幅度调制连续波探测

幅度调制连续波（Amplitude Modulation Continuous Wave，AMCW）激光雷达一般又被称为相位式激光雷达，与直接脉冲探测不同，其发射的是连续激光信号，并对激光发射信号的幅值进行调制，通过检测回波信号与发射信号之间的相位差来进行测距。当正弦信号的调制频率为 f 时，可以检测到发射信号与接收信号的相位差为

$$\Delta\phi = 2\pi f t = 2\pi f\left(\frac{2R}{c}\right) \tag{4-18}$$

因此，目标的距离即为

$$R = \frac{\Delta\phi c}{4\pi f} \tag{4-19}$$

由于鉴别的相位差只能为 0～2π，超过 2π 的整周期将会带来距离模糊的问题。并且，当测量电路的鉴相精度一定时，发射信号的调制频率与雷达测距精度成正比，与探测的最大不模糊距离成反比。因此，雷达的探测距离与测距精度之间是相互矛盾的。为了解决这一问题，相位式激光雷达通常采用多个调制频率同时发射，通过较高的调制频率提高测距精度，通过较低的调制频率提高系统的最大不模糊距离，又称为“多测尺”测量。

相比于直接脉冲测量技术，相位式测距精度较高，一般可达毫米量级，但由于其发射的是连续信号，平均功率远低于脉冲信号的峰值功率，这就限制了系统的探测距离。另外，由于其必须采集完整的周期信号，这就使系统的探测时间

较长。

3）频率调制连续波探测

频率调制连续波（Frequency Modulated Continuous Wave，FMCW）探测是上世纪末发展的一种较新的测距体制，它调制的是发射激光的光频率（波长），可以避免幅值调制带来的发射功率损失。对于频率调制激光雷达，由于回波信号与发射信号存在时间差 t，将回波信号与本振信号进行混频后，通过平衡探测器就可以得到频率调制激光雷达的差频信号：

$$f_{\mathrm{if}}=\frac{4RB}{Tc} \tag{4-20}$$

式中，R 为目标距离；B 为调制带宽；T 为调制信号的周期。

当对发射的信号进行对称三角波线性调频时，可以同时获得被测物体的距离和速度信息。当目标或激光雷达平台在波束往返时间内运动时，受多普勒效应影响拍频信号也会发生偏移。因此，通过提取“上啁啾”和“下啁啾”的拍频频率，（啁啾信号（chirp）是指对脉冲进行编码时，其载频在脉冲持续时间内线性地增加，当将脉冲变为音频会发出一种声音，听起来像鸟叫的啁啾声），可以确定目标距离和速度。由式（4－21）可以得到目标的距离：

$$R=\frac{Tc}{4B}\left(\frac{f_{\mathrm{if}}^{+}-f_{\mathrm{if}}^{-}}{2}\right) \tag{4-21}$$

式中，f_{if}^{+} 为上变频的差频信号频率，f_{if}^{-} 为下变频的差频信号频率。

同时能够得到被测物体在雷达视线方向的相对速度：

$$v=\frac{\lambda}{2}f_{\mathrm{d}}=\frac{\lambda}{2}\left(\frac{f_{\mathrm{if}}^{+}+f_{\mathrm{if}}^{-}}{2}\right) \tag{4-22}$$

式中，λ 为发射激光的波长，f_{d} 为多普勒频移。

相比于 AMCW 技术，FMCW 技术没有调制功率损失且测距精度更高，调制带宽足够高时其测距精度甚至能够达到微米量级，其突出的优点是能够同时进行目标距离和多普勒径向相对速度的测量。其缺点为调频激光器较为昂贵，系统成本高，激光调制过程存在非线性效应，校正过程加剧了系统复杂程度。另外，由于其调制的是光频率对于高精度测距必须考虑传输介质的色散影响，并进行补偿。

2. 激光雷达探测灵敏度分析

激光雷达的探测概率和虚警概率是分析系统灵敏度和保证系统可靠性的重要参数。灵敏度表征系统探测微弱光信号的能力。在发射激光能量和环境条件相同的前提下，灵敏度越高，可探测距离就越远。当然，灵敏度的提高是以探测系统可靠性为前提的。探测概率和虚警概率的分析，说明了兼顾灵敏度和探测系统可靠性的设计方法，它的思路是，在保证系统虚警概率和探测概率满足性能指标要求的前提下，严格设计控制探测电路噪声，相应选取探测阈值，并由此求出可靠探测下的最小信噪比，对应的可以定量计算出最小可探测光功率或者最大探测距离。即可以在保证系统可靠探测的前提下，分析其灵敏度，并通过设计低噪声的探测电路，来抑制外部噪声和内部噪声，进一步提高灵敏度。

在脉冲半导体测距跟踪雷达系统中，自动增益控制电路输出电压信号会与一个阈值电平进行比较，设信号为 u_s，其有效值为 U_s。噪声电压为 u_n，其有效值为 U_n，总输出电压为 $u=u_n+u_s$，阈值电平为 U_T。当 $u>U_T$ 时，认为有回波脉冲信号，当 $u<U_T$ 时，认为无回波脉冲信号。探测过程中由于受噪声干扰，当没有回波脉冲信号时，可能误探测为有信号，可用虚警概率表示。当有激光回波脉冲时，探测到信号峰值加噪声大于探测阈值的，可用探测概率表示。探测器光电子噪声、背景噪声、各种电路噪声等随机噪声概率密度函数都服从高斯分布，在通过近似线性的放大系统后，输出噪声之和仍然服从高斯分布，它的概率密度函数可以表示为

$$\rho(u_n)=\frac{1}{\sqrt{2\pi\sigma_n}}\exp[-\frac{(u_n-\overline{U}_n)^2}{2\sigma_n^2}] \tag{4-23}$$

式中，σ_n 为噪声电压均方差；$\overline{U}_n$ 为噪声电压平均值。若取 $\overline{U}_n=0$，则

$$\rho(u_n)=\frac{1}{\sqrt{2\pi\sigma_n}}\exp\left[-\frac{u_n^2}{2\sigma_n^2}\right] \tag{4-24}$$

虚警概率是无激光回波信号时噪声的幅度 u_n 大于探测阈值 U_T 的概率。对式 (4-24) 积分得虚警概率 P_F。

$$P_F=\int_{U_T}^{+\infty}\frac{1}{\sqrt{2\pi\sigma_n}}\exp\left[-\frac{u_n^2}{2\sigma_n^2}\right]du_n \tag{4-25}$$

利用误差函数化简，误差函数表达式为

$$\mathrm{erf}(x)=\frac{2}{\sqrt{\pi}}\int_0^x e^{-t^2}dt \tag{4-26}$$

从而，虚警概率表达式为

$$P_F=\frac{1}{2}-\frac{1}{2}\mathrm{erf}\left(\frac{U_T}{\sqrt{2}\sigma_n}\right) \tag{4-27}$$

探测概率是有激光回波信号时总输出电压 u 大于阈值电平 U_T 的概率，用 P_D 表示。探测概率可通过对噪声电压积分获得，即

$$P_D=\int_{U_T-U_S}^{+\infty}\frac{1}{\sqrt{2\pi\sigma_n}}\exp\left[-\frac{u_n^2}{2\sigma_n^2}\right]du_n \tag{4-28}$$

则

$$P_{\mathrm{D}}=\frac{1}{2}+\frac{1}{2}\mathrm{erf}\left(\frac{\mathrm{SNR}-\dfrac{U_{\mathrm{T}}}{\sigma_{\mathrm{n}}}}{\sqrt{2}}\right) \tag{4-29}$$

式中，SNR 为信号电压和噪声电压均方根之比。

$$\mathrm{SNR}=\frac{U_{\mathrm{s}}}{\sigma_{\mathrm{n}}} \tag{4-30}$$

实际探测中，探测概率表征着系统探漏的能力，其值越高越好，虚警概率表征系统的探测能力，其值越低越好。

4.6 激光探测技术的其他应用

1. 激光探测技术在防空导弹引战配合中的应用

激光探测在防空导弹引战配合方面具有重要作用，主要是激光引信通过周向多通道布局，可以实现对导弹类目标的无盲区探测，以轮流主动窄脉冲探测方式，获得弹目距离、脱靶方位、目标类型等信息，同时因其窄波束、无旁瓣的特点具有较小的启动区散布，为防空导弹的高效引战配合提供了重要技术途径。随着科学技术的发展，防空导弹武器系统在拦截各类入侵目标时面临的压力不断增大，当前防空导弹武器系统需要对付的目标种类越来越多，大型目标如轰炸机、预警机、加油机等，中型目标如战斗机、高空无人机、直升机等，小型目标如各类导弹、炸弹、小无人机等。随着科学技术的发展，防空导弹武器系统在拦截各类入侵目标时面临的压力不断增大，高速、大机动、隐身类目标应用智能技术后，不仅大大压缩了防御方的反应时间和拦截空域，还明显降低了拦截成功率。防空导弹引战配合规律，在武器系统规定杀伤空域和制导精度等限定条件下，优化引信启动区与战斗部杀伤区协调的问题，可保证导弹对目标的有效毁伤，满足武器系统对单发杀伤概率的指标要求。

2. 激光探测技术在入侵报警领域中的应用

激光对射的探测原理是激光从发射端到接收端探测的过程中，光束被遮断会产生报警信息，这个信号的产生即时而快速，只要产生一次遮挡就会又发送一次报警信息。激光对射作为一种探测报警设备，通过采用激光作为探测器光源与主机、平台等构成一套完整的入侵报警系统，已成为当前炙手可热的入侵报警模式。得益于各大厂家在技术方面的不断突破，在激光探测的核心基础上，针对探测距离、应用环境、通信方式等差异化需求做了相应的定制开发，激光对射的类型也从单一走向多元化。目前，市场上激光对射产品主要有普通智能型、超远距离型、超长型、可见光型、防爆型、网络 POE 供电型等多种形态，适用于地产、机场、军队、监狱、工地、企业园区、文博等常规边界探测及更多的延伸应用场景。

3. 激光探测技术在反武装直升机中的应用

激光探测技术在反武装直升机方面广泛应用，现代武装直升机都具有隐蔽性强、具有防护能力、且攻击能力强的特点，因而反武装直升机已经成为现代防空的重要内容。一般的无线电近炸引信在超低空复杂背景下难以使用，而激光近炸引信具有低旁瓣干扰、全向探测和良好的距离截止特性等许多优点；另外，高的距离和角度分辨率为直升机特征信号识别和选择最佳炸点提供了必要的手段，因此，非常适合于反武装直升机弹药引信的应用。这种激光近炸引信的主要关键特性和技术包括：机体几何形状及有涂层、迷彩、复合材料的后向散射特性；空中悬浮粒子的后向散射和传输特性；超低空复杂背景特性，目标微弱信号探测技术等。激光探测的分辨率较高，有利于对目标进行识别和确认，如对武装直升机旋翼特征的识别等。但通常要求脉冲激光源有较高重复频率，才能达到对目标特征准确提取的目的。

习 题

1. 激光探测技术的特点包含了哪些?
2. 常见的激光探测方式有哪些?
3. 简述直接探测与外差探测技术的区别。
4. 激光引信探测体制包含了哪几种? 简述几何截断定距体制的原理。
5. 激光引信发射与接收系统主要包括哪些?
6. 简述激光近炸引信距离选通定距体制的原理及特点，它与几何截断体制相比有什么优点?

第 5 章　红外探测技术

5.1　红外探测技术概述

红外探测技术是利用目标与背景之间的红外辐射差异所形成的热点或图像来获取目标和背景信息，实现对目标的探测，它包括红外接收光学系统、红外探测器、信息处理器、终端显示装置等。红外接收光学系统的作用是把目标或目标区域的红外辐射聚焦在探测器上，其结构类似于通常的接收光学系统，但由于工作在红外波段，它的光学材料和镀膜必须与它的工作波长相适应。红外探测器将目标及背景的红外辐射转换成电信号，经过非均匀性修正和放大后以视频形式输出至信息处理器；信息处理器由硬件和软件组成，对视频进行快速处理后获得目标信息，通过数据接口输出；终端显示装置可以实时显示视频信号、状态信息；中心计算机的作用是对整个系统提供时序、状态、接口及对内、对外指令等控制；扫描和伺服控制器控制光学扫描镜或伺服平台的工作，并把光学扫描镜或伺服平台的角度位置信息反馈给中心计算机。

红外探测技术既可以采用被动方式工作，也可以采用主动方式工作。被动式红外系统不主动发射红外辐射，完全靠景物与目标的热辐射，实际上是采用红外场景的亮度分布来成像的。它是被动成像，所以又叫无源探测。主动式工作是靠系统发射红外光照射目标，探测器靠接收目标反射的红外光而工作的，这更类似雷达的工作方式。

红外探测技术的优点主要有，无形的红外辐射，保密性好；具有良好的环境适应性；无源接收系统，抗干扰能力强；体积小、重量轻、功耗低；可以揭示伪装的目标；分辨率优于微波；因此，红外探测技术广泛应用于红外夜视、红外探测、红外引导等领域。目前，红外探测技术作为一种高新技术，与激光技术并驾齐驱，在军事上占有举足轻重的地位。红外成像、红外侦察、红外跟踪、红外制导、红外预警、红外对抗等在现代和未来的战争中都有很重要的战术和战略地位。

5.2　红外探测技术的理论基础

5.2.1　红外辐射度学的概念和度量

在光度学中，标志一个光源发射性能的重要参量是光通量、发光强度、照度等，但所有这些量都只是对可见光而言的。光度学是以人眼对入射辐射刺激所产生的视觉为基础的，因此光度学的方法不是客观的物理学表达方法，它只适用于整个电磁波谱中很窄的（可见光）那部分区域。对于电磁波谱中其他广阔的区域，如红外辐射、紫外辐射、X 射线等波段，就必须采用辐射度学的概念和度量方法，它是建立在物理测量的客观量辐射能的基础上的，不受人主观视觉的限制。因此，辐射度学的概念和方法适用于整个电磁波谱范围。

辐射度学主要遵从几何光学的假设，认为辐射的波动性不会使辐射能的空间分布偏离几何光线的光路，无需考虑衍射效应。同时，辐射度学还认为，辐射能是不相干的，即无需考虑干涉效应。辐射度学的另一个特征是其测量误差大，即使采用较好的测量技术，一般误差也在 3%左右。误差大的原因很多，首先，辐射能具有扩散性，它与位置波长、时间、偏振态等有关；其次，辐射与物质的相互作用（发射、吸收、散射、反射、折射等）都与辐射参量有关；最后，仪器参量和环境参量也都会影响测量结果。

由于人眼无法感知到红外辐射，所以常用的光度学度量方法不适用于红外辐射。随着目标辐射特性测量技术的发展，人们使用辐射度学代替光度学实现了对红外、紫外等不可见辐射的度量。辐射度学不受主观视觉限制，适用于整个光辐射范围，是建立在物理测量系统基础上的辐射能客观度量。辐射度学中用于表征辐射的基本物理量是由辐射功率以及其派生的几个物理量组成的。

1. 辐射功率

辐射功率指的是单位时间发射（传输或接收）的辐射量 Q。单位为瓦（W），辐射功率表达式为

$$P=\lim\left(\frac{\Delta Q}{\Delta t}\right)=\frac{\partial Q}{\partial t} \tag{5-1}$$

辐射能通量就是通过某一面积的辐射功率 P 单位时间内发射、传输或接收的辐射能，辐射能通量和辐射功率两者含义相同。

2. 辐射出射度

辐射出射度指的是辐射源单位表面积向半球空间（2π 立体角），发射的辐射

功率，简称辐出度。单位为瓦每平方米($W \cdot m^{-2}$)，辐射出射度表达式为

$$M = \lim_{\Delta A \to 0}\left(\frac{\Delta P}{\Delta A}\right) = \frac{\partial P}{\partial A} \tag{5-2}$$

式中，A 为单位表面积。

3. 辐射强度

辐射强度指的是点源在某方向上单位立体角（Ω）发射的辐射功率。单位为瓦每球面度($W \cdot sr^{-1}$)，辐射强度表达式为

$$I = \lim_{\Delta\Omega \to 0}\left(\frac{\Delta P}{\Delta\Omega}\right) = \frac{\partial P}{\partial \Omega} \tag{5-3}$$

4. 辐亮度

某方向的辐亮度指的是扩展源在该方向上的单位投影面积向单位立体角发出辐射功率。单位为瓦每球面度平方米($W \cdot sr^{-1} \cdot m^{-2}$)，辐亮度表达式为

$$L = \lim_{\substack{\Delta A_\theta \to 0 \\ \Delta\Omega \to 0}}\left(\frac{\Delta^2 P}{\Delta A_\theta \Delta\Omega}\right) = \frac{\partial^2 P}{\partial A_\theta \partial \Omega} = \frac{\partial^2 P}{\partial A \partial \Omega \cos\theta} \tag{5-4}$$

式中，θ 为单位立体角。

5. 辐照度

辐照度指的是被照物体表面单位面积上接收的辐射功率，用 $\boldsymbol{E}$ 表示。单位为瓦每平方米($W \cdot m^{-2}$)，辐照度表达式为

$$\boldsymbol{E} = \lim_{\Delta A \to 0}\left(\frac{\Delta P}{\Delta A}\right) = \frac{\partial P}{\partial A} \tag{5-5}$$

必须注意，辐照度和辐出度的单位相同，它们的定义式形式也相同，但它们却具有完全不同的物理意义。辐出度是离开辐射源表面的辐射能通量分布，它包括源向 2π 空间发射的辐射能通量；而辐照度则是入射到被照表面上的辐射能通量分布，它可以是一个或多个辐射源投射的辐射能通量，也可以是来自指定方向的一个立体角中投射来的辐射能通量。

5.2.2 红外辐射定律

红外辐射的基本定律是红外辐射理论的重要组成部分，是红外辐射相关实验和计算的理论依据。常用的基本定律主要有，基尔霍夫定律、朗伯定律、朗伯余弦定理、普朗克辐射定律、斯忒藩-玻耳兹曼定律和维恩位移定律。

1. 基尔霍夫定律

任何物体都不断吸收和发射辐射功率。当物体从周围吸收的功率恰好等于由于自身辐射而减小的功率时，便达到热平衡，于是辐射体可以用一个确定的温度

T 来描述。1859 年，基尔霍夫根据热平衡原理导出了关于热转换的基尔霍夫定律。这个定律指出：在热平衡条件下，所有物体在给定温度下，对某一波长来说，物体的发射本领和吸收本领的比值与物体自身的性质无关，它对于一切物体都是恒量的。即使辐出度 $M(\lambda,\ T)$ 和吸收比 $a(\lambda,\ T)$ 两者随物体不同且都改变很大，但 $M(\lambda,\ T)/a(\lambda,\ T)$ 对所有物体来说，都是波长和温度的普适函数。各种物体对外来辐射的吸收，以及它本身向外的辐射都不相同。定义吸收比为被物体吸收的辐射通量与入射的辐射通量之比，它将物体温度及波长等因素的函数 $a(\lambda,\ T)=1$ 的物体定义为绝对黑体。换言之，绝对黑体是能够在任何温度下，全部吸收任何波长的入射辐射的物体。在自然界中，理想的黑体是没有的，吸收比总是小于 1。

基尔霍夫定律表示物体辐射能力和吸收本领的比值与物体性质无关，都等于同一温度下绝对黑体的辐射出射度，它的表达式为

$$\frac{M_1}{\alpha_1}=\frac{M_2}{\alpha_2}=\cdots=M_0=f(T) \tag{5-6}$$

基尔霍夫定律表明具有强辐射能力的物体，也具有强吸收能力。

2. 普朗克辐射定律

19 世纪末期，经典物理学遇到了原则性困难，为了克服此困难，普朗克根据他自己提出的微观粒子能量不连续的假说，导出了描述黑体辐射光谱分布的普朗克公式，即黑体的光谱辐出度

$$M_{b\lambda}=\frac{c_1}{\lambda^5(e^{c_2/\lambda T}-1)} \tag{5-7}$$

式中，c_1 为第一辐射常数，$c_1=(3.741774\pm0.0000022)\times10^{-16}\,\mathrm{W\cdot m^2}$；$c_2$ 为第二辐射常数，$c_2=(1.4387869\pm0.00000012)\times10^{-2}\,\mathrm{m\cdot K}$；$\lambda$ 为波长；T 为黑体温度。

为了便于计算，通常把普朗克公式变成简化形式，即令

$$\begin{cases}x=\lambda/\lambda_{\mathrm{m}}\\ y=\dfrac{M_{\mathrm{B}}(\lambda,\ T)}{M_{\mathrm{B}}(\lambda_{\mathrm{m}},\ T)}\end{cases} \tag{5-8}$$

式中，λ_{m} 为极大值的波长；$M_{\mathrm{B}}(\lambda_{\mathrm{m}},\ T)$ 为黑体的最大辐出度。于是普朗克公式可采用式（5-9）的形式表征。

$$y=142.32\,\frac{x^{-5}}{\mathrm{e}^{\frac{4.965}{x}}-1} \tag{5-9}$$

普朗克公式代表了黑体辐射的普遍规律，其他一些黑体辐射定律可由它

导出。

3. 斯忒藩-玻耳兹曼定律

1879 年，斯忒藩（Stefan）通过试验得出黑体辐射的总能量与波长无关，仅与绝对温度的四次方成正比。1884 年，玻耳兹曼（Boltzmann）把热力学和麦克斯韦电磁理论综合起来，从理论上证明了斯忒藩的结论是正确的，从而建立了斯忒藩-玻耳兹曼定律，表达式为

$$M=\frac{c_1\pi^4}{15c_2^4}T^4=\sigma T^4 \tag{5-10}$$

式中，常数 $\sigma=5.67\times10^{-8}\,\mathrm{W\cdot m^{-2}\cdot K^{-4}}$，称为斯忒藩-玻耳兹曼常数。

斯忒藩-玻耳兹曼定律表明，黑体全辐射的辐出度与其温度的四次方成正比。因此，当黑体温度有很小的变化时，就会引起辐出度的很大变化。

4. 维恩位移定律

普朗克公式表明，当提高黑体温度时，辐射谱峰值向短波方向移动。维恩（Wien）位移定律则以简单形式给出这种变化的定量关系。

对于一定的温度，绝对黑体的光谱辐射度有一个极大值，相应于这个极大值的波长用 λ_m 表示。黑体温度 T 与 λ_m 之间关系式为

$$\lambda_m T=b \tag{5-11}$$

这就是维恩位移定律，其中，$b=(2.897756\pm0.000024)\times10^{-3}\,\mathrm{m\cdot K}$。根据被测目标的温度，利用维恩位移定律可以选择红外系统的工作波段。维恩位移定律表明，黑体光谱辐出度峰值对应的波长 λ_m 与黑体的绝对温度 T 成反比。

5.2.3 红外辐射特性

红外线是一种电磁辐射，具有与可见光相似的特性，即按直线前进，也服从反射和折射定律，也有干涉、衍射和偏振等现象；同时，它又具有粒子性，即它可以光量子的形式发射和吸收，此外，红外线还有以下可见光不一样的独有特性。

（1）红外线对人的眼睛不敏感，所以必须用对红外线敏感的红外探测器才能接收到。

（2）红外线的光量子能量比可见光的小，如 10 μm 波长的红外光子的能量大约是可见光光子能量的 1/20。

（3）红外线的热效应比可见光要强得多。

（4）红外线更易被物质所吸收，但对于薄雾来说，长波红外线更容易通过。

在整个电磁波谱中，红外辐射只占有小部分波段。电磁波谱包括 20 个数量

级的频率范围可见光谱的波长范围（0.38～0.75 μm）只跨过 1 个倍频程，而红外波段（0.75～1000 μm）却跨过大约 10 个倍频程，红外光的最大特点是具有光热效应，能辐射热量，它是光谱中最大光热效应区，因此，红外光谱区比可见光谱区含有更丰富的内容。

在红外技术领域中，通常把整个红外辐射波段按波长分为 4 个波段，见表 5-1。

表 5-1　红外辐射波段

名称	波长范围/μm	简称
近红外区	0.75～3.0	NIR
中红外区	3.0～6.0	MIR
远红外区	6.0～15	FIR
极远红外区	15～1000	XIR

5.3　红外探测系统

5.3.1　红外探测系统的概念及基本结构

自然界中实际景物的温度均高于绝对零度。根据普朗克定理，凡是绝对温度大于零度的物体都会产生热辐射。物体发出的辐射通量密度是物体温度及物体辐射系数的函数。利用景物温度及辐射系数的自然差异可以做成各种被动的红外仪器。当物体受到外来的红外辐射时，会产生反射、吸收及透射现象。基于这些现象做成的红外仪器，称为主动的红外仪器。主动的红外仪器多用于观测、分析、测量方面，被动的红外仪器应用面较宽，在探测、成像、跟踪及搜索等方面均有广泛应用。红外仪器的基本结构如图 5.1 所示。

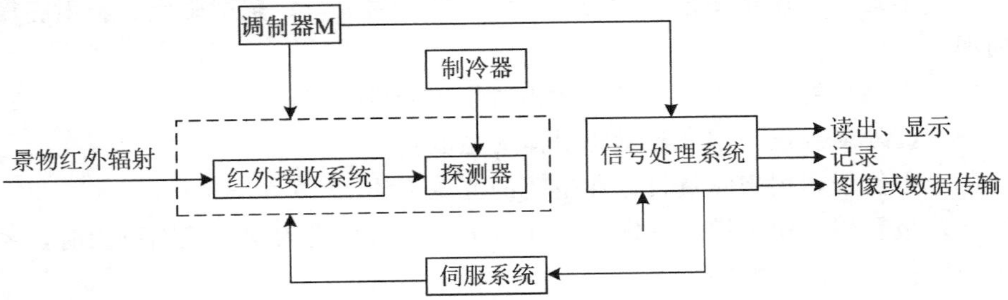

图 5.1　红外仪器的基本结构

由景物发出的红外辐射经空间会传输到红外装置上，红外装置的红外光学系统接收景物的红外辐射，并将其会聚在探测器上。探测器将入射的红外辐射转换成电信号。信号处理系统将探测器送来的电信号处理后便得出与景物温度、方位、相对运动角速度等参量有关的信号。红外装置取得景物方位信息的方式有两种：一种是调制工作方式，另一种是扫描工作方式。图 5.1 中的环节 M 为调制器或扫描器。若红外装置采用调制工作方式，则环节 M 为调制器。调制器用来对景物的红外辐射进行调制，以便确定被测景物的空间方位，调制器还配合着取得基准信号，以便送到信号处理系统作为确定景物空间方位的基准。若红外装置采用扫描方式工作，则环节 M 为扫描器，用它来对景物空间进行扫描，以便扩大观察范围及对景物空间进行分割，进而确定景物的空间坐标或摄取景物图像。扫描器也向信号处理系统提供基准信号及扫描空间位置同步信号以作信号处理的基准及协调显示。当红外装置需要对空间景物进行搜索、跟踪时，则需设置伺服机构。跟踪时，按信号处理系统输出的误差信号对景物进行跟踪；搜索时，需将搜索信号发生器产生的信号送入信号处理系统，经处理后用它来驱动伺服系统使其在空间进行搜索。对机械扫描系统而言，扫描器 M 和伺服机构这两个环节总是合并设置为一个环节。采用调制工作方式的红外装置可以对点目标实行探测、跟踪、搜索；采用扫描方式工作的红外装置，除了能对景物实行探测、跟踪、搜索外，还能显示景物的图像。经信号处理后的信息，可以直接显示记录、读出，也可以由传输系统发送至接收站再加工处理。

红外系统是包括景物红外辐射、大气传输及红外仪器的整体。红外系统的研究内容为分析计算景物的红外辐射特征量及这些量在大气中传输时的衰减状况，根据使用要求设计适用的红外仪器。

5.3.2 目标红外探测系统

探测系统是用来探测目标并测量目标的某些特征量的系统。根据功用及使用的要求不同，探测系统大致可分为以下五类。

(1) 辐射计，用来测量目标的辐射量，如辐射通量、辐射强度、辐射亮度及发射率；

(2) 光谱辐射计，用来测量目标辐射量的光谱分布；

(3) 红外测温仪，用来测量辐射体的温度；

(4) 方位仪，用来测量目标在空间的方位；

(5) 报警器，用来警戒一定的空间范围，当目标进入这个范围以内时，系统发出报警信号（灯或警钟）。

其他如气体分析仪、水分测定器、油污分析器等都是利用红外光谱或辐射量的分析做成的仪器，基本上可归于 (1) 类和 (2) 类。

应该指出的是，上述不同类型的红外探测系统，它们在结构组成、工作原理等方面都有很多相同之处，往往在一种探测系统的基础上，增加某些元器件、扩展信号处理电路的某些功能后，便可以得到另一种类型的探测系统。例如，辐射计和测温仪，它们的相同之处都是测目标（辐射体）的辐射功率。不同的是，辐射计是由测得的辐射功率和测量时的限制条件计算出各种辐射量；而测温仪则是根据测得的辐射功率求出辐射体的温度。因此，只要深入地理解某些有代表性的探测系统的工作原理，就不难理解其他类型的探测系统。

1. 探测系统的组成及基本工作原理

被动式的红外探测系统，都是利用目标本身辐射出的辐射能对目标进行探测的。为把分散的辐射能收集起来，系统必须有一个辐射能收集器，这就是通常所指的光学系统。光学系统所汇聚的辐射能，通过探测器转换为电信号，放大器把电信号进一步放大。因此，光学系统、探测器及信号放大器是探测系统最基本的组成部分。在此基础上，若把辐射能进行一定的调制，加上环境温度补偿电路以及线性化电路等，即可以做成测温仪。若把光学系统所会聚的辐射能进行位置编码，使目标辐射能中包含目标的位置信息，这样由探测器输出的电信号中也就包含了目标的位置信息，再通过方位信号处理电路进一步处理，即可得到表示目标方位的误差信号，这便是方位探测系统的基本工作原理，其基本组成如图5.2所示。图中的位置编码器可以是调制盘系统、十字叉或L形系统，也可以是扫描系统。

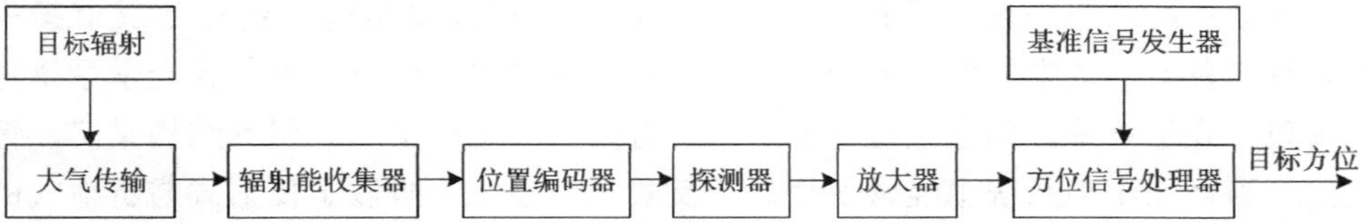

图5.2 方位探测系统的基本组成框图

2. 对探测系统的基本要求

从探测系统的功能和用途来考虑，对探测系统主要有以下两点要求。

1）有良好的检测性能和高的灵敏度

对于方位仪、报警器、辐射计一类的探测系统，要求灵敏度高。所谓系统的灵敏度，就是指系统检测到目标时所需要的最小入射辐射能，它可以用最低入射辐射通量或最低辐照等来表示。对点目标而言，系统所接收到的辐射能与距离平方成反比，因此系统的灵敏度实际上就决定了系统的最大作用距离。方位仪或报警器通常是在距目标较远的地方工作，对这类仪器的作用距离是有一定要求的，也就是对它们的灵敏度有一定要求。对测温仪一类的探测系统，则要求一定的温度灵敏度。

红外系统对目标的探测是在噪声干扰下进行的，这些噪声干扰包括系统外部的来自背景的干扰和系统内部探测器本身的噪声干扰。为了能从噪声干扰中更多地提取有用信息，把噪声干扰造成的系统误动作的可能性降到最小，探测系统的虚警概率要低，发现概率要高。对报警器来说，这方面的指标要求应更高些。

2）测量精度要高

对于辐射计、测温仪一类的探测系统，要求对辐射量或温度的测量有一定的准确度，即有一定的精度要求。要满足探测系统基本的技术指标要求，需要通过合理设计方案的选择、元器件的选用及严格的加工制作、装调工艺过程来保证。

5.3.3 热成像红外探测系统

以热像仪为例说明红外探测系统的基本构成。热像仪分为光机扫描型和凝视型两类。光机扫描型热像仪包括光学系统、光机扫描机构、红外探测器、信号放大处理与读出显示等部分。

1. 光学系统

光学系统的作用是收集、汇聚来自目标场景的红外辐射能量，经扫描器将能量送到探测器，因而，光学系统类似于无线电设备的接收天线。对于红外整机的光学系统，在视场大小、光谱范围、口径及焦距、像质和分辨率等方面都有具体要求。光学系统类型有反射式光学系统、折射式光学系统和折反式光学系统。反射式光学系统一般采用球面镜，折叠式结构。这种方式结构的优点是反射损失少，没有色差，成本较低，但中心会有遮挡，像质也不够好。折射式光学系统也称透射式光学系统，能量经过透镜，总会有反射和吸收损失，但其结构紧凑、像质好，因而在小型系统中经常使用。折反式光学系统，吸收了反射式与折射式的优点，反射镜采用球面镜，用透镜来校正像差。目前，不少红外系统，如导弹的导引头光学系统常采用此种结构。

2. 光机扫描机构

在红外探测系统中，扫描方式主要是依据红外探测器光敏元数和排列形式而定。扫描装置是由电动机驱动镜面转动或摆动的执行机构，在水平和垂直两个方向对视场景物进行二维空间扫描，逐点把场景的红外辐射投射到探测器上，探测器依时序输出各景物单元信号。光机扫描大致可以分为两种类型：一种为物扫描方式，在光学透镜与探测器之间的光路上，加一块可摆动的平面反射镜，通过镜面摆动对来自景物的平行红外辐射进行二维扫描，扫描后的红外辐射再投射到探测器上，系统工作总视场不受会聚系统限制，而由扫描镜摆动角度来决定；另一种为像扫描方式，把扫描镜放在聚焦光学镜的后面，由扫描镜面进行摆动扫描，系统的工作视场由光学系统的通光口径决定，扫描镜的作用是把系统会聚的每个景物像素的辐射依次投射到探测器上，摆动镜尺寸可以做得很小。

3. 红外探测器

红外探测器将接收到的红外辐射转换成电信号输出，探测器元数和元件排列形式决定了扫描方式。对单元探测器成像必须进行二维扫描；对单排长线列的探测器，成像只需一维扫描；对单列型探测器，成像要先在列方向进行串联扫描，使其信号叠加等效成单元探测器，再进行二维扫描，实际上其中的一维扫描是与串扫同时进行的；对沿扫描方向有数元排列的长线列器件，需要串、并联扫描；对面振型焦平面阵列器件，可以不用光机扫描，而用电脉冲采样，直接凝视成像。

4. 信号放大处理电路

信号放大处理电路的作用是将红外探测器的光电信号进行放大、处理和多路传输，其功能主要有前置放大、偏置、采样读出、线性变换、不均匀性校正、A/D 转换、多路传输、自动增益与亮度控制、灰度调节和控制等。

5. 读出显示

按一定要求输出数字信号或成像显示，对场景各部分的温度和辐射率差用图像显示出来，可以用不同灰度显示场景图像，亮（或暗）代表场景中高温部分（或低温）；可以用光标对图像各部分进行测温，或以等高线形式定量表示温度值；也可以用伪彩色显示温度分布等各种信息。

5.4 红外探测器

5.4.1 红外探测器的分类

从工作原理上，红外探测器可以分为两大类：一类是热探测器，另一类是光子探测器（也称光电探测器）。具体细分如图 5.3 所示。

热探测器接收红外辐射以后，先引起接收灵敏元的温度变化，温度变化引起电信号（或其他物理量变化再转换成电信号）输出。输出的电信号与温度的变化成比例，而温度变化是因为吸收热辐射能量引起的，与吸收红外辐射的波长没有关系，即对红外辐射吸收没有波长选择性。

红外光子探测器接收红外辐射以后，由于红外光子直接把材料的束缚态电子激发成传导电子，所以引起电信号输出，信号大小与吸收的光子数成比例。这些红外光子能量的大小，必须能达到足以激发束缚态电子到激发态，才能起这种激发作用，低于电子激发能的辐射，不能被吸收转变成电信号。所以光子探测器吸收的红外光子必须满足一定的能量要求，即有一定波长限制超过能量限制的波长不能吸收，对红外辐射的吸收有波长选择性。

- 红外探测器
  - 热探测器
    - 热电偶/热电堆
    - 热敏电阻
    - 热释电探测器
    - 气体探测器
  - 光子探测器
    - 光电子发射器件
    - 光电导探测器
    - 光伏探测器
    - 光磁电探测器
    - 量子阱探测器

图 5.3　红外探测器的分类

5.4.2　热探测器

热探测器是利用入射红外辐射引起敏感元件的温度变化，进而使其有关的物理参数或性能发生相应的变化，它最突出的特点是其光谱响应几乎与波长无关。热探测器的热惯性大，响应速度一般较慢，要提高其响应速度，则会使探测率下降。它的最大优点是可以在室温下工作。热探测器吸收红外辐射后，温度升高，可以使探测材料产生温差电动势、电阻率变化，自发极化强度变化，或者气体体积与压强变化等，测量这些物理性能的变化就可以测定被吸收的红外辐射能量或功率。利用不同性能可制成多种热探测器，常用的热探测器有热电偶/热电堆、热敏电阻、热释电及气体探测器等器件。

1. 热电偶/热电堆

热电偶和热电堆是基于温差电效应制成的热探测器。

1）热电偶的工作原理

热电偶是利用导体或半导体材料的热电效应将温度的变化转换为电势变化的元件。所谓热电效应是指两种不同导体 A 和 B 的两端连接成的闭合回路。若使连接点分处于不同温度场 T_0 和 T（设 $T>T_0$），则在回路中产生由于接点温度差（$T-T_0$）引起的电势差。通常把两种不同金属的这种组合称为热电偶，A 和 B

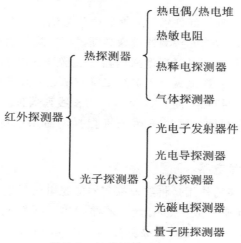

称为热电极，温度高的接点称为热端（或工作端），温度低的接点称为冷端（或自由端）。

2）热电偶基本定律

（1）组成热电偶回路的两种导体材料相同时，无论两接点的温度如何，回路总热电势为零；

（2）若热电偶两接点温度相等，即 $T=T_0$，回路总热电势仍为零；

（3）热电偶的热电势输出只与两接点温度及材料的性质有关，与材料 A、B 的中间各点的温度、形状及大小无关；

（4）在热电偶中插入第三种材料，只要插入材料的温度相同，对热电偶的总热电势没有影响，这一定律称之为中间导体定律。

中间导体定律对热电偶测温具有特别重要的实际意义。因为利用热电偶来测量温度时，必须在热电偶回路中接入测量导线，也就是相当于接入第三种材料，如图 5.4 所示。将热电偶的一个接点分开，接入第三种材料 C，当三个接点的温度相同（T_0）时，对热电偶的总电势没有影响，满足中间导体定律。

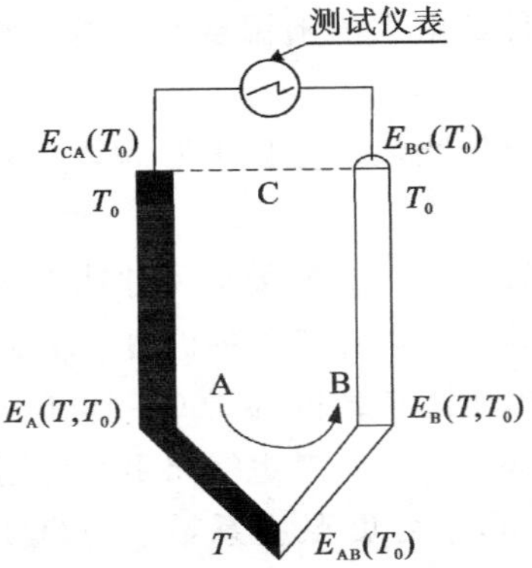

图 5.4 三种导体形成的回路

根据接触电势和温差电势的概念，总热电势为

$$E_{ABC}(T,T_0)=E_{AB}(T)+E_B(T,T_0)+E_{BC}(T_0)+E_{CA}(T_0)-E_A(T,T_0) \tag{5-12}$$

因为各节点温度相同时，热电势为零，则有

$$E_{AB}(T_0)+E_{BC}(T_0)+E_{CA}(T_0)=0 \tag{5-13}$$

得

$$E_{AB}(T_0)=-E_{BC}(T_0)-E_{CA}(T_0) \tag{5-14}$$

因此，

$$E_{ABC}(T,T_0)=E_{AB}(T)-E_{AB}(T_0)=E_{AB}(T,T_0) \tag{5-15}$$

由式（5-15）可以看出，由导体A和B组成的热电偶，当插入第三种导体时，只要该导体两端的温度相同，插入导体C后对回路总的热电势无影响。将第三种导体C用测量仪表或连接导线代替，并保持两个接点的温度一致，这样就可以对热电势进行测量而不影响热电偶的热电势，为了减小热电偶的响应时间，提高灵敏度，常把辐射接收面分为若干块，每块都接一个热电偶，并把它们串联起来构成热电堆。

早期的红外热电堆探测器是利用真空镀膜的方法，热偶材料通过掩模沉积到塑料或陶瓷衬底上，这样制得的器件体积比较大，并且不易批量生产。20世纪80年代以来，随着微电子技术的蓬勃发展，人们提出了微电子机械系统（micro-electro-mechanical systems，MEMS）的概念，进而发展了微机械热电堆探测器。与一般的探测器相比，其优点体现在，一是具有较高的灵敏度，宽松的工作环境与非常宽的频谱响应；二是与标准IC工艺兼容，成本低廉且适合批量生产。

2. 热敏电阻

热敏电阻是利用半导体的电阻值随温度变化这一性能制成的一种热敏元件。它的主要特点是

（1）灵敏度高。一般金属当温度变化1 ℃时，其阻值变化0.4%左右，而半导体热敏电阻变化可达3%～6%。

（2）体积小。珠形热敏电阻探头的最小尺寸达0.2 mm，能测热电偶和其他温度计无法测量的空隙、腔体、内孔等处的温度，如人体血管内的温度等。

（3）使用方便。热敏电阻阻值范围为100～1000 Ω可任意挑选，热惯性小，而且不像热电偶需要冷端补偿，不必考虑线路引线电阻和接线方式，容易实现远距离测量。热敏电阻一般可分为负温度系数（NTC）热敏电阻器、正温度系数（PTC）热敏电阻器和临界温度电阻器（CTR）三类。

热敏电阻的导电性能主要是由内部的载流子（电子和空穴）密度和迁移率决定的，当温度升高时外层电子在热激发下，大量成为载流子，使载流子的密度大大增加，活动能力加强，从而导致其阻值的急剧下降。

3. 热释电探测器

热释电探测器是一种利用某些晶体材料自发极化强度随温度变化所产生的热释电效应制成的新型热探测器。晶体受辐射照射时，由于温度的改变使自发极化强度发生变化，结果在垂直于自发极化方向的晶体两个外表面之间出现感应电荷，利用感应电荷的变化可测量光辐射的能量。热释电探测器的电信号正比于探测器温度随时间的变化率，不像其他热探测器需要有个热平衡过程，因此，其响

应速度比其他热探测器快。一般热探测器的时间常数典型值在 0.01～1 s，而热释电探测器的有效时间常数低，达 $3\times10^{-5}\sim10^{-4}$ s。目前热释电探测器在探测率和响应速度方面还不及光子探测器，但由于它还具有光谱响应范围宽、较大的频响带宽、在室温下工作无需制冷、可以有大面积均匀的光敏面、不需偏压、使用方便等特点，使其的应用日益广泛。热释电探测器与光电和一般热电探测器相比具有如下特点：

（1）工作时，无需冷却亦无需偏压，可在室温或高温下工作，故结构简单，使用方便，从近紫外到远红外的广阔波段，几乎恒有均匀的光谱响应，在很宽的频率和温度范围内有较高的探测度等。

（2）热释电型探测器对入射的恒定辐射没有响应，只对入射的交变辐射有响应，这类器件探测率高，可广泛应用于热辐射从可见光到红外波段激光的探测。

4. 气体探测器

气体在体积保持一定的条件下吸收红外辐射后会引起温度升高、压强增大。压强增加的大小与吸收的红外辐射功率成正比，由此，可测量被吸收的红外辐射功率。戈莱（Golay）管就是常用的一种气体探测器。

5.4.3 光子探测器

光子探测器是利用某些半导体材料在红外辐射的照射下，产生光子效应，使材料的电学性质发生变化。通过测量电学性质的变化，可以确定红外辐射的强弱。即光子探测吸收光子后发生电子状态的改变，从而引起几种电学现象，这些现象统称为光子效应。测量光子效应的大小可以测定被吸收的光子数。利用光子效应制成的探测器称为光子探测器。光子探测器的类型主要有光电子发射器件、光电导探测器（又称光敏电阻）、光伏探测器、光磁电型探测器和量子阱探测器（QWIP）等。

1. 光电子发射器件

利用光电子发射制成的器件称为光电子发射器件，如光电管和光电倍增管。光电倍增管的灵敏度很高，时间常数较小（约几个毫微秒），所以，在激光通信中常使用特制的光电倍增管。大部分光电子发射器件只对可见光起作用。用于微光及远红外的光电阴极目前只有两种。一种叫作 S－1 的银氧铯（Ag－O－Cs）光电阴极，另一种叫作 S－20 的多碱（Na－K－Cs－Sb）光电阴极。S－20 光电阴极的响应长波限为 0.9 μm，基本上属于可见光的光电阴极。S－1 光电阴极的响应长波限为 1.2 μm，属近红外光电阴极。

2. 光电导探测器

光电导探测器可分为本征光电导探测器和杂质光电导探测器。图 5.5 为光电导体的本征激发和杂质激发示意图。

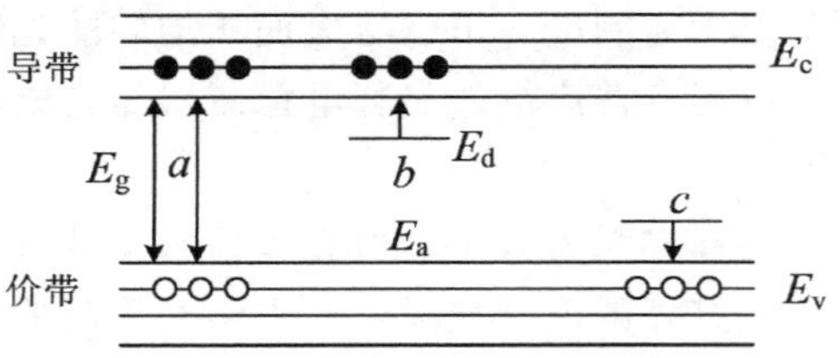

图 5.5 光电导体的本征激发和杂质激发示意图

1) 本征光电导探测器

当入射辐射的光子能量大于或等于半导体的禁带宽度 E_g 时，电子从价带被激发到导带，同时在价带中产生同等数量的空穴，即产生电子-空穴对。电子和空穴同时对电导有贡献，这种情况称为本征光电导。本征半导体是一种高纯半导体，它的杂质含量很少，由杂质激发的载流子与本征激发的载流子相比可以忽略不计。

2) 杂质光电导探测器

要想探测波长较长的红外辐射，红外探测器材料的禁带宽度必须很小。在三元化合物碲镉汞和碲锡铅等窄禁带半导体用作红外探测器之前，要探测 8～14 μm 及波长更长的红外辐射，只有掺杂半导体。如图 5.5 中的 b 和 c，施主能级靠近导带，受主能级靠近价带。将施主能级上的电子激发到导带或将价带中的电子激发到受主能级所需的能量比本征激发的小，波长较长的红外辐射可以实现这种激发，因而杂质光电导体可以探测波长较长的红外辐射。

杂质光电导探测器必须在低温下工作，使热激发载流子浓度减小，受光照时电导率才可能有较大的相对变化，探测器的灵敏度才较高。

3) 薄膜光电导探测器

红外光子探测器材料除块状单晶体外，还有多晶薄膜。多晶薄膜探测器（不包含用各种外延方法制备的外延薄膜材料）主要是指硫化铅（PbS）、硒化铅（PbSe）和碲化铅（PbTe）。目前多晶薄膜红外光子探测器只有光电导型。

室温下，PbS 和 PbSe 的禁带宽度分别为 0.37 eV 和 0.27 eV，相应的长波限分别为 3.3 μm 和 4.6 μm，降低工作温度，其禁带宽度减小，长波限增长。它们是在 1～3 μm 和 3～5 μm 波段应用十分广泛的两种红外探测器。

关于光电导机理，势垒理论认为，当有入射辐射照射样品时，PbS 薄膜产生本征激发，光生载流子使 P－N 结势垒降低，能克服势垒参与导电的载流子增多，因而薄膜的电导率增大。势垒的存在并不改变迁移率，能越过势垒参与导电的载流子仍具有同没有势垒存在时一样的迁移率参与导电。

4）光电导探测器的输出信号

图 5.6 是光电导探测器的测量电路。当开关接通时，光电导探测器接成一个电桥，可测量光电导探测器的暗电阻。取 $r_1 = r_2$，当电桥达到平衡时，探测器的暗电阻就等于负载电阻 R_L 。断开开关，就是测量光电导探测器信号和噪声的电路，也是实际应用中的基本工作电路。

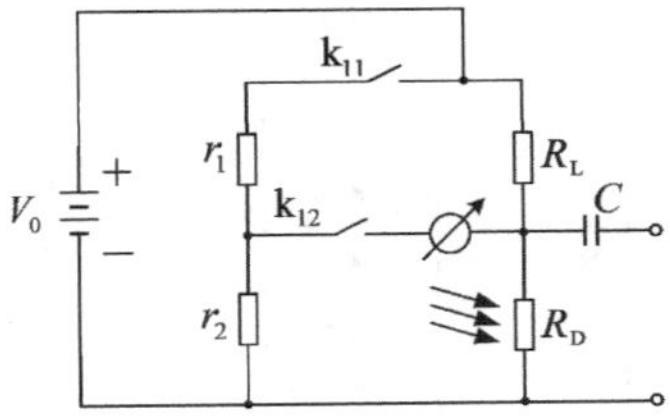

图 5.6　光电导探测器的测量电路

无辐照时，在光电导探测器 R_D 上的直流电压为

$$V_{R_D} = V_0 \frac{R_D}{R_L + R_D} \tag{5-16}$$

当光电导体吸收辐射时，设电阻的改变量为 ΔR_D ，则在 R_D 上的电压改变量为

$$\Delta V_{R_D} = V_0 \frac{\Delta R_D (R_L + R_D) - R_D \Delta R_D}{(R_D + R_L)^2} = V_0 \frac{R_L \Delta R_D}{(R_L + R_D)^2} \tag{5-17}$$

令 $\mathrm{d}\Delta V_{R_D} / \mathrm{d}R_L = 0$，得 $R_L = R_D$ ，即负载电阻等于光电导探测器的暗阻时，电路输出的信号（含噪声）最大，此时，输出的电压为

$$(\Delta V_{R_D})_{\max} = \frac{V_0 \Delta R_D}{4 R_D} \tag{5-18}$$

若 R_L 不等于 R_D ，则输出的信号和噪声同样减小，信噪比基本不变。但是红外探测器的噪声很小，由于输出电路失配而使输出噪声更小，这就要求前置放大器和整个系统具有更低的噪声。然而，红外系统是一个光机电一体化的复杂系统，要将系统噪声做得很低是困难的，因此，总是希望在保证信噪比高的同时，信号、噪声都相对大一些，这就要求负载电阻 R_L 基本上等于探测器暗阻 R_D 。增大加于探测器上的直流偏压可以增大信号和噪声输出，但所加偏压不能过大，只能在允许的条件下增大工作偏压。

3. 光伏探测器

1）光伏探测器的伏安特性

如果在 P（N）型半导体表面用扩散或离子注入等方法引入 N（P）型杂质，

则在 P（N）型半导体表面形成一个 N（P）型层，在 N（P）型层与 P（N）型半导体交界面就形成了 P－N 结。在 P－N 结中，当自建电场对载流子的漂移作用与载流子的扩散作用相等时，载流子的运动达到相对平衡，P－N 结间就建立起一个相对稳定的势垒，形成平衡 P－N 结。如图 5.7 所示，P－N 结受辐照时，P 区、N 区和结区都产生电子-空穴对，在 P 区产生的电子和在 N 区产生的空穴扩散进入结区，在电场的作用下，电子移向 N 区，空穴移向 P 区，形成了光电流。P 区一侧获得光生空穴，N 区一侧获得光生电子，在 PN 结区形成一个附加电势差，这就是光生电动势。

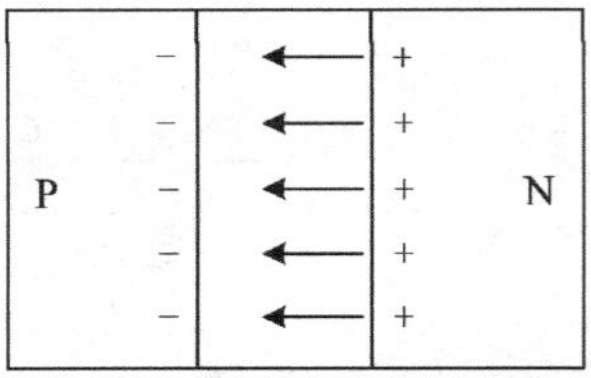

图 5.7 P－N 结

光伏探测器的伏-安特性可表示为

$$I=-I_{SC}(e^{qV/\beta kT}-1)+G_SV \tag{5-19}$$

式中，I_{SC} 为光电流，负号表示与 P－N 结的正向电流方向相反；V 为 P－N 结上的电压；G_S 为 P－N 结的分路电导；β 为常数，对于理想 P－N 结，$\beta=1$。

2）光伏探测器的结构与探测率

光伏探测器有两种结构：一种是光垂直照射 P－N 结，另一种是光平行照射 P－N 结。光伏探测器的光谱探测率 D_λ^* 可表示为

$$D_\lambda^*=\frac{S/N}{P_\lambda}\sqrt{A_D\Delta f}=\frac{I_{SC}/(\overline{i_N^2})^{1/2}}{hc/\lambda A_D E_P}\sqrt{A_D\Delta f} \tag{5-20}$$

式中，S/N 为信噪比，信号和噪声既可用电压形式表示，也可用电流形式表示；P_λ 为波长为 λ 的辐射辐照在探测器上的功率；E_p 为探测器上的光子辐射度；I_{SC} 为光电流；A_D 为探测器的光敏面积；$(\overline{i_N^2})^{1/2}$ 为均方根噪声电流。

4. 光磁电探测器

利用光磁电效应制成的探测器称为光磁电探测器（简称 PEM 器件）。由红外线激发的电子和空穴，在材料内部扩散运动过程中，受到外加磁场的作用，就会使正、负电荷分开，分别偏向相反的一侧，电荷在材料侧面积累。若连接外电路，就会有电信号产生。光磁电型探测器主要有锑化铟、镍镉汞等。光磁电探测器实际应用很少。因为对于大部分半导体，不论是在室温还是在低温下工作，这一效应的本质都是使它的响应率比光电导探测器的响应率低，光谱响应特性与同

类光电导或光伏探测器相似，工作时必须加磁场，增加了使用的不便。

光电子发射属于外光电效应。光电导、光生伏特和光磁电三种属于内光电效应。

光子探测器能否产生光子效应，取决于光子的能量。入射光子能量大于本征半导体的禁带宽度 E_g，（或杂质半导体的杂质电离能 E_D 或 E_A）就能激发出光生载流子。入射光子的最大波长（也就是探测器的长波限）与半导体的禁带宽度 E_g 有如下关系：

$$h\upsilon_{\min}=\frac{hc}{\lambda_c}\geqslant E_g \tag{5-21}$$

$$\lambda_c\leqslant\frac{hc}{E_g}=\frac{1.24}{E_g}(\mu\text{m}) \tag{5-22}$$

式中，λ_c 为光子探测器的截止波长；c 为光在真空中的传播速度；h 为普朗克常数；E_g 为半导体的禁带宽度，单位为 eV。

5. 量子阱探测器

将两种半导体材料用人工方法薄层交替生长形成超晶格，在其界面有能带突变，使得电子和空穴被限制在低势能阱内，从而能量量子化形成量子阱。利用量子阱中能级电子跃迁原理可以做红外探测器。因入射辐射中只有垂直于超晶格生长面的电极化矢量起作用，光子利用率低。量子阱中基态电子浓度受掺杂限制，量子效率不高。同时，响应光谱区窄，低温要求苛刻。

通过上述的分析，热探测器与光子探测器的性能对比如下。

(1) 热探测器一般在室温下工作，不需要制冷；多数光子探测器必须工作在低温条件下才具有优良的性能。工作于 1～3 μm 波段的硫化铅（PbS）探测器主要在室温下工作，但适当降低工作温度，性能会相应提高，在干冰温度下工作性能最好。

(2) 热探测器对各种波长的红外辐射均有响应，是无选择性探测器；光子探测器只对短于或等于截止波长 λ_c 的红外辐射才有响应，是有选择性的探测器。

(3) 热探测器的响应率比光子探测器的响应率低 1～2 个数量级，响应时间比光子探测器的长。

5.5 红外探测器的特性及组件

5.5.1 红外探测器性能评价参数

红外探测器是红外探测系统的核心器件，其性能决定了红外探测系统的水平。评价探测器性能的主要参数有响应率、噪声电压、噪声等效功率、探测率、比探测率、光谱响应、响应时间、频率响应等。

1. 响应率

探测器的信号输出均方根电压 V_s（或均方根电流 I_s）与入射辐射功率均方根值 P 之比。也就是投射到探测器上的单位均方根辐射功率所产生的均方根信号（电压或电流），称为电压响应率 R_V（或电流响应率 R_i），即

$$R_V = \frac{V_s}{P} \text{或} R_i = \frac{I_s}{P} \tag{5-23}$$

式中，R_V 的单位为 V/W；R_i 的单位为 A/W。

响应率表征探测器对辐射响应的灵敏度，是探测器的一个重要的性能参数。如果是恒定辐照，探测器的输出信号也是恒定的，这时的响应率称为直流响应率，以 R_0 表示。如果是交变辐照，探测器输出交变信号，其响应率称为交流响应率，以 $R(f)$ 表示。

探测器的响应率通常有黑体响应率和单色响应率两种。黑体响应率以 $R_{V,\mathrm{BB}}$（或 $R_{i,\mathrm{BB}}$）表示。常用的黑体温度为 500 K。光谱（单色）响应率以 $R_{V,\lambda}$（或 $R_{i,\lambda}$）表示。在不需要明确是电压响应率还是电流响应率时，可用 R_{BB} 或 R_λ 表示；在不需明确是黑体响应率还是光谱响应率时，可用 R_V 或 R_i 表示。

2. 噪声电压

探测器有噪声，噪声和响应率是决定探测器性能的两个重要参数。探测器本身的均方根噪声电压为 V_N，放大器的噪声等效带宽为 Δf。则噪声电压常采用均方根噪声电压与噪声等效带宽的开方的比值表示，有 $V_n = V_N/\sqrt{\Delta f}$。

3. 噪声等效功率

噪声等效功率指的是当入射功率所产生的均方根辐射功率 P 所产生的均方根电压 V_s 正好等于探测器本身的均方根噪声电压 V_N 时，即信噪比等于 1 时的入射功率，用 NEP（或 P_N）来表示。噪声等效功率的表达式为

$$\mathrm{NEP} = P\frac{V_N}{V_s} = \frac{V_N}{R_V} \tag{5-24}$$

按式（5-24），NEP 的单位为 W。也有将 NEP 定义为入射到探测器上经正弦调制的均方根辐射功率 P 所产生的电压 V_s 正好等于探测器单位带宽的均方根噪声电压 $V_N/\sqrt{\Delta f}$ 时，这个辐射功率被称为噪声等效功率，即

$$\mathrm{NEP} = P\frac{V_N/\sqrt{\Delta f}}{V_s} = \frac{V_N/\sqrt{\Delta f}}{R_V} \tag{5-25}$$

一般来说，考虑探测器的噪声等效功率时，不考虑带宽的影响，在讨论探测率 D 时才考虑带宽 Δf 的影响而取消单位带宽。但是，按式（5－25）定义 NEP 也在使用。噪声等效功率分为黑体噪声等效功率和光谱噪声等效功率两种。前者以 NEP_{BB} 表示，后者以 NEP_{λ} 表示。

4. 探测率和比探测率

用噪声等效功率（NEP）基本上能描述探测器的性能，但是，一方面由于它是以探测器能探测到的最小功率来表示，噪声等效功率越小表示探测器的性能越好，这与人们的习惯不一致；另一方面由于在辐射能量较大的范围内，红外探测器的响应率并不与辐照能量强度呈线性关系，从弱辐照下测得的响应率不能外推出强辐照下应产生的信噪比，故而引入了探测率。探测率指的是噪声等效功率的倒数值，用 D 来表示，它的表达式为

$$D=\frac{1}{\mathrm{NEP}} \tag{5-26}$$

式中，探测率 D 的单位为 W^{-1}（每瓦）。

探测率 D 表示辐照在探测器上的单位辐射功率所获得的信噪比，探测率 D 越大，表示探测器的性能越好，所以在对探测器性能进行比较时，用探测率 D 比用 NEP 更合适。

此外，大多数探测器的噪声等效功率与光敏面积 A_d 和噪声等效带宽 Δf 乘积的平方根成反比，所以噪声等效功率的概念一般不用于比较不同探测器的优劣，进而提出了比探测率概念。比探测率指的是噪声等效功率的倒数并归一化面积和带宽，用 D^* 来表示，它的表达式为

$$D^*=\frac{\sqrt{A_d}\times\sqrt{\Delta f}}{\mathrm{NEP}} \tag{5-27}$$

5. 光谱响应

光谱响应可以用来表示探测器响应度随辐射波长的变化关系，这一参数是选择探测器的基本依据。一般情况下，探测器的光谱响应曲线是响应达到最大值后逐渐下降，可以将响应下降到峰值响应度的 50%所对应的波长称为截止波长。

功率相等的不同波长的辐射照在探测器上所产生的信号 V_s 与辐射波长 λ 的关系叫作探测器的光谱响应（等能量光谱响应）。通常用单色波长的响应率或探测率对波长作图，纵坐标为 $D_{\lambda}^*(\lambda, f)$，横坐标为波长 λ。有时给出准确值，有时给出相对值。前者叫绝对光谱响应，后者叫相对光谱响应。绝对光谱响应测量需校准辐射能量的绝对值，比较困难；相对光谱响应测量只需辐照能量的相对校准，比较容易实现。在光谱响应测量中，一般都是测量相对光谱响应，绝对光

谱响应可根据相对光谱响应和黑体探测率 $D_{\lambda}^{*}(T_{BB}, f)$ 及 G 函数（G 因子）计算出来。

光子探测器的光谱响应有等量子光谱响应和等能量光谱响应两种。由于光子探测器的量子效率（探测器接收辐射后所产生的载流子数与入射的光子数之比）在响应波段内可视为是小于 1 的常数，所以理想的等量子光谱响应曲线是一条水平直线，在 λ_c 处突然降为零。随着波长的增加，光子能量成反比例下降，要保持等能量条件，光子数必须正比例上升，因而理想的等能量光谱响应是一条随波长增加而直线上升的斜线，到截止波长 λ_c 处降为零。一般所说的光子探测器的光谱响应曲线是指等能量光谱响应曲线。图 5.8 是光子探测器和热探测器的理想光谱响应曲线。

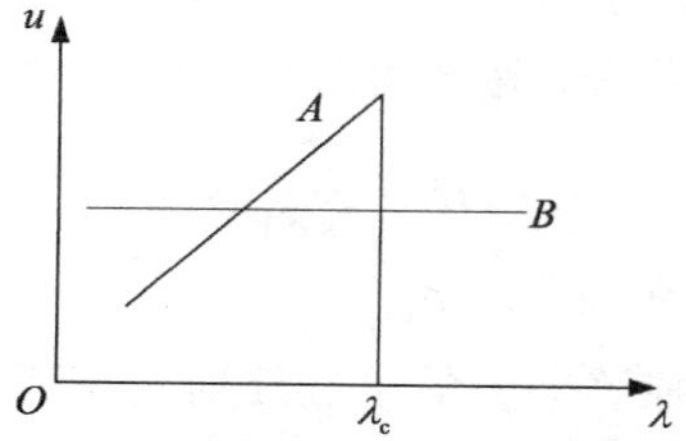

图 5.8　光子探测器和热探测器的理想光谱响应曲线

从图 5.8 可以看出，光子探测器对辐射的吸收是有选择的（见图 5.8 的曲线 A），所以称光子探测器为选择性探测器；热探测器对所有波长的辐射都吸收（见图 5.8 的曲线 B），因此称热探测器为无选择性探测器。

6. 响应时间

探测器的响应时间（也称时间常数）表示探测器对交变辐射响应的快慢。由于红外探测器有惰性，对红外辐射的响应不是瞬时的，而是存在一定的滞后时间。探测器对辐射的响应速度有快有慢，以时间常数 τ 来区分。

为了说明响应的快慢，假定在 $t=0$ 时刻以恒定的辐射强度照射探测器，探测器的输出信号从零开始逐渐上升，经过一定时间后达到一个稳定值。若达到稳定值后停止辐照，探测器的输出信号不是立即降到零，而是逐渐下降到零（见图 5.9）。这个上升或下降的快慢反映了探测器对辐射响应的速度。

决定探测器时间常数最重要的因素是自由载流子寿命（半导体的载流子寿命是过剩载流子复合前存在的平均时间，它是决定大多数半导体光子探测器衰减时间的主要因素）、热时间常数和电时间常数。电路的时间常数 RC 往往成为限制一些探测器响应时间的主因素。

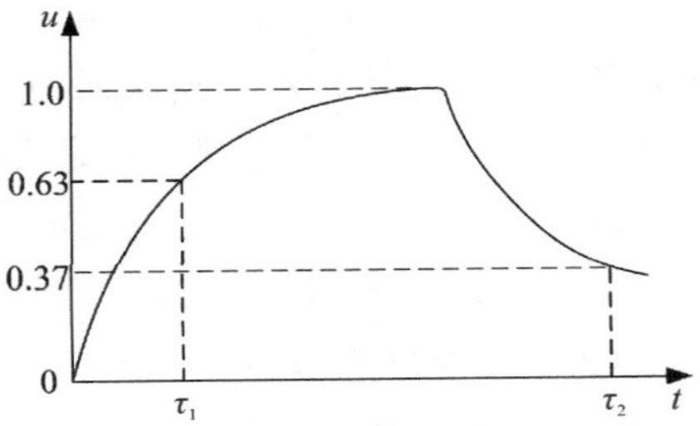

图 5.9 探测器对辐射的响应

探测器受辐照的输出信号遵从指数上升规律。即在某一时刻以恒定的辐射照射探测器，其输出信号 V_s 按式（5－28）表示的指数关系上升到某一恒定值 V_o。

$$V_s = V_o(1 - e^{-t/\tau}) \tag{5-28}$$

式中，τ 为响应时间（时间常数）。

当 $t = \tau_1$ 时，$V_s = V_o(1 - e^{-t/\tau}) = 0.63V_o$。除去辐照后输出信号随时间下降，$V_s = V_o e^{-t/\tau}$。当 $t = \tau_2$ 时，$V_s = V_o/e = 0.37V_o$。

由此可见，响应时间的物理意义是当探测器受红外辐射照射时，输出信号上升到稳定值的 63％时所需要的时间；或去除辐照后输出信号下降到稳定值的 37％时所需要的时间。τ 越短，响应越快；τ 越长，响应越慢。从对辐射的响应速度要求，τ 越小越好，然而对于像光电导这类探测器，响应率与载流子寿命 τ 成正比（响应时间主要由载流子寿命决定），τ 短，响应率也低。扫积型探测器（SPRITE）要求材料的载流子寿命 τ 比较长，τ 短了就无法工作。所以对探测器响应时间的要求，应结合信号处理和探测器的性能两方面来考虑。当然，这里强调的是响应时间由载流子寿命决定，而热时间常数和电时间常数不成为响应时间的主要决定因素。事实上，不少探测器的响应时间都是由电时间常数和热时间常数决定。热探测器的响应时间长达毫秒量级，光子探测器的时间常数可小于微秒量级。

7. 频率响应

探测器的响应率随调制频率变化的关系叫探测器的频率响应。当一定振幅的正弦调制辐射照射到探测器上时，如果调制频率很低，输出的信号与频率无关，当调制频率升高，由于在光子探测器中存在载流子的复合时间或寿命，在热探测器中存在着热惰性或电时间常数响应跟不上调制频率的迅速变化，导致高频响应下降的现象，如图 5.10 所示。大多数探测器，响应率 R 随频率 f 的变化如同一个低通滤波器，可表示为

$$R(f) = \frac{R_0}{(1 + 4\pi^2 f^2 \tau^2)^{1/2}} \tag{5-29}$$

式中，R_0 为低频时的响应率；$R(f)$ 为频率为 f 时的响应率。

式（5-29）仅适合分子复合过程的材料。所谓单分子复合过程，就是指复合率仅正比于过剩载流子浓度瞬时值的复合过程。这是大部分红外探测器材料都服从的规律，所以式（5-24）是一个具有普遍性的表示式。

在频率 $f \ll 1/(2\pi\tau)$ 时，响应率与频率 f 无关；在较高频率时，响应率开始下降；在 $f=1/(2\pi\tau)$ 时，$R(f)=R_0/\sqrt{2}=0.707R_0$，此时所对应的频率称为探测器的响应频率，以 f_c 表示；在更高频率，$f \gg 1/(2\pi\tau)$ 时，响应率随频率的增高反比例下降。

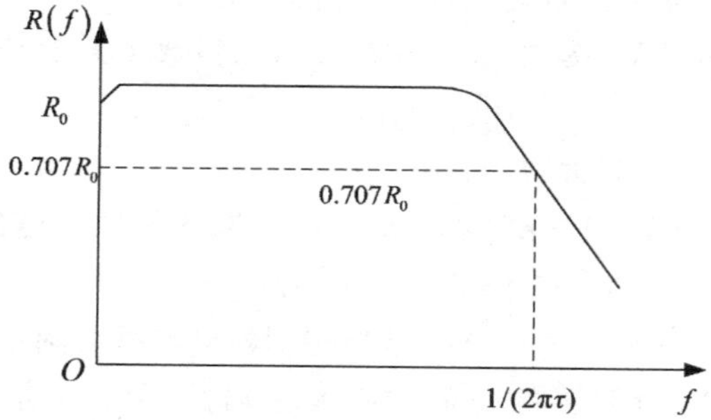

图 5.10 响应率与频率关系图

对于具有简单复合机理的半导体，响应时间 τ 与载流子寿命密切相关。在电导现象中起主要作用的寿命是多数载流子寿命，而在扩散过程中少数载流子寿命是主要的。因此，光电导探测器的响应时间取决于多数载流子寿命，而光伏和光磁电探测器的响应时间取决于少数载流子寿命。

有些探测器具有两个时间常数，其中一个比另一个长很多。有的探测器在光谱响应的不同区域出现不同的时间常数，对某一波长的单色光，某一个时间常数占主要，而对另一波长的单色光，另一个时间常数成为主要的。在大多数实际应用中，不希望探测器具有双时间常数。

5.5.2 红外探测器的组件

1. 组件和结构

红外探测器的功能是进行光电转换，它通常需要制冷和低噪声前置放大等处理，因此选配好制冷器、前置放大器、光学元件等配套件对于保证探测器发挥应有的性能非常重要。因此，通常将探测器、制冷器、前置放大器、光学元件等组装在一起，构成一个结构紧凑的组合件，简称为探测器组件。

以军用中使用最多的低温工作光电探测器为例进行介绍，其主要组成部分和功能如下。

(1) 灵敏元芯片：探测器的核心，能实现光电转换功能。

(2) 真空杜瓦：提供真空条件，当探测器芯片被制冷时，探测器外壳保持常温。

(3) 微型制冷器：提供低温工作条件，用于对探测器制冷，使其达到工作温度。

(4) 光学元件：包括透红外线窗口、滤光片、场镜等，主要是对入射的辐射能汇聚或成像信息接收。

(5) 前置放大器：主要是对探测器输出的电信号进行第一级低噪声放大。

其中，前两项组成低温工作探测器的结构整体，是一个整体；后面三项可以单独提出要求，单独选配，是配套条件。最后由组件外壳组装成组件整体。

2. 光学元件

探测器用红外光学元件主要有透红外窗口、滤光片、光锥、场镜、浸没透镜等。

1) 探测器窗口

探测器窗口是一种在探测器外壳前方起保护作用并能透过红外线的光学材料。为了增加透射率，表面要镀抗反射膜（或称增透膜），一般窗口透射率在85%以上。根据工作波段不同，采用不同材料作探测器窗口。对1～3 μm的工作波段，用光学玻璃、熔融石英等光学材料；对3～5 μm的工作波段，用蓝宝石、氟化钙等光学材料；对8～12 μm的工作波段，用锗、硅、硫化锌、硒化锌等光学材料。

2) 滤光片

滤光片是一种限制一定波长的光通过的光学元件。在透光材料上，用镀多层介质膜的方法，按波长不同，使需要的光透过在90%以上，不需要的光截止（透过小于10%）。滤光片有窄带、宽带、带通、单边截止（高通或低通）、双色等多种。探测器的滤光片往往安装在探测器杜瓦内部，敏感芯片的前方，目的是希望在芯片制冷的同时，把滤光片也制冷。这样，通过给探测器提供一个冷背景条件来提高探测器性能。

3) 光锥

光锥一般为一圆锥状的空腔，加工成具有高反射率的内壁，借助内壁的连续反射，把进入接收端的光收集到另一端的探测器芯片上，其效果相当于放大了探测器的面积。

4) 场镜

场镜是一种光学透镜。它的作用是把视场边缘的发散光折向光轴，把光会聚到探测器芯片上。

5）浸没透镜

浸没透镜一般做成半球状，或超半球状的透镜，将探测器芯片黏接在透镜的平面上。透镜将接收的光折射到探测器芯片上，扩大探测器受光视场。

3. 前置放大器

红外探测器属于探测弱信号的低噪声器件，选配好低噪声前置放大器很重要。故而在前置放大器的设计中有一定的要求，涉及前置放大器的参数和对参数的选配等。

1）前置放大器的噪声要求

前置放大器的噪声要求一般为探测器阻值、等效噪声、噪声系数等尽可能小。以长波光电导碲镉汞光电导探测器为例，探测器阻值为 50～100 Ω，噪声电压一般为 2×10^{-9} V。假若要求在信噪比为 5 dB 的条件下系统能正常工作，此时的输出信号只有 1×10^{-8} V。经过前放后，要保持探测器输出的信噪比基本不变，或不会严重降低，那么前置放大器的等效输出噪声电平应该在 $1\times10^{-9}\,\text{V}\cdot\text{Hz}^{-1/2}$ 以下为宜。另外，前放自身的噪声系数是引起信噪比恶化的重要因素。因此，前置放大器的噪声系数应小于 2 dB，这个要求是比较高的，需要在设计前置探测电路中选择合适的放大电路模型和选择低噪声元器件。

2）前置放大器的典型参数

前置放大器的典型参数主要涉及输入阻抗、放大倍数、等效输入噪声、输出阻抗、放大器的带宽等。以碲镉汞光电导探测器为例，前置放大器的典型参数基本要求，一是最佳输入阻抗约 50 Ω，放大倍数大于 5×10^3。二是等效输入噪声小于 $1\times10^{-9}\,\text{V}\cdot\text{Hz}^{-1/2}$，输出阻抗小于 100 Ω。三是放大器带宽，低频为 3.5 Hz，前放噪声系数小于 2 dB；高频为 20 kHz，输出动态范围大于 60 dB。

3）探测器参数的选配

由于各种不同探测器的性能参数范围很宽，不可能以通用前放的形式适用不同类型的探测器，而必须根据探测器参数进行选配，其基本要求为

（1）对低阻（约 100 Ω）红外探测器，采用低源阻抗的双极型低噪声器件作为前置放大器第一级，并采用电压放大形式。

（2）对高阻（约 10 MΩ）探测器，采用 MOS 型低噪声场效应管作为前置放大器第一级，并采用电流放大形式。

因为各种探测器性能有很大差别，同一种探测器性能也有一定离散性，在工程整机研制中，要针对探测器参数进行前放设计，且对器件进行一对一的调试，以取得最佳效果。对多元器件，还要在前放设计中对器件不均匀性采取补偿措施。

为了减小体积和质量，前置放大器多采取二次集成的方式，特别是对多元探测器，在一个管壳中可能封装多个前置放大器，或者多个前置放大器混合集成在一起。

5.5.3 红外探测器阵列

20世纪60年代以来，红外图像传感技术得到了迅猛发展，在以军事应用为主导的基础上推广到科学研究、遥感、工业和医疗卫生等领域。这些需求和集成电路工艺的成熟推动了红外图像传感技术中关键器件，即红外探测器阵列的发展。近30年来，红外探测器技术已从第一代的单元和线阵列发展到了第二代的二维时间延迟与积分（TDI）8～12 μm的扫描和3～5 μm的640×480元InSb凝视阵列。目前，红外探测器技术正在由第二代阵列技术向第三代微型化高密度和高性能红外焦平面阵列（FPA）技术方向发展。红外探测器阵列具有如下特点

（1）超高集成度的焦平面探测器像元。像可见光CCD之类的摄像阵列一样，要提高系统成像的分辨率和目标识别能力，大幅度地提高系统焦平面红外探测像元的集成度是一种重要的途径。由于多年来的军用都集中在中波红外（MWIR）和长波红外（LWIR）波段，在1～3 μm的短波红外（SWIR）焦平面阵列技术的发展缓慢，但由于这个波段的许多应用是MWIR和LWIR应用达不到的，故而近几年来加快了对SWIR焦平面阵列技术的研究，目前阵列规模已达到2048×2048元。

（2）高密度小像元尺寸。焦平面阵列技术的发展很大程度上取决于超大规模集成电路的进展。DRAM（Dynamic Random - Access Memory）每个单元仅要求有一个晶体管，而红外焦平面阵列读出电路则需有3个或更多的晶体管，而且其中有一个必须是低噪声模拟的。目前，DRAM生产水平设计规格为0.25 μm，预生产设计规格已是0.18 μm。在先进的亚微米加工条件下，焦平面阵列多路传输器和探测器元尺寸都可进一步缩小，实现了小像元高密度的红外焦平面集成的进一步发展。

（3）多色工作。目前已研制出了8～9 μm和14～15 μm的双色640×486元GaAs/GaAlAs量子阱红外焦平面阵列，但这种技术目前工作温度尚达不到77 K。同时探测器像元要求两种工作电压，长波敏感区需较高的偏压（>8 V）实现长波红外探测，虽然电压可调，但它不能同时提供两个波段的数据。

5.5.4 红外探测器的使用和选择

红外探测器是红外探测系统的主要部件，根据对辐射响应方式不同，红外探测器分为热探测器和光子探测器两大类。定性地讲，热探测器的工作原理：红外辐射照射探测器灵敏面，使其温度升高，导致某些物理性质发生变化，对它们进行测量，便可确定入射辐射功率的大小。对于光子探测器，当吸收红外辐射后，引起探测器灵敏感光面物质的电子态发生变化，产生光子效应，测定该效应，便可确定入射辐射的功率。在热探测器中，热释电探测器的灵敏度较高，响应时间

较快，而且坚固耐用。光子探测器灵敏度更高，比热释电器件约高两个数量级。但光子器件需要制冷。截止波长越长，制冷温度就越低。

对红外探测器的一般要求主要有

(1) 要有尽可能高的探测率，以便提高系统灵敏度，保证达到要求的探测距离；

(2) 工作波段最好与被测目标温度（热辐射波段）相匹配，以便接收尽可能多的红外辐射能；

(3) 为了使系统小型轻便化，探测元件的制冷要求不能高，最好能采用高水平的常温探测元件；

(4) 探测器工作频率要尽可能高，以便适应系统对高速目标的观测；

(5) 探测器本身的阻抗与前置放大器相匹配。

根据红外探测器的要求，在具体选用探测器时要依据以下原则：

(1) 根据目标辐射光谱范围来选取探测器的响应波段；

(2) 根据系统温度分辨率的要求来确定探测器的探测率和响应率；

(3) 根据系统扫描速率的要求来确定探测器响应时间；

(4) 根据系统空间分辨率的要求和光学系统焦距来确定探测器的接收面积。

原则上讲，选择探测率越高的探测器越好，探测率高就意味着它的探测最小辐射功率的能力强。对探测器的响应时间也有一定要求，一般来说，它不应低于瞬时视场在探测器上的驻留时间。此外，探测器的输出阻抗要与紧接的电路部分相匹配，这样才能获得较好的传输效率。同时，对制冷的要求不能过高，工作温度不能太低，制冷量不能太大。总之，系统的功能、维修方便性及外形尺寸决定了采用探测器和制冷系统的类型。

5.6 红外探测技术在弹丸参数测试中的应用

5.6.1 红外光幕靶探测基本原理

在武器弹药测试领域，高速弹丸的飞行速度、空间位置、飞行姿态等是其需要测量的重要参数，特别是在高新武器的研制和测试阶段，精确地获取弹丸的飞行参数完成对武器弹药系统的评估是非常重要的。随着武器弹药的迅速发展，对于弹着点坐标的测量已经从最初的纸靶、网靶、木板靶等接触式测量设备发展到基于光电测试技术的非接触式测量设备。相比于接触式测量设备，非接触测量方法能够有效、精确、实时地获取数据，解决了接触式测量设备存在的耗时、耗力、耗材、精度低的问题。红外光幕靶是其中之一的非接触式测量设备。

红外光幕靶是兵器靶场射击弹道各类枪弹动态参数探测的常用设备，其主要功能是用来探测飞行弹丸的信息，它有一个探测平面区域，该平面区域主要是采用红外探测技术的特点设计而成，由红外光幕靶的红外发光阵列模块和红外光电接收阵列模块共同组成，主要是利用红外发光阵列模块中的红外发光管形成平面发射光源，再由红外光电接收阵列模块的红外光敏管接收红外发光管发射的光线，形成了一个有光源的探测平面，该平面又称为红外光幕区或红外光幕。

通常红外光幕靶主要由红外发光阵列模块、红外光电接收阵列模块、前置放大电路、主放大电路和信号转换电路等组成。图5.11是红外光幕靶基本原理示意图，红外发光管阵列发射的光经过整形光学元件形成一个厚度比较均匀的红外光源平面，该光源平面内的光线经汇聚的光学元件被阵列红外光敏管接收，红外发光阵列和红外光电接收阵列共同构建了红外光幕。当弹丸穿过有效的红外光幕时，弹丸挡住了红外发光管入射到红外光敏管的光线，引起了红外光敏管感光面产生交变的光信息，这个光信息经过前置放大、主放大电路和信号转换电路等，输出可以感知识别的信号，这个信号即为红外光幕靶检测到的飞行弹丸信息。单一的红外光幕靶可作为弹道其他设备的同步触发装置。往往在兵器靶场弹道中更多关注的是弹丸速度、弹着点坐标、飞行姿态角等参数，为了能够实现这些参数的获取，一般都采用具有一定框架结构式的多个红外光幕靶组成多光幕测试设备，如双红外光幕靶构造两个平行光幕实现弹丸的速度参数测试；采用四个或者六个红外光幕靶构造具有一定空间关系的多光幕阵列可以实现同时测量弹丸的速度、弹着点坐标及姿态角等。

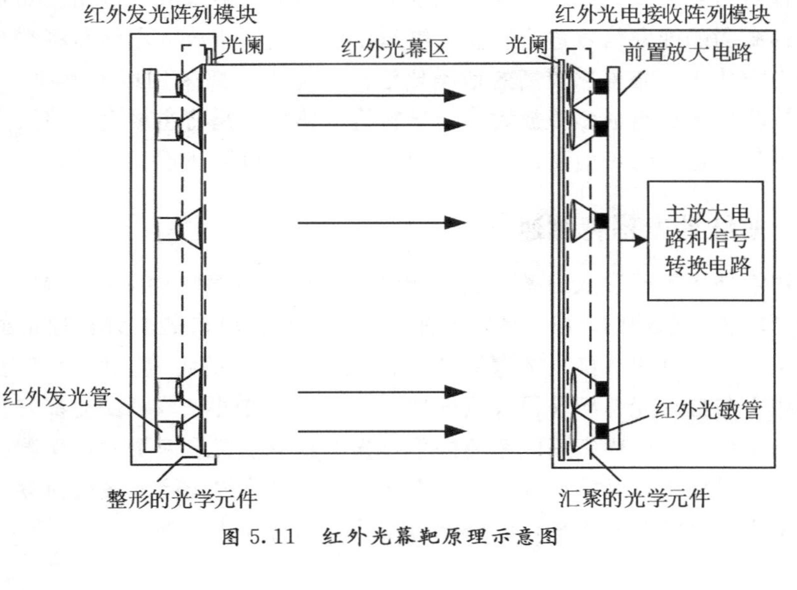

图5.11 红外光幕靶原理示意图

红外发光阵列模块核心是采用多个红外发光管按照线状阵列排列而成，排列的长度与需求的探测平面大小有关，一般与红外光电接收阵列模块的红外光敏管呈对称结构，两者的组成即为红外光幕探测平面；同时，红外发光阵列模块还配有发光管工作的稳压电源和整形的光学元件，光学元件出射端设有狭缝光阑，该光阑是形成具有一定厚度光幕的主要部件。在红外发光阵列模块中，通常选择的红外发光管是由红外辐射效率高的材料（常用砷化镓 GaAs）制成 PN 结，外加正向偏压向 PN 结注入电流激发红外光，它的光谱功率分布为中心波长 900～950 nm。红外发光管的发射强度因发射方向而异，当方向角度为零度时，其放射强度高达 100%，当方向角度越大时，其放射强度相对减少。在红外光幕靶设计中一般需要在红外发光管的出射端设有整形的光学元件，目的是使出射的光能形成具有线状平面光源。红外光电接收阵列模块是探测捕获弹丸穿过红外光幕探测平面区域瞬间信息的重要部件，与红外发光阵列模块相似，它是采用多个红外光敏管按照线状阵列排列，通常在红外光敏管阵列前端设有汇聚的光学元件，在汇聚光学元件的入射端还设有与红外发光阵列模块同等狭缝光阑，红外发光阵列模块光阑与红外光电接收阵列模块光阑共同组成一个探测平面。由于有汇聚的光学元件存在，汇聚的透镜在它自身的像平面上可以收集一定视场内的红外发光管发射的红外光，所以可以在一定程度上消除了排列的多个红外光敏管感光面之间的距离探测盲区的影响。红外光电接收阵列模块中的阵列光敏管输出可以采用多种方式，可以是单一光敏管独立输出，也可以是多个相邻的光敏管并列组成一组输出，无论哪种输出方式，都需要经过前置放大电路和主放大电路，然后根据组合的选择对信号运算处理，获得可识别的弹丸信息。前置放大电路主要是将光敏管输出的微弱的弹丸信号进行转换为电压信号输出；主放大电路是将整个弹丸信号进行有源放大，获得比较高的信噪比输出信号，一般采用以低噪声、高响应、高带宽的集成运放组成多级放大；信号转换电路主要是将主放大电路放大合适的弹丸模拟信号进行时刻信息的提取，通常采用比较电路实现。

5.6.2 双红外光幕靶测速

采用红外光幕靶形成的弹丸速度测量是一个比较简单的应用，图 5.12 是双红外光幕靶测速原理图。OA 是射击弹道，O 点是枪射击的位置，通常射击枪口与第一个红外光幕靶（红外光幕靶Ⅰ）的光幕有一定的距离，可设定为 L_1。红外光幕靶Ⅰ与红外光幕靶Ⅱ设计成框架式，即两个红外光幕靶一般都安装在金属材料的框架上，形成固定间隔距离的平行光幕集成装置，两个光幕探测的输出信号均接到测时仪中，经测试仪处理后由输出显示最终输出弹丸飞行速度。通常红外光幕靶Ⅰ为测时起始光幕，红外光幕靶Ⅱ为测时停止光幕。

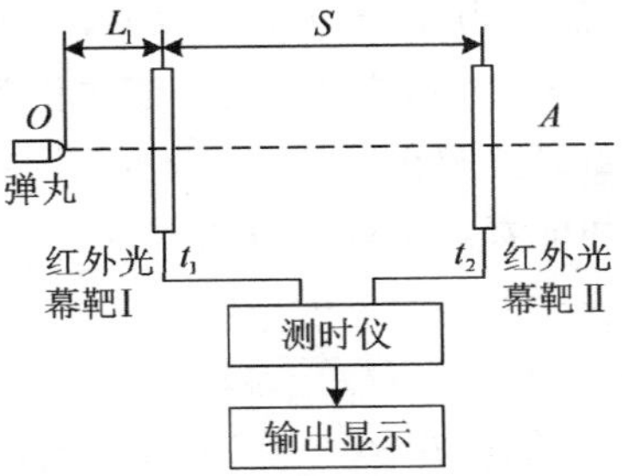

图 5.12 双红外光幕靶测速原理

设红外光幕靶Ⅰ与红外光幕靶Ⅱ之间的距离为 S。当弹丸穿过光幕时，测时仪记录弹丸穿过两个光幕区间的时间记为 T。如果弹丸穿过红外光幕靶Ⅰ时，记录的时刻值为 t_1；弹丸穿过红外光幕靶Ⅱ时，记录的时刻值为 t_2，测时仪记录了弹丸在这段弹道上飞行的时间为 t_2-t_1，则可以计算出弹丸的飞行速度 $v=S/(t_2-t_1)=S/T$ 。

5.6.3 多红外光幕靶弹丸弹着点坐标测试

在框架式的双红外光幕靶测速的基础上，增加两个倾斜的红外光幕，即可形成四个在空间上有一定交汇的阵列红外光幕，如图 5.13 所示，这时四个红外光幕与合适的计时仪配合，即可能实现对垂直入射的弹丸速度及弹着点的坐标测试。

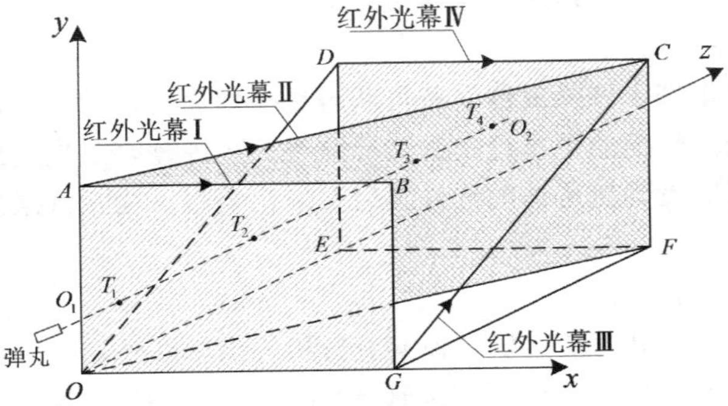

图 5.13 四红外光幕交汇测试原理

基于设定的四个红外光幕，定义平面 $AOGB$ 为红外光幕Ⅰ，平面 $ACFO$ 为红外光幕Ⅱ，平面 $DCGO$ 为红外光幕Ⅲ，平面 $DCFE$ 为红外光幕Ⅳ。红外光幕Ⅰ与红外光幕Ⅳ相互平行，且布置距离为 S，一般在工作时这两个红外光幕与弹道线正交，它们主要实现弹丸速度计算。而增加的两个倾斜红外光幕可以在红外光幕Ⅰ与红外光幕Ⅳ计算的速度基础上计算出弹着点坐标。假设红外光幕Ⅰ与红外光幕Ⅱ的夹角 $\angle BAC=\alpha$ ，红外光幕Ⅲ与红外光幕Ⅳ夹角 $\angle FCG=\beta$ 。以红外光幕Ⅰ为坐标系 xOy 平面，当飞行弹丸沿 O_1O_2 方向垂直穿过四个红外光幕时，可以记录弹丸穿过四个红外光幕的时刻，依次记为 t_1、t_2、t_3、t_4，T_1、T_2、T_3 和 T_4 为弹丸穿过四个红外光幕的交汇点。利用 S、α 、β 、t_1、t_2、t_3 和 t_4 等参数可以计算弹丸飞行速度和弹着点坐标，可用式（5-30）表示。

$$\begin{cases} v = S/(t_4 - t_1) \\ x = S\cot\alpha[(t_2 - t_1)/(t_4 - t_1)] \\ y = S\cot\beta[(t_3 - t_1)/(t_4 - t_1)] \end{cases} \tag{5-30}$$

在四红外光幕靶的基础上再增加两个红外光幕，可形成不同交会结构的六红外光幕靶测试系统，该系统不仅仅能获得弹丸的速度和弹着点坐标，同时还可以对非垂直射击弹丸的弹着点坐标进行修正，还能获得弹丸飞行的姿态角度，如弹丸的飞行方位角和偏向角等参数。

5.7 红外探测技术其他应用

红外辐射保密性好，环境适应性好，抗干扰能力强，分辨率优于微波，因此，红外探测技术广泛应用于红外侦察、红外夜视、红外制导等领域。

1. 红外探测技术在红外侦察中的应用

红外探测技术被广泛应用于目标侦察领域。红外侦察主要包括：空间侦察与监视、空中侦察与监视、地面侦察与监视等。

1）空间侦察与监视

照相侦察卫星携带红外成像设备可获得更多地面目标的情报信息，能识别伪装目标和在夜间对地面的军事行动并进行监视；导弹预警卫星利用红外探测器可探测到导弹发射时发动机尾焰的红外辐射并发出警报，为拦截来袭导弹提供一定的预警时间。

2）空中侦察与监视

利用人或无人驾驶的侦察机、侦察直升机等携带红外相机、红外扫描装置等设备对敌方军队及其活动、阵地、地形等情况进行侦察与监视。

3）地面侦察与监视

将无源被动式红外探测器隐蔽地布设在监视地区或道路附近，用于发现经过监视地区附近的运动目标，并能测定其方位。

2. 红外探测技术在红外夜视中的应用

利用红外夜视器材形成的红外探测系统，可实现红外夜视。红外夜视主要包括导航吊舱和瞄准吊舱、舰载观察和火控系统，以及陆上侦测、瞄准、火控和车辆驾驶等。

1）导航吊舱和瞄准吊舱

用于各种作战飞机、武装直升机的导航、瞄准配备前视红外摄像机等设备的导航吊舱和瞄准吊舱，用于飞机昼夜飞行和攻击的导航和搜索、捕捉目标，为制导武器及非制导武器提供精确制导和瞄准，以提高命中精度。

大多数飞机都装有脉冲多普勒火控雷达、前视红外系统、红外搜索跟踪系统、微光电视设备、激光测距/目标指示系统或激光目标自动跟踪系统，这些系统可使飞机能在各种恶劣气候条件下作战，大大增强飞机的夜战能力。例如，F-117A 隐形飞机上装有红外搜索跟踪系统和激光测距/目标指示器；F/A-18 多用途战斗机装有前视红外探测系统和激光跟踪器。飞机不仅配备先进的夜战装备，还装有被动探测系统，使飞机能在机载雷达关机处于无线电静默状态下，完成攻击目标任务。

2）舰载观察和火控系统

红外夜视器材分辨率高，具有探测掠海飞行目标的优势。舰载跟踪用红外热像仪，既可用于为发射掠海导弹时提供目标数据，还可用于探测和报警敌方掠海导弹，减少被反辐射导弹袭击的可能性。配备热成像设备在内的光电火控系统，可准确识别目标并缩短武器系统的反应时间。

3）陆上侦测、瞄准、火控和车辆驾驶

红外热像仪等可用于夜间的战场侦察与观测，配有红外热瞄准且具有反坦克导弹和火炮等的武器能在夜间对目标进行精确定位、跟踪和射击；在火控系统中配有红外跟踪电视摄像机和高炮防空系统，就不怕电子干扰，能有效地对付遥控飞行器和巡航导弹的威胁；配有红外夜视仪的坦克等车辆可在夜间关灯行驶，车长可在夜间进行观察指挥，炮长可在夜间进行瞄准射击。

3. 红外探测技术在红外制导中的应用

红外成像制导是利用红外探测器探测目标的红外辐射，以捕获目标红外图像的制导技术，其图像质量与电视相近，但却可在电视制导系统难以工作的夜间和低能见度下作战。红外成像制导技术已成为制导技术的一个主要发展方向。实现红外成像的途径主要有两种，一是多元红外探测器线阵扫描成像制导；二是多元红外探测器平面阵的非扫描成像探测器，通常称为凝视焦面阵红外成像制导系统。红外成像探测器从 20 世纪 70 年代以来已由多元线阵发展到面阵，从近红外发展到远红外。红外凝视焦面阵列探测器的元件数，对近红外已达 107 个，对于远红外已达 105 个，探测率已达 1012～1014 量级。红外成像制导系统的灵敏度和空间分辨率都很高，动态跟踪范围大，可达 1500～1800，有效作用距离远，抗干扰性好。与非成像制导技术相比，红外成像制导系统具有更好的目标识别能力和制导精度。全天候作战能力和抗干扰能力也有较大改善。但成本较高，全天候作战能力仍不如微波和毫米波制导系统。最初出现的精确制导技术主要包括有线指令制导、微波雷达制导、电视制导、红外非成像制导、激光制导等，利用这些制导技术研制的精确制导武器易受各种气候及战场情况的影响，抗干扰能力差；而正在发展的新的精确制导技术途径如红外成像制导、毫米波制导、合成孔径雷达制导、激光成像制导，以及双色红外、红外与毫米波复合、多模导引头等制导技术成为目前精确制导武器制导系统主要的发展方向，具有广泛的应用前景。

习　题

1. 红外探测技术的优点主要有哪些？
2. 红外探测系统的基本构成包含哪些？
3. 红外探测器分为哪几类？其中热探测器与光子探测器各有什么优缺点？
4. 利用哪些参数可以评价红外探测器的性能？
5. 用什么性能参数来描述探测器对微弱信号的探测能力？是如何定义的？
6. 在红外探测器的应用选择中，主要的基本原则是什么？
7. 光电导探测器与光伏探测器有什么区别？

第 6 章　毫米波探测技术

6.1　毫米波探测技术概述

任何物体在一定温度下都要辐射毫米波，可以从被动方式探测物体辐射毫米波的强弱来识别目标。毫米波通常指波长为 1～10 mm 的电磁波，其对应的频率范围为 30～300 GHz。毫米波频段又进一步细分为 K_a 频段（26.5～40 GHz）、V 频段（75～110 GHz）、W 频段（75～110 GHz）、T 频段（110～180 GHz）。由于毫米波兼具微波和红外波段的优点，是精确探测较为理想的波段。从频谱分布来看，毫米波低端总与微波相连，而高端则和红外、光波相接，因此，该领域必然兼容微波、光波两门学科的理论、研究方法和技术，并逐渐发展成为一门知识密集和技术密集的综合性分支学科，它的发展也同时为信息科学、微电子技术、大气物理和材料科学等方面的研究提供重要手段。

由于毫米波介于微波和远红外线频谱之间，因此它具有两种频谱的共同特点。与红外相比，虽然毫米波没有红外的探测精度高，但是毫米波受到气候和大气窗口的影响较小，而且对金属和场景具有较强的分辨力；与微波相比，毫米波具有更短的波长和更窄的波束，所以毫米波具有更好的空间分辨能力，在追踪目标和抗干扰方面也更优秀。毫米波的研究已经有一段历史，但是其在大气窗口中的传播损耗较大，毫米波芯片和辐射源等器件的研制开发较慢，导致了毫米波技术的应用屈指可数。随着毫米波本身许多关键技术的解决和临近突破，尤其是大功率的辐射源、毫米波芯片的单片化、集成电路制造工艺的发展以及毫米波电路的研发与应用，使得毫米波领域迅速发展。

毫米波的探测主要有主动和被动两种形式，主动毫米波探测引信的工作体制有锥扫和单脉冲两种形式。单脉冲抗干扰能力强、跟踪精度高。主动式毫米波雷达的优点是作用距离远，缺点是存在目标的“角闪烁效应”，即复杂目标的多反射体散射的合成使得目标在散射中心产生跳动。当目标接近探测器时目标闪烁噪声影响较大，会干扰目标回波的振幅和相位，引起探测部分的瞄准点飘移。被动毫米波探测引信采用毫米波辐射计原理，靠检测目标辐射温度和背景辐射温度之差进行探测。被动毫米波传感器不发射能量，隐蔽性好，这是它的优点。由于采用小孔径天线，目标信号减少，且工作时积累时间短，所以它的缺点是作用距离较主动式近。

毫米波探测具有以下特点。

1. 受气象和烟尘的影响小

红外、激光探测系统，在云雾，战场烟尘、烟雾环境下，往往很难工作。毫米波系统，特别是工作于毫米波低端的近感系统，战场烟雾、烟尘，人工烟雾均对它无大的影响，具有全天候工作能力。毫米波有 4 个窗口频段，在大气中传播衰减较小，因而透过大气的损伤比较小。同时，毫米波穿透战场烟尘的能力也比较强。但是，毫米波在大气中尤其在降雨时其传播衰减比微波大，因而作用距离有限，与微波探测比，只具备有限的全天候作战能力。

2. 波束窄

和微波相比，毫米波波长短，因而其设备体积小、重量轻、机动性好。同时在同样的口径天线下，短波长能实现窄波束，进而在目标跟踪与识别上能够提供极高的精度和良好的分辨能力，能提高低仰角下的探测精度和跟踪能力而不出现严重的杂波干扰。窄波束还可提高系统的隐蔽性能和抗干扰能力。

3. 抗干扰能力强

在相同的天线口径下，毫米波系统的波束窄，抗干扰能力强。在相同的相对带宽下，毫米波系统频率高，绝对带宽大，在电子对抗中可迫使敌方干扰机功率分散，使敌方难以达到堵塞和干扰的目的。被动式毫米波系统不发射信号，敌方难侦察到，也更难以开展电子对抗。

对于工作频率在大气窗口内的毫米波近程探测系统，由于雷达发射机的发射功率小，大气对毫米波的衰减大，敌方往往难以侦察；同时，加之雷达接收机灵敏度低，要干扰毫米波近程探测系统的工作，敌方必须发射很大的功率，特别是当近感装置采用非大气窗口的工作频率时，尽管存在严重的大气衰减，对作用距离为几十厘米至几公里的近感装置的影响则可以忽略，但却迫使敌人大幅度地提高施放干扰的功率，因而近感装置具有较强的抗干扰能力。

4. 噪声小

毫米波段的频率范围正好与电子回旋谐振加热（ECRH）所要求的频率相吻合，许多与分子转动能级有关的特性在毫米波段没有相应的谱线，因而噪声小。

5. 鉴别金属目标能力强

被动式毫米波探测器依靠目标和背景辐射的毫米波能量的差别来鉴别目标。物体辐射毫米波能量的能力取决于本身的温度和物体在毫米波段的辐射率，可以

用亮度温度 Q_B 来表示

$$Q_B = kQ_T \tag{6-1}$$

式中，Q_T 指的是物体本身的热力学温度；k 指物体的辐射率。

由式（6-1）可见，即使处于同一温度的不同物体，也会因不同辐射率而有不同的辐射能量。金属目标的亮度温度比非金属目标的亮度温度低得多，因而即使在物质绝对温度相同的情况下，毫米波辐射计也可以区分出金属目标和非金属目标。

由于具有以上特点，毫米波技术的应用范围极广，其在雷达、通信、精密制导等军事武器上有着越来越重要的作用，在遥感、射电天文学、医学、生物学等民用方面也有较广泛的应用。

6.2　大气对毫米波传播影响

在晴朗天气下，大气对毫米波传播的影响，主要包括大气对毫米波的吸收、散射、折射等。其中，吸收往往是由于分子中电子的跃迁而形成的，大气中各种微粒可使电磁波发生散射或折射，这两类效应存在不同的物理性质。

1. 大气成分

大气中绝大部分气体（如 N_2、O_2、CO_2）的含量随着离地面高度升高按指数规律衰减，每升高 15 km 约减小 90%。大气中的水汽主要分布在 5 km 以下，在 12 km 以上几乎不存在水汽，大气中的水汽也是造成天气现象变化的因素，它以汽、云、雾、雨、冰等各种形态出现。大气中水的含量随气候、地点变化很大，例如，海面、盆地地区或雨季，大气中的水汽含量较大，而在沙漠地区及干旱季节，水汽的含量较少。大气中臭氧的总含量很少，分布也不均匀，主要集中于 25 km 高空附近，在 60 km 以上高空，臭氧的含量很少。大气中还有一种称为气溶胶的固体，为液体悬浮物，一般有一个固体的核心，外层是液体，它具有不同的折射率和形状。

2. 大气吸收及选择窗口

地球大气中 99%的成分是 N_2 和 O_2。由于偶极子的作用，O_2 在光谱波长为 5 mm（60 GHz）及 2.5 mm（118.8 GHz）处有两个强的吸收峰。CO_2 对紫外线及红外线有强的吸收峰出现，但对毫米波影响不大。

大气中水汽的吸收范围也十分广泛，从可见光、红外线到微波，到处可发现 H_2O 的吸收峰。大气中水的含量一般随时间、地点变化。由于水汽分子的转动能级跃迁的吸收，使水对微波波段呈现出几个吸收峰，主要的光谱波长为

0.94 mm（317 GHz）、1.63 mm（183 GHz）及 13.5 mm（22.235 GHz）。

综上所述，大气中对毫米波出现多个吸收峰，大气窗口是指毫米波在某些波段穿透大气的能力较强。在设计毫米波近感探测装置时，工作带宽应选择在大气窗口内，近感探测装置探测距离一般可达几米至几百米。特别对于几十米以下的近距离探测，主动毫米波探测器可选择非大气窗口的频率，在这些特定的频率下，反而可以大大提高抗干扰能力。对于被动式毫米波辐射计，如果专门测量某气体的温度，应选择非大气窗口。但是，对于一些探测金属目标的近程辐射计，非大气窗口内目标和背景的对比度大大下降，将给探测与检测金属目标带来极大的困难。

6.3 毫米波辐射模型

6.3.1 辐射方程

电磁辐射以平面波的形式传播到一个平坦的表面时，一部分电磁波被反射或散射，另一部分被吸收，剩下部分透入地下或浅表层。根据能量守恒定律，入射功率 P_{i} 的平衡条件是

$$P_{\mathrm{i}}=P_{\rho}+P_{\alpha}+P_{\tau} \tag{6-2}$$

式中，P_{ρ}、P_{α} 和 P_{τ} 分别表示反射功率、吸收功率和透射功率。将 P_{i} 归一化得

$$\rho_{\mathrm{r}}+\alpha+\tau_{\mathrm{i}}=1 \tag{6-3}$$

式中，ρ_{r} 为反射率，α 为吸收率，τ_{i} 为透射率，它们的定义为

$$\begin{cases}\rho_{\mathrm{r}}=P_{\rho}/P_{\mathrm{i}}\\ \alpha=P_{\alpha}/P_{\mathrm{i}}\\ \tau_{\mathrm{i}}=P_{\tau}/P_{\mathrm{i}}\end{cases} \tag{6-4}$$

6.3.2 辐射温度模式

广义上，任何一个物体都是一个辐射源，在一定温度下物体会发射电磁波，同时也被别的物体发射的电磁波所照射。对于各种目标，辐射的电磁波来自两部分：一部分是目标自身的热辐射，另一部分是目标反射其他辐射源的辐射。

当接收机接收地面或水面的辐射和目标辐射时，假设此模式包括了粗糙度、周期结构和电学性质的变化在内的表面函数，在天线附近的辐射温度可表示为

$$T_{\mathrm{Lg}}(\theta, \varphi, P_{\mathrm{i}}, \Delta f)=\rho_{\mathrm{g}}(\theta)T_{\mathrm{s}}+\varepsilon_{\mathrm{g}}(\theta)T_{\mathrm{g}}+\varepsilon_{\mathrm{a}}(\theta)T_{\mathrm{a}}+\rho_{\mathrm{g}}(\theta)T_{\mathrm{a}}\varepsilon_{\mathrm{a}}(\theta) \tag{6-5}$$

式中，θ 为入射角；φ 为方位角；P_{i} 为极化（i 既表示水平极化，也表示垂直极化）；ρ_{g} 为地面反射系数；ε_{g} 为地面发射率；ε_{a} 为大气的发射率；Δf 为接收机的宽

带；T_s、T_g 和 T_a 为天空、地面和大气的真实温度，这些温度是 θ 的函数，但对简单模型来说，近似认为辐射温度不随 θ 改变。

当接收天线指向天空，接收天空温度及大气温度时，如忽略大气衰减，在一定条件下，可得天线附近的温度为

$$T_{Lg}(\theta, \varphi, P_i, \Delta f) = T_s(\theta) + \varepsilon_a(\theta)T_a + \rho_a(\theta)T_g\varepsilon_g(\theta) \tag{6-6}$$

式中，$\rho_a(\theta)$ 为大气的反射系数，$T_s(\theta)$ 为天空辐射温度。假设天空无云，式(6－6)可简化为

$$T_{Lg}(\theta, \varphi, P_i, \Delta f) = \varepsilon_g(\theta)T_s + \rho_g(\theta)T_g \tag{6-7}$$

$$T_{Lg}(\theta, \varphi, P_i, \Delta f) = T_s \tag{6-8}$$

6.3.3　物体的毫米波反射率和发射率

以空气与沙漠界面为例，沙漠的复介电常数为 $\varepsilon_0 = 3.2 + j_0$，是实数并且无损耗，其真实温度为 275 K。根据菲涅耳公式，在水平和垂直情况下，空气-沙漠界面电压反射系数 R 与入射角 θ 的关系如图 6.1 所示。

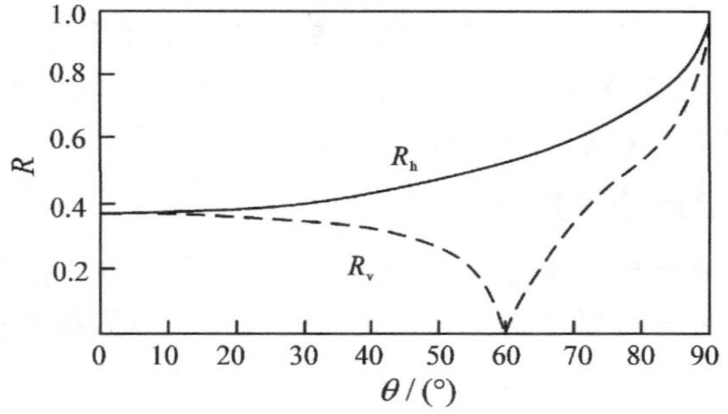

图 6.1　空气-沙漠界面电压反射系数 R 与入射角 θ 的关系（$\varepsilon_0 = 3.2$）

空气-沙漠界面发射率 ε 与入射角 θ 的关系如图 6.2 所示。

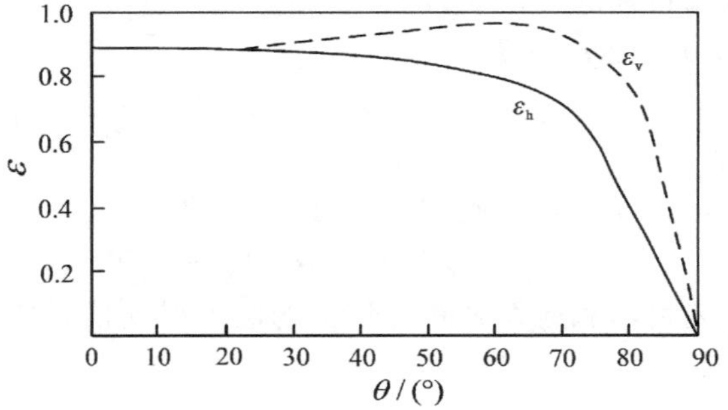

图 6.2　空气-沙漠界面发射率 ε 与入射角 θ 的关系

功率反射系数或反射比为

$$\rho_v = |R_v|^2, \ \rho_h = |R_h|^2 \tag{6-9}$$

发射率表示为

$$\varepsilon_v = 1 - \rho_v, \ \varepsilon_h = 1 - \rho_h \tag{6-10}$$

式中，ε_h 为水平极化（实线）；ε_v 表示垂直极化（虚线）。

由图 6.1 和图 6.2 可知，当入射角小于 40°时，无论是水平极化还是垂直极化，它们的反射系数和发射率随入射角变化较小。水平极化时，入射角在 40°～90°范围内，反射系数和发射率都较大。垂直极化时，入射角在 60°～ 90°范围内，反射系数和发射率变化都较大。入射角为 90°时，反射率为 1，发射率为零。

6.4 毫米波对金属目标的识别

6.4.1 利用辐射差异识别金属目标

自然界各种物质的辐射特性都不相同，一般来说相对介电系数高，则物质发射率较小，反射率较高。在相同的物理温度下，高导电材料比低导电材料的辐射温度低。对于理想导电的光滑表面，如汽车、坦克、金属物等，其反射率接近 1，它与入射角和极化都无关。对于高导电的其他物质，其发射率小，反射率高。因此，利用目标的辐射差异可以识别金属目标。

1. 地面金属目标的识别

假设目标正好充满整个波束，大气衰减忽略不计，当辐射天线扫描到地面时，根据辐射温度公式可以计算出天线附近的温度。当天线波束扫描到金属表面时，天线附近的温度可以表示为 $T_{Lg}(\theta, \varphi, P_i, \Delta f)$，有

$$T_{Lg} = \rho_T T_s + \rho_T T_a \tag{6-11}$$

式中，ρ_T 为金属目标的反射系数；T_s 为天空云的温度；T_a 为大气的温度。根据式（6－5），地面和金属目标的对比度为

$$\begin{aligned}\Delta T_T &= T_{Lg}(\theta, \varphi, P_i, \Delta f) - T_B \\ &= \rho_g(\theta)T_s + \varepsilon_g(\theta)T_g + \varepsilon_a(\theta)T_a + \rho_g(\theta)T_a\varepsilon_a(\theta) - \rho_T T_s - \rho_T T_a\varepsilon_a(\theta)\end{aligned} \tag{6-12}$$

式中，T_B 为地面温度。

假设天空无云，即 $T_a = 0$，则式（6－12）简化为

$$\Delta T_T = \rho_g(\theta)T_s + \varepsilon_g(\theta)T_g - \rho_T T_s \tag{6-13}$$

由此可得，金属目标和地面之间有较高的温度对比度，因此检测 ΔT_T 就能识别地面金属目标。

2. 水面金属目标识别

当天线在水面和金属目标之间扫描时，同样可得

$$\Delta T_{T} = \rho_{w}(\theta)T_{s} + \varepsilon_{w}(\theta)T_{w} + \rho_{w}(\theta)\varepsilon_{a}(\theta)T_{a} - \rho_{T}T_{s} - \rho_{T}T_{a}\varepsilon_{a}(\theta) \quad (6-14)$$

式中，$\rho_{w}(\theta)$ 为水的反射系数；$\varepsilon_{w}(\theta)$ 为水的发射系数；T_{w} 为实际温度。可以利用 ΔT_{T} 来识别水面金属目标。

3. 空中金属目标识别

当天线波束扫描天空金属目标时，同样可得

$$\Delta T_{T} = T_{s}(\theta) + \varepsilon_{a}(\theta)T_{a} + \rho_{a}(\theta)\varepsilon_{a}(\theta)T_{a} - \rho_{T}T_{g} - \rho_{T}T_{a}\varepsilon_{a}(\theta) \quad (6-15)$$

利用 ΔT_{T} 也能识别或探测空中的金属目标。

金属目标除通过以上介绍的利用辐射率差识别外，还可通过改变极化方式来识别。例如，当水平极化不能识别金属目标时，可以采用垂直极化来识别。

6.4.2　主动探测识别金属目标

主动式探测系统除了可测角度信息外，也可测目标的距离、速度等信息，还可检测目标的辐射亮度、目标大小、波的偏振效应、调制情况及分辨率等。其中，亮度、大小和速度是最主要的识别特征。通过扫描探测，在出现目标的地方会得到脉冲信号。该信号的宽度可以用标准脉冲来测定。一般弹载对地面目标的探测装置均采用非相干体制。绝大多数活动目标的探测都采用杂波基准技术，图 6.3 为典型的以杂波为基准的活动目标指示器处理机的原理框图。

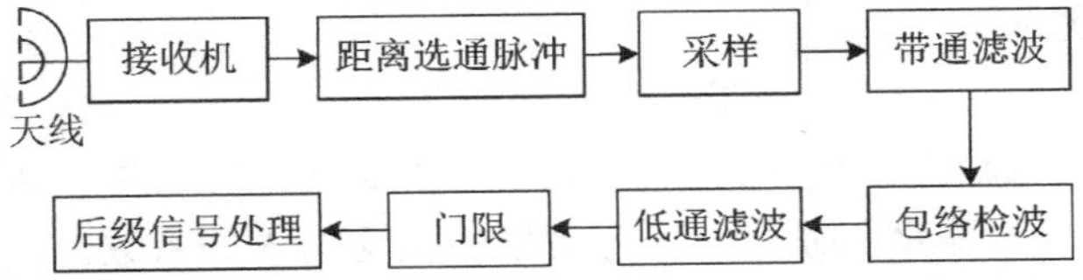

图 6.3　典型的以杂波为基准的活动目标指示器处理机的原理框图

采用以杂波为基准的探测器，由于目标运动而使目标信号产生多普勒效应，使杂波和目标信号的综合信号产生相位调制，用包络检波器检出多普勒信号进行带通滤波，取出多普勒信号，以门限检测可测出目标的运动参数。由于目标的尺寸太小，从而目标信号频谱比杂波谱大。由于静止时不存在差分多普勒频率，因此，这种方法不能探测静止目标。

6.4.3　伪金属目标的探测

毫米波辐射计能把在地面背景中运动的金属目标探测识别出来，主要依据是金属目标和地面辐射特性的差异，但是出现伪目标在所难免，它会诱导对方的探测识别。毫米波探测系统可实现对金属目标的探测识别，区分出地面的金属干扰物和金属目标需进一步研究。

针对伪目标和金属目标的识别，从毫米波辐射计的辐射特性角度看，单个脉冲信号本身的幅度、脉宽不能反映出目标的大小、形状和能量等信息。倘若对两三个脉冲对比便能得出结论，有如下说明：

（1）如果毫米波辐射计的天线波束的辐射面积小于金属干扰物的尺寸，扫描完此目标将出现多个脉冲，便可计算出这些目标面积，可初步判定是否为伪目标；若单个毫米波辐射计的天线波束的辐射面积大于金属干扰物的尺寸，在一定的旋转速度下，多扫描几次目标，产生的两个相邻脉冲间的距离便可区分是大尺寸的金属干扰物还是小尺寸的金属干扰物。因此两个相邻的脉冲信号间的距离可作为辨别伪目标的依据之一。

（2）对表面装有防弹钢板的坦克，车辆和其他金属目标，根据自身的特点如坦克顶部的凸起，车辆的前端凹进等，辐射计接收金属目标表面反射回来的辐射和能量便可进行辨别。因为金属目标的发射率为0，所以辐射计天线主要接收空中的毫米波辐射，波束扫描到金属目标时，两个相邻的脉冲信号的幅度出现较大变化，根据这一变化便可区分尺寸相近的两个目标。

6.5 毫米波辐射计距离方程

用被动探测方式检测目标毫米波辐射的探测器叫毫米波辐射计。超外差式辐射计的系统温度为

$$T_{sy}=2(T_s+T_m) \tag{6-16}$$

式中，T_s 为接收机输入温度（包括天线温度至接收机输入端的损耗辐射温度）；T_m 为接收机总噪声温度；系数2为考虑镜像响应引入的系数。

天线接收的宽带功率和接收机噪声的静态特性曲线是相同的，在射频范围内，它们都有相同的功率谱。平方律检波器输入端的中频功率密度为

$$\rho=\frac{k}{2}T_sG \tag{6-17}$$

式中，G 为混频输出至检波输入端的功率增益；k 为波尔兹曼常数。当系统温度不变时，平方律检波器将产生直流和交流两种输出功率。

在全功率辐射计中，信号功率就是输出功率的交流部分，它是在 $2B_N$ 输出双边带内的噪声变化部分。系数$\frac{1}{2}$表示考虑镜像边带影响。全功率辐射计的信噪比为

$$\frac{S}{N}=\frac{4a^2(\frac{k}{2}\Delta T_{sy}G)^2B_{if}^2}{4a^2(\frac{k}{2}T_{sy}G)^2B_{if}2B_N}=\left(\frac{2\Delta T_s}{T_{sy}}\right)^2\cdot\frac{B_{if}}{2B_N} \tag{6-18}$$

式中，B_N 为扫描率放大器带宽；B_{if} 为中频放大器带宽。设 K_r 为辐射计工作类型常数，T_a 为天线辐射温度，则式（6－18）可表示为

$$\frac{S}{N}=\left[\frac{\Delta T_s}{K_r(T_a+T_m)}\right]^2\cdot\frac{B_{if}}{2B_N} \tag{6-19}$$

根据式（6－19）也可导出辐射计灵敏度，灵敏度就是最小可检测的温度平均值是 $S/N=1$ 时的 ΔT_a 值，灵敏度的一般表示式为

$$\Delta T_{min}=\frac{K_r(T_a+T_m)\sqrt{2B_N}}{\sqrt{B_{if}}} \tag{6-20}$$

式（6－20）中的 K_r 由辐射计类型及信号处理方法决定。全功率辐射计的 K_r 值为1。对于具有窄带扫描率放大器及相位检波器的迪克型辐射计，$K_r=2\sqrt{2}$。

用天线温度的变化量 ΔT_a 来表示辐射计探测目标信号的大小。ΔT_a 又可利用目标辐射温度对比度 ΔT_T 来表示。当考虑天线辐射效率时，可得出以立体角表示的天线温度变化量 ΔT_a 与 ΔT_T 的关系式为

$$\Delta T_a=\eta_a\Delta T_T\frac{\Omega_T}{\Omega_A} \tag{6-21}$$

式中，η_a 为天线辐射效率；Ω_T 为目标等效圆 A_T 对应的立体角；Ω_A 为天线水平线束的立体角，可表示为

$$\Omega_A=\frac{4\eta_a\lambda^2}{\pi\eta_A D^2}=\frac{\Omega_M}{\eta_B} \tag{6-22}$$

式中，η_A 为天线口径效率；η_B 为波束效率；D 为天线口径直径；Ω_M 为主波束立体角。同样，Ω_T 可用距离 R 来表示

$$\Omega_T=\frac{A_T}{R^2} \tag{6-23}$$

由此可以推导出被动式毫米波辐射计的距离方程

$$\begin{aligned}R&=\sqrt{\frac{\pi\eta_A D^2A_T\Delta T_T\sqrt{B_{if}N}}{4\lambda^2(T_a+T_m)K_r\sqrt{2B_NS}}}\\&=\sqrt{\frac{\pi\eta_A D^2}{4\lambda^2}\cdot A_T\Delta T_T\cdot\frac{\sqrt{B_{if}N}}{[T_a+T_0(F_{rn}-1)]K_r\sqrt{2B_NS}}}\end{aligned} \tag{6-24}$$

式中，$\sqrt{\frac{\pi\eta_A D^2}{4\lambda^2}}$ 为天线参数对作用距离的影响；$\sqrt{A_T\Delta T_T}$ 为目标参数对作用距离的影响；$\sqrt{\frac{\sqrt{B_{if}}}{[T_a+T_0(F_{rn}-1)]K_r\sqrt{2B_N}}}$ 为辐射计参数对探测距离的影响；

$\left(\frac{N}{S}\right)^{\frac{1}{4}}$ 为平方律检波输出信噪比对作用距离的影响；F_{rn} 为辐射计双边带噪声系数。可将探测距离方程进一步简化为

$$R=\left(\frac{\eta_{\mathrm{a}}A_{\mathrm{T}}\Delta T_{\mathrm{T}}\sqrt{N}}{\Omega_{\mathrm{A}}\Delta T_{\min}\sqrt{S}}\right)^{1/2} \tag{6-25}$$

由上面分析可知，探测距离直接与天线直径的工作频率有关，天线直径增大，作用距离便增加；与中频放大器频带宽度的四次方根成正比；与接收机噪声数的平方根成反比；与输出带宽内的信噪比的四次方根成反比。

6.6 毫米波辐射计探测原理

用被动探测方式检测目标毫米波辐射的探测器叫毫米波辐射计。毫米波辐射计本质上就是接收目标物体辐射信号的高灵敏度接收机，物体自身的介电特性与外形特征决定了它的毫米波辐射信号，所以可以利用金属目标与常见地面背景的辐射差异来进行目标探测。早期的辐射计都是简单的超外差式接收机，由于存在较大的噪声和不稳定的增益，毫米波辐射计的性能较差，限制了辐射计的应用。

6.6.1 毫米波辐射计的分类

从毫米波辐射计问世到现在，各个国家都不断地研制各个应用领域需求的辐射计，如全功率辐射计、迪克型辐射计、并列通道辐射计、带相位开关的相关辐射计、噪声相加型辐射计。常见的有全功率辐射计和迪克型辐射计两大类，其中全功率辐射计根据使用条件和结构特点的不同又分为交流式、直接耦合式、交流双通道、锥形扫描型和全功率直接检波式等；而噪声相加型辐射计是全功率辐射计和迪克型辐射计的混合型，如图 6.4 所示。

- 毫米波辐射计
  - 全功率辐射计
    - 交流式
    - 直接耦合式
    - 交流双通道
    - 锥形扫描型
    - 全功率直接检波式
  - 迪克型辐射计
  - 并列通道辐射计
  - 噪声相加型辐射计
  - 带相位开关的相关辐射计

图 6.4　毫米波辐射计的分类

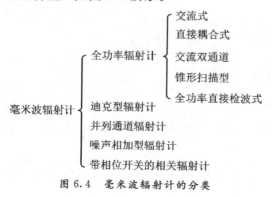

6.6.2　典型毫米波辐射计

毫米波辐射计实质上是一台高灵敏度接收机，用于接收目标与背景的毫米波辐射能量。简单的弹载毫米波辐射计原理图如图 6.5 所示。

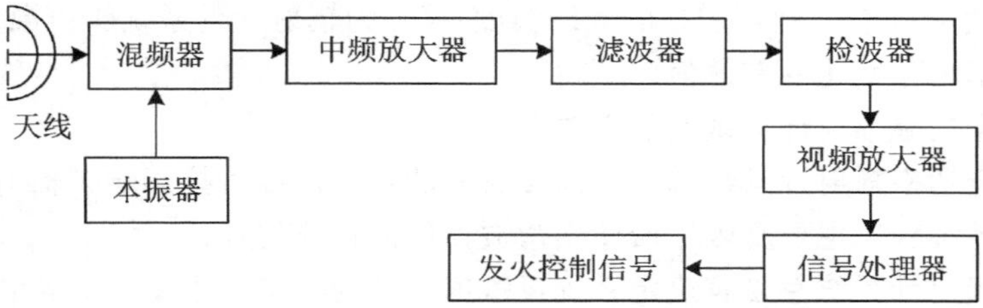

图 6.5　简单的弹载毫米波辐射计原理框图

当辐射计天线波束在地面背景与目标之间扫描时，由于目标与背景（地面）之间的毫米波辐射温度不同，辐射计输出一个钟形脉冲，利用此脉冲的宽度、高度等特征量，可识别地面目标的存在。在采用高分辨或成像辐射计时，辐射计输出的信号不但反映目标与背景之间的对比度，而且可以获得二维的目标尺寸的特征及目标像。典型的毫米波辐射计有全功率辐射计和迪克型辐射计。

1. 全功率辐射计原理

全功率辐射计因其系统复杂性低，被广泛应用于对灵敏度要求不高的场景，它的工作原理如图 6.6 所示，其中，外部的电磁信号被毫米波天线接收后，经射频滤波器滤波，进入低噪声放大器，低噪声放大器放大天线接收到的毫米波信号，再经混频器对放大的毫米波信号进行频率变换，然后经中频放大器和平方律检波器，直至中频放大器放大的电平信号达到平方律检波范围，再进行检波，最后通过低通滤波器降低高频噪声信号的影响，滤除交流分量，放大直流分量，最终在终端获取天线在接收频段的亮温信息和辐射计的输出电压信号。

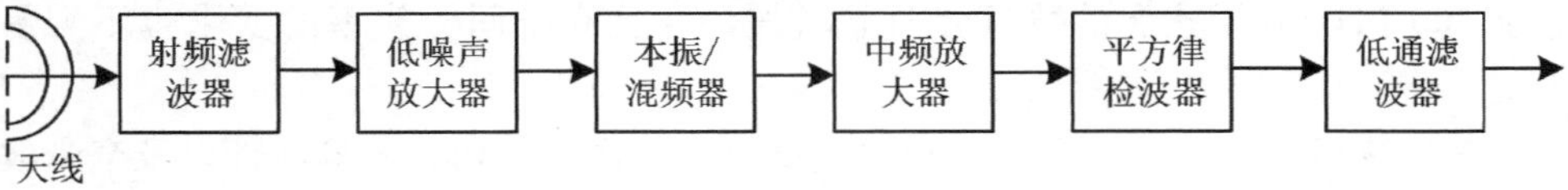

图 6.6　全功率辐射计工作原理

由于要求辐射计的输出与输入的天线温度为线性关系，故采用平方律检波器。因为输入的天线温度是随机噪声信号，辐射计内部又存在各种噪声，所以平方率检波器的输出电压 V_0 包含直流分量和交流分量。统计分析表明，输出电压 V_0 标准差与均值之比为 1，难以从其中得出天线温度的正确估值。为了解决这个问题，在平方率检波后加入低通滤波器，滤除 V_0 中的高频起伏分量，使其标准差与均值之比降为 $1/\sqrt{B\tau}$ ，其中，B 为高频前端等效噪声带宽，τ 为低通滤波器的积分时间。

全功率辐射计灵敏度为

$$\Delta T_{\min}=(T_{s}+T_{rn})\sqrt{\left[\frac{1}{B\tau}+\left(\frac{\Delta G}{G}\right)^{2}\right]} \tag{6-26}$$

式中，T_s 为实际输入到辐射计的天线温度；T_{rn} 为辐射计的系统噪声温度；ΔG 为接收机功率增益变化的有效值。

影响全功率辐射计灵敏度的主要有

(1) 全功率辐射计系统噪声，即接收机的噪声温度直接影响了辐射计灵敏度的好坏，系统噪声主要受限于所使用微波器件的性能好坏。

(2) 辐射计系统总带宽决定系统灵敏度。辐射计带宽主要由高频和中频电路决定，系统带宽越大接收机的灵敏度越好。

(3) 辐射计系统增益的稳定性也影响系统灵敏度，即系统增益变化量 ΔG 越小，辐射计灵敏度越好。

(4) 全功率辐射计的灵敏度还受限于系统的测量时间 τ ，测量时间 τ 即系统的积分时间，时间越长，系统的灵敏度越好。

全功率辐射计系统基本参数，主要涉及探测系统的中心频率、极化方式、波束宽度、观测角、辐射测量的灵敏度和绝对精度等。

1) 中心频率

全功率辐射计的中心频率，取决于被测目标的辐射特性、大气中电磁波传输特性以及器件的性能与频率的相互关系。当全功率辐射计探测某一类目标时，需要先确定相应的辐射计工作频率，所要探测目标的发射率一般随频率而变化，多频段信息有利于识别物体和消除干扰量的影响，因此，通常情况下都选择设计多频辐射计系统。对于非气态物质，不存在任何快速的频率涨落，不需要连续的频谱测量。电磁波受宇宙中噪声的影响有一定的频率界限，低频界限大约在 500 MHz，低于 500 MHz，干扰源的数目会明显增加，并且高空间分辨率的要求也不容易实现。

毫米波辐射计系统中心工作频率主要由天线尺寸结构、传输特性以及毫米波器件的电路工艺决定。许多军用毫米波雷达一般都工作在恶劣气象环境下，如降雨和雾，此时毫米波传输时的衰减是必须考虑的。另外从武器装备的观点来看，较高的工作频率减少了天线扫过的体积，相应地可减小天线罩的尺寸、缩小雷达的结构、降低成本和重量等。

在晴朗天气条件下，频率为 35 GHz、70 GHz 和 95 GHz 的毫米波辐射计的衰减系数分别为 0.18 dB/km、0.41 dB/km、0.24 dB/km。如果要设计的毫米波辐射计是工作在天气晴好的情况下，那么就应该选择衰减最小的频率。但是为了保证雷达能够全天候工作，应当考虑降雨和雾等因素对系统性能的影响。在晴朗天气和雾中工作应选 35 GHz 作为工作频率，若要考虑雨的吸收和散射，则应使工作频率在 70～95 GHz 才能发挥全天候的最佳性能。具体选择哪个工作频段，还应考虑毫米波器件电路工艺、噪声、电子对抗以及成本等诸多因素。

2）极化方式

极化指事物在一定条件下发生两极分化，使其性质相对于原来状态有所偏离的现象。天线的极化是由天线在给定方向所发送的电磁波的极化决定的。天线极化最重要的影响是若天线与接收信号的极化方向不匹配，则将导致天线接收的功率降低，该现象被称为极化损失。

天线与入射波的极化匹配程度用极化匹配因子 ε_p 来衡量，对于线极化天线其定义为 $\varepsilon_p=\cos^2\Psi$，其中，Ψ 是天线极化与入射波极化方向之间的角度差。例如，对于垂直极化的电磁波信号，用斜 45°线极化天线去接收时，$\Psi=45°$，对应极化匹配因子为 $\varepsilon_p=0.5$，此时天线与信号间极化方向不完全匹配导致的极化损失为 3 dB。若采用水平极化线极化天线去接收此信号，$\Psi=90°$，此时天线与信号间极化方向完全失配，极化匹配因子为 $\varepsilon_p=0$，理论上天线输出功率应为零。考虑到实际传输过程中电磁波的反射、散射和其他干涉效应，工程中一般认为天线与电磁波极化方向正交时对应的极化损失约 25 dB。

对于辐射测量，由于物体辐射的电磁波是一种非相干电磁波，其极化方向是随机的。采用单一极化方式的天线进行辐射测量时，对于物体辐射的极化方向随机的非相干信号，天线只能接收其中一种极化，总会存在一半的功率损失。若利用两个极化方向正交的天线对目标微波辐射信号进行测量，就可以同时获得目标信号的两个正交极化分量，有利于增强接收到的信号功率并获取目标极化特性。

3）波束宽度

波束宽度是指天线自最大辐射方向起，辐射强度降低到最大辐射方向一半所覆盖的角度，其值可以根据增益要求估算。毫米波辐射计根据探测目标的不同选择不同的天线波束宽度，但一般情况下都是希望使用比较窄的波束宽度，窄波束宽度能够获得高的角分辨率和天线增益，而且大型天线在技术上还不够成熟，应用到军事上运载能力会受到限制，因此，在辐射计实际设计中，应考虑分辨率的问题。

4）观测角

天线的观测角和物体表面的辐射温度是有关联的，利用这种联系能够得到物体特征信息。在辐射计设计中角分辨率的问题也会影响到天线尺寸的设计，一种比较好的解决办法是在高频段提出一种角度分辨率要求，再在低频段提出相应另一种角度分辨率要求。

5）辐射测量的灵敏度和绝对精度

辐射测量的灵敏度是指全功率辐射计能够检测天线温度最小变化量的估计量，表征了全功率辐射计系统的最小温度检测能力。其灵敏度越高，表示全功率辐射计系统的探测能力越强。绝对精度问题是毫米波辐射计系统的一个关键所在，它是通过精细的校准定标来实现的。包括两个方面的内容，一个是校准源的绝对精度，另一个就是辐射计自身的稳定度。在定标时定标误差一定要低于辐射计测量系统的精度，才能达到要求。定标源的稳定性、天线和波导损耗是影响辐射计测量绝对精度的主要因素，定标不稳定时就会产生基准起伏，若天线和波导的损耗没有改善，天线温度和环境温度就会相差很多，因而测量误差会很大。如果能控制辐射计的环境温度，就能够确保测量的绝对温度。

2. 迪克型辐射计原理

1946 年迪克（Dicke）设计了迪克辐射计，其基本工作原理如图 6.7 所示。迪克辐射计由接收天线、迪克开关（单刀双掷射频开关）、脉冲同步触发模块、同步解调器、接收机、检波器和积分器组成。当接收天线接收到外部的电磁信号后，迪克开关以一定速率交替接通接收天线和参考负载（恒定噪声源），接收机交替接收来自参考负载和天线的热噪声信号，这两路信号都通过检波器处理后由同步解调器交替处理，当两路输入中存在共有的接收机噪声分量时，脉冲同步触发模块会发出方波信号，并通过负反馈有效减小接收机噪声分量，降低增益的不稳定性所带来的灵敏度误差对辐射计输出电压的影响。同步解调器处理后的信号最后经过积分器对其积累平滑得到系统输出电压值 u 。当开关的切换速率很高，并且保证在一个开关周期内的系统增益基本不变时，利用同步解调器可以抵消两路输入中共有的接收机噪声分量 T_{rn} 。因此，迪克辐射计中积分器进行积累平滑后的输出电压正比于天线噪声温度与参考负载噪声温度之差 $T_s - T_c$ ，而与接收机噪声温度无关，从而避免了接收机增益随时间缓慢波动对系统灵敏度的影响。与全功率辐射计相比，迪克辐射计增加了迪克开关和同步解调器，通过采用测量接收天线和参考负载之间的温度差异，克服了全功率辐射计由于增益起伏导致系统温度灵敏度恶化的问题。

迪克型辐射计灵敏度为

$$\Delta T_{min} = (T_s + T_c + 2T_{rn})\sqrt{\left[\frac{1}{B\tau} + \left(\frac{\Delta G}{G}\right)^2\left(\frac{T_s - T_c}{T_s + T_c + 2T_{rn}}\right)\right]} \quad (6-27)$$

式中，T_c 为参考负载的噪声温度；T_{rn} 为接收机有效噪声温度。

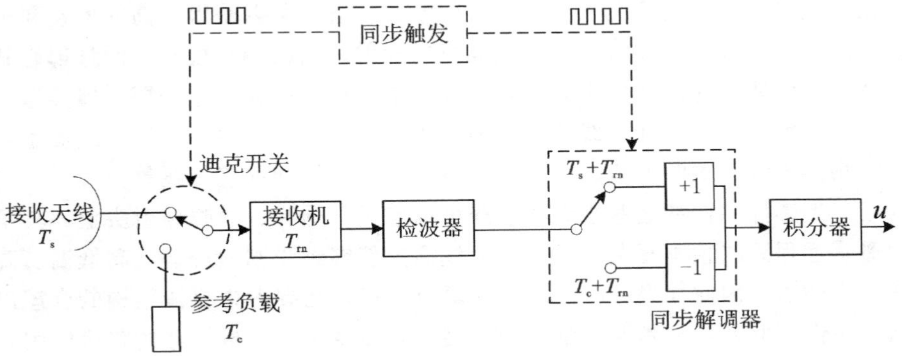

图 6.7　迪克型辐射计原理

当积分时间大于 1 s，系统带宽为 500 MHz，T_s-T_c 接近于零时，特别当 $\frac{\Delta G}{G}>10^{-3}$ 时，迪克型辐射计比全功率辐射计要灵敏几个数量级。当 $\frac{\Delta G}{G}<10^{-4}$ 时，全功率辐射计优于迪克型辐射计。

可见，对于一般积分时间大于 1 s 的辐射计，当 $\frac{\Delta G}{G}>10^{-3}$ 时，采用迪克型辐射计较为合适。但迪克型辐射计结构比较复杂，目前，由于元器件及系统设计的改进，系统增益起伏 $\frac{\Delta G}{G}<10^{-4}$ 是完全可以做到的，因此，越来越多地采用全功率辐射计。当积分时间 $\tau<10$ ms 时，由于积分时间对灵敏度的影响比增益起伏的影响大，此时采用迪克型辐射计和全功率辐射计的灵敏度均相近，可选用简单的全功率辐射计，如高速扫描的弹载近距离辐射计。

6.6.3　毫米波天线

1. 天线概述

辐射计是为测量物质的热电磁发射而设计的，根据热辐射传递理论，天线收集到电磁特性与经天线送到接收机的功率存在必然的联系。天线温度综合考虑了入射到天线的辐射强度，以及天线结构本身的发射，辐射计接收到的信号就相当于天线温度。

影响天线温度的因素有两个，分别为天线的主瓣和旁瓣。毫米波辐射计的天线用于接收探测视场中物体所辐射出的电磁能量，其基本要求是方向性强、波束窄、旁瓣低及频带宽，天线有很广泛的用途，因为天线不仅可以发射电磁波，而且可以接收电磁波，通常应用在无线电设备中。实际生活中，可以看到各种不同类型的喇叭天线，它在军事应用中有重要作用。

在天线尺寸一定的情况下，毫米波的波长较短，可以获得很高的增益和极窄的波束。毫米波天线可以接收毫米波能量的辐射，它的种类很多，而且都有其自身的特点，主要是应用在两个方面，一种是毫米波射电天文远程探测器类型，主要包括大型精密面天线和天线阵等；另一种就是毫米波近感探测器天线类型，主要有抛物面天线、喇叭天线、介质棒天线、微带天线和透镜天线等。

用于近感探测器的这些小型化天线可以应用在炮弹、导弹导引头上，其虽然不如遥感远程天线精密复杂，但这类天线需要能够经受剧烈震动、高低温、高过载等工作环境，因此在设计时，既要考虑电性能，还要考虑机械结构的合理以保证其可靠性。此外，毫米波设备的微小型化，以及单片集成电路的普遍应用，对天线也提出了许多新的特殊要求，主要体现在要求体积小、重量轻和成本低等方面；另外，天线要设计成低剖面、而且要能够进行波束扫描；有源和无源电路以单片集成电路形式与天线单元组合在一起，集成在一个小型化的构件中。

通常，辐射计接收的信号相当于天线温度 T'，它由主瓣和旁瓣的相应分量构成，即

$$T'=\frac{1}{4\pi}\int_{\Omega_m}T_{ap}(\theta,\ \varphi)G(\theta,\ \varphi)\mathrm{d}\Omega+\frac{1}{4\pi}\int_{\Omega_s}T_{ap}(\theta,\ \varphi)G(\theta,\ \varphi)\mathrm{d}\Omega \tag{6-28}$$

式中，Ω_m 为主瓣立体角；Ω_s 为旁瓣立体角。

在计算天线温度时，一般都会忽略旁瓣效应，若要达到这一目的，则一般选择透镜天线一类的无遮挡孔径天线。在近距离辐射计中，采用比较好的天线有透镜天线和喇叭天线等。

天线波束特性对辐射计系统的旁瓣单元即分辨率起主要作用。当作用距离从几米到几百米时，某些应用所要求的距离短，不能达到天线所要求分辨单元的远区场范围，标准远区场的距离 R 为

$$R=\frac{2\phi^2}{\lambda_0} \tag{6-29}$$

式中，ϕ 为天线直径。

2. 工作频率

毫米波器件的工作频率直接决定着它的性价比。毫米波辐射计高频前端一般情况下是影响辐射计关键技术指标的决定性因素，前端决定着如灵敏度、稳定度和绝对精度等。一般来说，当工作频率提高时，器件系统的噪声和稳定性能都会减弱。例如，目前国际上采用非制冷场效应晶体管高放的接收机，当其工作频率为 1 GHz 时，噪声温度达到一百开氏温度还是很有效的，但工作频率提高到 30 GHz，接收机的噪声温度将达到近五百开氏温度，性能会大大降低而且其价

格也比原来接收机贵十倍。近年来，关于毫米波元器件技术的发展很快，而且成本正在逐步下降。因此，提高工作频率以满足需要是能够实现的。

毫米波辐射计的工作频率，取决于被测目标的毫米波辐射特性、大气中毫米波传输特性以及器件性能与频率的相互关系。大气中对于毫米波的吸收主要是水蒸气和氧分子，在恶劣的气候条件下，雨水、雾气、冰雪等也产生吸收和辐射，这样毫米波在大气中的传输会产生严重的衰减，而且这些衰减均随毫米波工作频率的上升而更加剧烈，若在某些固有频率上水汽和氧分子形成谐振吸收时，衰减会达到最大值。基于以上这些因素，用于遥感地球表面的辐射计工作频率应选择在大气窗口上，包括低于 22 GHz 的频率及毫米波频段的 35 GHz、95 GHz、140 GHz、220 GHz 附近的窗口频率。从提高辐射计的空间分辨率出发，选择高频率比较好，但在高频段电磁波的传播衰减尤为剧烈，则应选择低的工作频率。在目标探测、跟踪制导和微波辐射成像的应用中，这一问题表现得最为明显，能够采取最好的解决办法就是这类辐射计的工作频率的选取，采用 35 GHz、95 GHz、140 GHz 的工作频率比较适合。

3. 毫米波近感探测器天线类型

毫米波天线有抛物面天线、喇叭天线、透镜天线，还有尺寸更小的缝隙天线、漏波天线、介质棒天线、微带天线和天线阵。毫米波天线主瓣波束要窄，而工作频带要宽，以提高灵敏度，另外，要求副瓣电平在－20 dB 以下。探测距离为 200～300 m 的主动式毫米波探测器，采用大口径抛物面天线、透镜天线和微带天线阵。探测距离为 30～200 m 的毫米波探测器可采用小口径喇叭天线、透镜天线，以获得目标距离、角度、速度信息。探测距离在 30 m 以内的近程毫米波探测器要用体积小、可靠性好的介质棒天线、缝隙天线、小口径透镜天线，这样能获得目标距离和速度信息。

1） 喇叭天线

喇叭天线由矩形波导开口扩大而成。它馈电容易，方向图容易控制，副瓣低、频带宽、使用方便。如图 6.8 所示为各种典型毫米波喇叭天线。

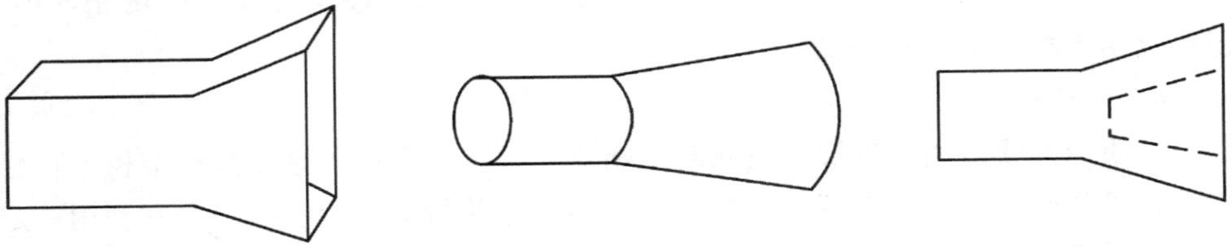

(a) 扇形喇叭天线　　(b) 圆锥形喇叭天线　　(c) 介质加载喇叭天线

图 6.8　喇叭天线

扇形喇叭天线和圆锥形喇叭天线是单模喇叭天线，效率低，介质加载喇叭天线效率高，频带宽。近程探测器上要使用大张角喇叭天线。

2）抛物面天线

抛物面天线的增益近似为

$$G = \eta \cdot \left(\frac{\pi\phi}{\lambda}\right)^2 \tag{6-30}$$

式中，ϕ 为天线直径；η 为天线效率。抛物面天线还可分为旋转抛物面、切割抛物面、柱形抛物面、球面等。旋转抛物面主瓣窄，副瓣低，增益高，方向图为针状。如图 6.9 所示为抛物面毫米波天线。

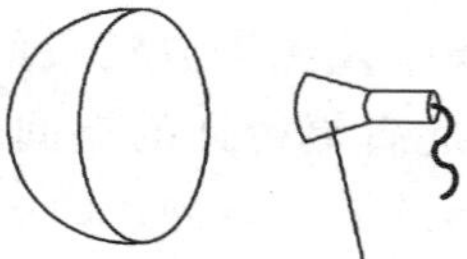

图 6.9　抛物面毫米波天线

3）透镜天线

透镜天线利用光学透镜原理，在焦点处的点光源经透镜折射后能成为平面波。如图 6.10 所示为透镜天线，透镜天线面上相位一致。

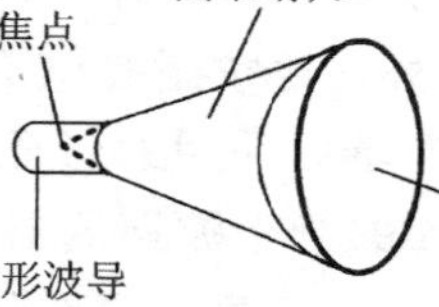

图 6.10　透镜天线

透镜天线具有两个折射面，可同时控制口径场的幅度及相位分布，以获得最佳方向性；最后，透镜天线表面的制作公差要求比较低，可实现方向图不失真的宽角度扫描。在微波波段，由于透镜的质量较重，体积较大，因此远不如反射面天线应用广泛。但在毫米波频段，由于工作波长较微波频段要短，透镜的质量和体积一般情况下易于满足设计要求。透镜天线可用作天线系统的主聚焦元件外，还可以用来校正大口径喇叭的口面相位。

4）介质棒天线

介质棒天线被用作馈源，它相对于喇叭天线体积更小，且在阵列结构中传感器排列更紧密，每一个馈源与对应的传感器相连并指向主天线中心。它利用一定形状介质棒做辐射源。该天线的性能取决于介质棒的尺寸、介电常数、损耗等。增加棒的直径可以减小波瓣宽度，利用高介电常数的介质棒可以缩短辐射长度。如图 6.11 所示为介质棒天线。

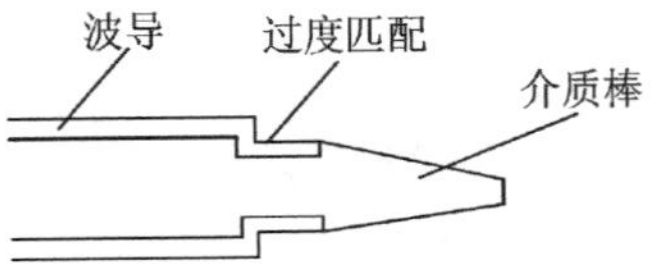

图 6.11 介质棒天线

5）微带天线

微带天线具有体积小、质量轻、制作成本低，且可以将其嵌入在较小的系统上使用等优点，因此具有很强的隐蔽特性。随着通信技术的不断发展、人工智能及大数据时代的出现，微带天线的应用也越来越宽广。微带天线的结构可以分为三部分，主要有馈电微带、接地板和带介基片，它的结构比较简单，制作起来相对容易。不同材料制作的微带天线有不同的应用价值。设计微带天线时，应该根据天线的工作环境来确定其使用的材料，这样才能更好地完成本身的工作，并将自身的性能完全发挥出来。如图 6.12 所示为微带天线。

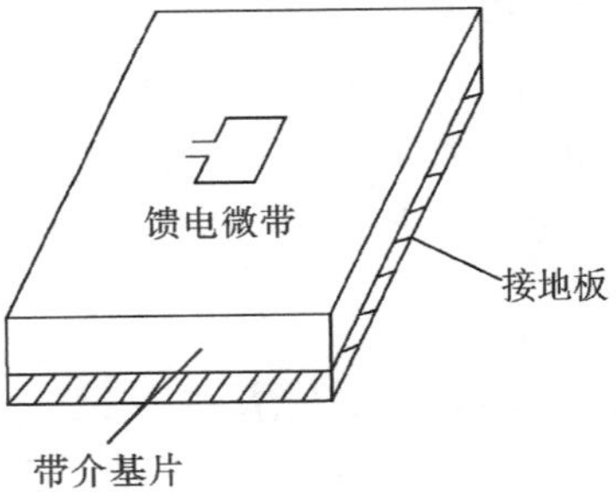

图 6.12 微带天线

从图 6.12 可以看出，微带天线的结构比较简单，性能好，可以满足很多场合的应用，甚至可应用于一些特殊的环境中。另外，微带天线可以设计成各种形状以调整天线方向。由于微带天线截面小，适合用于与飞行器共形的探测器，例如在毫米波引信上的使用，是一种比较理想的天线。

6.6.4 中频放大器

1. 中频放大器带宽

进入接收机的毫米波信号经混频器变为中频，以便放大和滤波。从灵敏度公式（6－26）和式（6－27）可知，增大 $B\tau$ 可提高辐射计灵敏度。但在平时应用中，有时提高 τ 受到系统总体及其他因素的限制。因此，可增加系统检波器前的带宽 B 来提高灵敏度。但是，在选择检波器系统带宽时，必须考虑谱分辨率和器件水平等。增加系统带宽等效于降低频谱灵敏度。根据所用的射频和中频器件，当电路的频谱灵敏度降低时，很难获得接近于平直的频率响应曲线。电路的

频谱灵敏度为

$$Q=\frac{f_0}{B} \tag{6-31}$$

式中，f_0 为中心频率；B 为有效带宽。

可见，增加中频带宽是增加系统有效带宽的关键，但是，对于工作于双边带的接收机来说，中频频率的上限受到射频带宽的限制。另外，为提高辐射计灵敏度，除要求总损耗电量及噪声系数尽可能低外，中频放大器应具有低的噪声系数。采用新型双极 GaAS 或场效应晶体管做中频放大器可降低中频噪声系数。

2. 中频增益选择

中频增益的选择对获得最佳系统特性具有决定性作用。为保证辐射计的输出电压精确地反映场景温度分布，必须有足够的中放增益，包络检波器必须工作于平方律范围，终端各级的噪声必须很低。

为了有足够的中放增益，应保证

$$G_{HF}\Delta T_{min} \geqslant \sigma \cdot \Delta T_{min} \tag{6-32}$$

式中，σ 为任意常数；G_{HF} 为检波前系统的增益；ΔT_{min} 为辐射计的平方律检波和终端放大器的最小可检波温度。

对于晶体检波器，有

$$\Delta T_{min}=\frac{2}{C_d\sqrt{k}}\sqrt{T_0 R_v F_v}\left(\frac{\sqrt{B_{LF}}}{B'_{RF}}\right) \tag{6-33}$$

式中，k 为波尔兹曼常数；C_d 为平方律检波器功率灵敏度常数；T_0 为环境温度；R_v 为平方律检波放大器；F_v 为平方律放大器噪声系数；B_{LF} 为终端放大器带宽；B'_{RF}为上和下中频边带的接收机噪声带宽。

为使包络检波器工作在平方律范围内，可通过在检波曲线上选择适当的工作点来满足。中频放大器的净增益取决于

$$G_{HF}=\frac{p_{if}}{kT_{sy}BF_n} \tag{6-34}$$

式中，p_{if} 为中放输出功率；T_{sy} 为超外差式辐射计的系统温度；B 为检波前的系统总带宽；F_n 为混频至终端噪声系数。

6.6.5　视频放大器设计

1. 视频放大器的增益计算

设探测温度的动态范围为 $T_{amin} \sim T_{amax}$ ，则加至终端放大器输入端的相应电压由式（6-35）决定。

$$U_{in}=C_d k T_{sy} B F_n G_{HF} \tag{6-35}$$

系统温度的最小值和最大值为

$$T_{symin}=T_{amin}+(L-1)T_0+L(F_n-1)T_0 \tag{6-36}$$

$$T_{symax}=T_{amax}+(L-1)T_0+L(F_n-1)T_0 \tag{6-37}$$

式中，T_{symin} 为系统温度的最小值；T_{symax} 为系统温度的最大值；L 为由天线和传输线引起的损耗因子。

通常规定了辐射计的输出电压斜率，视频增益为要求的输出斜率与输入斜率的比值。设计中应注意前端的增益和补偿要求，当射频损耗下降时，则系统灵敏度增高。射频损耗电量减小时，检波前的系统增益应提高，同时视频增益必须降低，直流补偿电压也明显下降。

2. 视频放大器频率特性

为设计视频放大器，必须分析检波输出和信号特征。对于一般遥感辐射计来说，检波输出为一固定直流电压，根据电压高低来测试环境及目标的温度；对于近程辐射计来说，检波输出为一种矩形脉冲。图 6.13 为空对地旋转扫描辐射计运动示意图，扫描速度为

$$v_s=2\pi\Omega_r H\tan\theta_F \tag{6-38}$$

式中，Ω_r 为辐射计绕下落轴的转速；θ_F 为辐射计天线轴线与下降轴的夹角；H 为辐射计起始扫描的高度。

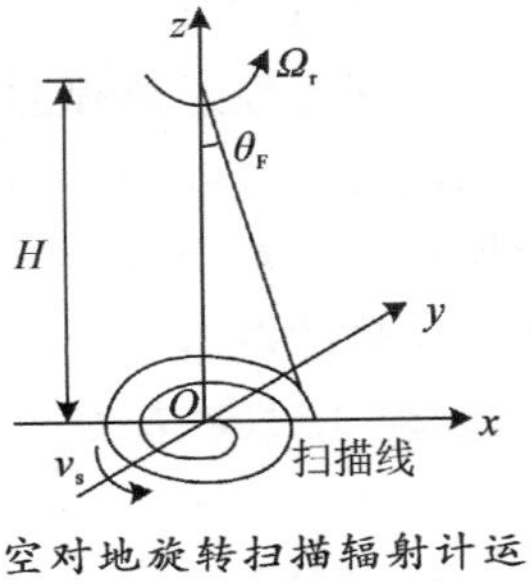

图 6.13 空对地旋转扫描辐射计运动示意图

可采用高斯型函数来近似表示，即

$$f(x)=a\mathrm{e}^{-\pi(bx)^2} \tag{6-39}$$

式中，$x=v_s t$ 。所以

$$f(x)=a\mathrm{e}^{-\pi(bv_s t)^2} \tag{6-40}$$

式中的 a 和 b 均为波形常数，可通过计算机逼近来求出。对式（6-39）进行傅里叶变换得

$$F(\omega)=\int_{-\infty}^{+\infty} f(x)\mathrm{e}^{\mathrm{j}\omega x}\,\mathrm{d}x=\int_{-\infty}^{+\infty}\mathrm{e}^{-(bx)^2}\cos\omega x\,\mathrm{d}x=\frac{a}{bv_s}\mathrm{e}^{-\frac{w^2}{4\pi b^2 v_s^2}} \tag{6-41}$$

频谱上限频率 f_{H} 为

$$f_{\mathrm{H}}=b\Omega_{\mathrm{r}}H\tan\theta_{\mathrm{F}}\sqrt{2\pi\ln 2} \tag{6-42}$$

式中，f_{H} 与波系数 b 、高度 H 、角速度 Ω_{r} 及斜角 θ_{F} 均有关。

低通滤波器的等效积分时间为

$$\tau=\frac{1}{2f_{\mathrm{H}}}=\frac{1}{2b\Omega_{\mathrm{r}}H\tan\theta_{\mathrm{F}}\sqrt{2\pi\ln 2}} \tag{6-43}$$

设计低通滤波器时，应根据天线温度波形的计算，对温度波形进行波形逼近，用某一函数表示检波输出波形，再根据频谱分析，求出低通滤波器的频谱分布及频率上限。

6.6.6 毫米波辐射计信号处理方法

毫米波辐射计接收到毫米波信号后，需要将信号送入到处理器进行识别，进行目标特征提取和目标属性的判断，以及信号转换与处理。就探测系统而言，探测的本质是对目标特征识别和提取，在不同的场景下，不同的探测系统所获取的目标信息也不同，这使得探测系统在很大程度上依赖于场景里的目标特征。所以，目标特征信息的提取直接影响目标探测识别和数据采集的精确度。

1. 毫米波探测信号的处理

当被动毫米波辐射计探测到金属目标时，输出波形近似正弦波，当对所采集到的整个波形信息处理结束时，目标已经远离辐射计探测范围。在实际探测过程中，辐射计在对目标进行扫描测试时，可以快捷、准确地判断出扫描到的目标情况，便于及时做出相应的执行操作。而对于毫米波辐射计，当目标运动到天线的扫描中心线时，正是输出毫米波信号的电压变化时刻，波形为正弦波，考虑到脉宽、脉冲幅值、脉冲信号变化趋势、极性特征量等特征信号的提取，最终需要对整个波形进行处理。

在毫米波信号处理过程中，最关键复杂的一步就是目标特征信号选择和提取，其信号特征不仅要识别度高，而且还需要反映目标的性质和属性。一般选取脉宽、脉冲幅值、脉冲信号变化趋势和信号极性这四个特征信号，具体处理方法为

（1）根据波形极性确认目标，当目标进入辐射计天线探测区域时，辐射计截取到的辐射脉冲首先会有一个向下的脉冲，即第一个脉冲信号的极性为负。

（2）根据脉宽去除干扰信号，在信号接收及处理过程中，可能会有其他尺寸和形状的物体随目标进入探测区域，此时会有多个脉冲信号，通过对信号脉宽做出限定，可以去除探测场景中非目标的干扰及可能存在的其他干扰脉冲。

（3）根据脉冲幅值判断目标，当目标进入辐射区时，选取适当的脉冲幅度作为限定值，这个限定值可以用来判断在给定距离时运动目标的速度幅值，可以区分出真实目标与干扰目标。

2. 辐射计信号的 A/D 采样

被动毫米波辐射计探测到目标后，其输出信号为模拟信号，只有经过对信号 A/D 采样转化之后才能送入到 DSP 进行处理，在采样时需要注意采样精度和采样率。采样精度越高信号越精确，采样率越高采样效果越好，采样时间间隔越短，越能反映真实的原始信号，考虑到被动毫米波辐射计采集到的信号会随着目标距离、天气，以及场景内的其他因素产生变化，因此，采样率一般都不会很高。

3. 采样信号与预处理

由于被动毫米波辐射计受到场景内各种各样的干扰，输出信号可能含有噪声干扰，输出信号经过 A/D 采样以后，又混进了 A/D 量化噪声。所以在提取信号特征量之前，必须对信号进行预处理，在保证不影响信号特征量的前提下尽量去除干扰成分。场景内的干扰噪声的存在会导致采集到的波形不平滑，存在毛刺，想要减少或者消除这些毛刺就需要进行剔点处理。剔点处理首先需要确定一个标准值，然后求解当前点与前一点的差值，当差值大于标准值时，若当前点的值大于前一点的值，就用前一点的值加标准值代替当前点的值；若当前点的值小于前一点的值，就用前一点的值减标准值代替当前点的值；当差值小于标准值时，则保留当前点并继续比较下一点。根据试验采样结果对所有点重复上述过程，即可最终确定标准值。

6.7 毫米波雷达探测

6.7.1 毫米波雷达探测方法

雷达检测目标的本质是接收到的目标回波信号功率和噪声功率的比值关系，即信噪比。基于信噪比的雷达方程，能将雷达的作用距离、发射器发射功率、接收器接收功率、发射天线增益、接收天线增益、系统损耗、环境等因素紧密联系在一块。通过雷达方程，设计者能很好地看出雷达各项参数之间的联系，并根据目标特性与信号传播的过程进行设计。

毫米波雷达简化原理框图如图 6.14 所示。毫米波发射机经环流器和天线发出毫米波射频信号，射频信号遇到目标后反射到天线，经环流器进入混频器。在混频器中，回波毫米波信号与本机振荡器混频，输出差频信号（中频）。差频信号经中频放大器、视频检波器和视频放大器，最后输入信号处理器。在信号处理器中可完成测距、测速、测角、目标识别等功能，最后输出发火控制信号。

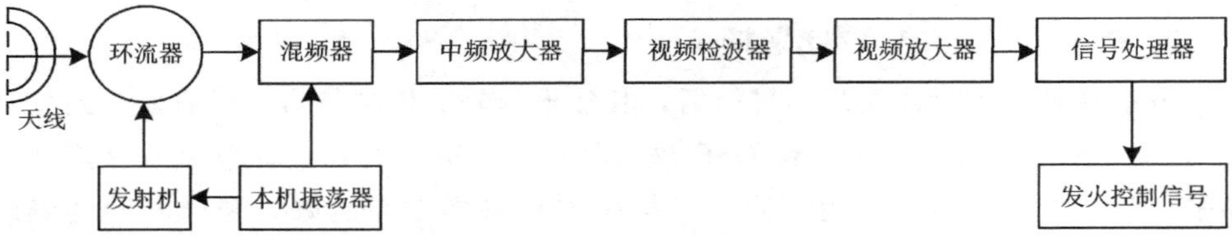

图 6.14 毫米波雷达系统简化原理框图

灵巧弹药中应用的毫米波雷达可分为多种体制，包括毫米波多普勒雷达、毫米波调频雷达、毫米波脉冲雷达、毫米波脉冲压缩雷达、毫米波脉间频率步进雷达、毫米波脉冲调频雷达、毫米波脉间调频雷达、毫米波噪声雷达等。雷达可获得的信息为目标的方位信息、目标与灵巧弹药间的距离信息、目标的速度信息、目标的极化信息、目标的外形信息。目前灵巧弹药雷达的工作频率主要有 35 GHz 和 94 GHz 两个频段。

6.7.2 毫米波雷达特性

20 世纪 80 年代以来，由于对毫米波雷达的需求日益增长，从而形成了毫米波雷达开发设计的热潮，毫米波雷达具有如下特性。

(1) 频带极宽，如在 35 GHz、94 GHz、140 GHz 和 220 GHz 这 4 个主要大气窗口中，可利用的宽分别为 16 GHz、23 GHz、26 GHz 和 70 GHz，均接近或大于整个厘米波频段的宽度，适用于各种宽带信号处理。

(2) 可以在小的天线孔径下得到窄波束，方向性好，有极高的空间分辨力，跟踪精度较高。

(3) 有较宽的多普勒带宽，多普勒效应明显，具有良好的多普勒分辨力，测速精度较高。

(4) 地面杂波和多径效应影响小，低空跟踪性能好。

(5) 毫米波散射特性对目标形状的细节敏感，因而，可提高多目标分辨和对目标识别的能力与成像质量。

(6) 由于毫米波雷达以窄波束发射，因而使敌方在电子对抗中难以截获。此外，由于毫米波雷达作用距离有限，因而使作用距离之外敌方的探测器难以探测。加上干扰机正确指向毫米波雷达的干扰功率信号比指向微波雷达更困难，所以毫米波雷达被截获的概率较低，抗电子干扰性能好。

(7) 目前隐身飞行器等目标设计的隐身频率范围局限于 1 GHz～20 GHz，

又因为机体等不平滑部位相对毫米波来说更加明显，这些不平滑部位都会产生角反射，从而增加有效反射面积，所以毫米波雷达具有一定的反隐身功能。

(8) 毫米波与激光和红外相比，虽然它没有后者的分辨力高，但它具有穿透烟、灰尘和雾的能力，可全天候工作。

毫米波雷达的主要缺点是受大气衰减和吸收的影响，作用距离大多限于数十公里之内。另外，与微波雷达相比，毫米波雷达的元器件目前批量生产产品率低，加上许多器件在毫米波频段均需涂金或涂银，因此器件的成本较高。

6.7.3　毫米波雷达数学模型

1. 功率密度

假设雷达功率为 P_t，发射天线辐射增益为 G_t，目标为各向均匀的球状介质，则在距离 R 处的雷达辐射功率密度为

$$S_1 = \frac{P_t G_t}{4\pi R^2} \tag{6-44}$$

实际中，由于球状物体表面特性，有一部分功率会被截取并向其他方向辐射，即雷达散射功率，用 ε 表示雷达散射截面，若雷达采用不同天线分别作为信号发射与接收，如果雷达接收天线增益为 G_r，则接收天线回波信号功率密度为

$$S_1 = \frac{P_t G_t}{4\pi R^2} \cdot \varepsilon \cdot \frac{G_r}{4\pi R^2} = \frac{P_t G_t G_r \varepsilon}{(4\pi R^2)^2} \tag{6-45}$$

2. 雷达作用距离

雷达接收天线只能够接收一部分的回波功率，如果雷达工作波长为 λ，天线的有效孔径面积为 A_e，则有效孔径面积 A_e 和接收天线增益 G_r 的关系可表示为

$$A_e = \frac{G_r \lambda^2}{4\pi} \tag{6-46}$$

因此，雷达作用距离的简单形式为

$$R_{max} = \left(\frac{P_t G_t G_r \lambda^2 \varepsilon}{(4\pi)^3 S_{min}}\right)^{\frac{1}{4}} \tag{6-47}$$

式中，R_{max} 为雷达最大作用距离；S_{min} 为最小检测信号强度。

从雷达作用距离方程可以看出，雷达探测的最大作用距离与 P_t、接收天线增益 G_r 和发射天线辐射增益 G_t 等因素成正比，与 S_{min} 成反比。在目标一定的情况下，要提高雷达作用距离，主要通过加大功率孔径积来实现。在实际雷达检测中，其作用距离还会受到大气、海地杂波辐射等环境因素的影响。

3. 最小检测信号强度

基于式（6－47）雷达作用距离方程，最小可检测信号强度受到接收机噪声的限制。最小检测信号强度表示为

$$S_{min}=kT_0BF_nS_{NR} \tag{6-48}$$

式中，k 为玻尔兹曼常数；T_0 为基准温度 290 K，两者有 $kT_0=4\times10^{-21}$ W/Hz；B 为接收机带宽；F_n 为接收机噪声系数；S_{NR} 为信噪比。

4. 虚警概率和探测概率

在雷达检测中，虚警概率指的是在雷达探测过程中，若采用门限检测的方法会由于噪声的普遍存在和起伏，导致实际不存在的目标却被判断为有用目标的概率。通常来说，在虚警概率一定时，信噪比与雷达检测概率之间存在关联，通常用莱斯曲线描述这一类关系，设雷达发射信号为

$$S(t)=A\cos(\omega_0t+\theta_0) \tag{6-49}$$

式中，A 为信号幅度；ω_0 为信号角频率；θ_0 为信号相位。

假设系统噪声服从正态分布，即 $N\sim N(0,\ \sigma^2)$，σ 为噪声方差，若系统使用线性检波，则噪声信号可表示为

$$f(N)=\frac{N}{\sigma^2}\exp\left(-\frac{N^2}{2\sigma^2}\right),\ N>0 \tag{6-50}$$

从式（6－50）中能看出，噪声在经过检波后服从瑞利分布，则雷达发射信号 $S(t)$ 加噪声后的分布函数为

$$f(n_r)=\frac{n_r}{\sigma^2}\exp\left(-\frac{A^2+n_r^2}{2\sigma^2}\right)I_0\left(\frac{n_rA}{\sigma^2}\right),\ n_r\geqslant0 \tag{6-51}$$

式中，$I_0(z)$ 是零阶修正贝塞尔函数；$f(n_r)$ 的函数式被称为莱斯分布。设雷达的虚警概率为 P_{FA}，检测门限为 V，它的虚警概率函数为

$$P_{FA}=\int_V^{+\infty}\frac{x}{\sigma^2}\exp\left(-\frac{x}{2\sigma^2}\right)\mathrm{d}x=\exp\left(-\frac{V^2}{2\sigma^2}\right) \tag{6-52}$$

$$V=\sqrt{-2\sigma^2\mathrm{In}(P_{FA})} \tag{6-53}$$

从而，获得雷达的探测概率 P_d 为

$$\begin{aligned}P_d&=\int_V^{+\infty}\frac{n_r}{\sigma^2}\exp\left(-\frac{A^2+n_r{}^2}{2\sigma^2}\right)I_0\left(\frac{n_rA}{\sigma^2}\right)\mathrm{d}n_r\\&=1-\mathrm{e}^{-S_{NR}}\int_{P_{FA}}^1 I_0\sqrt{-4\cdot\left(\frac{S_1}{N}\right)\mathrm{In}(u)}\,\mathrm{d}u\end{aligned} \tag{6-54}$$

式中，$n_r=\sqrt{-2\sigma^2\mathrm{In}(u)}$，可以看出，信噪比越高，雷达探测概率越高。

6.7.4 毫米波雷达信号处理方法

1. 毫米波雷达信号特点

在毫米波雷达为核心传感器的高级驱动辅助系统（Advanced Driver Assistance System，ADAS）中，有两个基本要求：一是为了让毫米波雷达拥有高距离分辨率，需要大带宽发射信号；二是为了让毫米波雷达拥有高速度分辨力，需要大时宽发射信号。基于这两点基本要求，可以采用信号调频技术获取大时宽带宽乘积信号，既保证了分辨率，也获得了作用距离的保证。信号线性调频技术指在时域扫频周期内通过对信号频率的调制，使得在一定时域范围内，信号频率随着时间线性增加，由此所得到的信号称为线性调频（Linear Frequency Modulated，LFM）信号。线性调频信号有向上调频和向下调频两种形式，分别对应频率线性增加和线性减少，如图 6.15 所示。

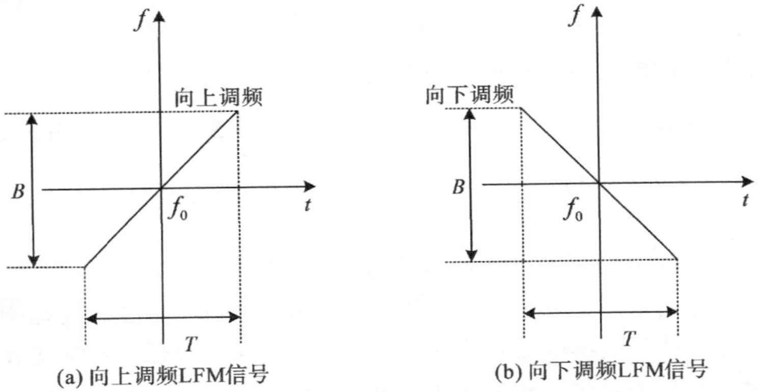

图 6.15 线性调频信号示意图

在图 6.15 中，f_0 为线性调频（Linear Frequency Modulated，LFM）信号起始频率，亦称为载波频率，B/T 为调频斜率。

线性调频连续波（Linear Frequency Modulated Continuous Wave，LFMCW）是在时宽周期内发射频率调制信号的连续波，它是一种频率随着时间线性增加的波形信号，具有高距离分辨率与速度分辨率、发射功率低，信号易合成等优势。

2. 雷达回波与去斜处理

在线性调频连续波（Linear Frequency Modulated Continuous Wave，LFMCW）毫米波雷达系统中，线性调频（Linear Frequency Modulated，LFM）信号是以连续波的形式向外辐射的，大体有三角波与锯齿波两种发射波形。三角波是由两个对称的 LFMCW 组成上下两个扫频，利用频谱对称的性质对距离与速度进行解耦合，仅需通过一维快速傅里叶变换（Fast Fourier Transform，FFT）

就能得到目标的距离与速度，但在多目标运动情况下会测出多个频谱峰值频率，需对上下扫频进行频率配对，计算算法复杂且易产生虚假目标；锯齿波是由多个LFMCW信号组成，它是利用目标回波中频信号估计目标的距离与速度参数，锯齿波调制了连续波的幅度，形成了多个周期的线性调频信号，它的频率是线性调制，形成了信号内部的频率调制，雷达接收机通过对回波信号的三维FFT处理能得到最大信噪比，进一步进行恒虚警概率（Constant False－Alarm Rate，CFAR）检测与参数测量即可得到对应目标的距离、速度、角度信息，它的优点是信号产生简单且不易产生虚假目标，以锯齿波为例给出发射信号与接收信号处理方法，发射信号表达式可表示为

$$\begin{cases} x_t(t,\ n)=A_0\cos\left\{2\pi\left[f_0(t-nT)+\dfrac{1}{2}\overline{S}(t-nT)^2\right]+\varphi_0\right\} \\ nT\leqslant t\leqslant (n+1)T,\ n=0,\ 1,\ 2,\ \cdots \end{cases} \tag{6-55}$$

式中，A_0 为信号振幅；f_0 为起始频率；T 为信号时宽；$\overline{S}$ 为信号斜率；φ_0 为信号初始相位；n 为第 $(n+1)$ 个发射波形。

接收机接收到的目标回波信号的表达式为

$$\begin{cases} x_r(t,\ n)=K_rA_0\cos\left\{2\pi\left[f_0(t-nT-\tau(t))+\dfrac{1}{2}\overline{S}(t-nT)^2\right]+\varphi_0+\phi_0\right\} \\ nT+\tau\leqslant t\leqslant (n+1)T,\ n=0,\ 1,\ 2,\ \cdots \end{cases} \tag{6-56}$$

式中，K_r 为信号传播衰减系数；ϕ_0 为信号散射产生的附加相移。

模拟域的去斜常用于宽带线性调频信号的雷达系统中，去斜处理能大幅降低中频信号带宽，使得后续模数转化的采样率和处理带宽更低，提高接收通道的动态范围。去斜处理的具体做法是将从发射支路中分出的一路发射信号与接收信号混频，完成模拟去斜，得到接收机的中频输出信号，将 $x_t(t,\ n)$ 与 $x_r(t,\ n)$ 混频，进行模拟去斜处理，有

$$\begin{cases} x_{out}(t,\ n)=\dfrac{1}{2}K_rA_0^2\cos\left(2\pi\left[f_{IF}(t-nT)-f_v nT-\dfrac{2\overline{S}vt}{c}(t-nT)\right]+\varphi_b\right) \\ nT+\tau\leqslant t\leqslant (n+1)T,\ n=0,\ 1,\ 2\cdots \end{cases} \tag{6-57}$$

式中，$x_{out}(t,\ n)$ 为混频处理后的输出信号；f_{IF} 为中频信号频率；f_v 为多普勒频移；φ_b 为 $x_t(t,\ n)$ 与 $x_r(t,\ n)$ 的相位差。

假设目标与雷达的初始距离为 R_0，当目标运动时，存在目标与雷达的相对速度 v，延迟时间 τ 可表示为

$$\tau=\frac{2(R_0-vt)}{c} \tag{6-58}$$

回波信号与发射信号的相位差为

$$\varphi(t)=-\omega_0 t=-2\pi\frac{2}{\lambda}(R_0-vt) \tag{6-59}$$

式中，λ 为信号波长。于是，产生的频率表示为

$$f_v=\frac{1}{2\pi}\frac{\mathrm{d}\varphi}{\mathrm{d}t}=\frac{2f_0 v}{c} \tag{6-60}$$

式中，f_v 为多普勒频移。

当运动目标靠近雷达时，f_v 为正值；当运动目标远离雷达时，f_v 为负值。在速度维 FFT 中能利用检测目标的多普勒频移来确定目标的速度方向。

6.8 毫米波近炸引信探测技术

6.8.1 毫米波近炸引信探测与识别体制

毫米波引信与微波、毫米波引信相比，具有精度高、抗干扰能力强、能穿透等离子体、体积小，质量轻等优点。与红外、激光引信相比，毫米波引信具有全天候工作性能。毫米波比微波易受大气衰减影响，这一特点对远程雷达来说是一种缺点，但是对于作用距离极近的毫米波近炸引信来说，大气衰减不影响毫米波近炸引信的正常工作，反而能增强引信工作的隐蔽性，使敌人难以侦察及干扰，敌方即使要实施干扰，也必须使干扰机的功率大大增加。

随着毫米波单片电路的飞速发展，毫米波单片电路将可能应用于微小功率的近炸引信。因此，全集成化的微型毫米波引信是一个具有发展前景方向。毫米波近炸引信根据探测体制方式不同，主要有自差式毫米波调频测距引信和高频比相测距引信以及毫米波末敏引信。

1. 自差式毫米波调频测距引信

自差式毫米波调频测距引信的基本原理如图 6.16 所示，它主要由天线、自差收发机、调制器、选频放大器、信号处理电路和执行器组成。毫米波引信发射电信号，碰到被测物体表面后发生反射，反射信号经自差收发机接收，发射的电信号与反射接收的信号进行混频，再经调制器中的变容二极管对毫米波振荡器进行调频。在发射电信号传播到被测物体表面并返回到接收天线的时间内，产生了差频频率；差频频率再经选频放大器和信号处理电路，根据调频斜率就可求得回波时延差值，进而求得目标距离，最后执行级作为引信终端装置，在测距信号满足条件下输出起爆执行控制指令。

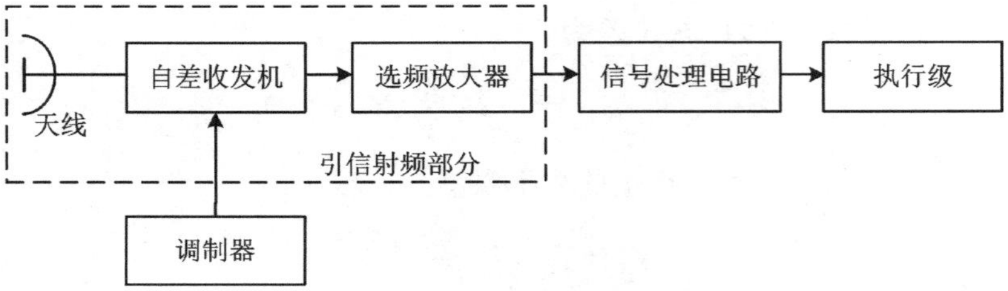

图 6.16 自差式调频测距引信原理

毫米波近炸引信的发射和接收使用同一天线。为使引信结构紧凑、成本低、能承受常规炮弹的强大作用力，采用介质棒天线是毫米波近炸引信比较理想的方案之一。调制器的选择一般是线性度较好的三角波或锯齿波发生器，也可采用正弦波振荡器。调频自差机采用的是谐振腔振荡器，由于毫米波波段谐振腔体体积很小，总的自差机体积可做得十分紧凑。

常用的选频测距毫米波引信信号处理方法主要有选频法和脉冲计数法两种，具体原理如下。

1）选频法

一般选频法主要是将差频信号放大整形，再经选频网络，当引信达到预定的作用距离时，选频网络输出启动测距信号。由于变容管调频的非线性，在弹目交汇距离比较大的范围时，选频网络均有输出，即引信作用距离散布较大。为克服这一缺点，可采用取样选频法，它的基本原理如图 6.17 所示。

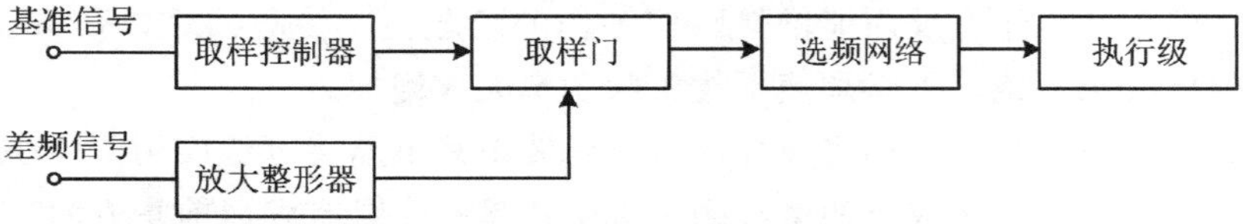

图 6.17 取样选频法框图

取样选频法指取样控制器接收到基准信号后将信号送到取样门，差频信号通过放大整形器对信号处理，并在取样控制作用下，差频频率变化比较均匀的部分信号，选频网络才有输出。因此，取样门输出信号经过选频网络后，引信达到预定的作用距离时，选频网络输出启动执行触发信号，使引信在选择合适的差频频率变化均匀信息的条件下产生引信的起爆控制执行指令，大大减小了引信作用距离的散布。

2）脉冲计数法

脉冲计数法的基本原理如图 6.18 所示，差频信号经放大整形输出规则的脉冲波，输出到脉冲触发脉冲计数器，当弹丸在预定距离内，计数器将有一脉冲信号输出到与门电路。如果在此瞬时，基准信号通过延迟电路（预定的距离延时）同时给出一脉冲输出到与门电路，则与门电路将有一信号输出，启动执行级工作。由于在此瞬时以外（即不在预定距离上）的任何时刻，与门的两路输入信号均不重合，与门均无输出信号，引信执行级不工作。

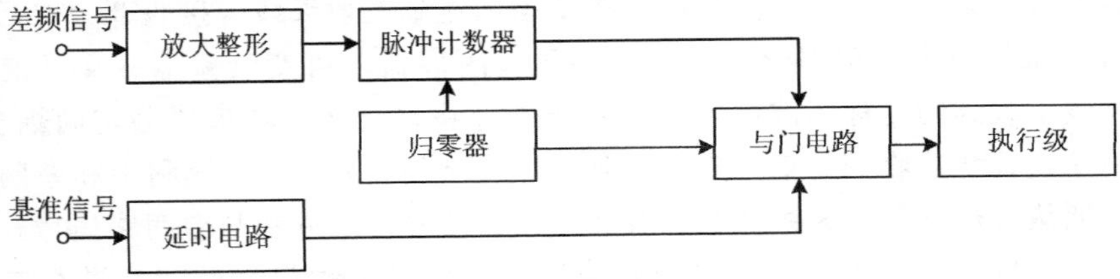

图 6.18 脉冲计数法原理框图

选频法和脉冲计数法，只适用于对地引信，而不适用于对空引信。弹丸的杀伤面是一个扇形，在不同的交会情况下和不同的弹目相对运动速度下，弹丸的最佳炸点是不相同的。因此，为达到最佳起爆，简单的定距引信还不能满足对空引信的要求。不管对地或对空，都要求差频经放大器输出的信号是等幅信号。在弹目接近时，要求放大器增益随频率增加而增加。一般要按频率增加一倍，增益以 12 dB 的规律增高。

2. 毫米波高频比相测距引信

毫米波高频比相测距引信是利用调频与比相测距原理相结合而设计的一种引信，比相是指通过沿弹轴配置并相隔一定距离的两组接收天线所接收信号进行相位比较，从而得到目标位置信息，它的基本原理如图 6.19 所示。

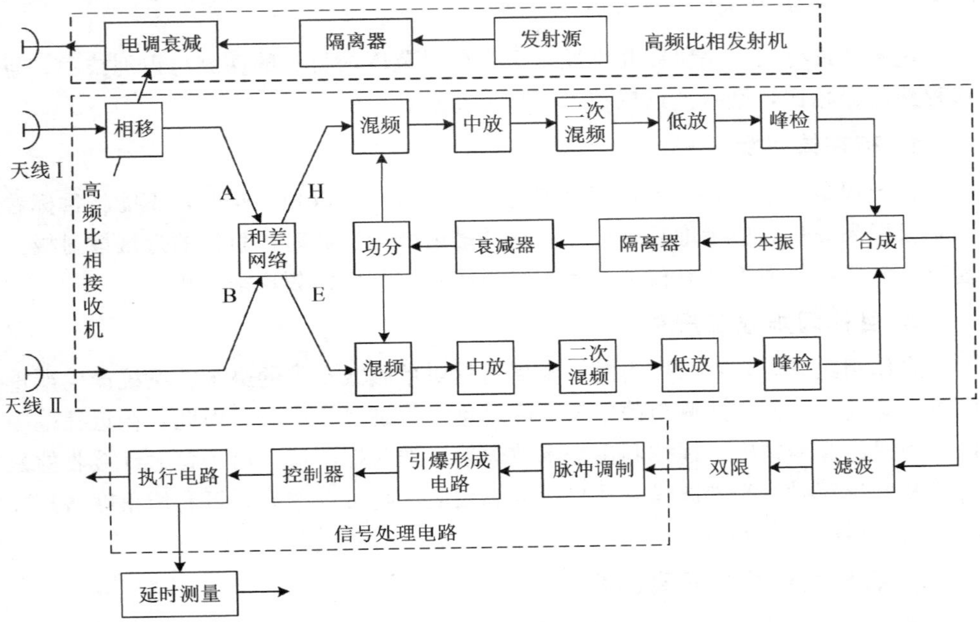

图 6.19 毫米波高频比相测距引信基本原理

高频系统包括发射和接收两个部分。发射机由体效应振荡器、隔离器、电调衰减器组成。系统把信号源产生的高频功率馈送到发射天线。接收部分包括可变移相器、和差网络、功率分配器、本振源、隔离器、可变衰减器、交叉混频器等。天线Ⅰ收到的目标回波信号经相移器进入和差网络（功率均分定向耦合器）的主路A，天线Ⅱ收到的信号直接送到和差网络的主路B。系统利用和差网络的作用，把从目标反射到天线Ⅱ及天线Ⅱ的微弱信号处理成和与差两路信号，并分别与本振信号混频，产生合适的中频输出信号。经中频放大处理后进行二次混频。二次混频的本振信号来自前面发射漏信号经一次混频后的中频信号，此信号与比相中频信号之间差一个多普勒频率。因此，二次混频器输出信号的频率等于多普勒频率，其包络仍为慢变化的比相信号，再经过峰值检波就得到比相信号，考虑到发射源漏功率的存在，加入一级低放，经低放后再经过峰检和合成电路将和差两路信号中的慢变化包络取出，并将所得的两路信号合成，得到没有漏功率存在的过零相信号。合成器输出的过零相信号是一个由负到正的连续变化信号，该信号对引信的逻辑电路不起作用（即对执行级不起作用）。必须对它进行脉冲调制，以便使其适合逻辑电路工作。因此，过零相信号经脉冲调制后，进入逻辑电路，输出一系列的正脉冲控制执行电路，最后执行电路将逻辑电路输出的正脉冲信号经过适当延时，产生了引信动作信号，完成引爆任务。

6.8.2 毫米波近炸引信特点

毫米波近感技术是研究几十厘米至几公里范围内目标的探测与识别技术。与远程探测器相比，毫米波近感技术有如下特点。

1. 存在体目标效应

在近程条件下，特别是作用距离与目标的尺寸可以相比拟时，不能将目标看作点目标来分析，应考虑目标近区存在的散射效应。此时，目标的近区散射极为复杂。多普勒频率不能看作单一频率，应按一定带宽的频谱来分析。

2. 目标闪烁效应严重

当作用距离为几百米以内时，金属目标对单频或窄带的毫米波系统产生严重的角闪烁效应，使雷达测角的精度下降，难以识别目标中心。因此，在近程范围内，为提高探测精度，往往利用毫米波辐射计作为探测器。由于辐射计接收的是目标及背景辐射的毫米波噪声，目标闪烁效应影响可以忽略，可利用角度信息准确识别目标的几何中心。

3. 容易实现极近距离测距

近程毫米波引信回波的延迟时间一般为几十至几百毫微秒，测距较困难。例如，调频引信的最小作用距离与调制频偏成反比，当最小作用距离为几米时，其频偏应为几百兆赫，这样宽的频偏，对一般米波引信是难以实现的，对于一般厘米波引信也比较难实现，但在毫米波段实现则比较方便。

4. 信号处理时间短

各种毫米波引信工作时，由于目标和弹丸之间的相对速度极快，弹目相遇时间很短，全系统的工作时间仅几毫秒，从而用于信号处理的时间较短。

5. 体积小、质量轻、结构简单、成本低

近程毫米波探测器应用广泛，应用的数量较多，根据现已达到的技术水平，可以使系统满足体积小、质量轻、结构简单、性能好和成本低的要求。

6.8.3 毫米波引信抗干扰技术

1. 引信干扰的种类

引信干扰是指影响或妨碍引信在飞行过程中的正常工作。引信干扰的来源主要有构件内部的干扰、自然环境的干扰以及人工干扰。毫米波由于自身受气象条件，如雨水、烟尘的影响较少，因此，毫米波引信受到的干扰主要是内部噪声的干扰和外部的人工干扰，人工干扰主要又分为无源干扰和有源干扰。

内部干扰：在发射初期，由于引信内部构件受到各种力的作用而使零件、电子元器件和电源发生机械振动，电子元器件与电源的噪声在发射初期往往很大，再经放大后足以使引信发火。

无源干扰：是指在电磁波的传播过程中利用一定的技术手段对其施加干扰从而影响引信的正常工作。例如，在目标表面涂覆吸波材料从而大大减少信号反射的功率；利用一些假目标的反射体使引信难以分辨真假导致误炸；借助一些金属材料改变无线电传播空间的介质特性继而改变其传播方向。无源干扰是最早使用的一种干扰手段，干扰效果也较好。

有源干扰：是利用大功率的发射机产生带有目标信息的各种类型的无线电信号从而对引信造成干扰。主要有欺骗式干扰、扫频式干扰、压制式干扰和引导式瞄准干扰等。干扰对毫米波引信的影响是破坏引信启动的实时性，会使引信接收机出现过载、产生虚警，继而造成回波信号失真等。

2. 抗干扰技术

毫米波近炸引信抗干扰的主要出发点是利用扩大或制造干扰信号和有用回波信号间的差异。这些差异包括能量、空间特性、工作频段、极化方向和信号特征数等。要从各个方面采取措施来抑制干扰信号，增大有用信号，以防止无线电引信因干扰而早爆或者瞎火。因此无线电引信抗干扰主要应从能量选择、信号选择和体制选择等方面去寻求解决办法。常见的抗干扰措施如下。

1）提高发射信号的隐蔽性

提高引信发射信号的隐蔽性，可以加大敌方侦收、分析、复制、模拟被干扰信号的技术难度，缩短其被敌干扰实施的时间，是引信采用的一种有效的抗干扰技术。

选择特殊的工作频段，选择规定的标准波段的边缘处，或选择大气传输窗口之外的频段，或采用调频、频率捷变和自适应频率调整技术；近距离开机；小功率发射。

2）增强传输信道的自保护性

收发天线方位的选择，采用窄波束、低旁瓣的收发天线可提高引信在空间方位角度的选择能力，这对抑制有源干扰以及地、海杂波能起到很大的作用。

天线旁瓣抑制，采用两个接收天线即定向接收和全相接收天线，两路都对目标进行检测，最后通过两路的比较可以得出目标是从主瓣进入还是从旁瓣进入定向接收天线，进而消除了旁瓣内干扰的影响。

设置距离门，由于引信的作用距离有限，一般为几米到几十米，可以根据其作用距离设置相应的距离门，对距离门以外的干扰信号进行抑制。

3）采用特殊的调制方式

选用特殊的波形调制方式可以增大干扰机侦测信号的难度。引信的特殊调制方式大体包括：脉冲调幅型、连续波调频型、调相型、复合调制型。这些调制方式所形成的射频信号一般为非周期信号，其脉间间隔、频率或相位不固定，信号的隐蔽性强，被截获概率低，敌方难以侦察分析。其中较为常见的抗干扰信号形式有伪码调相信号、伪码调相正弦调频复合信号、捷变频信号。

除了以上的几种抗干扰方式，伴随着战场环境愈发复杂，采用与自适应滤波结合的方法来消除各种干扰也是目前减少信号噪声、提高抗干扰能力的一条重要途径。

6.9 毫米波探测技术的其他应用

1. 毫米波技术在雷达中的应用

1）搜索和目标拦截雷达

毫米波因其自身特点，被应用于搜索和目标拦截雷达中。在现代战争中，从地面和空中获取战场信息是十分重要的，作为战场警戒雷达，要求全天候工作，能昼夜连续提供战场信息，可进行区域搜索和目标检测，并从杂波假目标中识别出真正的目标。雷达的自动跟踪性能可提供距离、径向速度、方位和俯仰信息，对目标进行分类，确定目标位置，还可以为制导武器分配作战目标，并通过监视回波信号的移动和锁定来估计对目标的破坏程度。要完成这些任务，毫米波系统，特别是 3 mm 系统是理想的选择之一。

SEA TRACS 是美国海军地面武器中心研制的一部毫米波舰载雷达，它的低俯仰警戒特性用于近程防空，海面搜索和检测能力用来搜索潜望镜，该系统是低角警戒系统与一台 35 GHz（8 mm）频段单脉冲雷达相结合的近程防空雷达。荷兰 SIGNAAL-PARATEN 公司研制的 FLYCATCHER 是一部机动防空雷达，该雷达与高炮和地空导弹一起组成火控系统，以双频工作，在 X 波段用于目标搜索和快速捕获，Ka 波段用于目标精确跟踪；该系统具有超低空性能，且地面和海面多路径效应影响小。美国 MARTW MARIETT 公司研制的 STARTIE 雷达是对坦克定位、监测和目标捕获的 3 mm 雷达系统，工作频率为 94 GHz，峰值功率为 4 W，在 100 m 能见度下作用距离大于 3 km。在能见度差，有烟雾及密林伪装的情况下对敌方坦克、装甲车辆等目标直接监测和跟踪性能优于前视红外系统。

2）火控与精密跟踪雷达

毫米波系统具有较高的空间探测精度、体积小、机动性好的优点，适用于对付低空、超低空飞行的导弹和飞机等低空目标的近程、闭环火控系统。美国斯佩里公司研制的“挑战者 SA－2”型新的 3 毫米波电光火控系统，用以提高海军舰艇对低空飞机和反舰导弹的防御能力。该系统用 AN/VYK－502 数字计算机进行信号处理，能在各种环境中捕获和跟踪空中和海面目标，对选定的目标进行自动跟踪，能有效地控制火炮或导弹攻击。SA－2 系统的 3 毫米波跟踪雷达，工作在 95 GHz，能够提供精确的目标和角度误差信息。雷达采用 18 英寸的卡塞格伦天线，能发射 0.5°的锥扫波束，用以探测、捕获和跟踪目标。美国“阿帕奇”AH－64D 直升机和“科曼契”RAH－66 直升机安装了马丁·玛丽埃塔、西层公司的“长弓（Longbow）毫米波火控雷达”，该雷达除探测和跟踪地面与机载目标外，还能无源探测敌辐射源。俄罗斯研制的卡什坦近程舰炮武器系统中的跟踪雷达也采用了 J 波段 ＋ Ka 波段的双波段雷达系统，据称其跟踪精度可达 0.15 mrad（毫弧度）。

3）自动寻的和导弹制导雷达

寻的和制导是当前毫米波技术最为活跃的应用领域。近年来，近程地-地、空-空、地-空和空-地导弹以及各种弹丸等对毫米波战术武器的制导，都在考虑采用毫米波技术。早在 1975 年，美国空军就与霍尼韦尔公司签订合同，开展毫米波制导系统的设计和研制，其中，末端制导寻的器采用主动式雷达和弹上处理器，通过回波分析区别战术目标。之后，美国空军要求研制用于空-空导弹的双模寻的器。美国国防部高级研究计划局特别强调空-地导弹的末端制导，因为这种末端制导系统的天线口径限制在 152～203 mm 范围，为使如此小的天线口径获得窄波束，就必须采用毫米波。

由英国 Marconi 空间与防空部研制的 BLINDFIRE 跟踪雷达装在“长剑”低空近程地空导弹系统中，它具有全天候火控能力，工作频率为 35 GHz。该系统采用先进的信号处理技术对所有信息进行处理。而由美国修斯公司研制的 Wasp 空地导弹假拟攻击对象是原苏军第二和第三梯队集群坦克，可装在飞机导弹发射吊舱内，用来对付 10 辆以上坦克群。采用频率为 94 GHz 的主动/被动复合制导系统，在严重地物杂波环境下不但可以发现区别目标而且还具有选择攻击不同目标的能力。

4）监视雷达

装备毫米波雷达传感器的小型无人机，能够对战区前沿（FEBA）以外提供实时的战场监视。该雷达工作在 W 频段，其具有静目标增强（FTE）和动目标显示（MTI）两种工作模式，还具有高分辨地图（HRGM）工作模式，适用于战场监视或轰炸效果评估。小型无人机的毫米波雷达提供大约 $\pm 20^\circ$ 的前向方位覆盖，作用距离为 1～3 km。在最大作用距离处，对杂波中的每一个 30 m^2 固定目标，在晴天或可见度为 120 m 的雾天，可得到 99％的累积检测概率。

2. 毫米波在制导系统中的应用

由于毫米波的发散性，指令制导和波束制导在目标距离较远时，制导精确度下降，这时最好选用较高的毫米波频段。应用领域最广、最灵活的毫米波制导方式分主动式和被动式两种，这两种方式不仅可用于近程导弹的制导系统，也可用于各种远程导弹的末制导系统。

主动式毫米波导引头探测距离与天线尺寸、发射功率、频率等因素有关，目前这种导引头探测距离较短，但随着毫米波振荡器功率，噪声抑制及其他方面技术水平的提高，探测距离是可以增大的。与被动式毫米波导引头相比，主动式毫米波导引头的优点是在相同的波长、相同的天线尺寸下，分辨率高，作用距离远。

如果采用复合制导方式，把主动式寻的制导与被动式寻的制导结合运用，可以达到更好的效果。即用主动寻的模式解决远距离目标捕获问题，避免被动寻的在远距离时易被干扰的弱点，在接近目标时转换为被动寻的模式，以避免目标对主动寻的雷达波束能量反射呈现有多个散射中心引起的目标闪烁不定问题，从而可以保证系统有较高的制导精度。

由于毫米波制导兼有微波制导和红外制导的优点，同时，由于毫米波天线的旁瓣可以做得很低，敌方难截获，增加了集团干扰的难度，加之毫米波制导系统受导弹飞行中形成的等离子体的影响较小，国外许多导弹的末制导采用了毫米波制导系统，如美国的“黄蜂”“灰背隼”“STAFF”，英国的“长剑”，苏联的“SA-10”等导弹。

3. 毫米波技术在电子对抗中的应用

毫米波技术在电子对抗中的应用包括：对毫米波雷达、通信、导航、导弹或炮弹制导信号实施有效的威胁、告警、电子侦察、电子情报侦察和电子干扰。因此，毫米波电子对抗的关键技术是高灵敏度接收机和大功率干扰机的设计，高频部件的超带宽特性是设计中的难点。同时，由于毫米波具有窄波束低旁瓣和高定向特点，给电子对抗设备造成难以截获、监视和干扰的问题，在毫米波频段高段，大气衰减又限制了远距离监视和干扰技术的应用；各种抗干扰技术，如脉冲压缩技术、频谱扩展相干技术，频率捷变技术以及频率分集技术等，都已应用到毫米波系统中。

美、俄等国曾努力探讨适应于电子对抗的毫米波设备。美国国防部早已实施研制适合于电子对抗能力的毫米波设备。在系统方面，如F15上的Loral-Developed RWR和Compass Sail等计划正在不断改进，以便能探测毫米波威胁目标。西屋公司研制的干扰吊舱AN/ALQ-119和ALQ-131等均已设计成模块结构，便于在需要时加入更高频率的设备。美国空军曾提出一个在毫米波频率上工作的积极/消极电子对抗系统的可行建议，全球通用仪器公司、GTE-Sylvania公司、修斯和Loval等公司已着手承担研制任务。美国海军也已提出类似要求，雷神公司正在进行毫米波雷达警戒系统的研制。

从目前毫米波接收器件的发展情况来看，20世纪90年代毫米波侦察接收机总的发展趋势是朝着小型化、轻量化、宽带化、固态化和集成化的方向发展，这些接收机的研制成功使电子对抗技术发生了巨大转折，从而导致电子对抗进入新的阶段。

4. 毫米波末敏引信

基于毫米波末敏引信的探测机制，人们发展了一种在弹道末端能够探测出装甲目标的方位并使战斗部朝着目标方向爆炸的炮弹，称之为末敏弹。

德国研制的“灵巧”SMArt-155 mm末敏炮弹是当今世界最先进的炮射末敏弹之一。SMArt-155 mm末敏炮弹的敏感装置有较高的抗干扰能力，在地面有雾或恶劣环境下仍可正常工作。其使用高密度的钽作为药形罩的材料，在155 mm炮弹内部空间有限的条件下，尽可能地提高了自锻破片战斗部的穿透能力，形成的侵彻体的长细比接近5；侵彻体的穿透力与使用铜质药形罩时相比约提高了35%，在最大射程上仍可确保击穿坦克的顶部装甲。

每一发 SMArt－155 mm 末敏炮弹内部装有两发相同结构和功能的末敏子弹。SMArt－155 mm 末敏炮弹采用了薄壁结构，其弹体壁厚只有普通炮弹的 1/4～1/3，这样做的目的是使母弹的有效载荷空间最大化，也使自锻破片战斗部药形罩的直径最大化。敏感装置是末敏弹的“大脑”，末敏弹正是靠接收目标及其背景辐射或反射的信号来识别目标的。SMArt－155 mm 末敏炮弹的敏感装置采用了 3 个不同的信号通道，即红外探测器、94 GHz 毫米波雷达和毫米波辐射计，从而使它具有较高的抗干扰能力，能适应当时的战场环境，如果由于环境条件（如大气条件）使敏感装置的某个通道不能正常工作。SMArt－155 mm 末敏炮弹也可根据其他两通道的信号识别目标。SMArt－155 mm 末敏炮弹的设计非常巧妙，毫米波雷达和毫米波辐射计共用一个天线，并且天线与自锻破片战斗部的药形罩融为一体。这种结构不仅为天线提供了一个合适的孔径，而且还不需要添加机械旋转装置。

习　题

1. 毫米波探测技术有哪些特点？
2. 大气对毫米波传播主要有哪些影响？
3. 如何利用辐射差异识别金属目标？
4. 简述毫米波辐射计的探测原理。
5. 简述毫米波雷达探测原理。
6. 常见的毫米波探测信号处理方法有哪些？
7. 简述毫米波近炸引信特点主要有哪些。
8. 简述毫米波高频比向测距引信的工作原理。
9. 毫米波引信的主要干扰来源有哪些？抗干扰的措施有哪些？

第 7 章　电容探测技术

7.1　电容探测技术概述

电容探测技术利用被探测目标出现而引起电容器电容量变化的现象，通过检测电容值或其变化率而实现对目标的探测，属于一种非接触探测技术。目前电容器工作方式主要有变间隙式、变面积式和变介质式。变间隙式主要是根据被探测目标与探测头之间距离的变化，引起由目标与探头电极构成的电容容量变化，实现变间隙式目标探测，这种方式是目前电容近炸引信采用的主要工作方式。变面积式主要是采用弹目交会过程中引起电容极板重合面积的变化，导致电容网络参数值发生变化，实现变面积式目标探测。变介质式主要是采用目标介质的介电常数与空气的介电常数的数值差来进行目标探测。

电容探测技术具有如下特点：

（1）抗干扰能力强，稳定性好。电容器的电容值与电极材料无关，可选择具有低温系统的材料，由于电容器产生的热量很少，因此稳定性好。

（2）定距精度高。电容探测系统中电容器结构简单、方便制造、易于确保高精度，并且可以缩小电容器的尺寸以实现某些特殊测量，能够在极端温度、高压、高冲击、过载等条件下实现探测。

（3）高灵敏度。由于电容器极板间的静电引力较小，所以其需要的能量很小，即运动极板可以做得小而薄，减轻重量，提高频率。因此，电容探测动态响应时间短，灵敏度高。

（4）可实现非接触式测量，具有平均效应。电容器可以在被测件不允许采用接触测量的情况下采用非接触式测量，并且在非接触测量的过程中，电容器具有平均效应，可以减小工作表面粗糙度的影响。

7.2　电容式传感器基础

电容式传感器的类型大致有，平板电容式传感器和平面（或同面）电容式传感器，本章主要以平板电容式传感器的结构为例说明电容探测的原理。图 7.1 为传统的平板电容式传感器结构，其中，A 为上极板，B 是下极板，d 表示两平行极板间的距离。它的工作原理方式主要有三种：第一种工作方式为被测物使上下极板间的距离产生偏移而引起电容式传感器的电容量发生变化；第二种方式为被测物使上下极板左右偏移而引起电容式传感器的电容量发生变化；第三种方式为两极板固定不动，被测物使两极板间的相对介电常数值的变化引起电容式传感器的电容量发生变化。这三种方式都是通过相应的外接检测电路将电容值的变化转换成电压、频率等电信号的变化，从而根据输出电信号的变化获得被探测目标的信息。

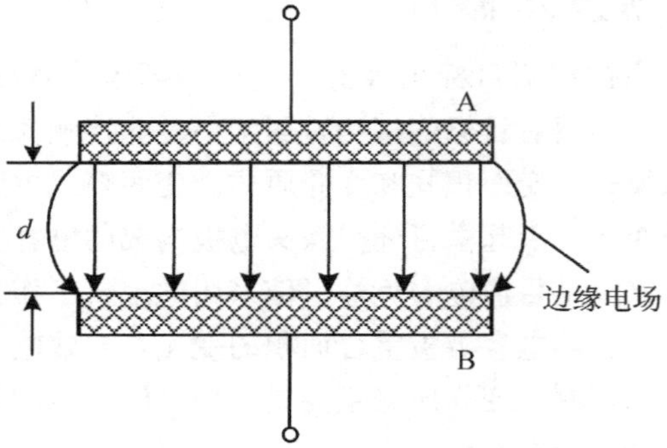

图 7.1　平板电容式传感器

由两平行板组成一个电容式传感器，若忽略其边缘效应，电容量可用下式表示

$$C=\frac{\varepsilon_0\varepsilon_r S}{d}=\frac{\varepsilon S}{d} \tag{7-1}$$

式中，S 为极板相互遮盖面积；ε 为极板间介质的介电常数；ε_r 为极板间介质的相对介电常数；ε_0 为真空介电常数（$\varepsilon_0=8.85\times10^{-12}$ F/m）。在 ε_r、S、d 三个参数中，只要保持其中两个不变，电容量就是另一个参数的单值函数。

7.3　电容探测原理

7.3.1　双电极电容式传感器

电容探测采用静电场工作方式，由于静电场工作的作用距离特别近，它是一种近距离探测方式。在使用中，传感器上设计有两个探测电极，电极间有电容存在。当被探测对象出现时，与两探测电极形成电容，这种情况也可认为是利用电容变化来测量目标。双电极电容式传感器的工作原理如图 7.2 所示。

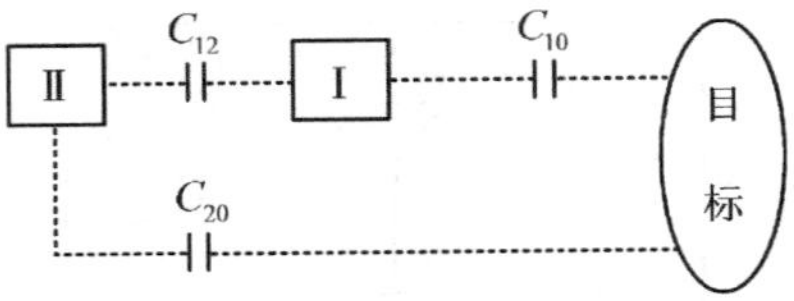

图 7.2 双电极电容式传感器工作原理示意图

在图 7.2 中，被探测对象可以是任何金属或非金属目标。Ⅰ、Ⅱ为两个电极，电极Ⅰ和电极Ⅱ互相绝缘。C_{10} 和 C_{20} 分别为两个电极与目标间的互电容，C_{12} 为传感器两个电极间的互电容。那么，两个电极间的总电容为 C_{10}、C_{20} 和 C_{12} 的共同作用结果，计算表达式为

$$C = C_{12} + \frac{C_{10}C_{20}}{C_{10} + C_{20}} \tag{7-2}$$

当目标远离传感器时，可以认为 C_{10} 和 C_{20} 均为零，那么两电极间的总电容 $C = C_{12}$。当被测目标进入传感器敏感区时，电极Ⅰ、电极Ⅱ与目标之间形成电容 C_{10} 和 C_{20}，且随着目标与传感器的不断接近，C_{10} 和 C_{20} 逐渐增大，式（7－2）中的第二项不断变大。如果把第二项用 ΔC 表示，那么，式（7－2）变为

$$C = C_{12} + \Delta C \tag{7-3}$$

随着目标与传感器的接近，ΔC 越来越大。如果把增量 ΔC 或 ΔC 的增加速率检测出来作为目标距离加以利用，则可以实现对目标的定距作用。

7.3.2 三电极电容式传感器

三电极电容式传感器自身有三个电极，当有目标出现时，三个电极间构成一个电容网络。随着目标与传感器距离的变化，电容网络参数将发生变化，通过对电容网络参数的检测即可实现对目标的近程探测。

典型的三电极电容式传感器探测电路原理如图 7.3 所示，三个电极一般由弹体和其两段特制电极组成，V_{DD} 为供电电源，V_o 为探测信号输出。图 7.4 为三个电极及其互电容等效模型，C_{ab}、C_{ac} 和 C_{bc} 分别为三个电极间的电容。

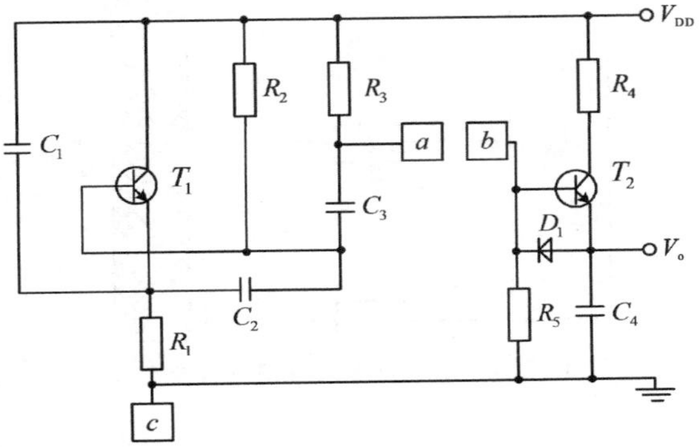

图 7.3 三电极电容式传感器典型探测电路

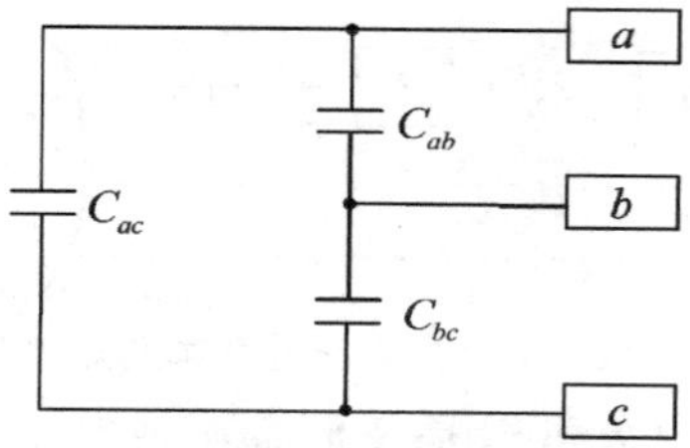

图 7.4　三个电极及其互电容

三电极电容式传感器电路由振荡器和检波器组成，将图 7.4 等效电路应用到图 7.3 中，则图 7.3 电路转为图 7.5 电路。当弹丸与被探测目标相距甚远时，三个电极间的电容如图 7.4 所示。当弹目距离接近时，三个电极间电容如图 7.6 所示，极间电容要发生变化，即振荡电路中的等效电容或等效电感发生变化，因而振荡频率和振荡幅值发生变化。这种变化（振荡频率、振荡幅值、耦合电容）影响到检波器的输入信号，把弹目接近时振荡器电压信号的变化通过检波器检测出来，即可得到目标信号。

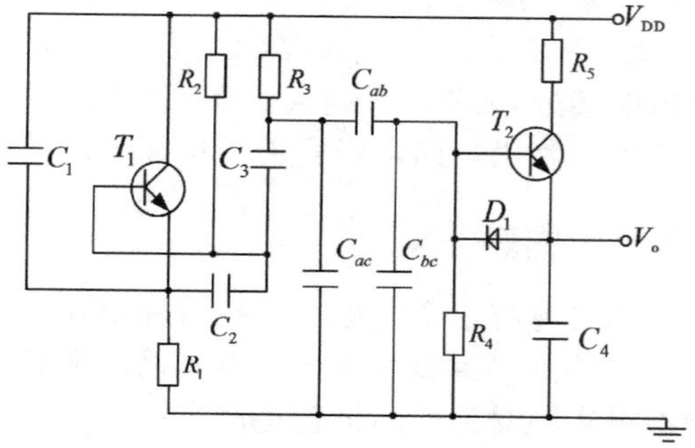

图 7.5　三电极电容式传感器探测等效电路

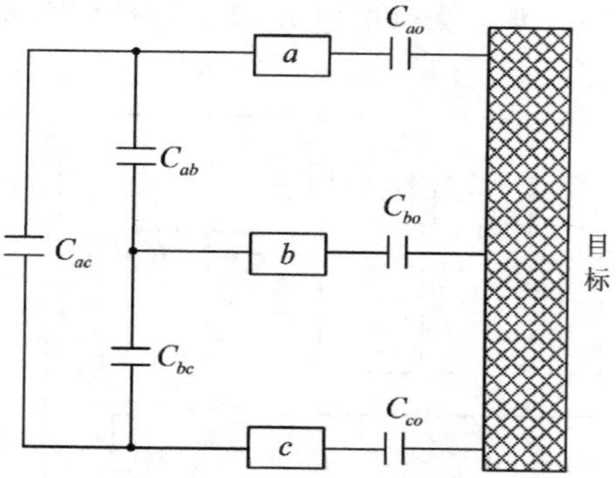

图 7.6　目标出现时极间电容变化

7.4 电容探测体制

7.4.1 鉴频式电容探测

鉴频式探测器由振荡器、鉴频器和电极构成。电极一般由引信和弹体组成，两电极间的结构电容是振荡回路振荡电容的一部分。典型电路如图 7.7 所示，电路可分为两部分，一部分是振荡器，另一部分是鉴频器。

振荡器采用克拉泼振荡器，其中振荡电容 C_0，是包括两个电极间的结构电容在内的克拉泼电容。

设在弹目距离很远时振荡频率为 f_0，当弹目不断接近时，由于极间电容不断增加而使振荡频率不断下降，若在给定的弹目距离上振荡频率为 f，则振荡频率下降 $\Delta f = f_0 - f$。鉴频器输出电压为

$$U = S_D \Delta f \tag{7-4}$$

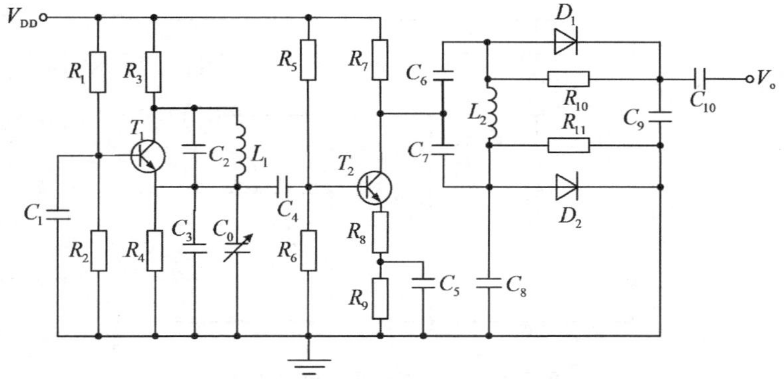

图 7.7 鉴频式探测器电路

式中，S_D 为探测灵敏度，具有电压的量纲，其物理意义是电容的相对变化量所引起的检波电压的变化量，它表明了探测目标能力的强弱。鉴频器输出电压 U 可以作为对目标定距参数的计算依据。

图 7.7 中振荡器的振荡频率为

$$f_0 = \frac{1}{2\pi\sqrt{L_1 C_0}} \tag{7-5}$$

当弹目接近时，极间电容要发生变化，振荡频率也要发生变化，可以得到

$$\Delta f = -\frac{\Delta C}{2C_0} f_0 \tag{7-6}$$

即 $\Delta f \propto \Delta C / C_0$，鉴频电压 $\Delta U \propto \Delta f$，有

$$\Delta U \propto \frac{\Delta C}{C_0} \tag{7-7}$$

在实际应用中，ΔU 尽可能大些，以便信号处理易于进行。由式（7-7）可知，当 C_0 一定时，ΔC 越大，则 ΔU 越大。因此，在弹丸尺寸固定的情况下，要合理设计电极尺寸的大小和极间距离。另外，在相同的 ΔC 条件下，若 C_0 较小，可获得较大的 ΔU。由式（7-5）可知，在 L_1 确定的情况下，C_0 越小，f_0 越大。

7.4.2 直接耦合式电容探测

典型的直接耦合式电容探测器电路如图 7.8 所示，电路由振荡器和检波器两部分组成。图中 C_{ab}、C_{ac} 和 C_{bc} 分别为三个电极间的电容，这三个电容形成一个电容网络，随弹目不断接近，网络参数将发生变化。从图 7.8 可见，3 个电极间的电容构成一个电桥，故此种探测方式又称为电桥式。目标出现时，3 个电极极间分布如图 7.9 所示，可以看出当弹目不断地接近时，电桥平衡被破坏，从 bc 端可以得到目标信号。

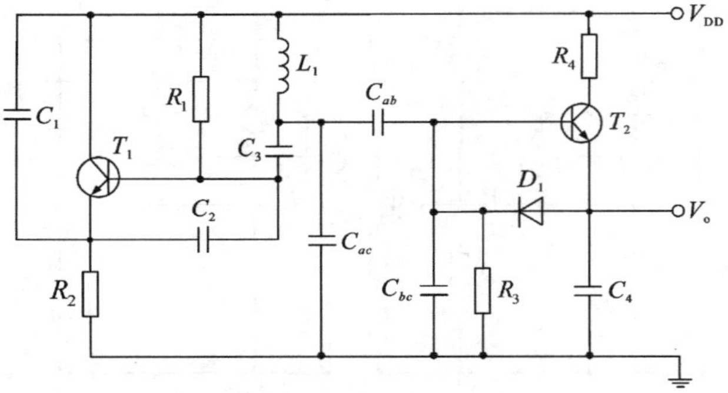

图 7.8 直接耦合式探测器电路

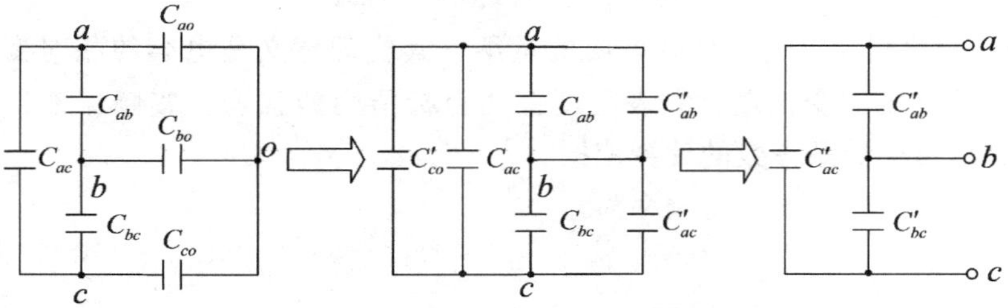

图 7.9 三个电极极间电容分布

根据图 7.9 的三个电极极间电容分布，对端口电容 C'_{ab}、C'_{ac} 和 C'_{bc} 的变化大小，可由式（7-8）、式（7-9）和式（7-10）获得。

$$C'_{ab}=C_{ab}+\frac{C_{ao}C_{bo}}{C_{ao}+C_{bo}+C_{co}}=C_{ab}+\Delta C_{ab} \tag{7-8}$$

$$C'_{ac}=C_{ac}+\frac{C_{ao}C_{co}}{C_{ao}+C_{bo}+C_{co}}=C_{ac}+\Delta C_{ac} \tag{7-9}$$

$$C'_{bc}=C_{bc}+\frac{C_{bo}C_{co}}{C_{ao}+C_{bo}+C_{co}}=C_{bc}+\Delta C_{bc} \tag{7-10}$$

当弹目接近时，C'_{ab}、C'_{ac}、C'_{bc} 都要不断变化。从图 7.8 可知，当暂不考虑振荡幅度时，$C'_{ab}/(C'_{ab}+C'_{bc})$ 是决定输出信号大小的关键。$C'_{ab}/(C'_{ab}+C'_{bc})$ 是当弹目接近时输出容抗与支路容抗之比。

$$\begin{aligned}\frac{C'_{ab}}{C'_{ab}+C'_{bc}}&=\frac{C_{ab}+\Delta C_{ab}}{C_{ab}+\Delta C_{ab}+C_{bc}+\Delta C_{bc}}\\&=\frac{C_{ab}}{C_{ab}+\Delta C_{ab}+C_{bc}+\Delta C_{bc}}+\frac{\Delta C_{ab}}{C_{ab}+\Delta C_{ab}+C_{bc}+\Delta C_{bc}}\end{aligned} \tag{7-11}$$

在常用的引信作用范围内和攻击角度情况下，按一般情况下电极的结构，有

$$\Delta C_{ab}\gg\Delta C_{bc}\gg\Delta C_{ac} \tag{7-12}$$

$$C_{ab}+C_{bc}+C_{ac}\approx C_{ab}+C_{bc} \tag{7-13}$$

而结构电容要比电容变化量大得多，可以用 ΔC_{ab} 代表电容变化量，用 $C_{ab}+C_{bc}$ 代表总电容，从式（7－11）可以得到

$$\frac{C'_{ab}}{C'_{ab}+C'_{bc}}=\frac{C_{ab}}{C_{ab}+C_{bc}}+\frac{\Delta C_{ab}}{C_{ab}+C_{bc}} \tag{7-14}$$

即检波电压变化量取决于式中的第二项。

如果把振荡频率和振荡幅度的变化都考虑到检波效率中去，则可以得到检波电压的变化量，有

$$\Delta U\propto\frac{\Delta C_{ab}}{C_{ab}+C_{bc}} \tag{7-15}$$

从图 7.8 可知，C_{ab} 即发射电极与接收电极之间的电容，C_{bc} 是接收电极与弹体之间的电容，而 C_{ac} 比 C_{ab} 和 C_{bc} 差一个量级以上。因此，把（$C_{ab}+C_{bc}$）认为是极间总电容是完全可以的。

如果用 C_0 表示总电容，用 ΔC 表示电容的变化量，那么，式（7－15）可表示为

$$\Delta U\propto\frac{\Delta C}{C_0} \tag{7-16}$$

这是与式（7－7）完全相同的表达式，即直接耦合式探测器与鉴频式探测器检波电压的变化量都是与电容的变化量与总电容的比值成正比。

7.5 电容探测处理电路

电容探测处理电路就是将电容量的变化 ΔC 提取出来，转变为电压或电流信号。处理电路原理是将电容作为电路中的工作器件，通过电容的变化引起电路的输出特性变化，从而检测到目标。图 7.10 为运算放大器式探测电路，C_x 是传感器电容，C 是固定电容，u 是激励电压，u_0 是输出电压信号。

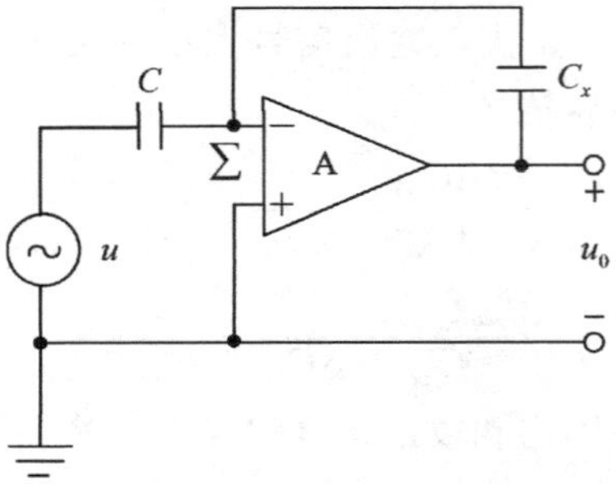

图 7.10 运算放大器式探测电路

由运算放大器工作原理可知，放大器的输出电压为

$$u_0 = -\frac{\frac{1}{(j\omega C_x)}}{\frac{1}{(j\omega C)}}u = -\frac{C}{C_x}u \tag{7-17}$$

由于探测电容式传感器的容抗 $C_x = (\varepsilon S)/\delta$ ，所以

$$u_0 = -\frac{uC}{\varepsilon S}\delta \tag{7-18}$$

可以看出，该电路从原理上保证了变极距型电容式传感器的线性。假设放大器开环放大倍数 $A = \infty$，则输入阻抗 $Z_i = \infty$，因此仍然存在一定的非线性误差，但一般 A 和 Z_i 足够大，所以这种误差很小。

根据式（7－18）得到的输出电压 u_0 是平板型电容式传感器输出的变化电信号，这个探测信号在探测过程中是比较微弱的，为了精准地检测到 u_0，在后续需要增加多级放大电路和滤波电路等措施。

7.6 电容近炸引信探测技术

7.6.1 电容近炸引信的工作原理

电容近炸引信是利用其电极遇到目标时所产生的极间电容量变化信息来控制

引信起爆的，它的基本原理是引信探测器利用一定频率的振荡器通过探测电极在其周围空间建立起一个准静电场，当引信接近目标时，该电场便产生扰动，电荷重新分布，使引信电极间等效电容量产生相应的规律性变化。引信利用探测器将这种变化的信息，通过检测电路的方式，把这个变化的信息量转为电压量提取出来，实现对目标的探测。由于电容近炸引信探测目标所利用的是引信电极间电容的变化来获悉目标，所以它具有作用距离近、定距精度高、抗干扰能力强、对地炸高受目标类型和落角的影响小等特点。

图 7.11 是电容近炸引信探测基本原理示意图，引信探测器的电极 a、b 之间构成一电容 C_Σ，其初始值为 C_{ab}（相当于远离目标的空间），其依赖于弹丸（战斗部）的构造。

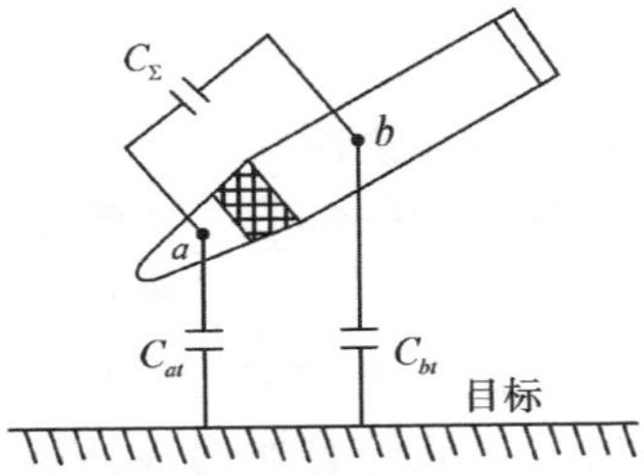

图 7.11　电容近炸引信探测基本原理示意图

从图 7.11 可知，电容近炸引信主要包括探测器、信号处理器、点火电路和电源。探测器依据电容探测原理探测目标是否出现，它包含电极、振荡器、检波器或鉴频器等。信号处理器用于识别目标信号，抑制干扰信号，识别交会条件，在预定弹目距离输出启动信号；点火电路在信号处理器输出的启动信号控制下，储能电容放电，引爆电雷管；电源为整个引信提供能源。

为了充分说明电容近炸引信的工作原理，将图 7.11 的电容引信原理图转为图 7.12 所示的等效电路。其中，C_{ab} 为两探测电极间固有电容量，C_{at} 、C_{bt} 分别为弹体的电容近炸引信接近目标时两电极与目标间形成的瞬时电容量，C_{at} 和 C_{bt} 之值决定于弹体的电容引信与目标的距离 R 。

当弹体的电容引信接近目标时，引信电极间的等效电容量 C_Σ 产生相应的规律性变化。当 C_Σ 的变化所引起的检波电压 U_0 的变化足以使引信低频启动信号达到预定炸高的对应值时，则输出引爆信号。

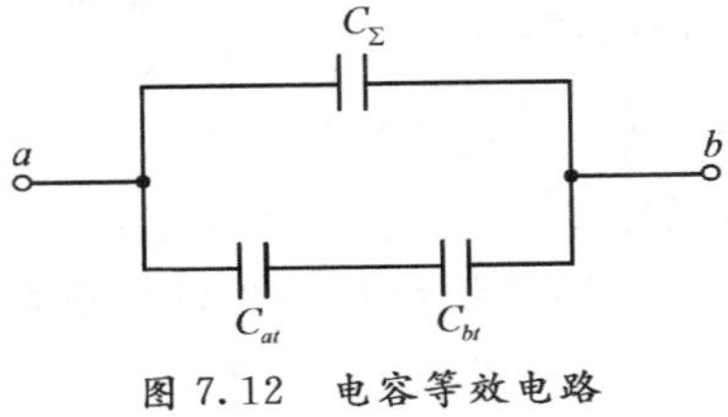

图 7.12　电容等效电路

由等效电路图 7.12 可知，电容 C_{at} 和 C_{bt} 的变化，改变了电容 C_{Σ} 的值，因此，引信遇到目标时电极 a、b 间的等效电容量为

$$C_{\Sigma}=C_{ab}+C_{at}\cdot C_{bt}/(C_{at}+C_{bt}) \tag{7-19}$$

当弹远离目标时，C_{at} 、C_{bt} 均可忽略，$C_{\Sigma}=C_{ab}$ 为常量。

当弹目接近时，C_{at} 、C_{bt} 不可忽略，且 C_{Σ} 随弹目间距离 R 的减少而急剧增大。令 $\Delta C=C_{at}\cdot C_{bt}/(C_{at}+C_{bt})$ ，则 $C_{\Sigma}=C_{ab}+\Delta C$ 。

由上述分析可知，电容近炸引信的近感定位作用，就是利用弹目接近过程中，不断地测量 C_{Σ} ，当 C_{Σ} 达到某一定值时（和作用距离要求有关）使引信起爆。显然，弹目距离越近，C_{Σ} 的变化量 ΔC 也越大，可见 ΔC 反映的是引信离目标距离的一个信号特征。电容近炸引信正是利用该信号特征控制引信适时起爆的。

目前电容近炸引信的探测器可分为两大类。一类是鉴频式探测器，它采用两个电极，极间电容是引信振荡回路的一部分。在弹目接近过程中，由于目标的作用使极间电容不断变化，从而引起振荡频率不断变化，通过鉴频器把频率的变化检测出来作为目标信号识别的依据。另一类是耦合式探测器，它采用三个电极，即发射电极、接收电极和弹体，极间电容作为检波器和振荡器之间的耦合元件。当弹目不断接近时，由于极间电容的变化引起耦合量的改变，检波电压也会随之改变，可通过检测这个变化的电压来获得目标信息。

7.6.2 电容近炸引信的探测灵敏度

探测灵敏度是度量探测器对目标出现的反应程度。从物理概念的角度来看，电容近炸引信的探测灵敏度可以定义为探测器对目标的反应程度和目标对探测器的影响程度的比值关系，可以用式（7－20）来表征。

$$\text{探测灵敏度}=\frac{\text{探测器对目标的反应程度}}{\text{目标对探测器的影响程度}} \tag{7-20}$$

从信息传输的角度来看，可将探测器看作一个黑箱，目标出现为输入信号，所引起探测器的电压变化为输出信号。那么探测灵敏度定义为输出信号强度和输入信号强度的比值关系，可以用式（7－21）描述。

$$\text{探测灵敏度}=\frac{\text{输出信号强度}}{\text{输入信号强度}} \tag{7-21}$$

在一定输入信号强度条件下，输出信号越大，或在保证一定输出信号强度条件下，所要求的输入信号强度越小，探测器的灵敏度越高。

无论从哪种角度定义，探测灵敏度都是表征探测器对目标出现的响应，则 7.4.1 节中表示输出电压变化量的式（7－7）和 7.4.2 节中表示输出电压变化量

的式（7－16）都可以写成

$$\Delta U = S_{\mathrm{D}} \frac{\Delta C}{C_0} \tag{7-22}$$

则电容引信探测灵敏度 S_{D} 的计算函数可用式（7－23）表示。

$$S_{\mathrm{D}} = \frac{\Delta U}{\Delta C / C_0} \tag{7-23}$$

从式（7－23）可以看出，该探测灵敏度模型的输出信号是探测器检波电压的变化量，输入信号是探测器极间电容的相对变化量，而目标出现对探测器的影响，正表现为基于目标特性与探测环境特性的差异所导致的极间电容变化，因此，式（7－23）体现了探测器对目标出现的响应，对鉴频式和耦合式电容引信均适用。

电容近炸引信工作的原理是利用一定频率的振荡器，将遇目标时引起的探测电极间电容的变化转变为电压的变化，因此，振荡器工作频率的改变是该引信探测器探测目标的纽带。根据系统的输入与输出，可将探测电路感应目标的灵敏度写为

$$S_{\mathrm{D}}^{*} = \frac{|\Delta f|}{\Delta C_{\Sigma} / C_{\Sigma}} \tag{7-24}$$

式（7－24）中，C_{Σ} 为探测电极 a 和 b 间的电容；ΔC_{Σ} 为目标介入后探测电极 a 和 b 间电容的变化；Δf 为目标介入后探测器振荡频率的变化。

电容引信通常采用克拉泼振荡器，如图 7.13 所示，其初始工作频率可表示为

$$f_0 = \frac{1}{2\pi} \sqrt{\frac{1}{L}\left(\frac{1}{C_1} + \frac{1}{C_2} + \frac{1}{C_{\Sigma} + C_{\mathrm{s}}}\right)} \tag{7-25}$$

由于 $C_{\Sigma} + C_{\mathrm{s}} \ll C_1$、$C_2$，所以有

$$f_0 \approx \frac{1}{2\pi \sqrt{L(C_{\Sigma} + C_{\mathrm{s}})}} \tag{7-26}$$

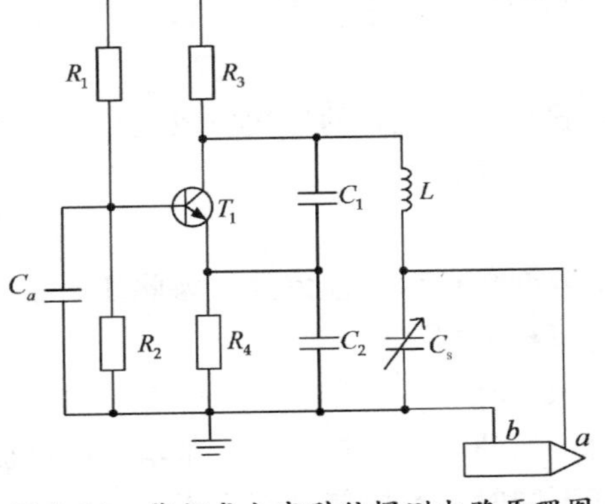

图 7.13 鉴频式电容引信探测电路原理图

随着引信与目标的接近，由于探测电极 a 和 b 的极间电容 C_Σ 变化必然引起引信工作频率的变化

$$\frac{\mathrm{d}f}{\mathrm{d}C_\Sigma}=\frac{f}{2(C_\Sigma+C_s)} \tag{7-27}$$

弹目距离为炸高 h 时，$\Delta C_\Sigma \ll C_\Sigma$，由电容的变化导致频率的变化为

$$\frac{\mathrm{d}f}{\mathrm{d}C_\Sigma}=-\frac{1}{2}\frac{\Delta C_\Sigma}{(C_\Sigma+C_s)}f \tag{7-28}$$

联立式（7-24），则有

$$S_\mathrm{D}^*=\frac{C_\Sigma}{2(C_\Sigma+C_s)}f \tag{7-29}$$

为便于分析影响探测电路灵敏度的本质参量，将 f 的表达式代入式（7-29）可得

$$S_\mathrm{D}^*=\frac{C_\Sigma}{4\pi L^{\frac{1}{2}}(C_\Sigma+C_s)^{\frac{3}{2}}} \tag{7-30}$$

可见，振荡电感 L、可调振荡回路电容和极间电容 C_Σ 是影响灵敏度 S_D^* 的重要参量，L 和 C_s 对 S_D^* 的影响显而易见。由式（7-30）可得

$$\frac{\partial S_\mathrm{D}^*}{\partial C_\Sigma}=\left[\frac{1}{C_\Sigma}-\frac{3}{2(C_\Sigma+C_s)}\right]S_\mathrm{D}^* \tag{7-31}$$

当 $C_\Sigma=2C_s$ 时，$\frac{\partial S_\mathrm{D}^*}{\partial C_\Sigma}=0$，此处为 $S_\mathrm{D}^*=\frac{C_\Sigma}{4\pi L^{\frac{1}{2}}(C_\Sigma+C_s)^{\frac{3}{2}}}$ 的拐点；

当 $C_\Sigma<2C_s$ 时，$\frac{\partial S_\mathrm{D}^*}{\partial C_\Sigma}>0$，$S_\mathrm{D}^*$ 为增函数，S_D^* 随 C_Σ 的增大而增大；

当 $C_\Sigma>2C_s$ 时，$\frac{\partial S_\mathrm{D}^*}{\partial C_\Sigma}<0$，$S_\mathrm{D}^*$ 为减函数，S_D^* 随 C_Σ 的增大而减小。

与无线电近炸引信相比，由于电容探测的特点，电容近炸引信有以下优点：

1）定距精度高

这是因为静电场场强衰减与距离的三次方成正比，因而它对距离的变化反应敏感。在小炸高条件下尤为明显。

2）抗干扰性能好

由于引信靠极间电容变化获取目标信息，因此凡不能引起极间电容发生符合一定规律变化的干扰均可被抑制。

3）探测方向图基本是球形

由于静电场不辐射，场的方向性较均匀，基本上在电极周围均匀分布，因而当引信对目标探测角度不同时，目标信号变化不大。

4）炸高散布小

对目标的导电性能不敏感，对近距离目标具有体目标效应，因而对不同目标炸高散布小。

5）抗隐身技术功能强

由于不靠反射波工作，所以对于几何形状隐身及涂有吸收电磁波涂层的隐身目标仍能正常工作。此时涂层仅相当于改变了耦合的一层介质，对电容量影响微乎其微。

7.7　电容探测技术的其他应用

1. 电容探测技术在智能雷弹引信中的应用

为提高导弹的杀伤效率，20 世纪中下叶，定向战斗部应运而生。定向战斗部是基于目标方位信息自适应控制爆破方向以取得最佳目标毁伤效果的战斗部。定向战斗部的出现，对引信提出了目标方位识别的技术需求。利用电容探测器不仅可对探测目标进行一维距离识别，而且可进行二维探测。电容定向目标探测技术，既可应用于具有定向聚能的常规弹药引信中，还可应用于某些特殊战斗背景下的非常规弹药引信。智能雷弹引信就是其中之一。由于智能雷弹引信多采用声或磁探测体制，存在当坦克正面靠近它尚离其一定距离（此时坦克底部尚未置于其上方）或从其旁边驶过时，雷弹就会爆炸，致使雷群的战斗储力大大削弱。因此，将电容定向目标探测技术应用于智能雷弹引信上，其基本原理是靠力学原理设计智能雷的 6 个支撑腿（间隔 60°均布）及 3 个探测器接收电极（间隔 120°均布）均自动解除束缚，在地面自然展开，静守待战。当坦克等导体目标逼近或从其侧面经过时，3 个接收电极因离目标距离明显不同，各自对应的检波电压变化量必然差异较大（其最大、最小差值满足大于既定起爆阈值），不能满足起爆条件，故引信不启动不作用，战力保存。只有当坦克车底全部盖过 3 个接收电极，使得 3 个接收电极对应的检波电压变化量大致相当（其最大、最小差值满足小于既定起爆阈值）时，引信起爆。起爆阈值的确定基于起爆判断准则，它由坦克车底对 3 个电极全覆盖时的目标特性确定。

2. 电容探测技术在高速运动目标探测中的应用

平面电容探测器的近程检测技术实现了对高速运动目标（高速动能弹体）的检测。高速运动目标（主要针对弹体）近程检测主要应用于装甲主动防护系统中。主动防护系统是在被保护区域形成小型火力圈，在敌方导弹或炮弹即将击中装甲前，通过发射具有一定杀伤能力的拦截武器或防护弹药，对来袭目标进行有效拦截（摧毁或使其偏离预定飞行轨迹）。其中，平面电容探测器的电极采用梳齿形结构，为减小环境寄生效应引起的杂散电容噪声，在电极绝缘衬底下铺设保护电极。保护电极至电极平面距离近，平面电容探测器输出噪声小但灵敏度低；反之，保护电极至电极平面距离远，则平面电容探测器输出噪声大但灵敏度高。

高速运动目标在平面电容探测器敏感区内运动过程中，因平面电容探测器的电场作用，会产生极化电荷。高速运动目标对平面电容探测器的扰动，实质上也是其所带电荷产生的电场对平面电容探测器电场的扰动。高速运动目标摩擦带正电荷时会增大空间电势，高速运动目标摩擦带负电荷时会减小空间电势。即当高速运动目标摩擦带正电荷时，探测器的电容变化量 ΔC 变大，当高速运动目标摩擦带负电荷时，探测器的电容变化量 ΔC 变小。

3. 电容探测技术在智能液面探测中的应用

液面探测系统是医学临床全自动检验仪器必不可少的一项核心功能组件，其通过控制采样针探入待转移液体的深度，从而最大程度解决因采样针外表面附着液体引起的仪器交叉污染高和加样误差大的问题。高可靠、高灵敏度的液面探测系统不仅可降低采样针外表面液体携带量，同时也可避免仪器采样系统“空吸”和“撞针”等误动作。目前，液面探测技术主要有非接触式和接触式两种。虽然非接触式液面探测技术，如超声波法等已日臻成熟，但其结构复杂，实现成本高，难以在一般中小型临床全自动检验仪器中推广。接触式液面探测技术结构简单、成本低、工程应用广，目前主要有气压法、机械振动法、电阻法和电容法。气压法主要应用于一次性加样头；机械振动法适合于液体表面有泡沫和样本管盖有橡胶塞的情况；电阻法因需要电极与液体直接接触，从而增大了交叉污染的可能性且其两电极间的距离对探测系统测量精度影响较大。因此 90% 的体外诊断企业都采用的是测电容的方式来实现液位探测功能。

假设电容器为两平极结构，做绝缘处理后，电容器两极浸入不同的介质中，由于电容器中的介质相对介电系数不同，电容量是不同的；而当电容器两极处在两种不同介质的界面处时，当液体介质的液面发生变化时，也将导致电容器的电容发生变化。作为界面探测器，其重点是后者，即检测电容式传感器在气油界面、油水界面位置变化导致电容器的电容变化情况。

习　题

1. 简述电容探测原理以及电容探测的特点？
2. 简述典型鉴频式电容探测器的探测原理。
3. 简述电容近炸引信的基本原理。

4. 简述电容探测技术在军事上还有哪些应用?

5. 与无线电近炸引信相比，电容近炸引信有什么优点?

6. 简述鉴频式电容探测与直接耦合电容探测的异同点。

7. 电容近炸引信的探测灵敏度是如何定义的? 如果考虑探测电路自身灵敏度，整个电容近炸引信的灵敏度有哪些变化?

第8章 目标图像跟踪技术

8.1 目标跟踪概述

在现代信息化作战条件下，作战环境十分复杂，作战双方都在采用相应的伪装、隐蔽、欺骗和干扰等手段和技术进行识别跟踪与反跟踪。为了实现远程作战，必须利用具有相当大优势的卫星图像、红外图像以及雷达成像实现探测、识别、跟踪和打击远距离目标。国际上，目前众多国家均在开展激光雷达跟踪、红外识别跟踪等技术的研究。目标识别与跟踪技术已经成为军事研究的热点问题。

目标跟踪是无人机、雷达等探测与成像传感器的一项重要功能，是指对传感器获得的目标量测值进行处理，以保持对目标现时状态的估计。目标跟踪的内容比较繁多，从目标数量上讲，有单目标跟踪与多目标跟踪；从目标运动模型看，有匀速模型、匀加速模型、当前统计模型、（交互）多模型等；从目标所处环境看，有含杂波与无杂波之分；从传感器数量上看，有单传感器与多传感器之别；从传感器性质看，可分为有源与无源传感器跟踪；从跟踪空间维度看，有二维与三维之分等。目标跟踪的主要过程一般包括数据预处理、航迹起始、滤波跟踪或航迹维持、航迹终止。其中，每一过程又有多种实现方法，尤其是滤波跟踪更是丰富多样。此外，目标跟踪与检测、目标识别、传感器管理、决策等融为一体，也是当前研究的热点。因而，目标跟踪在人机交互、监控安防、无人驾驶及军事战争中起到了关键作用，它综合了图像处理、人工智能、概率与随机过程、最优化和自动控制等多学科理论，具有十分重要的军事和商业应用价值，受到广大研究者的关注。

目标图像跟踪是机器视觉领域的重要分支，是在获取的目标图像中遍历寻找感兴趣区域，并在接下来的图像帧中对其跟踪。目标图像跟踪的本质是通过对摄像机拍摄到的图像序列进行分析，计算出目标在每帧图像中的位置、大小和运动速度。其难点在于图像是从三维空间到二维平面的投影，本身存在信息损失，而且运动目标并不是一个确定不变的信号，它在跟踪过程中会发生位移、旋转、缩放等各种复杂的变化。除此之外，图像信息往往会受到复杂背景、各类噪声、遮挡的影响，甚至会出现模糊的目标图像。因此，研究能够应对复杂环境的各种变化，精确识别目标图像并快速和稳定地跟踪目标图像的方法是当前重要的研究内容。在外弹道测试中，动态目标跟踪参数的测量已成为武器系统的验证、定型和生产等重要指标，特别是随着高速武器的发展，高速弹丸目标的瞬间跟踪参数，如弹丸的启动状态、加速状态、减速状态等，是武器外弹道中需要关注的信息。弹道目标的实时跟踪与监测是武器靶场一项重要的研究，也是一个典型的目标跟踪。现今国内靶场在轨道式高速目标的弹道跟踪方面，大多采用多个广角镜头静态分段捕捉的方式来进行。基于视觉的目标跟踪也广泛应用于视频监控、图像压缩、三维重构、机器人技术等各个领域，由于物体的突然运动、目标或背景突然改变其外部表现形式、目标的非刚性结构、目标之间的遮挡、目标和背景之间的遮挡以及摄像头的运动等使得目标的实时跟踪存在困难。另外，由于实际环境中现代高速机动多目标常常表现出运动状态变化的不确定性和测量源的不确定性。这就要求多目标跟踪系统必须适应机动的变化，并做出正确的相关决策。同时，军事领域中受到广泛关注的无人机系统，也能够在复杂战场环境下搜索预先设定的重要目标，利用持续性跟踪能力使系统获取众多的目标信息实现更精确的毁伤性攻击，其在侦查、监视、目标捕获和精确打击方面起到了重要的作用。

8.2 目标图像跟踪基本原理

目标跟踪技术的实质是通过卫星、雷达或图像传感器等数据采集设备，对指定的兴趣目标（如飞机、轮船、行人或监控物等）在特定场景中的运动进行连续性推断或评估，以获得目标的实时状态（如位置、尺寸和速度等信息），并对其中的有用信息进行分析和处理，以建立低层次图像处理技术和高层次语义内容分析与理解之间的桥梁。

一般来说，目标跟踪识别框架主要包含目标检测、目标跟踪和目标识别三部分。其中，目标的检测和跟踪主要是为了将跟踪目标从背景中分离出来，输送给目标识别算法进行身份鉴定。

检测模块往往只需在初始帧获取目标初始状态时用到，后续主要是通过跟踪算法保持对目标的持续性识别，同时依据识别出来的目标新变化形式更新目标模型，当目标出现特殊运动形式（如快速运动），需要全局获得目标预测位置时，检测模块、跟踪模块和识别模块会交互通信共同完成目标跟踪识别过程。图8.1为目标识别与跟踪系统的流程框图。

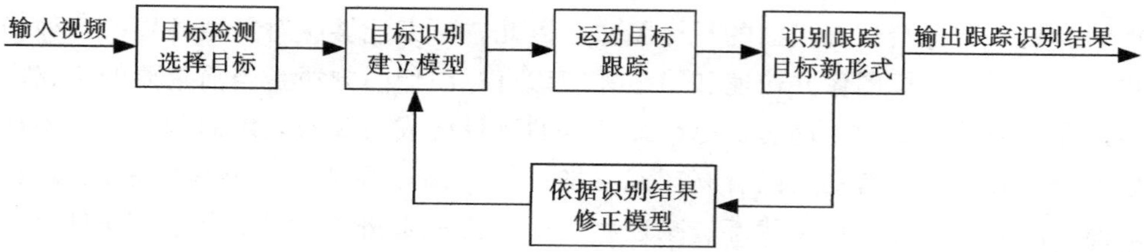

图 8.1 目标识别与跟踪系统的流程框图

8.2.1 目标检测原理与方法

运动目标检测是指从视频序列中提取相对背景运动的前景目标。它通常是利用目标的特征信息或位置特点实现目标从背景的分离，但往往会因为图像背景复杂，目标和背景相互交错，且目标可能呈现运动或静止状态，很难获得一个较好的背景模型，给目标检测带来挑战。目标检测一般作为目标识别与跟踪系统的前期处理环节，检测结果的优劣直接影响着后续目标的识别与跟踪精度。经典的运动目标检测方法主要分为三类：背景消去法、帧间差法和光流法。

1. 背景消去法

背景消去法的基本原理是首先建立一个背景模型，然后将目标图像与所建模型逐帧比较，若目标图像中与背景模型同一位置的像素点相同，则被认定为背景并更新背景模型，否则即为运动目标。它的一个经典流程如图 8.2 所示，主要分为预处理、背景建模、前景检测、后处理四个阶段。背景消去法基本思路：首先根据目标序列图像前 $m-1$ 帧的图像信息来构建背景模型图像 $B_m(x, y)$，利用当前图像帧 $F_m(x, y)$ 与图像 $B_m(x, y)$ 做差分运算，并将差值与阈值 Th 比较得到二值图像 $D_m(x, y)$，然后对二值图像进行膨胀、腐蚀等形态学处理，寻找连通区域并显示结果。二值图像 $D_m(x, y)$ 的计算公式为

$$D_m(x, y)=\begin{cases}1 & |F_m(x, y)-B_m(x, y)| \geqslant Th \\ 0 & |F_m(x, y)-B_m(x, y)| < Th\end{cases} \tag{8-1}$$

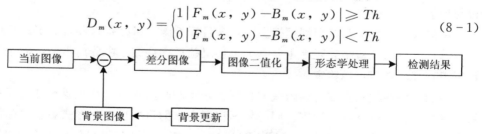

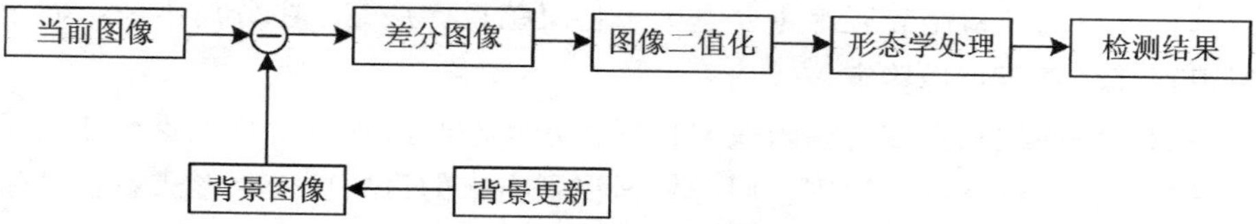

图 8.2 背景消去法流程框图

背景消去法具有算法简单、实时性好等优点，但在实际的场景中周期性运动的背景和噪声等会严重影响目标检测的质量，因此需要在背景建模和检测过程中加入背景更新来减少环境变化的影响。

$$B_m(x, y)=\begin{cases}\partial B_{m-1}(x, y)+(1-\partial)F_m(x, y), & |F_m(x, y)-B_{m-1}(x, y)|<Th \\ B_{m-1}(x, y) & \text{其他}\end{cases} \tag{8-2}$$

式中，∂ 为更新系数，用来调整背景更新的程度；针对不同的目标图像，设定合理的阈值 Th，若背景 $B_{m-1}(x, y)$ 和当前帧 $F_m(x, y)$ 中对应像素的差值小于 Th，则表明该像素属于背景，需按照一定的比例将该像素更新到背景中，反之背景保持不变。

背景消去法的关键在于背景建模，目前常用的背景建模方法主要是高斯背景建模法。

高斯背景建模的原理：利用高斯概率密度函数来精确地量化图像特征，从而可以采用若干个基于高斯概率密度的函数来表示图像。通常将固定不变的背景称为单模态背景，单高斯背景模型适用于单模态背景目标的检测。单高斯背景模型中每个像素点服从以下规律

$$\eta(X_t, \mu_t, \boldsymbol{\Sigma}_t)=\frac{1}{(2\pi)^{\frac{N}{2}}\left|\boldsymbol{\Sigma}_t\right|^{\frac{1}{2}}}\mathrm{e}^{-\frac{1}{2}(X_t-\mu_t)^T\sum_1^{-1}(X_t-\mu_t)} \tag{8-3}$$

式中，X_t 为某像素点的值；μ_t 为 t 时刻高斯分布的均值；$\boldsymbol{\Sigma}_t$ 为高斯分布的协方差矩阵。

实际目标图像背景复杂多变，因此常采用多个带权重的单高斯模型来描述背景，即利用 K 个单高斯分布共同描述图像上的每一个像素点，K 值越大对背景的描述越准确，但随之带来的是计算量的增大，太小则达不到理想的背景描述效果。多个带权重的高斯模型中每个像素点服从以下规律

$$\eta(X_t)=\sum_{t=1}^{K}\omega_{i,t}\eta(X_t, \mu_{i,t}, \boldsymbol{\Sigma}_{i,t}) \tag{8-4}$$

式中，K 为混合高斯模型的个数；$\omega_{i,t}$ 为 t 时刻第 i 个高斯模型的权重，$0<\omega_{i,t}<1$ 且 $\sum_{t=1}^{K}\omega_{i,t}=1$。

混合高斯模型运动目标检测步骤如下。

1）初始化模型参数

利用式（8－5）和式（8－6）计算 N 帧序列图像中每个像素点的均值和方差，并利用它们来初始化混合高斯模型中 K 个高斯分布的参数 μ_0 和 σ_0^2，每个高斯分布的权重取平均值。

$$\mu_0=\frac{1}{N}\sum_{t=0}^{N-1}I_t \tag{8-5}$$

$$\sigma_0^2 = \frac{1}{N}\sum_{t=0}^{N-1}(I_t - \mu_0)^2 \tag{8-6}$$

式中，I_t 为图像的像素值。

2）模型更新与背景选取

针对第 m 帧图像，利用式（8－7）逐像素点验证其是否符合所建模型中的一个或者多个高斯分布，若符合则表示该像素点与对应高斯模型匹配，令 $\theta=1$，同时按照式（8－8）至式（8－11）更新高斯模型的各个参数。

$$|I_t - \mu_{k,t-1}| \leqslant \tau\sigma_{k,t-1},\ k=1,2,\cdots,K \tag{8-7}$$

式（8－7）中，τ 为匹配精度的经验值。

$$\mu_{k,t} = (1-\alpha)\mu_{k,t-1} + \alpha X_t \tag{8-8}$$

$$\sigma_{k,t}^2 = (1-\alpha)\sigma_{k,t-1}^2 + \alpha(X_t - \mu_{k,t})^2 \tag{8-9}$$

$$\omega_{k,t} = (1-\alpha)\omega_{k,t-1} + \alpha\theta,\ k=1,2,\cdots,K \tag{8-10}$$

$$\rho = \alpha \cdot \eta(X_t | \mu_{k,t-1}, \sigma_{k,t-1}) \tag{8-11}$$

式中：α 为学习速率；$\eta(X_t | \mu_{k,t-1}, \sigma_{k,t-1})$ 为第 k 个模型在 t 时刻的概率密度；$\rho = \alpha/\omega_{k,t}$，是将学习速率与模型权重结合的参数。若该像素值无法匹配所建模型中的高斯分布，则在模型中建立一个新的高斯分布来替代原高斯模型中权重最小的分布，并利用该像素点的值表示新分布的均值，同时为方差赋予一个较大的值，利用式（8－12）归一化新模型中所有分布的权重。

$$\omega_{k,t} = \frac{\omega_{k,t}}{\sum_{t=1}^{K}\omega_{i,t}},\ k=1,2,\cdots,K \tag{8-12}$$

$$S = \frac{\omega_{i,t}}{\sigma_{i,t}} \tag{8-13}$$

根据式（8－13）计算 S 的值，S 取值越大表示符合该分布的像素点出现频率越大且方差越小，符合目标图像中背景像素点的特点，因此根据 S 值从大到小的顺序排列所建模型中的高斯分布，背景模型取排列中靠前位置的高斯分布。

3）运动前景检测

在混合高斯模型中，根据式（8－14）进行运动前景检测。

$$|I_t - \mu_{i,t-1}| > D_2\sigma_{i,t-1},\qquad i=1,k,\cdots,M_1 \tag{8-14}$$

式中，D_2 为自定义参数。若像素值 I_t 的 R、G、B 三通道同时满足式（8－14），则判定该像素点为运动前景点。

2. 帧间差法

帧间差法是较早出现的运动目标检测算法，该算法利用了相邻视频序列的差值来检测目标。帧间差法的基本原理：在视频图像序列的连续两或三帧中进行逐像素的差分运算，并通过设定合理的阈值来提取出图像中的前景区域。其基本流程如图 8.3 所示，分为输入视频、图像预处理、帧间差分运算、结果二值化、形态学处理（开运算、闭运算、连通区域检测）等阶段。

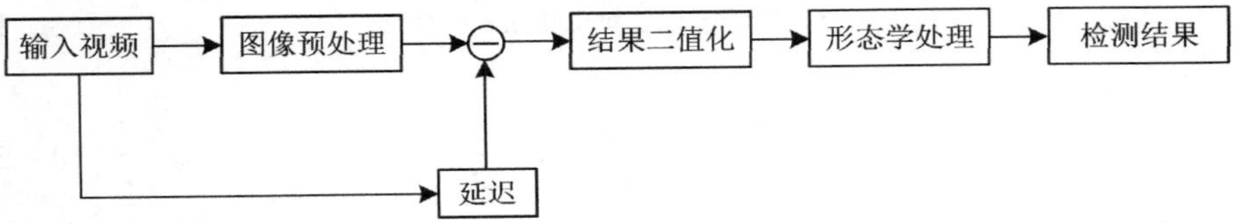

图 8.3　帧间差法实现流程

采用帧间差法进行前景检测时，首先根据式（8－15）对相邻两帧做差分运算，得到差分图像 $FD_t(x, y)$，然后根据式（8－16）将图像 $FD_t(x, y)$ 中的每一个像素点与预设的阈值 T 进行对比，得到二值化图像 $FG_t(x, y)$。然后对二值化图像 $FG_t(x, y)$ 进行膨胀、腐蚀等形态学处理，寻找连通区域并显示结果。帧间差法示意图如图 8.4 所示。

$$FD_t(x, y) = |I_t(x, y) - I_{t-1}(x, y)| \tag{8-15}$$

$$FG_t(x, y) = \begin{cases} 1 & FD_t(x, y) > T \\ 0 & FD_t(x, y) \leqslant T \end{cases} \tag{8-16}$$

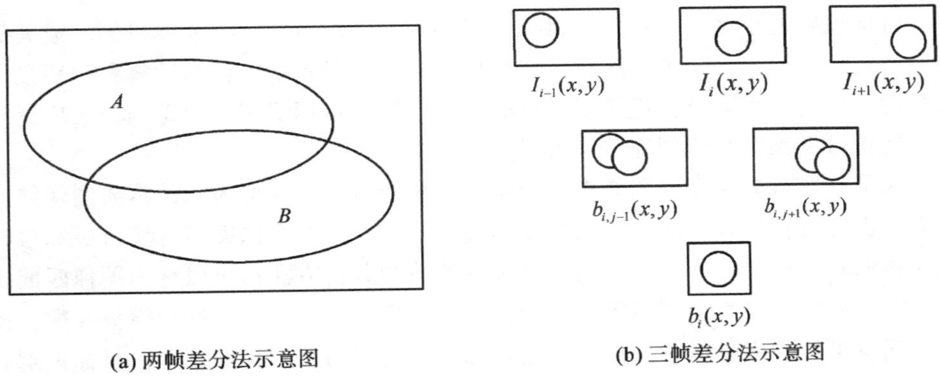

图 8.4　帧间差法示意图

3. 光流法

光流的概念最早是由吉布森在 1950 年提出的，它是当前重要的运动图像分析方法。光流表达了物体运动时，其表面像素点亮度变化的模式。从数学的角度说明光流的定义，假设二维图像 I 在 t 时刻 (x, y) 位置的灰度为 $I(x, y)$，经过时间 Δt 后，该像素运动到 $I(x+\Delta x, y+\Delta y)$，假设灰度保持不变，则

$$I(x, y, t) = I(x+\Delta x, y+\Delta y, t+\Delta t) \tag{8-17}$$

而 $I(x+\Delta x, y+\Delta y, t+\Delta t)$ 的泰勒展开式为

$$I(x+\Delta x,\ y+\Delta y,\ t+\Delta t)=I(x,\ y,\ t)+I_x\Delta x+I_y\Delta y+I_t\Delta t+\xi \tag{8-18}$$

式中，I_x、I_y 和 I_t 分别为 I 对 x、y 和 t 的偏导数，ξ 为高阶摄动，则

$$I_x\Delta x+I_y\Delta y+I_t\Delta t=0 \tag{8-19}$$

即

$$I_x\frac{\Delta x}{\Delta t}+I_y\frac{\Delta y}{\Delta t}+I_t\frac{\Delta t}{\Delta t}=0 \tag{8-20}$$

所以得到光流方程为

$$I_xV_x+I_yV_y=-I_t \tag{8-21}$$

式中，V_x 和 V_y 分别为 x 和 y 方向的速度。

使用光流法检测运动目标的原理：首先通过光流计算为图像中的每个像素点赋予一个速度矢量，这样就在图像中形成了一个运动矢量场；然后对图像中各个像素点的速度矢量特征分析，若图像中没有运动目标则光流矢量在整个图像区域是连续变化的，否则目标和背景的运动是相对的，且两者的速度矢量必定有所不同，由此便可以得到运动目标的位置。

8.2.2 目标识别与跟踪

目标识别是指将一个特定的目标（或一种类型的目标）从其他目标（或其他类型的目标）中区分出来的过程。在目标识别与跟踪系统中，当检测和识别兴趣目标后，启动跟踪环节。近年来，机器学习理论在目标识别与跟踪领域的广泛应用，使得目标跟踪和识别环节获得了更多的交互。

为了获得目标在序列图像中的变化，将初始目标或变形形式的本质图像结构作为辨识的目标模板，对后续图像序列进行搜索，依据候选搜索区域目标和模板之间相似程度确定目标，这种运动目标的评估和分析方法都可以称为图像匹配技术，图像匹配可以直接利用图像目标的像素灰度值完成匹配，称为模板匹配。图像匹配也可以利用图像特征进行匹配，这类方法成功且广泛地被用于目标识别和跟踪研究的各个领域。

1. 基于像素空间的图像匹配方法

基于图像匹配的目标识别和跟踪方法，一般的匹配准则包含最大相关函数、最小方差函数、最大信息熵和最大匹配像素统计等，该类方法在实现目标识别和跟踪过程中往往需要付出较大的计算代价，严重影响实时性需求。针对这一问题，研究者提出多种解决措施，如提高算法处理的硬件资源配置，采用粗-精相结合的匹配形式，采用多尺度或分层方式进行模板匹配等，以提高算法的效率。该类方法相对简单，算法实时性也较好，但对目标尺度、旋转等变形问题以及背

景亮度、对比度不稳定的环境变化问题都难以适应，虽然能够获得很好的识别效果，但难以保证跟踪的持续性。

2. 基于特征空间的图像匹配方法

模板匹配由于计算代价大，限制了它的应用。相比之下，利用目标的视觉特征匹配具有更大的优势，好的特征能够适应目标自身和环境的干扰因素，获得很好的可分性特征，能够更好地将目标从背景分离，这是实现鲁棒性跟踪的可靠前提条件。实际应用中比较常用的特征有

1）单一特征形式

（1）颜色特征。颜色直方图是使用最普遍的一种形式，可以将颜色特征融入粒子滤波框架下实现跟踪。为了体现目标的空间特征，采用相关颜色直方图将位置信息与颜色统计结合，可在均值漂移理论（Mean Shift）框架下实现跟踪。颜色特征实现方便，计算简单，但对光照敏感，难以区分相似目标。

（2）梯度特征。这种方法以区域统计方式描述目标，比较经典的算子之一就是尺度不变特征变换（Scale－Invariant Feature Transform，SIFT），其被广泛应用于跟踪中。另外，方向梯度直方图（Histogram of Oriented Gradient，HOG）利用单元分块统计梯度特征，在行人跟踪方面得到广泛应用。梯度特征对尺度、旋转和亮度不敏感，比较鲁棒，但对噪声敏感，空间信息表征能力弱。

（3）灰度级特征。这种方法经常以像素变化和区域变化的形式对目标进行描述，而区域特征描述中最具代表性的是 Haar 区域算子，它对边缘、水平和垂直细节敏感，计算效率高，被广泛应用于在线视频跟踪算法。

（4）纹理特征。这种方法体现目标表面的微观变化信息，经典的代表性算子——局部二值模式（Local Binary Patterns，LBP），被使用在粒子滤波框架下实现跟踪。结合差分匹配方法可以加快传统 LBP 算子的提取过程，同时增强 LBP 局部区分能力。纹理特征属于目标表面的特征，难以描述目标的本质性，对目标出现的影子和反光等情况难以适应，而且依赖于图像的分辨率。

（5）时空上下文特征。这种特征主要是指在给定区域内目标和它周围环境的关系，在时间序列上保持一定的不变性。例如，当目标在当前帧图像中出现遮挡时，尽管目标的外观形式发生了变化，但是它和邻域之间的关系基本保持不变，利用这种特性更容易将目标从背景中分离，时空特征已经被广泛应用到目标检测和识别领域。目前，因为这种特征能够描述目标在空间和时间上的特征，被很多跟踪算法用来设计外观模型，并获得了很好的跟踪效果。

2）混合特征形式

（1）直接特征融合形式。为了表征目标外观变化的多样性，人们将多种单一特征直接融合描述目标的形式用到跟踪问题中。其中，可以将颜色和纹理特征进

行融合，将纹理、颜色和边缘进行加权融合，将颜色、边缘和运动特征进行融合，再结合学习方法实现有效跟踪。该外观模型描述形式依赖于特征分量的表征能力，简单的联合方式会使模型构造时间大大增长，不利于目标实时跟踪。

（2）算子融合形式。这种方法采用数学模型融合多特征获得描述算子。其中，基于二阶统计特征的协方差融合算法成功用于跟踪算法，使算法能够适应形状、大小和亮度变化等跟踪问题。为了满足跟踪算法的实时性要求，采用 Sigma 集算子融合方式，获得了优于前者的目标描述形式。同时利用多块 Sigma 集特征实现目标的外观建模，并结合机器学习策略实现了鲁棒性较强的视频目标跟踪算法。

（3）提炼特征融合。尽管直接融合和算子融合能够提高目标表示能力，但为了使融合算法在跟踪过程中实时具有最优的区分能力，提炼特征融合形式能够在视频每帧内动态选择最优的特征形式以描述目标外观的能力获得了广泛关注，已经有采用 AdaBoost 方法在线提炼 HOG、LBP 和 Haar 特征描述目标，实现实时跟踪。

目前，在线提炼单一或混合特征的外观描述形式，在自适应运动目标跟踪算法研究中出现较多，这种方法在获得较好的表征能力的同时，降低了计算效率。

8.3 综合特征的目标图像识别方法

8.3.1 特征提取与选择

为了有效地分析和理解图像，往往需要把给定的图像以及已经分割的区域用更为简单明确的数值、符号或图形表示出来。这些数值、符号或图形的选择和提取因为有利于人或机器对原始图像的分析和理解，通常被称为图像的特征。产生这些特征的过程称为图像特征提取，用这些特征表示图像称为图像描述。在一个较完善的目标识别系统中，明显或隐含地要有特征提取与选择技术环节，其通常处于对象特征数据采集和分类识别两个环节之间，特征提取与选择品质的优劣极大地影响着分类识别器的设计和性能。

通常由图像直接获得的数据量是很大的，为了有效地进行分类识别，就要对原始数据进行变换，得到最能反映分类本质的特征，这就是特征的提取和选择的过程。把原始数据组成的空间称为测量空间，把分类识别赖以进行的空间称为特征空间。通过变换可以把维数较高的测量空间中的表示模式变为在维数较低的特征空间的表示模式。特征的提取和选择之所以是目标识别的一个关键问题，是因为在很多情况下常常不容易找到那些最重要的特征，这使得特征选择和特征提取的任务复杂化。特征提取与选择的基本任务是研究如何从众多特征中求出那些对分类识别最有效的特征，从而实现特征空间维数的压缩。

特征的选择和提取一般分成三个步骤：特征的形成，特征的提取和特征的选择。

1. 特征的形成

根据被识别的对象产生出一组基本特征，当识别对象是数字图像时，原始测量就是各点灰度值，但很少有人用各点灰度值作为特征，而是经过计算产生一组原始特征。它们可以是传感器的直接测量值，也可以是将传感器的测量值作某些计算后得到的值。

2. 特征的提取

原始特征的数量可能很大，或者说样本是处于一个高维空间中，通过映射（或变换）的方法可以用低维空间表示样本，这个过程称为特征提取。提取后的特征称为二次特征，它们是原始特征的某种组合（通常是线性组合）。所谓特征提取在广义上讲就是一种变换。若 $\boldsymbol{Y}$ 是测量空间，$\boldsymbol{X}$ 是特征空间，则变换 $\boldsymbol{A}*\boldsymbol{Y}=\boldsymbol{X}$ 就称为特征提取过程，$\boldsymbol{A}$ 称为特征提取器。它是使（X_1，X_2，…，X_i，…，X_l）通过某种变换 $f(\cdot)$，($i=1$，2，…，m，$m<l$) 而产生 m 个特征（Y_1，Y_2，…，Y_j，…，Y_m），即通过映射（或变换）的方法把高维的特征向量变换为低维的特征向量。它们的目的都是为了在尽可能保留识别信息的前提下，降低特征空间的维数，以达到有效分类识别。

3. 特征选择

从一组特征中挑选出一些最有效的特征以达到降低维数的目的，这个过程称为特征选择。特征选择的标准为，可区别性、可靠性、独立性、数量少。由特征形成过程得到的原始特征可能很多，如果把所有的原始特征都作为分类特征送往分类器，不仅使得分类器复杂，分类计算判别量大，而且分类错误概率也不一定小，因此，需要减少特征数目。

8.3.2 不变特征的目标识别

目前，基于特征的目标识别方法在军事上的应用比较广泛，主要特征有，马氏不变距离特征、三阶相关量特征、三角形特征、转动惯量特征、团块特征、分形特征和傅里叶描述子特征等。

1. 不变矩与圆度特征提取

图像识别中的旋转、平移和缩放不变性一直是目标识别中普遍关注的重点，不变矩方法是图像匹配中常用的方法，具有良好的稳定性。对平面图像而言，圆度特征也具有旋转、平移和缩放不变性。

由于图像在摄入时的距离、角度以及摄像头的分辨率等因素的影响，所呈现出的目标的大小、倾斜度和位置就会不同，因此目标特征量的提取应具有平移、旋转和尺度不变性。在从一幅图像中滤除掉背景、提取出待识别的目标的基础上，求出所提取目标的矩和圆度特征，并依据应用这些特征来识别目标。

1）图像不变矩特征

（1）图像原点矩和中心矩。矩特征是用来描述一个图像区域内部细节情况的，令图像区域函数 $f(x, y)$ 是分段连续的，其 $(p+q)$ 阶矩定义为

$$m_{pq}=\int_{-\infty}^{+\infty}\int_{-\infty}^{+\infty}x^p y^q f(x, y)\mathrm{d}x\mathrm{d}y \quad p, q=0, 1, 2, \cdots \tag{8-22}$$

只要是 $f(x, y)$ 在 xy 平面的有限部分中有非零值，则上式定义中的所有各阶矩都存在。集合 $\{m_{pq}\}$ 由 $f(x, y)$ 唯一地确定；反之，$f(x, y)$ 也可由集合 $\{m_{pq}\}$ 唯一地确定。

由于 m_{pq} 与坐标的位置有关，因此它不具备平移变换的不变性，所以不适宜作为特征来使用。$(p+q)$ 阶的中心矩具有平移变换的不变性，因此是良好的候选特征，其定义为

$$\begin{cases}\mu_{pq}=\displaystyle\int_{-\infty}^{+\infty}\int_{-\infty}^{+\infty}(x-x_0)^p(y-y_0)^q f(x, y)\mathrm{d}x\mathrm{d}y \quad p, q=0, 1, 2, \cdots \\ x_0=m_{10}/m_{00}, \ y_0=m_{01}/m_{00}\end{cases} \tag{8-23}$$

式中，(x_0, y_0) 为灰度图像的重心。

某些低阶矩具有明确的物理意义。例如，零阶矩为 m_{00}，当 $f(x, y)$ 描述物体的密度时，则 m_{00} 是物体的质量；二阶矩又称为惯性矩。

定义灰度图像上坐标 (i, j) 上的像素为 $f(i, j)$，得到的 $(p+q)$ 阶原点矩 m_{pq} 和中心矩形 μ_{mn} 的离散形式为 $m_{pq}=\sum\limits_i\sum\limits_j i^p j^q f(i, j)$，$\mu_{mn}=\sum\limits_i\sum\limits_j(i-i_0)^p(j-j_0)^q f(i, j)$。其中，$(i_0, j_0)$ 为一阶矩 m_{01} 和 m_{10}，以 m_{00} 标准化后求得的重心坐标，即 $i_0=\dfrac{m_{10}}{m_{00}}$，$j_0=\dfrac{m_{01}}{m_{00}}$。

如果式（8-23）中 $p=0$、$q=2$ 以及 $p=2$、$q=0$，可求出图像 $f(m, n)$ 的二阶中心矩，即

$$M_{\mathrm{f}}=\sum_m\sum_n\{(n-n_{\mathrm{G}})^2+(m-m_{\mathrm{G}})^2\}f(m, n)=M_{02}+M_{20} \tag{8-24}$$

式中，n_{G} 和 m_{G} 为重心坐标。如果以重心为原点，设 x 轴和 y 轴的二阶矩就可分别以 μ_{02} 和 μ_{20} 表示，则围绕原点的二阶矩可由式（8-25）求得，即

$$\mu_2=\mu_{02}+\mu_{20}=\sum_m\sum_n n^2 f(m, n)+\sum_m\sum_n m^2 f(m, n) \tag{8-25}$$

设过原点的倾角为θ的直线为

$$n=m\tan\theta \tag{8-26}$$

围绕这条直线的二阶矩为μ_θ，使μ_θ为最小的角度称为惯性主轴角度θ'，可由式（8-27）得到。

$$\theta'=\frac{1}{2}\arctan\left(\frac{2\mu_{11}}{\mu_{20}-\mu_{02}}\right) \tag{8-27}$$

这个θ'表示的是图形的延伸方向。这里μ_{20}和μ_{02}是区域灰度分别围绕通过灰度重心的垂直轴线和水平轴线的惯性矩。若$\mu_{20}>\mu_{02}$则说明物体在水平方向上拉长；若$\mu_{20}<\mu_{02}$则说明物体在垂直方向上拉长。μ_{30}和μ_{03}的幅度值可以用来度量物体分别对于垂直轴线和水平轴线的对称性。如果$\mu_{30}=0$，则物体对于垂直轴线是对称的；若$\mu_{03}=0$，则物体对于水平轴线是对称的。可见，中心矩μ_{mn}可以描述区域灰度对于灰度重心的分布情况。

不大于3的中心矩为

$$\mu_{10}=\sum_x\sum_y(x-m_G)^1(y-n_G)^0 f(x, y)=m_{10}-\frac{m_{10}}{m_{00}}(m_{00})=0=\mu_{01} \tag{8-28}$$

$$\mu_{11}=\sum_x\sum_y(x-m_G)^1(y-n_G)^1 f(x, y)=m_{11}-\frac{m_{10}m_{01}}{m_{00}} \tag{8-29}$$

$$\mu_{20}=\sum_x\sum_y(x-m_G)^2(y-n_G)^0 f(x, y)=m_{20}-\frac{2m_{10}^2}{m_{00}}+\frac{m_{10}^2}{m_{00}}=m_{20}-\frac{m_{10}^2}{m_{00}} \tag{8-30}$$

$$\mu_{02}=\sum_x\sum_y(x-m_G)^0(y-n_G)^2 f(x, y)=m_{02}-\frac{m_{01}}{m_{00}} \tag{8-31}$$

$$\mu_{30}=\sum_x\sum_y(x-m_G)^3(y-n_G)^0 f(x, y)=m_{30}-3m_G m_{20}+2m_{10}m_G^2 \tag{8-32}$$

$$\mu_{03}=\sum_x\sum_y(x-m_G)^0(y-n_G)^3 f(x, y)=m_{03}-3n_G m_{02}+2m_{01}n_G^2 \tag{8-33}$$

$$\mu_{12}=\sum_x\sum_y(x-m_G)^1(y-n_G)^2 f(x, y)=m_{12}-2n_G m_{11}-m_G m_{02}+2m_{10}n_G^2 \tag{8-34}$$

$$\mu_{21}=\sum_x\sum_y(x-m_G)^2(y-n_G)^1 f(x, y)=m_{21}-2m_G m_{11}-n_G m_{20}+2m_{01}m_G^2 \tag{8-35}$$

概括起来有如下结果，即

$$\mu_{00}=m_{00};\ \mu_{01}=0;\ \mu_{10}=0$$
$$\mu_{20}=m_{20}-m_{G}m_{10}$$
$$\mu_{02}=m_{02}-n_{G}m_{01}$$
$$\mu_{11}=m_{11}-n_{G}m_{10}$$
$$\mu_{30}=m_{30}-3m_{G}m_{20}+2m_{10}m_{G}^{2}$$
$$\mu_{03}=m_{03}-3n_{G}m_{02}+2m_{01}n_{G}^{2}$$
$$\mu_{12}=m_{12}-2n_{G}m_{11}-m_{G}m_{02}+2m_{10}n_{G}^{2}$$
$$\mu_{21}=m_{21}-2m_{G}m_{11}-n_{G}m_{20}+2m_{01}m_{G}^{2}$$

2）标准化中心距

定义标准化中心矩为

$$\eta_{pq}=\frac{\mu_{pq}}{\mu_{00}^{\gamma+1}} \tag{8-36}$$

$$\gamma=\frac{p+q}{2} \tag{8-37}$$

标准化的中心矩 η_{pq} 不但具有平移变换的不变性，而且还具有比例变换的不变性。

2. 目标圆度特征

1）边界形状链码

边界搜索等算法的处理结果最直接的表达方式是边界点像素的坐标，也可以用一组被称为链码的代码来表示，这种链码组合的表示既利于有关形状特征的计算，也利于节省存储空间。

对于离散的数字图像，区域的边界轮廓可理解为相邻边界点之间的单元连线逐段相连而成。对于图像中的像点而言，它必然有 8 个方向的邻域，如图 8.5 所示。对于每个方向赋予一种代码表示，8 个方向分别对应 0、1、2、3、4、5、6、7，这种代码称为方向码。若水平与垂直方向的码段长度定义为 1，那么对角线的码段长度则为 $\sqrt{2}$ 。

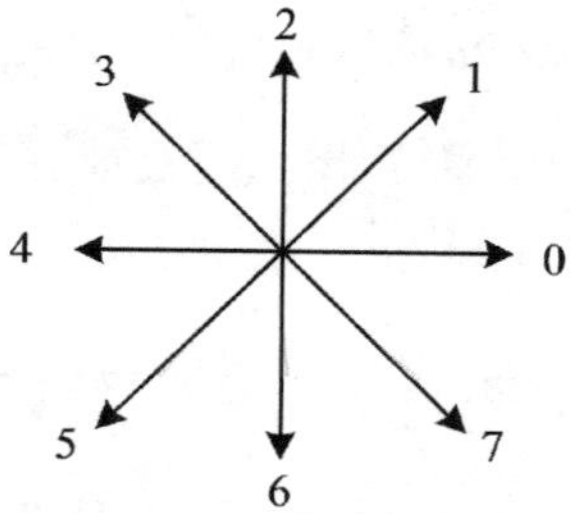

图 8.5 链码采用的 8 个方向

2）区域边界的周长

假设区域边界链码为 a_1、a_2、…、a_i、…、a_n。每个码段 a_i 所表示的线段长度为 l_i，那么该区域边界的周长为

$$P=\sum_{i=1}^{n} l_i = n_e + (n-n_e)\sqrt{2} = (1-\sqrt{2})n_e + \sqrt{2}n \tag{8-38}$$

式中，n_e 为链码序列中偶数码段数；n 为链码序列中码段总数。

3）区域的面积

所谓目标面积是指图像前景大小的度量。将该图像进行扫描，并转化为二值图像，面积的大小约等于该图像中值为 1 的像素的数目，但并不是完全等于值为 1 的像素的数目，因为不同方式的像素所占的比重也不同。

可用如下算法计算二值图像中对象的面积：把图像中所有值为 1 的像素的面积相加。单个像素的面积是由 2×2 邻域 E 确定的，有 6 种不同的方式，如图 8.6 所示，分别表示了 6 种不同的面积。

则区域面积为

$$A=\sum \text{area}E \tag{8-39}$$

0	0
0	0

1	0
0	0

1	1
0	0

1	0
0	1

1	1
1	0

1	1
1	1

图 8.6　2×2 邻域面积的 6 种情形

4）区域的圆度

对提取出的目标区域，定义区域的圆度为

$$C=\frac{P^2}{4\pi A} \tag{8-40}$$

式中，P 为区域边界的周长；A 为区域的面积。

在相同面积的条件下，区域边界光滑且为圆形，则周长最短，其圆度为 $C=1$；若区域边界凹凸变化程度增加，则相应周长也增加，C 值也随之增大，那么区域的形状越偏离圆形。可以用 C 来衡量区域的形状是否最接近于圆形或远离圆形，故称为圆度。在平面图像中，该特征也具有目标平移、旋转、伸缩不变的性质。

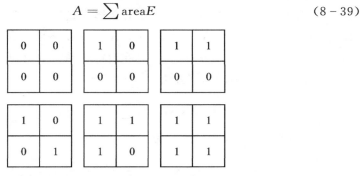

3. 构造样本特征库

采集大量目标图像，将它们的特征进行统计，求出各类目标的特征均值，按照一定的方式存储，建立样本特征库。

4. 特征空间搜索与特征匹配

对一个待识别目标，提取其特征后，开始搜索样本空间特征库，依次进行特征匹配。识别过程中应用的相似性度量就是空间中定义的某种距离，匹配识别就是根据这个距离来进行分类决策的。最近邻法是模式识别中最重要的方法之一。最近邻法的基本思想：找到根据空间定义的距离的最小值，那么这个最小值在识别中被认为是最相似的。

在数学中，两个向量 $\boldsymbol{X}$，$\boldsymbol{Y}$ 间的距离 $D(\boldsymbol{X},\ \boldsymbol{Y})$ 应具有以下的性质：

(1) $D(\boldsymbol{X},\ \boldsymbol{Y}) \geqslant 0$；

(2) $D(\boldsymbol{X},\ \boldsymbol{Y}) = 0$，当且仅当 $\boldsymbol{X}=\boldsymbol{Y}$ 时；

(3) $D(\boldsymbol{X},\ \boldsymbol{Y}) = D(\boldsymbol{Y},\ \boldsymbol{X})$；

(4) $D(\boldsymbol{X},\ \boldsymbol{K}) + D(\boldsymbol{K},\boldsymbol{Y}) \geqslant D(\boldsymbol{X},\boldsymbol{Y})$。

目标识别中使用的距离概念不要求全部满足以上性质，设 $\boldsymbol{X}$ 表示待识别的目标特征向量，即 $\boldsymbol{X}=(X_1,\ X_2,\ \cdots,\ X_m)$；$\boldsymbol{G}$ 表示特征库中某个样本的特征向量，即 $\boldsymbol{G}=(G_1,\ G_2,\ \cdots G_m)$；则在目标识别中常用到的距离有

1）基于欧氏距离的识别方法

$$D(\boldsymbol{X},\ \boldsymbol{G})=\left[\sum_{i=1}^{m}|x_i-g_i|^q\right]^{1/q} \tag{8-41}$$

当 $q=1$ 时，式（8-41）变为

$$D(\boldsymbol{X},\ \boldsymbol{G})=\sum_{i=1}^{m}|x_i-g_i| \tag{8-42}$$

这就是常用的绝对值距离。

当 $q=2$ 时，式（8-41）变为

$$D(\boldsymbol{X},\ \boldsymbol{G})=\sqrt{\sum_{i=1}^{m}(x_i-g_i)^2} \tag{8-43}$$

式（8-43）即为欧氏距离计算式，其中，x_i 和 g_i 分别为待识别模式和已知模式特征向量的第 i 个分量；m 为总特征数。欧氏距离仅仅是简单地选出距离最小的图像作为识别结果。这样的处理往往忽略了特征向量中各个特征值的大小差异，没有将各个特征的重要程度表现出来。而且当特征向量的维数较大时，大数值特征的微小变化与小数值特征的较大变化，其意义是不同的，但是对距离产生的贡献却几乎是相同的，这就使每个特征没能对整个相似度产生均衡的贡献。

2）基于加权欧氏距离的识别方法

加权欧氏距离的识别方法比简单地基于欧氏距离的识别方法有了较大改变，它考虑了特征向量中各个特征值的大小差异，体现了不同向量对识别的不同影响。加权欧氏距离的定义为

$$D(\boldsymbol{X}, \boldsymbol{G}) = \sqrt{\sum_{i=1}^{m} w_i (X_i - R_i)^2} \qquad (8-44)$$

式中，X_i 和 R_i 分别为待识别模式和已知模式特征向量的第 i 个分量；m 为总特征数；w_i 为权值。

这种方法所需要计算的特征向量及其个数与第一种方法一样，但比起第一种方法效果要好得多，它体现了不同向量对识别的影响是不同的。但权值矩阵的定义是一个很大的问题，很多权值的定义是靠经验得来的，其稳定性和可靠性很难保证。而对于这些取经验值的权值，要通过很多实验测试才能知道怎样取值识别效果更好。

5. 判决与分类

识别过程就是在特征空间中用统计方法把被识别对象归为某一类别。基本做法是在样本训练基础上确定某个判别规则，使按照这个判决规则对被识别对象进行分类所造成的错误识别率最小或引起的损失最小。

在识别系统中，根据识别的具体目的不同，可以分为以下两种识别模式。

(1) 从数据库中找出与待测图像上的目标图像最相像的图像，也就是谁与待识别的目标的特征最相像，即它们之间的“距离”最小。如果已经知道待识别的目标特征，则必定已经有目标图像存在数据库里，则从数据库里找出与之最相像的图像。

(2) 先从数据库里找出与之最相像的图像，再设一个阈值作为门限比较两幅图像，只有当所找出的图像与“最相像的图像”的相似程度大于此阈值时，才认为这两个目标是同一个目标；否则，就认为数据库里没有此图像。

识别的过程就是特征向量之间的匹配过程，通常是按照它们之间的模式距离作为相似性度量的。在利用距离准则来判断时，当输入的目标特征向量 $\boldsymbol{X}$ 和库中的样本的特征向量 $\boldsymbol{G}_i$ 相同时，则 $D(\boldsymbol{X}, \boldsymbol{G}_i)=0$。所以，首先要分别计算输入的目标特征向量 $\boldsymbol{X}$ 和库中的所有样本的特征向量的距离 $D(\boldsymbol{X}, \boldsymbol{G}_1)$，$D(\boldsymbol{X}, \boldsymbol{G}_2)$，…，$D(\boldsymbol{X}, \boldsymbol{G}_m)$，并求出这些距离中的最小值 $D(\boldsymbol{X}, \boldsymbol{G}_j)$；然后，再判断 $D(\boldsymbol{X}, \boldsymbol{G}_j)$ 跟预先设定的参数 d 之间的大小，如果 $D(\boldsymbol{X}, \boldsymbol{G}_j) > d$，则证明被识别的图像不是库中的图像；否则，$D(\boldsymbol{X}, \boldsymbol{G}_j) < d$，则可以判定被识别图像是库中的第 j 类样本。两个特征向量在识别中就是代表了两个模式，两个模式之

间的距离越小，则它们属于同一类别的可能性就越大；反之，距离越大，则属于同一类别的可能性就越小。

8.4 模糊目标图像识别方法

由于图像采集系统、自然界中不同的物理现象如光照不能完全均匀分布等多方面的原因，所获得的图像边缘强度不同。而且，在实际场合中，图像数据往往还被噪声所污染。同时景物特性混在一起又会使随后的解释变得非常困难，要实现对画面意图的准确领会，需要研究既能检测出强度的非连续性，又能同时确定它们的精确位置的目标识别方法，这就需要发展新的解决此类问题的不确定性处理方法和算法。模糊目标图像识别方法针对图像处理问题中的模糊性在不确定因素分类与影响分析的基础上实施去模糊处理，利用小波变换对图像进行分解，提取小波系数和图像的能量特征，给出匹配与识别方法。

8.4.1 模糊信号的阈值处理

在某些情况下，获取的图像大多是模糊不清的。除客观原因外，还有一些主观原因造成图像的模糊，如图像被割裂、弄污等，针对这些图像中的模糊性，在不确定因素分类与影响分析的基础上，人们采取阈值的方法处理模糊信号，并提出能改善图像质量的模糊信号处理方法和算法。

利用阈值对图像进行锐化去模糊处理，基本算法为，对含噪声的信号做小波函数变换之后，计算相邻尺度间小波系数的相关性，根据相关性的大小区别小波系数的类型，进行取舍，再进行重构。基于小波变换的去噪方法，利用小波变换中的变尺度特性，对确定信号有一种“集中”能力，如果一个信号的能量集中于小波变换域少数小波系数上，那么，它们的取值必然大于在小波变换域内能量分散的大量信号和噪声的小波系数，这就可以用阈值方法。给定一个值 δ，所有绝对值小于 δ 的小波系数划为“噪声”，它们的值用零代替，而超过阈值 δ 的小波系数的数值被缩减后再重新取值，这时的符号为原小波系数的符号。这种方法意味着，阈值化移去小幅度的噪声，或非期望的信号，经小波逆变换，得到所需要的信号。

1. 软阈值和硬阈值

软阈值化与硬阈值化是对超过阈值的小波系数 W 进行缩减的两种主要方法，软阈值化表示式为

$$W_\delta = \begin{cases} \operatorname{sgn}(W)(|W| - \delta), & |W| \geqslant \delta \\ 0, & |W| < \delta \end{cases} \tag{8-45}$$

硬阈值化表示式为

$$W_\delta = \begin{cases} W, & |W| \geqslant \delta \\ 0, & |W| < \delta \end{cases} \tag{8-46}$$

两种阈值方法各有差异，前者具有连续性，在数学上易于处理，而后者更接近实际情况。阈值化处理的关键是阈值的选择，如阈值太小，去噪后仍留有噪声，但如果阈值太大，重要的信号与图像特征会被滤掉，从而引起偏差。

2. 阈值的选取

从直观上说，对于得到的小波系数，噪声越大，阈值也应当越大。大多数阈值选择的过程是，针对一组小波系数，根据这组小波系数的统计性质，计算出它的一个阈值 δ 。

Donoho 等提出了一种典型的阈值选取方法，在理论上给出并证明了阈值与噪声的方差 σ 成正比，其大小为

$$\delta = \sigma\sqrt{2\lg n} \tag{8-47}$$

式中，n 为小波分解的层数。

事实上，对于有限长的信号，式（8－47）仅是阈值优化的上界，阈值优化是随信号长度渐进变化的，当信号为无限长时，才符合上式，因此当信号足够长时，去噪效果才明显。

3. 小波阈值去噪步骤

基于小波变换的阈值去噪方法步骤为

（1）选择合适的小波，对所给的信号进行小波分解变换，得到小波变换系数 W 。

（2）计算小波值 δ ，选择合适的阈值方法，如软阈值或者硬阈值，对小波系数进行取舍，得到新的小波系数 W_b 。

（3）对得到的小波系数 W_b 进行逆小波变换，即重构系数，得到去噪后的图像。去噪中，假定已估计出了噪声的方差，则问题就可以解决。

4. 权值调整模糊处理

不管是软阈值还是硬阈值对图像降噪，如果各个方向设定共用的一个门限值，则称全阈值降噪；如果不同方向用不同的门限值，则称为独立阈值降噪。

权值调整模糊处理的数学表示形式如下

$$G = \omega \otimes I \tag{8-48}$$

式中，G 和 I 分别指的是权值调整模糊处理后的图像和原始图像；ω 为权值函数；$\otimes$ 表示的是卷积运算。

然后，用小波滤波器的系数分解对图像进行平滑，再用值锐化对图像进行去模糊处理，使用这种信号处理方法对图像进行处理，清晰度就提高了。

8.4.2 模糊目标图像识别

1. 目标特征提取

根据目标本身的特性和专家经验，首先提取目标的一些特征参数，然后再对这些特征在感兴趣区域中分别选取一个兴趣点或特征点，称为核心点。对感兴趣区域中的各点与核心点的灰度值进行比较，若感兴趣区域内的像素灰度与感兴趣区域核心的像素灰度差值小于给定的门限，则认为该点与核心点是同值的或相似的，由满足条件的像素组成的区域称为特征区。

先计算出特征区的大小或特征参数的数目，同时得到边缘响应图像，由此检测出初始边缘特征响应。得到初始边缘响应后用特征重心及对称最长轴来确定局部边缘方向，在局部边缘垂直方向上取初始响应的局部极大值点的位置为边缘点，并进行细化、平滑，连接间断边缘点、消除假边缘点和边缘小分枝等处理，获得单一、连续、平滑的边缘输出。同时，由不同的目标响应结果，得出边缘、角点、拐点等特征，由定义的方向及各像素的位置，进而得出这些特征本身的特征参数，如均值、方差、位置以及到目标中心的距离等。

利用小波变换法，进行目标的特征提取，选取函数 $\Psi(t)$ 构造 $\Psi_{j,k}(t) = 2^{j/2}\Psi(2^j t - k)$ 与图像 $p(x, y)$ 作内积，即可对图像进行平滑、去噪、加强、压缩等处理。这里，$t = (x, y)$，$j = (j_1, j_2)$，$k = (k_1, k_2)$。

对图像 $p(x, y)$ 进行处理，实施算法为 $W_{j,k} = \langle \Psi_{j,k}(t), p(x, y) \rangle$，就是对图像 $p(x, y)$ 的能量特征进行分解和提取。由小波的分解计算可知，第 i 级图像能量特征是由第 i 级小波分解系数计算出来的，反映图像在尺度 2^{-i} 上不同方向和不同位置的能量特征。图像经过 n 级二维离散小波变换后，在各级分别得到水平方向（H_i）、垂直方向（V_i）和对角线方向（D_i）上的细节图像，这里 $i = 1, 2, \cdots, n$。

设第 i 级小波变换在各方向上细节图像大小为 $M \times N$，在对应方向上的第 i 级小波能量定义如下

$$E_{i,h} = \sum_{j=1}^{M} \sum_{k=1}^{N} [H_i(j, k)]^2 \tag{8-49}$$

$$E_{i,v}=\sum_{j=1}^{M}\sum_{k=1}^{N}[V_i(j,k)]^2 \tag{8-50}$$

$$E_{i,d}=\sum_{j=1}^{M}\sum_{k=1}^{N}[D_i(j,k)]^2 \tag{8-51}$$

式中，$E_{i,h}$、$E_{i,v}$ 和 $E_{i,d}$ 反映了目标图像的特征在各个方向上的边缘强度信息，并反映了在第 i 级小波分解下，这些基本特征在各个方向上的强度信息。由于非振荡信号的小波系数会随着小波分解级数的增加而增加，而振荡信号在较高小波分解级的系数却远小于与其振荡频率相对应的非振荡信号的小波分解级的系数，因此，经过 n 级小波变换后，由各级能量组成的目标特征向量为

$$\boldsymbol{V}'=(E_{1,h},E_{1,v},E_{1,d},E_{2,h},E_{2,v},E_{2,d},\cdots,E_{n,h},E_{n,v},E_{n,d}) \tag{8-52}$$

然后对 $\boldsymbol{V}'$ 可进行归一化处理：

$$\begin{aligned}\boldsymbol{V}&=\frac{1}{\sum_{i=1}^{n}(E_{i,h}+E_{i,v}+E_{i,d})}\boldsymbol{V}'\\&=(V_{1,h},V_{1,v},V_{1,d},V_{2,h},V_{2,v},V_{2,d},\cdots,V_{n,h},V_{n,v},V_{n,d})\end{aligned} \tag{8-53}$$

若设第 i 级目标能量特征 $\boldsymbol{V}_i$ 为 $\boldsymbol{V}_i=(V_{i,h},V_{i,v},V_{i,d})$，那么可得目标的综合特征为

$$\boldsymbol{V}=(V_1,V_2,\cdots,V_{\mathrm{n}}) \tag{8-54}$$

由式（8-54）可以看出，目标的能量特征 $\boldsymbol{V}$ 是由各级目标能量特征组合而成的，因此反映了目标图像不同方向、不同位置、不同分辨率的细节目标特征。通过小波对图像不同水平的分解，得到图像目标的各级能量特征。

2. 分级自动识别方法

在识别时，先提取出训练样本目标的各级特征向量后，将其作为标准模板存储在系统中，把待识别的目标图像特征向量与存储在检索系统中的已经训练好的已知类别的目标图像特征向量作比较，根据匹配规则和识别原则，得出识别结果。

在识别过程中，需要对数据库中所有样本进行搜索，找到与待识别目标相同或相似的样本，进而完成目标的鉴别。为了提高目标识别的准确性和高效比，用分级识别法进行搜索。首先，由目标各特征对数据库进行第一次搜索，得到各特征相似的目标图像组成候选集；然后，在候选集中，由各特征参数的特征点进行第二次搜索，得到最终识别向量。识别中使用各特征参数进行第一次搜索是因为其计算量相对较小，提高了识别的准确性；在对候选集进行第二次搜索时，由于

候选集的样本比数据库中的样本数量少，同样提高了整体识别的效率，图 8.7 给出了分级的自动识别过程流程图。

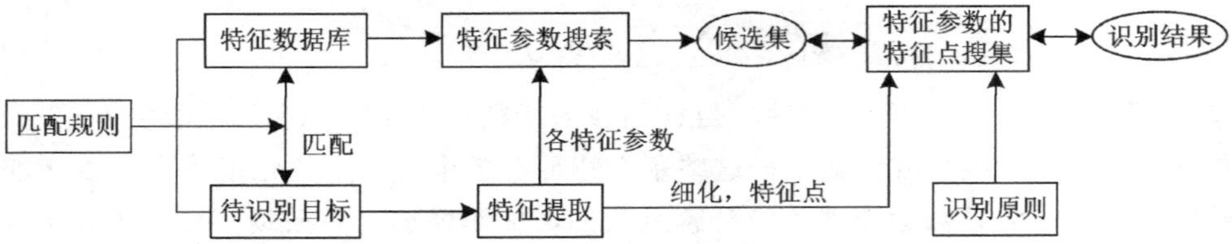

图 8.7　分级自动识别过程流程图

特征的匹配就是对两个特征向量进行相似性判断，通过计算两个特征向量的相似程度来判断是否来自同一个目标，相似程度用特征之间的距离相似度来表示。

把待识别的目标图像特征向量与存储在检索系统中的已经训练好的已知类别的目标图像特征向量作比较，当且仅当它的特征向量与第 i_0 类特征向量之间的相似度为最大时，按最大隶属原则判断识别目标属于第 i_0 类。具体的匹配算法如下：

若 $\boldsymbol{W}_l$ 是检索系统中已知的特征向量，$\boldsymbol{V}$ 为待识别的特征向量，这里 $l=1、2、\cdots、Q$，Q 为已知的特征向量数。定义两个目标的特征向量 $\boldsymbol{V}$ 和 $\boldsymbol{W}_l$ 之间的相似度为

$$d_l = e^{-\|\boldsymbol{V}-\boldsymbol{W}_l\|} = e^{-\sum_{i=1}^{n}|\boldsymbol{V}_i-\boldsymbol{W}_{li}|} \tag{8-55}$$

式中，$|\boldsymbol{V}_i-\boldsymbol{W}_{l_i}|=[(E_{i,h}^{\boldsymbol{V}}-E_{i,h}^{\boldsymbol{W}_l})^2+(E_{i,v}^{\boldsymbol{V}}-E_{i,v}^{\boldsymbol{W}_l})^2+(E_{i,d}^{\boldsymbol{V}}-E_{i,d}^{\boldsymbol{W}_l})^2]^{1/2}$，$i$ 为小波对图像分解的层数。

3 相似度 d_l 表示特征向量 $\boldsymbol{V}$ 与第 l 类特征向量 $\boldsymbol{W}_l$ 的相似程度。识别原则为若 3 $\exists l_0 \in \{1, 2, \cdots, Q\}$，使得

$$l_0 = \arg \max_{l \in \{1, 2, \cdots, Q\}} \{d_l\} \tag{8-56}$$

则按最大隶属原则判断待识别目标属于第 l_0 类。

8.5　基于均值漂移的目标跟踪

在计算机视觉领域，目标跟踪过程需用一定的手段对目标或者背景的表象建立一种表达，通过对新旧表达的对比实现目标的跟踪。常用的表达方式是将目标的表象信息映射到一个特征空间，其中的特征值就是特征空间的随机变量，假定特征值服从已知函数类型的概率密度函数，由目标区域内的数据估计密度函数的参数，通过估计的参数得到整个特征空间的概率密度分布，这种方法称之为参数

密度估计方法。

参数密度估计方法要求特征空间服从一个已知的概率密度函数，而对于实际应用来说，一般当前帧图像的概率密度分布信息是无法根据先验知识得到的，这就要借助无参密度估计（Nonparametric Density Estimation）来获得概率密度的梯度，从而为快速模式匹配创造条件。均值漂移（Mean Shift）就是一种高效的无参密度估计方法。

8.5.1 Mean Shift 向量

在 d 维空间 R^d 中，$\{\boldsymbol{x}_i\}_{i=1,2,\cdots,n}$ 表示该空间中的 n 个点，点 $\boldsymbol{x}$ 处估计的概率密度值为

$$\hat{f}_k(\boldsymbol{x})=\frac{1}{nh^d}\sum_{i=1}^{n}K\left(\frac{\boldsymbol{x}-\boldsymbol{x}_i}{h}\right) \tag{8-57}$$

式中，$K(\boldsymbol{x})$ 为该空间中的核函数；h 为核函数的窗宽。较常用的核函数是 Epanechnikov 核和高斯核，式（8-58）为 Epanechnikov 核表达式。

$$K_E(\boldsymbol{x})=\begin{cases}\frac{1}{2}c_d^{-1}(d+2)(1-\|\boldsymbol{x}\|^2), & \|\boldsymbol{x}\|<1\\ 0, & \|\boldsymbol{x}\|\geqslant 1\end{cases} \tag{8-58}$$

式中，c_d 为 d 维球体的体积，通常取 $c_1=2$，$c_2=\pi$，$c_3=\frac{4\pi}{3}$ 等。

高斯核表达式为

$$K_N(\boldsymbol{x})=(2\pi)^{-d/2}\exp\left(-\frac{1}{2}\|\boldsymbol{x}\|^2\right) \tag{8-59}$$

定义 k：$[0,\ \infty)\rightarrow R$ 为核函数 K 的轮廓函数（Profile Function），则

$$K(\boldsymbol{x})=c_k k(\|\boldsymbol{x}\|^2) \tag{8-60}$$

式中，c_k 为归一化常数。将式（8-60）代入式（8-57），则点 $\boldsymbol{x}$ 处估计的概率密度值为

$$\hat{f}_k(\boldsymbol{x})=\frac{c_k}{nh^d}\sum_{i=1}^{n}k\left(\left\|\frac{\boldsymbol{x}-\boldsymbol{x}_i}{h}\right\|^2\right) \tag{8-61}$$

若希望知道数据集合中密度最大数据的分布位置，可以对密度梯度进行估计。假设除了有限个点外，$k(\boldsymbol{x})$ 的一阶导数在区间 $x\in[0,\ \infty]$ 上均存在，则核密度的估计恒等于核密度估计的梯度，即

$$\hat{\nabla}f_k(\boldsymbol{x})\equiv\nabla\hat{f}_k(\boldsymbol{x})=\frac{2c_k}{nh^{d+2}}\sum_{i=1}^{n}(\boldsymbol{x}-\boldsymbol{x}_i)k'\left(\left\|\frac{\boldsymbol{x}-\boldsymbol{x}_i}{h}\right\|^2\right) \tag{8-62}$$

设轮廓函数 $g(\boldsymbol{x})=-k'(\boldsymbol{x})$，$g(\boldsymbol{x})$ 对应的核函数 G 表示为

$$G(x)=c_g g(\|\boldsymbol{x}\|^2) \tag{8-63}$$

式中，c_g 是归一化常数。将 $g(\boldsymbol{x})$ 代入式（8-62），则有

$$\begin{aligned}\hat{\nabla} f_k(\boldsymbol{x}) \equiv \nabla \hat{f}_k(\boldsymbol{x}) &= \frac{2c_k}{nh^{d+2}}\sum_{i=1}^{n}(\boldsymbol{x}_i-\boldsymbol{x})g\left(\left\|\frac{\boldsymbol{x}-\boldsymbol{x}_i}{h}\right\|^2\right) \\ &= \frac{2c_k}{nh^{d+2}}\left[\sum_{i=1}^{n}g\left(\left\|\frac{\boldsymbol{x}-\boldsymbol{x}_i}{h}\right\|^2\right)\right]\left[\frac{\sum_{i=1}^{n}\boldsymbol{x}_i g\left(\left\|\frac{\boldsymbol{x}-\boldsymbol{x}_i}{h}\right\|^2\right)}{\sum_{i=1}^{n}g\left(\left\|\frac{\boldsymbol{x}-\boldsymbol{x}_i}{h}\right\|^2\right)}-\boldsymbol{x}\right]\end{aligned} \tag{8-64}$$

式（8-64）中最后一项即为采样 Mean Shift 向量。

$$M_{h,G}(\boldsymbol{x})=\frac{\sum_{i=1}^{n}\boldsymbol{x}_i g\left(\left\|\frac{\boldsymbol{x}-\boldsymbol{x}_i}{h}\right\|^2\right)}{\sum_{i=1}^{n}g\left(\left\|\frac{\boldsymbol{x}-\boldsymbol{x}_i}{h}\right\|^2\right)}-\boldsymbol{x} \tag{8-65}$$

则 x 点处基于核函数 G（x）的非参数密度估计可写为

$$\hat{f}_G(\boldsymbol{x})=\frac{c_g}{nh^d}\sum_{i=1}^{n}g\left(\left\|\frac{\boldsymbol{x}-\boldsymbol{x}_i}{h}\right\|^2\right) \tag{8-66}$$

根据式（8-65）和式（8-66），式（8-64）重写为

$$\hat{\nabla} f_k(\boldsymbol{x})=\frac{2c_k}{h^2 c_g}\hat{f}_G(\boldsymbol{x})M_{h,G}(\boldsymbol{x}) \tag{8-67}$$

由此推出

$$M_{h,G}(\boldsymbol{x})=\frac{h^2 c\hat{\nabla} f_k(\boldsymbol{x})}{2\hat{f}_G(\boldsymbol{x})} \tag{8-68}$$

式中，$c=\frac{c_g}{c_k}$ 为常数。

式（8-68）表明，利用核函数 G 求取的 Mean Shift 向量，与利用核函数 K 计算的密度函数的梯度估计成比例，其标准化是通过利用基于核函数 G 的非参数密度估计 $\hat{f}_G(\boldsymbol{x})$ 来实现的。式（8-68）的分子是核密度梯度估计，而梯度方向即是密度变化最大的方向，所以说 Mean Shift 向量的方向总是指向密度变化最大的方向。由此可见，Mean Shift 算法的实质是连续不断地向采样均值位置移动，整个过程可以定义为计算 Mean Shift 向量 $M_{h,G}(\boldsymbol{x})$，然后根据 $M_{h,G}(\boldsymbol{x})$ 不断变更核函数 G 中心的一个递归的过程。

8.5.2 基于核函数直方图的均值漂移目标跟踪算法

作为匹配搜索类跟踪算法的典型代表之一，Mean Shift 跟踪算法以其计算量小，对目标变形、旋转变化适应性强等特点得到普遍的重视和广泛的研究。常用的 Mean Shift 算法有两种形式：基于核函数直方图的 Mean Shift 算法和基于概率分布图的 Mean Shift 算法，前者计算目标的核函数直方图，通过最大化目标模型和候选目标模型之间的 Bhattacharyya 系数来得到求取目标形心位置的迭代公式；而后者首先计算目标直方图，再利用直方图反向投影来计算加权图（这种加权图又称为概率分布图），在加权图上利用 Mean Shift 算法求解质心。

1. 核函数直方图

Comaniciu 等先用各向同性的核函数对目标模型区域和候选目标区域（该区域由 Mean Shift 算法获取）的直方图分别进行加权处理，得到所谓的核函数直方图，然后对处理结果进行相似性度量，最终，使相似函数最大化的候选区域即为当前帧中被跟踪目标的位置。

设目标模型所在的区域由 $\{\boldsymbol{x}_i^*\}_{i=1,\cdots,n}$ 共 n 个点构成，区域中心点为 $\boldsymbol{y}^*$。将该区域灰度分布离散成 m 级，目标图像的核函数直方图 $\hat{\boldsymbol{q}}=\{\hat{q}_u(\boldsymbol{y}^*)\}_{u=1,\cdots,m}$ 可表示为

$$\hat{q}_u(\boldsymbol{y}^*)=C_1\sum_{i=1}^{n}k\left(\left\|\frac{\boldsymbol{y}^*-\boldsymbol{x}_i^*}{h_1}\right\|^2\right)\delta[b(\boldsymbol{x}_i^*)-u],\ u=1,\cdots,m \tag{8-69}$$

式中，$b(\boldsymbol{x}_i^*)$ 为 $\boldsymbol{x}_i^*$ 处像素的量化值；h_1 为核函数窗宽，它决定了候选目标区域的大小。常数 C_1 根据条件 $\sum_{u=1}^{m}\hat{q}_u(\boldsymbol{y}^*)=1$，可以导出为

$$C_1=\frac{1}{\sum_{i=1}^{n}k\left(\left\|\frac{\boldsymbol{y}^*-\boldsymbol{x}_i^*}{h_1}\right\|\right)^2} \tag{8-70}$$

同理，对于候选目标区域 $\{\boldsymbol{x}_i^*\}_{i=1,\cdots,s}$，设该区域的中心位置为 $\boldsymbol{y}$，则候选目标模型可用如下核函数直方图 $\hat{\boldsymbol{p}}(\boldsymbol{y})=\{\hat{p}_u(\boldsymbol{y})\}_{u=1,\cdots,m}$（且 $\sum_{u=1}^{m}\hat{p}_u(\boldsymbol{y})=1$）表示

$$\hat{\boldsymbol{p}}_u(\boldsymbol{y})=C_2\sum_{i=1}^{s}k\left(\left\|\frac{\boldsymbol{y}-\boldsymbol{x}_i}{h_2}\right\|^2\right)\delta[b(\boldsymbol{x}_i-u)],\ u=1,\cdots,m \tag{8-71}$$

式（8-71）中，归一化常数 C_2 为

$$C_2=\frac{1}{\sum_{i=1}^{s}k\left(\left\|\frac{\boldsymbol{y}-\boldsymbol{x}_i}{h_2}\right\|^2\right)} \tag{8-72}$$

2. 基于 Bhat tachaeyya 系数度量的目标定位

通常，选取 Bhat tachaeyya 系数作为候选目标核函数直方图 $\hat{\boldsymbol{p}}$ 和目标模型核函数直方图 $\hat{\boldsymbol{q}}$ 间的相似度量函数，有

$$\hat{\rho}(\boldsymbol{y})=\rho[\hat{\boldsymbol{p}}(\boldsymbol{y}),\ \hat{\boldsymbol{q}}(\boldsymbol{y}^{*})]=\sum_{u=1}^{m}\sqrt{\hat{p}_u(\boldsymbol{y})\hat{q}_u(\boldsymbol{y}^{*})} \tag{8-73}$$

式中，$\hat{\rho}(\boldsymbol{y})$ 的局部极大值所处的位置即为目标所处的位置。

为了最大化式（8－73），设 $\hat{\boldsymbol{y}}_0$ 为当前帧初始搜索位置，将式（8－73）在 $\hat{p}_u(\hat{\boldsymbol{y}}_0)$ 处进行泰勒级数展开，并舍去高阶项，可得

$$\rho[\hat{\boldsymbol{p}}(\boldsymbol{y}),\ \hat{\boldsymbol{q}}(\boldsymbol{y}^{*})]\approx\frac{1}{2}\sum_{u=1}^{m}\sqrt{\hat{p}_u(\hat{\boldsymbol{y}}_0)\hat{q}_u(\boldsymbol{y}^{*})}+\frac{1}{2}\sum_{u=1}^{m}\hat{p}_u(\boldsymbol{y})\sqrt{\frac{\hat{q}_u(\boldsymbol{y}^{*})}{\hat{p}_u(\hat{\boldsymbol{y}}_0)}} \tag{8-74}$$

又由式（8－71）可得

$$\rho[\hat{\boldsymbol{p}}(\boldsymbol{y}),\ \hat{\boldsymbol{q}}(\boldsymbol{y}^{*})]\approx\frac{1}{2}\sum_{u=1}^{m}\sqrt{\hat{p}_u(\hat{\boldsymbol{y}}_0)\hat{q}_u(\boldsymbol{y}^{*})}+\frac{C_2}{2}\sum_{i=1}^{s}w_i k\left(\left\|\frac{\boldsymbol{y}-\boldsymbol{x}_i}{h_2}\right\|^2\right) \tag{8-75}$$

其中

$$w_i=\sum_{u=1}^{m}\sqrt{\frac{\hat{q}_u(\boldsymbol{y}^{*})}{\hat{p}_u(\hat{\boldsymbol{y}}_0)}}\delta[b(\boldsymbol{x}_i)-u] \tag{8-76}$$

由于式（8－75）中第一项和 $\boldsymbol{y}$ 无关，所以为了最大化式（8－75），就要使第二项达到最大化。实际上，第二项是在当前帧位置 $\boldsymbol{y}$ 处利用 w_i 加权的核函数 k 估算的概率密度。这个概率密度的极值问题可以用 Mean Shift 理论求得，计算 Mean Shift 向量，得到目标匹配的新位置，有

$$\hat{\boldsymbol{y}}_1=\frac{\displaystyle\sum_{i=1}^{s}\boldsymbol{x}_i w_i g\left(\left\|\frac{\hat{\boldsymbol{y}}_0-\boldsymbol{x}_i}{h}\right\|^2\right)}{\displaystyle\sum_{i=1}^{s}w_i g\left(\left\|\frac{\hat{\boldsymbol{y}}_0-\boldsymbol{x}_i}{h}\right\|^2\right)} \tag{8-77}$$

3. 基于核函数直方图的 Mean Shift 算法描述

假设目标模型核函数直方图为 $\{\hat{q}_u\}_{u=1,\cdots,m}$，目标在前一帧中的位置为 $\hat{\boldsymbol{y}}_0$，根据上述推导可以得到 Mean Shift 目标跟踪算法的一般流程。具体如下：

(1) 初始化当前帧的目标位置为 $\hat{\boldsymbol{y}}_0$，计算 $\{\hat{\boldsymbol{p}}_u(\hat{\boldsymbol{y}}_0)\}_{u=1,\cdots,m}$，估计 Bhattacharyya 系数：

$$\rho[\hat{\boldsymbol{p}}(\hat{\boldsymbol{y}}_0), \hat{\boldsymbol{q}}] = \sum_{u=1}^{m} \sqrt{\hat{p}_u(\hat{\boldsymbol{y}}_0), \hat{q}_u} \tag{8-78}$$

(2) 根据式 (8-76) 计算权值 $\{w_i\}_{i=1,\cdots,s}$。

(3) 根据式 (8-77) 计算新的候选目标位置 $\hat{\boldsymbol{y}}_1$。

(4) 更新 $\{\hat{p}_u(\hat{\boldsymbol{y}}_1)\}_{u=1,\cdots,m}$ 并估计

$$\rho[\hat{\boldsymbol{p}}(\hat{\boldsymbol{y}}_1), \hat{\boldsymbol{q}}] = \sum_{u=1}^{m} \sqrt{\hat{p}_u(\hat{\boldsymbol{y}}_1), \hat{q}_u} \tag{8-79}$$

(5) 当 $\rho[\hat{\boldsymbol{p}}(\hat{\boldsymbol{y}}_1), \hat{\boldsymbol{q}}] < \rho[\hat{\boldsymbol{p}}(\hat{\boldsymbol{y}}_0), \hat{\boldsymbol{q}}]$，则 $\hat{\boldsymbol{y}}_1 \leftarrow \frac{1}{2}(\hat{\boldsymbol{y}}_0 + \hat{\boldsymbol{y}}_1)$ 直到 $\rho[\hat{\boldsymbol{p}}(\hat{\boldsymbol{y}}_1), \hat{\boldsymbol{q}}] \geqslant \rho[\hat{\boldsymbol{p}}(\hat{\boldsymbol{y}}_0), \hat{\boldsymbol{q}}]$。

(6) 如果 $\|\hat{\boldsymbol{y}}_1 - \hat{\boldsymbol{y}}_0\| < \varepsilon$，结束；否则 $\hat{\boldsymbol{y}}_0 \leftarrow \hat{\boldsymbol{y}}_1$，转到第 (2) 步。

结束条件 ε 应当使 $\hat{\boldsymbol{y}}_0$ 和 $\hat{\boldsymbol{y}}_1$ 的间距小于一个像素，同时还要限制最大的迭代次数（一般设为 20）。第 (5) 步的作用是为了避免由于线性近似 Bhattacharyya 系数而可能造成的 Mean Shift 过程中出现的数值计算误差。

基于核函数直方图的 Mean Shift 目标跟踪算法有以下几个优点：

(1) 计算量不大，可以满足实时跟踪要求；

(2) 作为一个无参密度估计算法，容易和其他算法集成；

(3) 基于核函数直方图的目标建模方式对目标的旋转、变形及背景的运动不敏感，提高了跟踪的顽健性。

但是，该算法也有不足之处：

(1) 它仅采用颜色直方图对目标进行建模，易受到与目标颜色分布较相似的背景干扰；

(2) 算法缺乏必要的模板更新过程；

(3) 由于跟踪过程中窗宽的大小保持不变，一旦目标尺度发生变化，可能导致跟踪失败；

(4) 当目标的运动速度较快或目标发生严重遮挡时，跟踪容易发生漂移。

8.5.3 基于概率分布图的均值漂移目标跟踪算法

基于概率分布图的 Mean Shift 算法，其核心思想是在视频图像中的每一帧对应的概率分布图上做 Mean Shift 迭代运算，并将前一帧的结果（搜索窗口的

中心和大小）作为下一帧 Mean Shift 算法搜索窗口的初始值，重复这个过程，就可以实现对目标的跟踪。

1. 概率分布图

概率分布图（Probability Distribution Map，PDM）是利用直方图反向投影（Histogram Back Project）获取的。所谓直方图反向投影，是指将原始视频图像通过目标直方图转换到概率分布图的过程。直方图反向投影产生的概率分布图，即为直方图的反向投影图，该概率分布图中的每个像素值表示输入图像中对应像素属于目标直方图的概率。

概率分布图生成的具体过程如下。

（1）首先计算目标图像的直方图。假定目标区域由 n 个像素点 $\{\boldsymbol{x}_i^*\}_{i=1,\cdots,n}$ 组成，将该区域灰度分布离散成 m 级，b：$R^2 \rightarrow \{1, \cdots, m\}$ 表示像素点 $\boldsymbol{x}_i^*$ 的直方图索引为 $b(\boldsymbol{x}_i^*)$，则目标区域的直方图 $\boldsymbol{q}=\{\hat{q}_u\}_{u=1,\cdots,m}$ 为

$$\hat{q}_u = C\sum_{i=1}^{n}\delta(b(\boldsymbol{x}_i^*)-u),\ u=1,\ \cdots,\ m \tag{8-80}$$

式中，C 为归一化常数，使得 $\sum_{u=1}^{m}\hat{q}_u=1$。

（2）给定一幅新的待处理图像 f，$\{\boldsymbol{x}_i^*\}_{i=1,\cdots,s}$ 表示图中的 s 个像素点，则 f 基于分布 q 的概率分布图 I 可以表示为

$$I(\boldsymbol{x}_i)=\sum_{u=1}^{m}\hat{q}_u\delta(b(\boldsymbol{x}_i)-u) \tag{8-81}$$

概率分布图 I 实际反映了图像 f 中各种颜色成分的分布信息 I 上某一点的值大，说明 f 上对应点的颜色值在目标图像上的分布多；反之，I 上某一点的值小，说明 f 上对应点的颜色值在目标图像上的分布少。因此，图像 f 颜色的含量信息在这个投影图 I 上得到了充分的描述。

2. 基于概率分布图的 Mean Shift 算法

建立被跟踪目标的直方图模型后，可将输入视频图像转化为概率分布图。通过在第一帧图像初始化一个矩形搜索窗，对以后的每一帧图像，基于概率分布图的 Mean Shift 算法能够自动调节搜索窗的大小和位置，定位被跟踪目标的中心和大小，并且用当前帧定位的结果来预测下一帧图像中目标的中心和大小。算法的具体流程如下

（1）初始化计算目标模型的直方图，同时将第一帧中目标区域作为初始化的搜索窗，设搜索窗的尺寸为 s，中心位置为 P。

（2）利用目标模型的直方图，反向投影到当前帧图像，得到当前帧的概率分

布图 I。

(3) Mean Shift 迭代过程在概率分布图上，根据搜索窗的大小 s 和中心位置 P，计算搜索窗的质心位置。

① 计算零阶矩：

$$\boldsymbol{M}_{00}=\sum_{x}\sum_{y}I(x, y) \tag{8-82}$$

② 分别计算 x 和 y 的一阶矩：

$$\boldsymbol{M}_{10}=\sum_{x}\sum_{y}xI(x, y) \tag{8-83}$$

$$\boldsymbol{M}_{01}=\sum_{x}\sum_{y}yI(x, y) \tag{8-84}$$

其中，$I(x, y)$ 表示概率分布图 I 上点 (x, y) 处的像素值，x 和 y 的变化范围为搜索窗的范围。

③ 计算搜索窗的质心位置：

$$\begin{cases} x_{c}=\dfrac{\boldsymbol{M}_{10}}{\boldsymbol{M}_{00}} \\ y_{c}=\dfrac{\boldsymbol{M}_{01}}{\boldsymbol{M}_{00}} \end{cases} \tag{8-85}$$

④ 重新设置搜索窗的参数：

$$\begin{cases} P=(x_{c}, y_{c}) \\ s=2\sqrt{\boldsymbol{M}_{00}} \end{cases} \tag{8-86}$$

⑤ 重复①、②、③、④直到收敛（质心变化小于给定的阈值）或迭代次数小于某一阈值（通常设置为 20）。

(4) 此时的中心位置和区域大小就是感兴趣区域在当前帧中的位置和大小，返回步骤（2），重新获取新一帧图像，并利用当前所得的中心位置和区域大小在新的图像中进行搜索。

实际采用该算法对目标进行跟踪时，不必计算每帧图像所有像素点的概率分布，只需计算比当前搜索窗大一些的区域内的像素点的概率分布，这样可大大减少计算量。

与基于核函数直方图的 Mean Shift 算法相比，基于概率分布图的 Mean Shift 算法在目标表示上更加简单，且便于进行模型的组合。

8.6　基于粒子滤波的目标跟踪

从统计方法的角度，目标跟踪可以看作是一个概率推断问题，其关键是在给定观测值的情况下，如何维持目标状态后验概率的准确有效表示。根据贝叶斯估计理论，后验概率分布可以通过状态的先验分布和状态与观测的似然函数来确定，状态的先验分布可以通过专家知识、机器学习等方法得到，似然函数则由系统的测量方程得到。贝叶斯估计的滤波方法是将目标状态的求解转换为基于贝叶斯推理的后验概率的求解。

在利用贝叶斯理论进行目标状态估计时，如果目标模型（运动、观测）和噪声（状态、观测）是非线性的和非加性非高斯的，那么就可以通过粒子滤波算法得到一组最优的解析状态解形式。

粒子滤波算法是一种基于蒙特卡罗仿真的近似贝叶斯滤波算法，其核心思想是用一些离散的随机采样点（粒子）来近似表示状态变量的概率密度函数。当采样点的数目足够大时，这些粒子可以很好地逼近后验概率密度函数。

8.6.1 粒子滤波的跟踪问题

为了描述跟踪问题，定义目标状态空间方程分为运动方程和观测方程。运动方程：表示联系当前状态与以前状态，其表达式为 $\boldsymbol{x}_t = f_t(\boldsymbol{x}_{t-1}, \boldsymbol{w}_{t-1})$；观测方程：表示联系观察数据与当前状态，其表达式为 $\boldsymbol{y}_t = h_t(\boldsymbol{x}_t, \boldsymbol{v}_t)$。其中，$\boldsymbol{w}_t$ 和 $\boldsymbol{v}_t$ 分别为过程噪声和观测噪声，是相互独立不相关的两组噪声序列。

从贝叶斯估计角度来看，跟踪问题就是在给定测量数据 $\boldsymbol{y}_{1:t} = \{\boldsymbol{y}_1, \cdots, \boldsymbol{y}_t\}$ 的条件下，估算状态向量 $\boldsymbol{x}_t$ 的值，即估计后验概率密度函数 $p(\boldsymbol{x}_t \mid \boldsymbol{y}_{1:t})$。若假定初始先验概率密度函数 $p(\boldsymbol{x}_0 \mid \boldsymbol{y}_0) \equiv p(\boldsymbol{x}_0)$ 是已知的（$\boldsymbol{x}_0$ 表示初始状态向量，$\boldsymbol{y}_0$ 表示没有测量值），则从原则上讲，通过预测和更新就能以递归的方式估计后验概率密度函数 $p(\boldsymbol{x}_t \mid \boldsymbol{y}_{1:t})$。

预测方程：

$$p(\boldsymbol{x}_t \mid \boldsymbol{y}_{1:t-1}) = \int p(\boldsymbol{x}_t \mid \boldsymbol{x}_{t-1}) p(\boldsymbol{x}_{t-1} \mid \boldsymbol{y}_{1:t-1}) \mathrm{d}\boldsymbol{x}_{t-1} \tag{8-87}$$

更新方程：

$$p(\boldsymbol{x}_t \mid \boldsymbol{y}_{1:t}) = \frac{p(\boldsymbol{y}_t \mid \boldsymbol{x}_t) p(\boldsymbol{x}_t \mid \boldsymbol{y}_{1:t-1})}{p(\boldsymbol{y}_t \mid \boldsymbol{y}_{1:t-1})} \tag{8-88}$$

式中，$p(\boldsymbol{x}_t \mid \boldsymbol{x}_{t-1})$ 由目标的运动模型定义；$p(\boldsymbol{y}_t \mid \boldsymbol{x}_t)$ 由目标的观测模型定义；$p(\boldsymbol{y}_t \mid \boldsymbol{y}_{1:t-1})$ 为归一化常数，具有如下形式：

$$p(\boldsymbol{y}_t \mid \boldsymbol{y}_{1:t-1}) = \int p(\boldsymbol{y}_t \mid \boldsymbol{x}_t) p(\boldsymbol{x}_t \mid \boldsymbol{y}_{t-1}) \mathrm{d}\boldsymbol{x}_t \tag{8-89}$$

假定在时刻 $t-1$ 概率密度函数 $\boldsymbol{y}_{1:t-1}$ 是已知的，那么利用系统模型式就可以预测时刻 t 的先验概率密度：

$$p(\boldsymbol{x}_t \mid \boldsymbol{y}_{1:t-1})=\int p(\boldsymbol{x}_t \mid \boldsymbol{x}_{t-1})p(\boldsymbol{x}_{t-1} \mid \boldsymbol{y}_{1:t-1})\,\mathrm{d}\boldsymbol{x}_{t-1} \tag{8-90}$$

在式（8－90）中，利用了式（8－87）所描述的一阶马尔可夫过程：

$$p(\boldsymbol{x}_t \mid \boldsymbol{x}_{t-1},\ \boldsymbol{y}_{1:t-1})=p(\boldsymbol{x}_t \mid \boldsymbol{x}_{t-1}) \tag{8-91}$$

由系统模型式（运动方程）和统计值 $\boldsymbol{w}_{t-1}$，可以确定状态演化的概率密度 $p(\boldsymbol{x}_t \mid \boldsymbol{x}_{t-1})$。在时刻 t 获得测量值 $\boldsymbol{y}_t$，利用贝叶斯规则更新先验概率，得：

$$p(\boldsymbol{x}_t \mid \boldsymbol{y}_{1:t})=\frac{p(\boldsymbol{y}_t \mid \boldsymbol{x}_t)p(\boldsymbol{x}_t \mid \boldsymbol{y}_{1:t-1})}{p(\boldsymbol{y}_t \mid \boldsymbol{y}_{1:t-1})} \tag{8-92}$$

常数 $p(\boldsymbol{x}_t \mid \boldsymbol{y}_{1:t-1})=\int p(\boldsymbol{y}_t \mid \boldsymbol{x}_t)p(\boldsymbol{x}_t \mid \boldsymbol{y}_{1:t-1})\mathrm{d}\boldsymbol{x}_t$ 取决于由测量模型式（观测方程）和统计值 $\boldsymbol{w}_{t-1}$ 所定义的似然函数 $p(\boldsymbol{y}_t \mid \boldsymbol{x}_t)$。在更新式（8－88）中，测量值 $\boldsymbol{y}_t$ 被用来修正先验概率密度，以获取当前状态的后验概率密度函数。式（8－87）和式（8－88）是最优贝叶斯估计的一般概念表达式，通常不可能对它进行精确的分析。当满足一定的条件时，可以得到最优贝叶斯解。

8.6.2 贝叶斯滤波的蒙特卡罗实现

由上述可知，在求解式（8－87）和式（8－88）时，需要进行积分运算，一般对于高维变量的求解非常困难。除了线性、高斯假设条件下，可以得到解析解，即卡尔曼滤波算法，其他条件下必须采用数值逼近方法近似求解。蒙特卡罗方法为求解高维变量的积分问题提供了一种有效的方法。粒子滤波算法是一种基于蒙特卡罗仿真的滤波算法，摆脱了解决非线性滤波问题时随机量必须满足高斯分布的制约条件。

1. 蒙特卡罗思想

粒子滤波的基本思想是基于蒙特卡罗的采样仿真，假设我们能够从状态的后验概率分布 $p(\boldsymbol{x}_{0:t} \mid \boldsymbol{y}_{1:t})$ 中独立抽取 N 个样本 $\{\boldsymbol{x}_{0:t}^{(i)}\}_{i=1}^{N}$，则状态后验概率密度分布可以通过经验公式（8－93）近似得到。

$$\hat{p}(\boldsymbol{x}_{0:t} \mid \boldsymbol{y}_{1:t})=\frac{1}{N}\sum_{i=1}^{N}\delta(\boldsymbol{x}_{0:t}-\boldsymbol{x}_{0:t}^{(i)}) \tag{8-93}$$

式中，$\{\boldsymbol{x}_{0:t}^{(i)}:\ i=1,\ \cdots,\ N\}$ 是从后验概率分布采集的随机样本集，$\delta(\cdot)$ 是 Dirac－deta 函数。由式（8－93）可知，对于任何关于状态序列 $\boldsymbol{x}_{0:t}$ 的函数 $g_t(\boldsymbol{x}_{0:t})$ 的期望：

$$E[g_t(\boldsymbol{x}_{0:t})]=\int g_t(\boldsymbol{x}_{0:t})p(\boldsymbol{x}_{0:t} \mid \boldsymbol{y}_{1:t})\mathrm{d}\boldsymbol{x}_{0:t} \tag{8-94}$$

可以通过式（8－95）的估计来逼近，即

$$\overline{E[g_t(\boldsymbol{x}_{0:t})]}=\frac{1}{N}\sum_{i=1}^{N}g_t\{\boldsymbol{x}_{0:t}^{(i)}\} \tag{8-95}$$

由大数定律可以保证其收敛性，且收敛性不依赖于状态维数，可以很容易应用到高维情况。

为了让近似成立，还需要假设这些粒子 $\boldsymbol{x}_{0:t}^{(i)}$，$i=1$，…，$N$ 独立同分布。根据大数定理，有 $\overline{E[g_t(\boldsymbol{x}_{0:t})]}\xrightarrow[N\to\infty]{a.s.}E[g_t(\boldsymbol{x}_{0:t})]$，这里 $\xrightarrow[N\to\infty]{a.s.}$ 表示几乎确定收敛。而且，如果 $\mathrm{var}_{p(\cdot|z_{1:t})}[g_t(\boldsymbol{x}_{0:t})]<\infty$，那么由中心极限定理可得

$$\sqrt{N}\left(\overline{E[g_t(\boldsymbol{x}_{0:t})]}-E[g_t(\boldsymbol{x}_{0:t})]\right)\xrightarrow[N\to\infty]{p}N\{0,\ \mathrm{var}_{p(\cdot|z_{1:t})}[g_t(\boldsymbol{x}_{0:t})]\} \tag{8-96}$$

式中，$N\to\infty$表示概率上收敛。

2. 重要性采样

后验概率分布可以用有限离散的样本集近似。根据大数定理，随着粒子数 N 的增加，期望 $E[g_t(\boldsymbol{x}_{0:t})]$ 就可以用求和 $\overline{E[g_t(\boldsymbol{x}_{0:t})]}$ 来实现。但是经常无法直接从后验概率中分布采样。然而，可以找一个已知的，容易采样的概率分布重要性采样分布或重要性函数 $q(\boldsymbol{x}_{0:t}|\boldsymbol{y}_{1:t})$（Important Function）取代上述过程。其推导过程为

$$\begin{aligned}E[g_t(\boldsymbol{x}_{0:t})]&=\int g_t(\boldsymbol{x}_{0:t})\frac{p(\boldsymbol{x}_{0:t}|\boldsymbol{y}_{1:t})}{q(\boldsymbol{x}_{0:t}|\boldsymbol{y}_{1:t})}q(\boldsymbol{x}_{0:t}|\boldsymbol{y}_{1:t})\mathrm{d}\boldsymbol{x}_{0:t}\\&=\int g_t(\boldsymbol{x}_{0:t})\frac{w_t(\boldsymbol{x}_{0:t})}{p(\boldsymbol{y}_{1:t})}q(\boldsymbol{x}_{0:t}|\boldsymbol{y}_{1:t})\mathrm{d}\boldsymbol{x}_{0:t}\end{aligned} \tag{8-97}$$

式中，$w_t(\boldsymbol{x}_{0:t})$ 为没有归一化的重要性权重，即

$$w_t(\boldsymbol{x}_{0:t})=\frac{p(\boldsymbol{y}_{1:t}|\boldsymbol{x}_{0:t})p(\boldsymbol{x}_{0:t})}{q(\boldsymbol{x}_{0:t}|\boldsymbol{y}_{1:t})} \tag{8-98}$$

通过式（8-97）的变换，可以进一步去掉未知的归一化分布 $p(\boldsymbol{y}_{1:t})$，即

$$\begin{aligned}E[g_t(\boldsymbol{x}_{0:t})]&=\frac{\int g_t(\boldsymbol{x}_{0:t})w_t(\boldsymbol{x}_{0:t})q(\boldsymbol{x}_{0:t}|\boldsymbol{y}_{1:t})\mathrm{d}\boldsymbol{x}_{0:t}}{\int p(\boldsymbol{y}_{1:t}|\boldsymbol{x}_{0:t})p(\boldsymbol{x}_{0:t})\frac{p(\boldsymbol{x}_{0:t}|\boldsymbol{y}_{1:t})}{q(\boldsymbol{x}_{0:t}|\boldsymbol{y}_{1:t})}\mathrm{d}\boldsymbol{x}_{0:t}}\\&=\frac{\int g_t(\boldsymbol{x}_{0:t})w_t(\boldsymbol{x}_{0:t})q(\boldsymbol{x}_{0:t}|\boldsymbol{y}_{1:t})\mathrm{d}\boldsymbol{x}_{0:t}}{\int w_t(\boldsymbol{x}_{0:t})q(\boldsymbol{x}_{0:t}|\boldsymbol{y}_{1:t})\mathrm{d}\boldsymbol{x}_{0:t}}\\&=\frac{Eq(\cdot|\boldsymbol{y}_{1:t})[w_t(\boldsymbol{x}_{0:t})g_t(\boldsymbol{x}_{0:t})]}{Eq(\cdot|\boldsymbol{y}_{1:t})[w_t(\boldsymbol{x}_{0:t})]}\end{aligned} \tag{8-99}$$

$Eq(\cdot|\boldsymbol{y}_{1:t})$ 表示期望计算是在重要性采样分布 $q(\cdot|\boldsymbol{y}_{1:t})$ 上进行的。于是，通过从重要性函数 $q(\cdot|\boldsymbol{y}_{1:t})$ 采集样本 $\{\boldsymbol{x}_{0:t}^{(i)}: i=1, \cdots, N\}$ ，就可以得到期望 $E[g_t(\boldsymbol{x}_{0:t})]$ 的离散近似表示，为

$$\overline{E[g_t(\boldsymbol{x}_{0:t})]} = \frac{\frac{1}{N}\sum_{i=1}^{N} g_t(\boldsymbol{x}_{0:t}^{(i)}) w_t(\boldsymbol{x}_{0:t}^{(i)})}{\frac{1}{N}\sum_{i=1}^{N} w_t(\boldsymbol{x}_{0:t}^{(i)})} = \sum_{i=1}^{N} g_t(\boldsymbol{x}_{0:t}^{(i)}) \widetilde{w}_t(\boldsymbol{x}_{0:t}^{(i)}) \tag{8-100}$$

式中，$\widetilde{w}_t^{(i)} = \widetilde{w}_t(\boldsymbol{x}_{0:t}^{(i)})$ 是归一化的重要性权重

$$\widetilde{w}_t^{(i)} = \frac{w_t^{(i)}}{\sum_{j=1}^{N} w_t^{(j)}} \tag{8-101}$$

因为式（8－101）涉及估计的比例，所以它是有偏的。但是在一定的假设下，它是渐进收敛的，而且大数定理可以保证 $\overline{E[g_t(\boldsymbol{x}_{0:t})]} \xrightarrow[N\to\infty]{a.s.} E[g_t(\boldsymbol{x}_{0:t})]$ 。当 N 趋向无穷大时，式（8－102）可以无限接近后验概率分布 $p(\boldsymbol{x}_{0:t}|\boldsymbol{y}_{1:t})$ ，即

$$\hat{p}(\boldsymbol{x}_{0:t}|\boldsymbol{y}_{1:t}) = \sum_{i=1}^{N} \widetilde{w}_t^{(i)} \delta(\boldsymbol{x}_{0:t} - \boldsymbol{x}_{0:t}^{(i)}) \tag{8-102}$$

3. 序贯重要性采样（Sequential Importance Sampling，SIS）

贝叶斯重要性采样是一种简单常用的蒙特卡罗积分方法，但是它很难用来计算随着时间推移的顺序采样。这是因为，估计 $p(\boldsymbol{x}_{0:t}|\boldsymbol{y}_{1:t})$ 需要得到所有的数据 $\boldsymbol{y}_{1:t}$ ，每一次新的数据 $\boldsymbol{y}_{1:t+1}$ 来到时，都需要重新计算整个状态序列的重要性权重，它的计算量随着时间而增加。

为了解决这个问题，人们提出了序贯重要性采样方法，它在时间 $t+1$ 采样时不改动过去的状态序列样本集 $\{\boldsymbol{x}_{0:t}^{(i)}, i=1, \cdots, N\}$ ，而且采用递归的形式计算重要性权重。为了得到递归的计算形式，先假设当前状态不依赖于将来的观测，也就是说只进行滤波而不是平滑，由此得到重要性函数的另一种表达方式，即

$$q(\boldsymbol{x}_{0:t}|\boldsymbol{y}_{1:t}) = q(\boldsymbol{x}_{0:t-1}|\boldsymbol{y}_{1:t-1}) q(\boldsymbol{x}_t|\boldsymbol{x}_{0:t-1}, y_{1:t}) \tag{8-103}$$

再假设系统状态是一个马尔可夫过程，且给定系统状态下各项观测独立，即

$$p(\boldsymbol{x}_{0:t}) = p(\boldsymbol{x}_0)\prod_{j=1}^{t} p(\boldsymbol{x}_j|\boldsymbol{x}_{j-1}), \quad p(\boldsymbol{y}_{1:t}|\boldsymbol{x}_{0:t}) = \prod_{j=1}^{t} p(\boldsymbol{y}_j|\boldsymbol{x}_j) \tag{8-104}$$

将式（8－103）和式（8－104）代入式（8－98）得到重要性权重的递归计算公式：

$$w_t = w_{t-1} \frac{p(\boldsymbol{y}_t \mid \boldsymbol{x}_t) p(\boldsymbol{x}_t \mid \boldsymbol{x}_{t-1})}{q(\boldsymbol{x}_t \mid \boldsymbol{x}_{0:t-1}, \boldsymbol{y}_{1:t})} \tag{8-105}$$

在给定重要性函数 $q(\boldsymbol{x}_t \mid \boldsymbol{x}_{0:t-1}, \boldsymbol{y}_{1:t})$ 条件下，式（8－105）提供了一个递归计算重要性权重的方法。重要性函数 $q(\boldsymbol{x}_t \mid \boldsymbol{x}_{0:t-1}, \boldsymbol{y}_{1:t})$ 的设计是一个关键问题，它经常被近似以简化采样。既然可以从重要性函数 $q(\boldsymbol{x}_t \mid \boldsymbol{x}_{0:t-1}, \boldsymbol{y}_{1:t})$ 采样，通过状态方程和观测方程计算 $p(\boldsymbol{x}_t \mid \boldsymbol{x}_{t-1})$ 和 $p(\boldsymbol{y}_t \mid \boldsymbol{x}_t)$，顺序的重要性采样的任务就是生成初始的样本集和根据式（8－107）递归地计算重要性权重。

8.6.3 粒子滤波的跟踪流程

粒子滤波算法的中心思想，是用随机采样获得的样本集合，而不是用基于状态空间的函数来表示所需概率密度函数。当样本数量很大时，样本集合可以有效、确切、等同地表示所需概率密度函数，直接从这些样本中获得所需状态变量的概率密度函数的矩估计（如均值和方差）。

粒子滤波算法具体实现步骤总结如下：

（1）初始化：$t=0$。从先验分布 $p(\boldsymbol{x}_0)$ 采集粒子 $\boldsymbol{x}_0^{(i)}$，$i=1, \cdots, N$ 。

（2）重要性采样。

① 从 $q(\boldsymbol{x}_t \mid \boldsymbol{x}_{0:t-1} \mid \boldsymbol{y}_{1:t})$ 采集新的粒子 $\boldsymbol{x}_0^{(i)}$，$i=1, \cdots, N$ ；

② 根据 $w_t = w_{t-1} \dfrac{p(\boldsymbol{y}_t \mid \boldsymbol{x}_t) p(\boldsymbol{x}_t \mid \boldsymbol{x}_{t-1})}{q(\boldsymbol{x}_t \mid \boldsymbol{x}_{0:t-1}, \boldsymbol{y}_{1:t})}$ 递归地计算重要性权重 $w_t^{(i)}$，$i=1, \cdots, N$ ；

③ 根据 $\widetilde{w}_i^{(i)} = \dfrac{w_t^{(i)}}{\sum_{j=1}^{N} w_t^{(j)}}$ 将权重归一化为 $\widetilde{w}_i^{(i)}$ ，$i=1, \cdots, N$ 。

（3）输出。

算法的输出是粒子集 $\{\boldsymbol{x}_{0:t}^{(i)}: i=1, \cdots, N\}$ 用它可以近似表示后验概率和函数 $g_t(\boldsymbol{x}_{0:t})$ 的期望，即：$\hat{p}(\boldsymbol{x}_{0:t} \mid \boldsymbol{y}_{1:t}) = \dfrac{1}{N}\sum_{i=1}^{N} \delta(\boldsymbol{x}_{0:t} - \boldsymbol{x}_{0:t}^{(i)})$ ，$\overline{E[g_t(\boldsymbol{x}_{0:t})]} = \dfrac{1}{N}\sum_{i=1}^{N} g_t\{\boldsymbol{x}_{0:t}^{(i)}\}$ 。

8.7 基于卡尔曼滤波的目标跟踪

卡尔曼滤波器是一个对动态系统的状态序列进行线性最小方差误差估计的算

法，通过以动态的状态方程和观测方程来描述系统。它可以以任意一点作为起点进行观测，采用递归滤波的方法计算，具有计算量小，可实时计算的特点。

8.7.1　待估计的离散线性过程

卡尔曼滤波器是一个线性递归滤波器，它基于系统以前的状态序列对下一状态做最优估计，预测时具有无偏、稳定和最优的特点。一个离散动态系统可分解为两个过程：n 维动态系统和 p 维（$p \leqslant n$）的观测系统，在 k 时刻，一维的输入向量 $\boldsymbol{u}_k$ 经过动态系统，再加上 m 维的噪声向量 $\boldsymbol{n}_k$，称为动态噪声或系统噪声，它们线性产生 n 维的状态向量 $\boldsymbol{x}_k \in \Re^n$。一般地，动态系统可由下面的差分方程表示，也称为状态方程或系统方程，即

$$\boldsymbol{x}_k = \boldsymbol{A}x_{k-1} + \boldsymbol{B}u_{k-1} + w_{k-1} \tag{8-106}$$

式中，$n \times n$ 维的矩阵 $\boldsymbol{A}$ 表示在没有外界输入和噪声的影响下，系统状态 x 从 $k-1$ 时刻到 k 时刻的转移矩阵。在实际应用中，矩阵 $\boldsymbol{A}$ 在每一个时间点均不同，不过这里假设其是常量。$n \times 1$ 维的矩阵 $\boldsymbol{B}$ 表示可选控制输入 $\boldsymbol{u} \in \Re^n$ 到当前状态的转移矩阵，称为系统的作用矩阵。w_k 是具有协方差矩阵 $\boldsymbol{Q}$ 的零均值白噪声序列，表示状态模型误差。状态向量 $\boldsymbol{x}_k$ 通过 p 维的观测系统，再加上 p 维噪声向量 $\boldsymbol{\eta}_k$，称观测噪声，得到观测值 $z \in \Re^n$，观测方程可由下面的差分方程表示：

$$z_k = \boldsymbol{H}\boldsymbol{x}_k + v_k \tag{8-107}$$

式中，$m \times n$ 维的矩阵 $\boldsymbol{H}$ 称为观测矩阵，表示观测值 z_k 和系统状态 x 的关系。在实际应用中，矩阵 $\boldsymbol{H}$ 在每一个时间点均不同，同样这里假设它为常量。v_k 表示具有协方差 $\boldsymbol{R}$ 的零均值、白噪声序列，并且和 w_k 互不相关。

$$p(w) \sim N(0, \boldsymbol{Q}) \tag{8-108}$$

$$p(v) \sim N(0, \boldsymbol{R}) \tag{8-109}$$

通常称 $\boldsymbol{Q}$ 为状态噪声协方差，$\boldsymbol{R}$ 为观测噪声协方差，它们在每一个状态点和观测点会有所不同，但是这里假设它们为常量。

8.7.2　滤波器原理

在已知 k 时刻之前的系统状态下，定义 $\hat{\boldsymbol{x}}_k' \in \Re$ 为 k 时刻的先验状态估计，即表示由在 $k-1$ 时刻的状态向量预测得到的 k 时刻的状态向量；定义 $\hat{\boldsymbol{x}}_k \in \Re$ 为 k 时刻的后验状态估计，表示在得到 k 时刻的观测值 z_k 后，经过观测值 z_k 修正的状态向量。从而先验估计误差和后验估计误差分别表示为

$$\boldsymbol{e}_k' \equiv \boldsymbol{x}_k - \hat{\boldsymbol{x}}_k' \tag{8-110}$$

$$\boldsymbol{e}_k \equiv \boldsymbol{x}_k - \hat{\boldsymbol{x}}_k \tag{8-111}$$

它们的协方差表示为

$$P_k' = E[\boldsymbol{e}_k'\boldsymbol{e}_k'^{\mathrm{T}}] \tag{8-112}$$

$$P_k = E[\boldsymbol{e}_k\boldsymbol{e}_k^{\mathrm{T}}] \tag{8-113}$$

为了推导卡尔曼滤波器的公式，首先来计算后验状态估计 $\hat{\boldsymbol{x}}_k$，将它表示为先验状态估计 $\hat{\boldsymbol{x}}_k'$ 和实际观测值 z_k 与观测值 $\boldsymbol{H}\hat{\boldsymbol{x}}_k$ 的预测值加权差分的线性组合，如

$$\hat{\boldsymbol{x}}_k = \hat{\boldsymbol{x}}_k' + \boldsymbol{K}_k(z_k - \boldsymbol{H}\hat{\boldsymbol{x}}_k') \tag{8-114}$$

式中，$z_k - \boldsymbol{H}\hat{\boldsymbol{x}}_k'$ 称为差值，反映了观测估计 $\boldsymbol{H}\hat{\boldsymbol{x}}_k'$ 和实际观测值 z_k 之间的误差。如果为零，说明两者相等，几乎没有误差。

$n \times m$ 维的矩阵 $\boldsymbol{K}_k$ 称为滤波器增益最小化后验估计误差协方差。这个最小化过程是首先将式（8-114）代入已经定义的后验估计误差 $\boldsymbol{e}_k$，然后再将 $\boldsymbol{e}_k$ 代入式（8-113），得到 P_k 含有滤波器增益 $\boldsymbol{K}_k$ 的表达式，将 P_k 对 $\boldsymbol{K}_k$ 求偏导，令其结果为零，解出 $\boldsymbol{K}_k$ 能最小化后验估计误差协方差 P_k 的滤波器增益 $\boldsymbol{K}_k$ 的一种表达形式为

$$\boldsymbol{K}_k = P_k\boldsymbol{H}^{\mathrm{T}}(\boldsymbol{H}P_k\boldsymbol{H}^{\mathrm{T}} + \boldsymbol{R})^{-1} = \frac{P_k\boldsymbol{H}^{\mathrm{T}}}{\boldsymbol{H}P_k\boldsymbol{H}^{\mathrm{T}} + \boldsymbol{R}} \tag{8-115}$$

从 $\boldsymbol{K}_k$ 的表达式发现当观测误差的协方差 $\boldsymbol{R}$ 很小，接近零时，滤波器增益 $\lim\limits_{P_k'\to 0}\boldsymbol{K}_k = \boldsymbol{H}^{-1}$，将此时的 $\boldsymbol{K}_k$ 代入式（8-114），得到

$$\lim_{P_k'\to 0}\hat{\boldsymbol{x}}_k = \hat{\boldsymbol{x}}_k' + \boldsymbol{H}^{-1}(z_k - \boldsymbol{H}\hat{\boldsymbol{x}}_k') \tag{8-116}$$

说明当观测误差的协方差 $\boldsymbol{R}$ 接近零时，实际的观测值非常准确，可充分相信观测值。另一方面，当先验估计误差的协方差 P_k 很小，接近零时，滤波器增益 $\lim\limits_{P_k'\to 0}\boldsymbol{K}_k = 0$，将此时的 $\boldsymbol{K}_k$ 代入式（8-114），得到

$$\lim_{P_k'\to 0}\hat{\boldsymbol{x}}_k = \hat{\boldsymbol{x}}_k' + 0(z_k - \boldsymbol{H}\hat{\boldsymbol{x}}_k') = \hat{\boldsymbol{x}}_k' \tag{8-117}$$

说明当先验估计误差的协方差 P_k' 接近零时，后验估计值等于先验估计值，即预测值非常准确，可充分相信预测值。在实际应用中，卡尔曼滤波器的这一特点非常具有实际意义。

8.7.3 滤波器方程

卡尔曼滤波器把每一个时刻点 k 的系统状态的后验估计值的误差协方差减到最小，其由预测和修正两部分完成：预测部分包括状态预测和误差协方差预测；修正部分包括卡尔曼滤波器增益的计算和利用该增益系数对状态预测值和误差协方差进行修正。从上面的推理得到卡尔曼滤波器方程如下。

1. 预测部分

状态预测方程：

$$\hat{\boldsymbol{x}}_k' = \boldsymbol{A}\hat{x}_{k-1} + \boldsymbol{B}u_{k-1} \tag{8-118}$$

误差协方差预测方程：

$$P_k' = \boldsymbol{A}P_{k-1}\boldsymbol{A}^{\mathrm{T}} + \boldsymbol{Q} \tag{8-119}$$

2. 修正部分

卡尔曼增益系数方程：

$$\boldsymbol{K}_k = P_k\boldsymbol{H}^{\mathrm{T}}(\boldsymbol{H}P_k\boldsymbol{H}^{\mathrm{T}} + \boldsymbol{R})^{-1} \tag{8-120}$$

状态修正方程：

$$\hat{\boldsymbol{x}}_k = \hat{\boldsymbol{x}}_k' + \boldsymbol{K}_k(z_k - \boldsymbol{H}\hat{x}_k') \tag{8-121}$$

误差协方差修正方程：

$$P_k = (\boldsymbol{I} - \boldsymbol{K}_k\boldsymbol{H})P_k' \tag{8-122}$$

综上所述，卡尔曼滤波器利用反馈控制系统估计运动状态，该过程分两步：预测和修正。预测部分负责利用当前的状态和误差协方差估计下一时刻的状态，得到先验估计；修正部分负责反馈，将新的实际观测值与先验估计值一起考虑，从而获得后验估计。在每次完成预测和修正以后，由后验估计值预测下一时刻的先验估计，重复以上步骤，这就是卡尔曼滤波器的递归工作原理。因为它不同于其他滤波器，比如维纳滤波器，是直接作用于以往的所有数据估计当前的状态值，所以卡尔曼滤波器非常易于实现，这也是卡尔曼滤波器非常显著的特点之一。

8.7.4 滤波器参数

在卡尔曼滤波器的实际应用中，观测噪声的协方差 $\boldsymbol{R}$ 通常可以在执行滤波前得到。但是，一般来说并不能够直接观测待估计的过程，所以状态噪声的协方差 $\boldsymbol{Q}$ 相对难以决定。有时在相对简单的过程模型中，通过 $\boldsymbol{Q}$ 引入一定不确定的噪声，依然能够得到可接受的结果。当然，在这种情况下，观测过程要相当可靠。

另一方面，无论是否有合理选择噪声参数的基础，统计上来说，滤波过程可以通过调整滤波参数 $\boldsymbol{Q}$ 和 $\boldsymbol{R}$ 完成。而且当 $\boldsymbol{Q}$ 和 $\boldsymbol{R}$ 都是常数时，估计误差的协方差 P_k 和滤波器增益 $\boldsymbol{K}_k$ 将很快收敛稳定。

8.7.5 利用卡尔曼滤波器进行轨迹预测

在目标跟踪系统中，当目标发生大面积遮挡时，必须对目标的轨迹进行滤波与预测，采用三状态卡尔曼滤波器来预测目标的轨迹。在正常跟踪中利用卡尔曼滤波器状态，目标运动状态的估值来指导相关匹配，再以相关匹配检测到的目标状态作为观测值来修正卡尔曼滤波器的相关参数。当系统判断目标发生大面积遮挡时，系统利用卡尔曼滤波器来预测目标可能出现的轨迹，可以方便在特定区域搜索目标，等待目标重新出现。三状态卡尔曼滤波假设目标的运动状态参数为某一时刻目标的位置、速度和加速度。

定义卡尔曼滤波器的系统状态为 $\boldsymbol{x}_k$，$\boldsymbol{x}_k$ 是一个六维向量（P_x，P_y，v_x，v_y，a_x，a_y），分别代表目标轨迹 x 方向的位置、速度和加速度与 y 方向上的位置、速度和加速度。则滤波器的状态方程为

$$\boldsymbol{x}_k = \boldsymbol{A}\boldsymbol{x}_{k-1} + w_k \tag{8-123}$$

式中，

$$\boldsymbol{A} = \begin{bmatrix} 1 & 0 & \Delta t & 0 & (\Delta t)^2/2 & 0 \\ 0 & 1 & 0 & \Delta t & 0 & (\Delta t)^2/2 \\ 0 & 0 & 1 & 0 & \Delta t & 0 \\ 0 & 0 & 0 & 1 & 0 & \Delta t \\ 0 & 0 & 0 & 0 & 1 & 0 \\ 0 & 0 & 0 & 0 & 0 & 1 \end{bmatrix} \tag{8-124}$$

式中，Δt 表示连续两帧图像间的时间间隔。$k-1$ 是均值为零的高斯噪声序列，其协方差矩阵为

$$\boldsymbol{Q} = \begin{bmatrix} 1 & 0 & 0 & 0 & 0 & 0 \\ 0 & 1 & 0 & 0 & 0 & 0 \\ 0 & 0 & 1 & 0 & 0 & 0 \\ 0 & 0 & 0 & 1 & 0 & 0 \\ 0 & 0 & 0 & 0 & 1 & 0 \\ 0 & 0 & 0 & 0 & 0 & 1 \end{bmatrix} \tag{8-125}$$

观测方程为

$$z_k = \boldsymbol{H}\boldsymbol{x}_k + v_k \tag{8-126}$$

因为在相关跟踪中，只能观测到目标的位置，所以 $\boldsymbol{H}$ 是一个 2×6 维的矩阵，即

$$\boldsymbol{H} = \begin{bmatrix} 1 & 0 & 0 & 0 & 0 & 0 \\ 0 & 1 & 0 & 0 & 0 & 0 \end{bmatrix} \tag{8-127}$$

v_k 也是零均值的高斯噪声序列，其协方差矩阵为

$$\boldsymbol{R} = \begin{bmatrix} 1 & 0 \\ 0 & 1 \end{bmatrix} \tag{8-128}$$

从上述内容和推导可知用于目标跟踪的卡尔曼滤波算法如下：

系统状态预测方程为

$$\hat{\boldsymbol{x}}_k' = \boldsymbol{A}\hat{\boldsymbol{x}}_{k-1}' \tag{8-129}$$

误差协方差预测方程为

$$P_k' = \boldsymbol{A}P_{k-1}\boldsymbol{A}^{\mathrm{T}} + \boldsymbol{Q} \tag{8-130}$$

卡尔曼增益系数方程

$$\boldsymbol{K}_k = P_k'\boldsymbol{H}^{\mathrm{T}}(\boldsymbol{H}P_k'\boldsymbol{H}^{\mathrm{T}} + \boldsymbol{R})^{-1} \tag{8-131}$$

状态修正方程

$$\hat{\boldsymbol{x}}_k = \hat{\boldsymbol{x}}_k' + \boldsymbol{K}_k(z_k - \boldsymbol{H}\hat{\boldsymbol{x}}_k') \tag{8-132}$$

误差协方差修正方程

$$P_k = (\boldsymbol{I} - \boldsymbol{K}_k\boldsymbol{H})P_k' \tag{8-133}$$

在跟踪过程中使用卡尔曼滤波器估计目标的运动分为四个阶段，分别为滤波器的初始化、状态预测、匹配和状态修正。具体实现步骤如下：

(1) 初始化。在第一次使用卡尔曼滤波器时要对滤波器进行初始化，如果没有任何先验信息可用，常用的方法是用首次观测结果来进行初始化得到 $\boldsymbol{x}_0$。

(2) 预测。记录当前帧与前一帧图像的时间间隔，即 Δt ，代入式 (8-124) 中。根据式 (8-124) 和式 (8-129) 预测当前的目标运动状态的估值 $\hat{\boldsymbol{x}}_k'$ 。由式 (8-124)、式 (8-125) 及式 (8-130) 可对误差协方差进行预测。

(3) 匹配。以目标运动状态的估值 $\hat{\boldsymbol{x}}_k'$ 中位置信息 $P_x'(x, y)$ 为中心的区域为搜索区域，在该区域内进行相关匹配，得到最佳匹配位置 $p_{\max}(x, y)$；由 $p_{\max}(x, y)$ 可得到观测值 z_k 。

(4) 修正。由式 (8-131) 可得卡尔曼滤波器增益系数 $\boldsymbol{K}_k$ 。将 z_k 代入式 (8-132) 中，得到由当前实际观测修正后的状态向量，同时按式 (8-133) 修正误差协方差矩阵。回到步骤 (2)，重复预测、匹配及修正过程，完成运动目标的跟踪。

8.8 典型目标图像跟踪应用

8.8.1 旋转反射镜光学成像目标跟踪

旋转反射镜光学成像目标跟踪系统是目标图像跟踪的一个典型例子，它主要由同步触发装置、目标图像采集模块、旋转反射镜装置、反射镜调整与控制模块、目标图像识别与判断等构成。对于旋转反射镜光学成像目标跟踪系统，运动目标位于轨道 AC 上，在起始阶段目标由 A 点出发，C 点为终点，目标由 A 点运

动到 C 点，存在加速、匀速、减速的运动状态，B 为跟踪的实际起点。为了跟踪到目标，需要根据目标在轨道 AC 间的运动状态加以评估。图 8.8 为基于旋转反射镜目标跟踪系统原理，它的基本工作原理为，当运动目标从 A 点出发，进入同步触发装置的探测视场，同步触发装置将产生一个触发信号，该触发信号启动目标图像采集模块的图像采集设备，图像采集设备通过其光学系统捕获其视场内的反射镜观测到 BC 段目标图像信息；基于目标图像识别与判断确定反射镜的目标成像是否落在图像采集设备的感光成像面上，按照目标-反射镜-图像传感器三者的关联性，建立确定目标成像在反射镜的图像信息位于图像采集设备的成像面上的空间几何模型；一般采用基于目标运动的方向、速度、旋转反射镜转速、图像传感器感光面尺寸、电机的控制速度等参数作为控制系统的输入量，按照反射镜所获得的目标图像是否位于图像传感器感光面上作为判断跟踪控制的条件，再根据图像传感器所获得的前一帧图像和后一帧图像目标存在的位移变化量作为旋转反射镜转动量的调节依据，建立目标运动的预测状态方程，通过评判目标在图像传感器的移动变化量，满足判决条件视为跟踪到目标。整个跟踪过程都是以目标图像采集模块的视觉成像图像传感器为基础，引入了目标检测方法、目标图像特征提取、模糊目标图像识别、粒子滤波目标跟踪算法及卡尔曼滤波跟踪等技术，完成目标由 B 到 C 的跟踪过程。

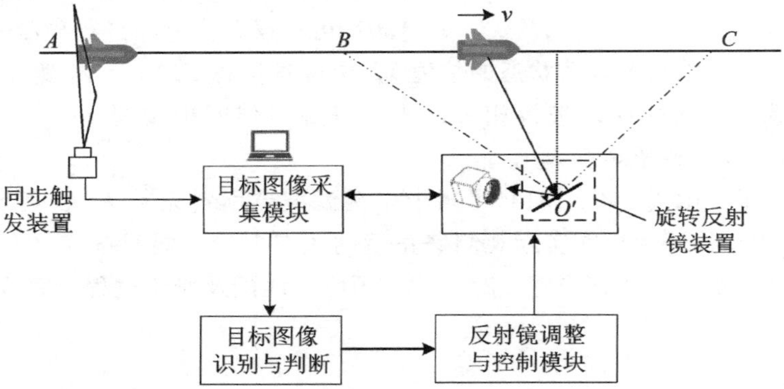

图 8.8　基于旋转反射镜目标跟踪系统

8.8.2　无人机对地目标跟踪

随着无人机技术的快速发展，对地面目标跟踪和识别成为无人机应用的热点。无人机在执行地面目标跟踪时，通过其携带的可见光相机和雷达等传感器，能够获取目标的位置和速度，从而获取相对精确的状态信息，实现目标精确跟踪和导引。随着图像处理技术和成像设备的不断发展，基于机器视觉的无人机平台在军事及民用应用方面得到了极大拓展。其中，基于图像的目标检测、跟踪与定位成为无人机对任务环境进行感知与分析的重要手段。将前沿的图像跟踪技术以及目标定位技术应用于无人机的发展领域，以实现无人机真正的智能化是无人机视觉研究领域的热点之一。

1. 无人机对地目标跟踪系统原理

无人机对地目标跟踪系统由无人机及其搭载的图像处理平台和地面控制平台两个部分组成。它的主要工作原理为无人机搭载的图像处理平台对获取的红外和可见光图像通过无线传输到地面控制平台进行目标识别与跟踪处理，再将处理结果反馈传输回给无人机飞控子系统，从而自动控制无人机的飞行方向和速度，使其能够自动跟随运动目标。无人机对地目标跟踪系统原理如图 8.9 所示。

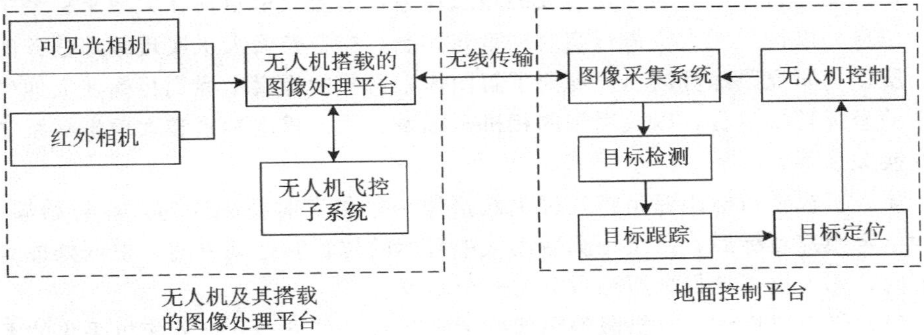

图 8.9 无人机对地目标跟踪系统原理图

无人机对地目标跟踪系统主要处理与控制功能模块包括目标图像采集与处理、目标跟踪与定位和无人机控制三部分组成，每部分具体的功能如下。

目标图像采集与处理：当无人机启动后，利用其搭载的图像处理平台获取地面目标图像信息，并通过无线传输模块将采集的图像传输到地面控制平台，再利用地面控制平台的处理软件对采集的图像进行相关处理，从而完成目标图像采集与处理。

目标跟踪与定位：首先，在嵌入式处理板上对获取到的可见光和红外图像进行预处理，包括可见光与红外图像的配准、红外图像的增强等。将预处理后的可见光图像先进行目标检测，检测到本系统所需要的目标后，将目标的像素位置传递给跟踪器，跟踪器根据实际情况选择单波段图像还是双波段图像对目标进行持续地跟踪。在跟踪过程中，若遇到无人机抖动比较严重的情况，则需要获取姿态数据来预测目标位置；若遇到目标长时间遮挡的情况，则需要结合目标检测来辅助找回目标，以实现对目标的持续跟踪。通过跟踪获得目标的像素坐标后，再结合姿态数据进行相关的坐标系转换和几何解算，实现对运动目标的实时定位，最后将目标实时位置信息传递给无人机控制模块。

无人机控制：当无人机获取到图像中目标对应的实际位置信息后，根据运动目标相对无人机的运动方向和距离来控制无人机的航向与速率，使其跟随运动目标，同时控制云台以保持运动目标位于图像中央区域。

2. 无人机对地目标跟踪定位步骤

基于视觉图像的无人机对地目标跟踪系统，通常是指在低空飞行的小型无人直升机上携带摄像机的云台控制系统，利用获得的视觉信息，自动调整机载云台的旋转和俯仰角度，使被跟踪的地面目标始终保持在摄像机的图像中心，同时利用视觉信息对动态目标的运动状态进行估计，并将其作为反馈信号来控制无人机跟踪目标飞行。

在检测到目标后，为实现后续的跟踪任务，需要获取目标在大地坐标系中的位置信息，以便对无人机进行实时决策与控制，这也是无人机实现跟踪任务的基础。所以在研究跟踪算法前，需要了解图像中目标的像素坐标到目标在大地坐标系中的坐标转换过程，以及用到的相机坐标系、无人机坐标系和大地坐标系之间的变换关系等。

无人机视觉目标跟踪是指通过机载摄像头采集实时视频序列，在初始帧中，人为给定跟踪目标后，持续预测后续帧中目标的位置和运动方向。根据处理对象的不同，无人机视觉目标跟踪可分为七个步骤：

（1）无人机启动，其搭载的图像处理平台获取可见光和红外相机采集的图像信息；同时无人机姿态角传感器获取无人机在飞行过程中的位置、姿态、环境等数据并送至地面数据处理中心进行处理。

（2）图像采集与处理系统利用帧间差法对目标进行检测，并从获得的实时图像中通过模糊目标图像识别方法识别目标，得到其在图像中的像素点坐标，以便后续获取目标在大地坐标系中的位置信息。

（3）在嵌入式处理板上对获取到的可见光和红外图像进行预处理，包括可见光与红外图像的配准、红外图像的增强等。

（4）将预处理后的可见光图像先进行目标检测，检测到跟踪系统所需要的目标后，将目标的像素位置传递给跟踪器，跟踪器利用基于粒子滤波的目标跟踪算法对目标进行持续地跟踪。

（5）结合无人机姿态角传感器获取的无人机在飞行过程中的位置、姿态、环境等数据，经过地面数据处理中心的处理，最终解出无人机的状态。

（6）根据获得的无人机和目标信息，解算得到运动目标与无人机之间的相对位置、姿态以及目标在大地坐标系中的位置等信息。

（7）根据无人机的飞行控制策略对无人机做出控制决策，如加速、减速、转弯、悬停等，从而根据目标的运动状态更加精准地实现目标跟踪。

8.9 目标图像跟踪技术的其他应用

1. 目标图像跟踪技术在雷达中的应用

目前的战场环境中广泛应用了目标跟踪技术，主要包括应用于高炮、导弹、坦克等武器装备的火控系统以及一些红外搜索系统等。坦克火控系统自诞生至今其功能逐步完善，部分装备了稳像式火控系统的三代主战坦克已具备目标跟踪功能，配合驾驶员人工操作可以显著提升坦克装备在行进期间跟踪和打击运动目标的能力。例如，美国的 M1A2SEP 型坦克在加装雷神公司研制的目标跟踪模块后，已成为美军现役最先进的数字化坦克；德国的豹 2A6 坦克已部分装备 FLP-10/EMES-18 型火控系统，以便车长和炮长在全天候条件下进行目标捕捉。AN/APG-77 是美国第一代 AESA 机载火控雷达，安装在 F-22 原型机上，它除具有传统雷达功能外，还集成了情报侦察监视收集、地图测绘、更强的电子对抗能力和使用 Link16 数据链等功能，并支持无源探测。它的每个 T/R 模块内部都有一个功率放大器、一个低噪声放大器和相位控制电路。以前分别由飞机雷达天线、通信天线、干扰天线完成的射频功能，现在在有源相控阵和计算机强大处理能力的控制下几乎可由有源相控阵雷达同时完成。F/A—18E/F 飞机原来配装了 APG-65/73 雷达，改进后选用 AN/APG-79 型雷达。该雷达作用距离更远，隐身特性、多目标跟踪与高分辨 SAR 地形测绘等能力更加强大。该雷达可同时跟踪 20 个以上的目标，并能对所跟踪的目标自动建立跟踪文件，边扫边跟踪，用交替技术可同时完成空-空和空-地功能，而不必再对雷达工作方式或扫描方式进行选择。即使某一目标逃出了当前扫描区域，该雷达还可重新探测到该目标，并使用一个单独波束对其进行跟踪。目前，已实现的工作方式有高分辨率合成孔径雷达图像（SAR）、地面动目标（GMT）探测和跟踪、海面目标搜索、空对空跟踪、空对空和空对面目标交替搜索、合成孔径雷达与动目标合成搜索等。

受到计算机技术水平的限制，国内对军事目标跟踪技术的研究起步较晚。20 世纪 90 年代以后，随着国内计算机水平的大跨步发展，国内各高校和科研机构在目标识别与跟踪等图像处理技术上进行了大量科研工作并深入挖掘其在军事领域的应用场景。21 世纪初期，我国在某型主战坦克上首次实现了视频图像目标的自动跟踪，并装备了稳像式火控系统，该系统可以在行进间对机动目标进行攻击，还可以自动完成目标锁定追踪。

2. 目标图像跟踪技术在移动机器人导航中的应用

移动机器人是一种典型的自主式机器系统，具有很高的智能化水平，是机器人学、动力学、自动控制、电子技术、计算机技术和人工智能等多学科交叉的产物，是目前国内外学术研究的活跃领域。智能导航系统主要是利用摄像机和其他传感器设备对周围环境和兴趣目标进行实时检测和跟踪，基于对视频处理结果的理解与分析，引导机器人或车辆执行特殊的作业或任务。美国国家航空航天局（NASA）研制的“勇气号”和“机遇号”火星探测车，通过导航摄像机实现路径规划并引导仪器设备进行精细检测。德国凯撒斯劳滕工业大学和比利时皇家军事学院联合研制移动机器人 RAVON，通过车体前方顶部两个摄像机组成立体视觉系统，承担远程场景目标的观测、路径规划和导航任务，并利用多台工控机完成实时导航。我国哈尔滨工业大学机器人研究所研制了智能服务机器人，通过超声波检测障碍，立体摄像头负责测量障碍物空间尺寸，为机器人自主导航提供信息，引导机器人进行避障和导航，为提高运行效率，机器人采用 PC 机作为主控计算机进行路径优化，完成导航任务。

3. 目标图像跟踪技术在智能视频监控系统中的应用

智能视频监控系统是计算机视觉领域中最活跃的应用方向之一。它利用计算机视觉、图像处理和状态空间分析等理论，在尽可能少的人为干预条件下，对视频序列中的目标进行提取、处理、分析和理解，以实现对特定目标的定位、识别和跟踪，保持目标在视频监控内的运动可见性。同时，当目标在摄像机视野消失后再出现时（可能出现在另外一个摄像机），能够实时调节单摄像机的角度和进行多摄像机间的通信，从而捕捉到兴趣目标的运动轨迹。然后，对跟踪结果进行分析以实现异常行为检测、社会活动分析和可疑目标预警等操作，提高公共安全的保障能力。智能视频监控系统主要研究内容包括：低级图像采集与处理；中级目标表征、识别和跟踪；高级图像理解与行为，语义识别和分析等。可以明显看出，目标检测、识别和跟踪技术是该系统正常运行不可缺少的核心组成部分。在国内，中国科学院自动化研究所模式识别国家重点实验室建立了一套针对室内外场景监控的视频运动目标分析系统，能够分析场景中目标运动过程中存在的多种体态形式，获得了很好的应用效果。西北工业大学建立了一套 Great Wall 视频目标综合分析系统，能够实现复杂系统下对特定目标的跟踪、形态分析和行为识别等功能。因此，作为智能视频监控中的关键性技术，目标图像识别与跟踪算法的研究具有很大的应用价值。

习　题

1. 目标图像的跟踪原理是什么？简述它的特点。
2. 经典的目标检测的方法有哪些？简述它们的原理。

3. 目标识别与跟踪中，图像匹配方法有哪些？它们各自的特点是什么？

4. 简述目标图像特征提取与选择的步骤。

5. 在目标识别与跟踪过程中，如果出现目标图像模糊的现象，应采用哪种目标识别方法？并简述其识别的步骤。

6. 简述基于均值漂移的目标跟踪的基本方法。

7. 简述基于粒子滤波的目标跟踪的基本流程。

8. 简述一种目标图像跟踪技术的应用。

第 9 章　目标识别

9.1　目标识别概述

任何一种目标探测最终的目的都是要从探测传感器终端识别出有用信息，简单来说，不管是声探测、激光探测、红外探测、毫米波探测还是电容探测等，由于传感器工作环境的多样性和不确定性，难免使各类探测传感器输出的信号存在虚假信息，如何有效、快速地识别出真实的目标信息，是目标识别在探测系统中的关键性任务。目标识别属于模式识别的范畴，所谓模式识别，是指根据研究对象的特征或属性，以计算机为中心的机器系统并运用一定的分析算法认定它的类别，系统应使分类识别的结果尽可能地符合真实情况。完整的模式识别系统主要包含有数据采集与预处理、特征提取与选择、分类识别等环节。

数据采集与预处理主要是通过测量、采样和量化采集的信息，用矩阵或矢量表示二维图像或一维波形，这就是数据获取的过程。预处理的目的是去除噪声，加强有用的信息，并对输入测量仪器或其他因素所造成的退化现象进行复原。特征提取与选择主要是对原始数据进行变换，得到最能反映分类本质的特征。一般把原始数据组成的空间叫做测量空间，把进行分类识别的空间叫做特征空间。通过变换，可以把维数较高的测量空间中表示的模式变为在维数较低的特征空间中表示的模式。模式识别的前提是获取目标的特征信息，它的关键就是对原始信号进行适当的处理，从原始信号众多特征中求出那些对分类识别最有效的特征，以实现特征空间维数的压缩。特征提取和选择方法的优劣会极大地影响分类识别的性能。

在特征提取和选择的基础上，为了让机器具有分类识别功能，首先应该对它进行训练，将人类的识别知识和方法以及关于分类识别对象的知识输入机器中，产生分类识别的规则和分析程序。这一过程要反复进行多次，不断地修正错误，改进不足，它的工作内容主要包括修正特征提取方法、特征选择方案、判决规则方法及参数，最后使系统正确识别率达到设计要求。分类识别就是在特征空间中用某种方法把被识别对象归为某一类别，基本做法是在样本训练集的基础上确定某个判别规则，使按这种判决规则对被识别对象进行分类所造成的错误识别率最小或引起的损失最小。

因而，目标识别就是基于目标探测的后续处理，是对探测传感器输出信息的分析、描述、判断和识别过程。

9.2　目标信号特征提取与选择

特征提取和选择的基本任务是从众多特征中找出那些最有效的特征，它的好坏极大地影响到分类器的设计和性能。可以把特征分为物理的、结构的和数学的特征。人们通常利用物理和结构特征来识别对象，因为这样的特征容易被触觉、视觉以及其他感觉器官所发现。但是，在使用计算机构造识别系统时，应用这些特征有时候比较复杂，因为一般来说用硬件去模拟人类感觉器官是很复杂的，而机器在抽取数学特征的能力方面则比人强得多。这种数学特征的例子有统计均值、相关系数、协方差阵的特征值和特征向量等。

模式识别的前提是获取目标的特征信息，即获得有助于识别的原始信息数据；模式识别的关键是对原始信号进行适当的处理。从原始信号众多特征中求出那些对分类识别最有效的特征，以实现特征空间维数的压缩，即特征提取和选择。特征提取和选择方法的优劣极大地影响着分类器的设计与性能，因此，必须对特征提取和选择问题进行研究。

特征选择与提取是模式识别中最关键也是最复杂的环节，它是高度面向具体问题的，它一般以在分类中使用的某种判决准则为规则，要求所提取的特征在这种判决准则下的分类错误最小，它没有统一的理论，只有具体问题具体分析。如果识别对象的重要特征能够被计算机逐个识别，那么对象本身可以通过统计判决进行分类的方法得到最后识别，这种方法相当于对每一特征进行识别。例如，对识别对象的形态特征和其他物理特征的提取就相当于对形态与其他物理特征分析的研究。但特征提取还有完全不同的另外一种类型，如把待识别目标信号在不同频带内的分量作为它的特征信号，这种方法在实际应用中效果非常显著。第一种方法要求对目标信号的特征非常明确，它实质上是特征识别问题；而第二种方法对于目标信号的特征并不明确，它只是根据一般原则考虑特征提取，这种特征提取方法较简单，但如果要弄清所提取的特征反映了信号的什么性质，有时是很难回答的。

目标的特征提取和选择是一个过程。为了方便起见，下面对特征提取和选择过程涉及的几个常用术语进行说明。

(1) 特征形成。根据被识别对象产生出一组基本特征，这种基本特征是可以用仪表或传感器测量出来的，如识别对象是事物或某种过程时；它也可以是计算出来的，如识别对象为波形或数字图像时。这样产生出来的特征称为原始特征，这种过程即为特征形成过程。

(2) 特征提取。原始特征的数量可能会很多，换句话说，样本处于一个高维空间，可以通过映射或变换的方法用低维空间来表示样本，这个过程叫做特征提取。映射或变换后的特征称为二次特征，它们是原始特征的某种组合，通常是线性组合。

(3) 特征选择。从一组特征中挑选出一些最有效的特征从而达到降低特征空间维数的目的，这个过程称为特征选择。

特征提取与选择有如下两条基本途径。

①当实际用于分类识别的特征数目 d 给定后，直接从已经获得的 n 个原始特征中选出 d 个特征 $x_1, x_2, \cdots, x_d$，使可分性判据 J 的值满足式 (9-1)。

$$J(x_1, x_2, \cdots, x_d) = \max[J(x_{i1}, x_{i2}, \cdots, x_{id})] \tag{9-1}$$

式中，$x_{i1}, x_{i2}, \cdots, x_{id}$ 是 n 个原始特征中的任意 d 个特征，为直接寻找 n 维特征空间中的 d 维子空间，这类方法称为直接法。

②当判据 J 在最大条件下，对 n 个原始特征进行变换降维，也就是对原 n 维特征空间进行坐标变换，再取子空间，这类方法称为变换法。

设 $\{\boldsymbol{\alpha}_1, \boldsymbol{\alpha}_2, \cdots, \boldsymbol{\alpha}_n\}$ 是 n 维特征空间 $\boldsymbol{E}^n$ 的一个基底，矢量 $\boldsymbol{x}$ 是对象在 $\boldsymbol{E}^n$ 中关于 $\{\boldsymbol{\alpha}_i\}$ 的一个观测，则 $\boldsymbol{x}$ 可表示为

$$\boldsymbol{x} = \sum_{i=1}^{n} a_i \boldsymbol{\alpha}_i \tag{9-2}$$

在此基底 $\{\boldsymbol{\alpha}_i\}$ 上的 $\boldsymbol{x}$ 的各个分量（坐标）$\{a_i\}$ 称为对象的特征（值）。

特征提取与选择的实质是在 $\boldsymbol{E}^n$ 中找出一个子空间，对象的新特征是通过 $\boldsymbol{x}$ 向子空间投影得到。令 W 是 m 维子空间，是由 m 个线性无关的矢量 $\boldsymbol{\beta}_1, \boldsymbol{\beta}_2, \cdots, \boldsymbol{\beta}_m$ 组成，即

$$W = \mathrm{Span}\{\boldsymbol{\beta}_1, \boldsymbol{\beta}_2, \cdots, \boldsymbol{\beta}_m\} (m < n) \tag{9-3}$$

假设 $\boldsymbol{\beta}_i (i=1, 2, \cdots, m)$ 之间是正交的，在 W 中，对象的新特征可以通过 $\boldsymbol{x}$ 在 $\{\boldsymbol{\beta}_i\}$ 上的投影 $\{\boldsymbol{b}_i = \boldsymbol{x}^{\mathrm{T}} \boldsymbol{\beta}_i\}$ 给出。令

$$\hat{x} = \sum_{i=1}^{m} \boldsymbol{b}_i \boldsymbol{\beta}_i \tag{9-4}$$

式中，$\hat{x}$ 是原始空间 $\boldsymbol{E}^n$ 中 $\boldsymbol{x}$ 的一个近似。

在直接选择法中，则有 $\boldsymbol{\beta}_i = \boldsymbol{\alpha}_i$，即坐标系不变，只是在原坐标系中选出较少的分量表示原模式，即变成纯粹的特征选择问题。在用变换法提取和选择特征时，是在某种准则下，通过变换产生新的坐标系 $\{\boldsymbol{\beta}_i\}$，原来模式 $\boldsymbol{x}$ 在 $\boldsymbol{\beta}_i (i = 1, 2, \cdots, m)$ 上的投影作为原模式新的特征分量，用其中一部分或全部重新表

示原模式，即特征的再次提取和选择问题。

9.3 统计模式识别方法

假设要识别对象有几个特征观察值 x_1，x_2，…，x_n，这些特征值的所有可能的取值范围构成了 n 维特征空间，称 $\boldsymbol{x}=[x_1, x_2, \cdots, x_n]^{\mathrm{T}}$ 为 n 维特征向量。这些假设说明了要研究的分类问题有 c 个类别，各类别状态用 ω_i 来表示，$i=1, 2, \cdots, c$；对应于各个类别 ω_i 出现的先验概率 $P(\omega_i)$ 以及类条件概率密度函数 $P(x|\omega_i)$ 是已知的。如果在特征空间已观察到某一向量 $\boldsymbol{x}$，$\boldsymbol{x}=[x_1, x_2, \cdots, x_n]^{\mathrm{T}}$ 就是 n 维特征空间上的某一个点，则应该把 $\boldsymbol{x}$ 分到哪一类最合理，是需要研究的问题。常用的统计判决准则主要有基于最小错误率的贝叶斯决策和基于最小风险的贝叶斯决策。

1. 基于最小错误率的贝叶斯决策

在模式分类问题中，利用概率论中的贝叶斯公式，就能得出使错误率为最小的分类规则，称为基于最小错误率的贝叶斯决策。假设每个要识别的目标已经过预处理，抽取其中的 d 个表示目标基本特性的特征，成为一个 d 维空间的向量 $\boldsymbol{x}$，识别的目的是区分真实目标和虚假目标。用决策论的术语来讲就是将 $\boldsymbol{x}$ 归类于两种可能的自然状态之一。如果用 ω 表示状态，且 $\omega=\omega_1$ 表示为真实目标（正常状态），$\omega=\omega_2$ 表示为虚假目标（异常状态），则类别的状态是一个随机变量，而某种状态出现的概率是可以估计的。在识别前已知正常真实目标状态的概率 $P(\omega_1)$ 和虚假目标状态的概率 $P(\omega_2)$。这种由先验知识在识别前就得到的概率 $P(\omega_1)$ 和 $P(\omega_2)$ 称为状态的先验概率。如果已经知道状态先验概率 $P(\omega_i)$，$i=1, 2$，类条件概率密度 $P(x|\omega_i)$，$i=1, 2$，则利用贝叶斯公式得到的条件概率 $P(\omega_i|x)$ 称为状态的后验概率，有

$$P(\omega_i \mid \boldsymbol{x})=\frac{P(\boldsymbol{x} \mid \omega_i)P(\omega_i)}{\sum_{j=1}^{2} P(\boldsymbol{x} \mid \omega_j)P(\omega_j)} \tag{9-5}$$

基于最小错误率的贝叶斯决策规则：如果 $P(\omega_1|\boldsymbol{x})>P(\omega_2|\boldsymbol{x})$，则把 $\boldsymbol{x}$ 归类于真实目标状态 ω_1，反之，$P(\omega_1|\boldsymbol{x})<P(\omega_2|\boldsymbol{x})$，则把 $\boldsymbol{x}$ 归类于虚假目标状态 ω_2。

2. 基于最小风险的贝叶斯决策

在模式分类的决策中，使错误率达到最小是最重要的。但实际上有时需要考虑一个比错误率更为广泛的概念，那就是风险，而风险又是和损失紧密相连的。

最小风险贝叶斯决策是考虑各种错误造成的损失不同而提出的一种决策规则。决策论中称采取的决定为决策或行动，称所有可能采取的各种决策组成的集合为决策空间或行动空间，用 A 表示。而每个决策或行动都将带来一定的损失，它通常是决策和自然状态的函数。

设观察 $\boldsymbol{x}$ 是 d 维随机向量，$\boldsymbol{x}=[x_1, x_2, \cdots, x_d]^{\mathrm{T}}$，$x_1, x_2, \cdots, x_d$ 为一维随机变量；状态空间 Ω 由 c 个自然状态（c 类）组成，$\Omega=\{\omega_1, \omega_2, \cdots, \omega_c\}$。决策空间由 a 个决策 $\alpha_i(i=1, 2, \cdots, a)$ 组成，$A=\{\alpha_1, \alpha_2, \cdots, \alpha_a\}$，$a$ 和 c 不同的是，由于除了对 c 个类别有 c 种不同的决策外，还允许采取其他决策，如采取“拒绝”的决策，这时就有 $a=c+1$。损失函数为 $\lambda(\alpha_i, \omega_j)$，$i=1, 2, \cdots, a$，$j=1, 2, \cdots, c$。$\lambda$ 表示当真实状态 ω_j 而所采取的决策为 α_i 时所带来的损失。

已知先验概率 $P(\omega_j)$ 及类条件概率密度 $P(\boldsymbol{x}|\omega_j)$，$j=1, 2, \cdots, c$，根据贝叶斯公式，后验概率为

$$P(\omega_j \mid \boldsymbol{x})=\frac{P(\boldsymbol{x} \mid \omega_j)P(\omega_j)}{\sum_{i=1}^{c} P(\boldsymbol{x} \mid \omega_i)P(\omega_i)} \tag{9-6}$$

由于引入了“损失”的概念，在考虑错判所造成的损失时，就不能只根据后验概率的大小来做决策，而必须考虑所采取的决策是否使损失最小。对于给定的 $\boldsymbol{x}$，如果采取决策 α_i，对应决策 α_i，λ 可以在 c 个 $\lambda(\alpha_i, \omega_j)$ 值中任取一个，相应的概率为 $P(\omega_j \mid \boldsymbol{x})$。在采取决策 α_i 情况下的条件期望损失 $R(\alpha_i \mid \boldsymbol{x})$ 为

$$R(\alpha_i \mid \boldsymbol{x})=E[\lambda(\alpha_i, \omega_j)]=\sum_{j=1}^{c} \lambda(\alpha_i | \omega_j)P(\omega_j \mid \boldsymbol{x}) \tag{9-7}$$

把采取决策 α_i 的条件期望损失 $R(\alpha_i \mid \boldsymbol{x})$ 称为条件风险。由于 $\boldsymbol{x}$ 是随机向量的观察值，对于 $\boldsymbol{x}$ 的不同观察值，采取决策 α_i 时，其条件风险的大小是不同的。所以，究竟采取哪一种决策将随 $\boldsymbol{x}$ 的取值而定。这样决策 α 可以看成随机向量 $\boldsymbol{x}$ 的函数，记为 $\alpha(\boldsymbol{x})$，它本身也是一个随机变量，可以定义期望风险 R 为

$$R=\int R(\alpha(\boldsymbol{x}) \mid \boldsymbol{x})P(\boldsymbol{x})\mathrm{d}\boldsymbol{x} \tag{9-8}$$

式中，$\mathrm{d}\boldsymbol{x}$ 是 d 维特征空间的体积元，积分是在整个特征空间进行的。

期望风险 R 反映对整个特征空间上所有 $\boldsymbol{x}$ 的取值采取相应的决策 $\alpha(\boldsymbol{x})$ 所带来的平均风险；而条件风险 $R(\alpha_i \mid \boldsymbol{x})$ 只是反映了对某一 $\boldsymbol{x}$ 的取值采取决策 α_i 所带来的风险。要求采取的一系列决策行动 $\alpha(\boldsymbol{x})$ 使期望风险 R 最小。在考虑错判带来的损失时，希望损失最小。如果在采取每一个决策或行动时，都使其条件风险最小，则对所有的 $\boldsymbol{x}$ 做出决策时，其期望风险也必然最小。这样的决策就是最

小风险贝叶斯决策。最小风险贝叶斯决策规则为如果 $R(\alpha_k \mid \boldsymbol{x}) = \min\limits_{i=1,\cdots a} R(\alpha_i \mid \boldsymbol{x})$，则 $\alpha = \alpha_k$ 。

9.4 模糊模式识别方法

模糊模式识别是对一类客观事物和性质更合理的抽象和描述，是传统集合理论的必然推广。所谓模糊，是指事物的性态或类属不分明，其根源是事物之间存在过渡性的事物或状态，是它们之间没有明确的分界线。要了解模糊的概念，必须区分普通集合和模糊集合的不同，集合是数学的一个基本概念。通常将研究对象限定在某一范围之内，这个范围称为论域，论域中的各个事物称为论域中的元素。

定义 1：给定论域 U 及某一性质 P ，U 中具有性质 P 的元素的全体称为一个集合，简称集，记为

$$A = \{x \mid P(x)\} \tag{9-10}$$

式中，$P(x)$ 为 x 具有性质 P 。

在普通集合中，论域 U 中的每一个元素 x，对于子集 $A \subseteq U$ 来说，x 与 A 的关系只存在 $x \in A$ 或者 $x \notin A$ 两种关系，不会出现模棱两可的现象。因而子集 A 可用 0 和 1 两个数字来刻画。设论域 U 为自然数集，那么上述关系可以用特征函数法表征为

$$\begin{aligned} C_A:\ & U \rightarrow \{0,\ 1\} \\ & x \rightarrow C_A(x) \end{aligned} \tag{9-11}$$

式中，$C_A(x) = \begin{cases} 1, & x \in A \\ 0, & x \notin A \end{cases}$，$C_A(x)$ 在 x_0 处的取值 $C_A(x_0)$ 称为 $x_0 \in U$ 对 A 的隶属度。

任意集合 A 都有唯一的一个特征函数，同时任一特征函数都唯一地确定一个集合 A ，集合 A 可由它的特征函数 $C_A(x)$ 唯一确定，A 是由隶属度等于 1 的元素组成的。显然，这里元素的归属是明确的。如果将普通集合论里特征函数的取值范围由集合 $\{0,\ 1\}$ 推广到闭区间 $[0,\ 1]$ ，就可引出模糊集的定义。

定义 2：相对论域 U 上的一个集合 A ，对于任意 $x \in U$ ，都指定了一个数 $\mu_A(x) \in [0,\ 1]$ 用以表示 x 属于 A 的程度，即有映射

$$\begin{aligned} \mu_A(x):\ & U \rightarrow [0,\ 1] \\ & x \rightarrow \mu_A(x) \end{aligned} \tag{9-12}$$

由 $\mu_A(x)$ 所确定的集合 A 称为 U 上的一个模糊（子）集，$\mu_A(x)$ 称为 A 的隶属函数，对某一 $x \in U$ ，$\mu_A(x)$ 称为 x 对 A 的隶属度。

上述定义表明，一个模糊集完全由其隶属函数确定，隶属函数 $\mu_A(x)$ 唯一地确定一个模糊集。$\mu_A(x)$ 的值越接近 1，表示 x 属于 A 的程度越高；$\mu_A(x)$ 的值越接近于 0，表示 x 属于 A 的程度越低。

模糊集有几种表示方法，一般可表示为

$$A=\{(x,\ \mu_A(x)),\ x\in U\} \tag{9-13}$$

如果 U 是可数有限集，A 可表示为

$$A=\sum_i \frac{\mu_A(x_i)}{x_i} \quad x_i\in U \tag{9-14}$$

或将 A 表示为模糊矢量形式，设论域有 n 个元素 x_1、x_2、…、x_n，它们的次序已确定，则有

$$A=\{\mu_A(x_1),\ \mu_A(x_2),\ \cdots,\ \mu_A(x_n)\} \tag{9-15}$$

若 U 是无限不可数集，则可表示为

$$A=\int_U \frac{\mu_A(x)}{x} \tag{9-16}$$

需要注意的是，这里的 $\sum\limits_i$ 和 $\int_U$ 并不是求和与积分，而是各个元素与隶属函数对应关系的一个总括，表示各元素的并。与确定集一样，具有共同论语的模糊集也可以定义相等、包含以及集合运算等。

隶属函数的确定通常有专家确定法、统计法、对比排序法和综合加权法等。

9.5 神经网络模式识别方法

人工神经网络中最著名的是以自适应信号处理理论为基础发展起来的前向多层神经网络及其逆推学习（BP）算法。BP 网络是一种多层映射网络，它采用最小均方差的学习方式和反向传播算法。由于它可以解决感知机学习算法不能解决的某些问题，而且网络的学习可以收敛，所以得到了广泛应用。BP 网络不仅有输入节点和输出节点，而且还有一层或多层隐节点。输入信号先向前传递到隐节点，经过作用后，再把隐节点的输出信息传递到输出节点，最后给出输出结果。BP 网络使用了优化中的梯度下降法，把学习、记忆问题用迭代求解权等价，利用加入隐节点使优化问题的可调参数增加，从而可以得到更精确的解。BP 网络中隐节点数目的选取，目前主要依据经验进行，一般在输入节点不多的情况下，隐节点数为输入节点数的 3～5 倍。BP 网络一个突出的缺点是存在局部最小点和训练时间较长。

1. BP 网络模型及输出函数特征

BP 模型是多层感知器模型之一，它在识别和分类领域是一种非常有前途的

人工智能方法。BP 模型分三层：输入层、隐藏层和输出层。输入信息通过隐藏层被映射到输出层，而映射误差又回送到输入层，当总的映射误差趋近于零时，完成映射。三层 BP 模型结构如图 9.1 所示。

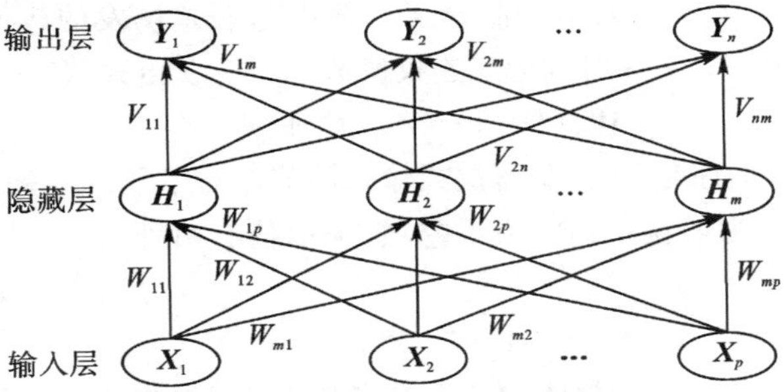

图 9.1 三层 BP 模型结构示意图

图 9.1 中，$\boldsymbol{W}_{mp}$ 是输入层和隐藏层之间的加权矩阵；$\boldsymbol{V}_{nm}$ 是隐藏层和输出层之间的加权矩阵；$\boldsymbol{H}_i$ 是隐藏层的激活能量，$i=1, 2, \cdots, m$；$\boldsymbol{Y}_k$ 是输出层目标出现的概率，$k=1, 2, \cdots, n$。

$\boldsymbol{H}_i$ 可以表示为

$$\boldsymbol{H}_i=\frac{1}{1+\exp(-\boldsymbol{S}_i')} \tag{9-17}$$

式中，$\boldsymbol{S}_i=\sum \boldsymbol{W}_{ij}\boldsymbol{X}_j$，其中，$j=1, 2, \cdots, p$。

输出层目标出现的概率 $\boldsymbol{Y}_k$ 可以表示为

$$\boldsymbol{Y}_k=\frac{\exp(-\boldsymbol{S}_i')}{\sum \exp(-S_k)} \tag{9-18}$$

式中，$\boldsymbol{S}_i'=\sum \boldsymbol{V}_{ij}\boldsymbol{H}_i$，$i=1, 2, \cdots, n$，$j=1, 2, \cdots, m$。

输出函数特性为 $\boldsymbol{Y}_k \geqslant 0 \quad \forall k$ 或 $\sum \boldsymbol{Y}_k=1 \quad \forall k$。

2. BP 学习算法步骤

步骤 1 将全部权值与节点的阈值预置为一个小的随机值。

步骤 2 加载输入和输出。在 p 个输入节点上加载一 p 维输入向量 $\boldsymbol{X}$，并指定每一输出节点的期望值 t_i。若该网络用于实现 m 种模式的分类器，则除了表征与输入相对应模式类的输出节点期望值为 1 以外，其余输出节点的期望值均应指定为 0。每次训练可从样本集中选取新的同类或不同类样本，直到权值对各类样本均达到稳定。实际上，为了保证好的分类效果，准备足够数量的各类样本常常是必要的。

步骤 3　计算实际输出 Y_1，Y_2，…，Y_n。假设将 m 类模式分类，按 Sigmoid 型函数，计算各输出节点 $i(i=1, 2, \cdots, m)$ 的实际输出 $\boldsymbol{Y}_i$。

步骤 4　修正权值。权值修正是采用最小均方联想机的算法思想，其过程是从输出节点开始，反向地向第一隐含层传播由总误差诱发的权值修正，这就是“反向传播”的由来。下一时刻的互连权值 $\boldsymbol{W}_{ij}(t+1)$ 由式（9-19）给出。

$$\boldsymbol{W}_{ij}(t+1)=\boldsymbol{W}_{ij}(t)+\eta\delta_j\boldsymbol{x}_i' \tag{9-19}$$

式中，j 为本结点的序号；i 为隐含层或输入层节点的序号；x_i' 是节点 i 的输出或者是外部输入；η 为增益项；δ_j 为误差项。j 取值有两种情况，一是 j 为输出节点，则

$$\delta_j=\boldsymbol{Y}_j(1-\boldsymbol{Y}_j)(t_j-\boldsymbol{Y}_j) \tag{9-20}$$

式中，t_j 为输出节点 j 的期望值；$\boldsymbol{Y}_j$ 为该节点的实际输出值。二是 j 为内部隐含节点，则

$$\delta_j=\boldsymbol{x}'_j(1-\boldsymbol{x}'_j)\sum_k\delta_k\boldsymbol{W}_{jk} \tag{9-21}$$

式中，k 为 j 节点所在层之上各层的全部节点。

步骤 5　在达到预定误差精度或循环次数后退出，否则转到步骤 2 重复以上过程。

9.6　数据融合识别方法

9.6.1　数据融合概念与原理

传感器信息融合又称数据融合，将经过集成处理的多传感器信息进行合成，形成一种对外部环境或被测对象某一特征的表达方式。传感器信息融合技术是对多种信息的获取、表示及其内在联系进行综合处理和优化的技术。传感器信息融合技术从多信息的视角进行处理及综合，得到各种信息的内在联系和规律，从而剔除无用的和错误的信息，保留正确的和有用的成分，最终实现信息的优化，它也为智能信息处理技术的研究提供了新的观念。

单一传感器只能获得环境或被测对象的部分信息段，而多传感器信息经过融合后能够完善、准确地反映环境的特征。经过融合后的传感器信息具有以下特征：信息冗余性、信息互补性、信息实时性、信息获取的低成本性。

数据融合系统中目标融合识别原理如图 9.2 所示。

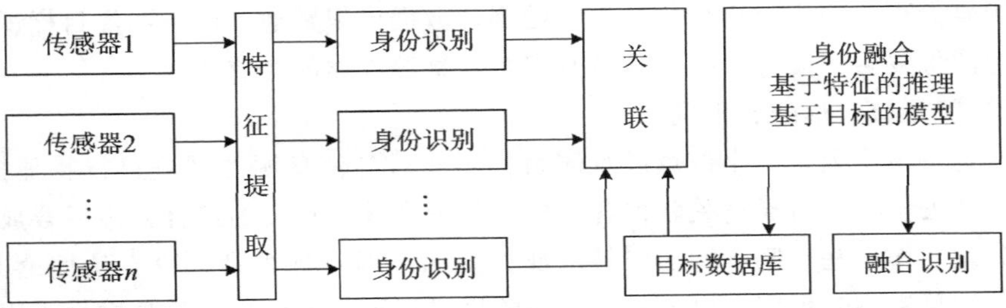

图 9.2　目标融合识别原理

1. 传感器数据融合分类

传感器数据融合分为组合、综合、融合和相关四种方式。

组合是由多个传感器组合成平行或互补方式来获得多组数据输出的一种处理方法，它是一种最基本的方式，涉及的问题有输出方式的协调、综合以及传感器的选择。

综合是信息优化处理中的一种获得明确信息的有效方法。例如，在虚拟现实技术中，使用两个分开设置的摄像机同时拍摄到一个物体不同侧面的两幅图像，综合这两幅图像可以复原出一个准确的有立体感的物体图像。

融合是将传感器数据组之间进行相关或将传感器数据与系统内部的知识模型进行相关，而产生信息的一个新的表达式。

相关是通过处理传感器信息获得某些结果，不仅需要单项信息处理，而且需要通过相关来进行处理，获悉传感器数据组之间的关系，从而得到正确信息，剔除无用和错误的信息。相关处理的目的是对识别、预测、学习和记忆等过程的信息进行综合和优化。

2. 目标融合识别层次

在多传感器信息融合系统中，不同的应用背景，决定了各传感器所要完成的功能侧重不一样，而且各类传感器的工作体制和目标信息形式往往存在很大差异，因此要对多传感器所获得的不同目标信息进行身份识别，必须将其统一在相同的信息表达层次上来完成融合处理或分为多个相容的信息表达层次分别进行融合。因此，多传感器信息融合识别也相应地分为三层，即数据层（传感器信号层）、特征层（属性信息层）及决策层（身份声明层）目标融合识别。

1）数据层目标融合识别

在这一层次上，对来自同类信息源原始数据直接进行融合，然后基于融合后的信息源数据进行特征提取和身份估计。要求所有信息源必须是同类型的（如若干个红外传感器）或是相同量级的（如红外传感器和可见光图像传感器）。通过对原始数据进行关联，确定用以融合的数据是否与同一目标有关。原始数据合成后的识别处理等同于对单个信息源的处理。数据层识别通常用于图像目标识别中的多源图像复合、图像分析与理解及多个信息源数据的合成。

2）特征层目标融合识别

在这一层次上，每个信息源观测目标，并对各信息源的观测进行特征提取，产生特征矢量，然后通过关联把各个特征矢量联成有意义的组合，最后合成这些特征矢量，作出基于联合特征矢量的属性说明，即目标类别判决。从理论上看，特征层的目标融合识别实质上就是一般的模式识别，多信息源只是提供了比单信息源更多的有关目标的特征信息，提高了特征数据的精度和可信度，只是在分类判决前必须对特征进行关联处理。这种关联处理包括两部分：一是目标特征和目标批次的关联，可通过目标位置估计技术来解决；二是目标特征对目标特性的关联和配准，即保证各种特征是在同一时刻抽取的。在分布式多信息源系统中，各信息源抽取的特征必须是不变性特征。但在目标融合识别中，这种不变性特征往往是难以获得的。为了保证特征信息在时间上和空间上的配准，常常还要对多信息源进行协调控制，所以在实际应用中难度较大。

3）决策层目标融合识别

在这一层次上，不同类型的多信息源通过特征提取，识别或判决等处理获得独立的类别估计，以建立对所观察目标的初步结论。然后，对来自每个信息源的目标类别进行合成，使每个类别估计对应于同一个目标，它是保证决策层识别信息一致性的必要手段。决策层综合输出的是一个融合识别结果，理论上，这个联合判决比任何单信息源判决更精确、明确和具体。

通过以上分析可知，这 3 个层次的识别各有特点及应用的侧重点。特别是对于决策层融合识别，由于其在信息处理上的方便和灵活，使得其具有系统对信息传输带宽要求较低，能有效地合成反映环境或目标各个侧面的不同类型信息，可以处理非同步信息及对信息关联的要求大大降低等优点，所以信息融合的大量研究成果都是在决策层上取得的。但是决策层融合识别也会因为多信息源测量的误差或不精确等原因，造成对于同一目标识别结果相互冲突等问题。

9.6.2 数据融合的主要处理内容

多传感器数据融合主要包括数据关联、状态估计、身份估计、态势评估与威胁估计、辅助决策、传感器管理等处理内容。

1. 数据关联

多传感器数据融合的关键技术之一是多源数据关联（Data Association，DA）问题，它也是多传感器数据融合的核心部分。所谓数据关联，就是把来自一个或多个传感器的观测或点迹 $Y_i(i=1, 2, \cdots, N)$ 与 j 个已知或已经确认的事件归并到一起，使它们分别属于 j 个事件的集合，即保证每个事件集合所包含的观测来自同一个实体的概率较大。具体地说，就是要把每批目标的点迹与数据库中各自的航迹配对，因为空间的目标很多，不能将它们配错。

数据关联包括点迹与航迹的关联和航迹与航迹的关联，它们是按照一定的关联度量标准进行的。所用的关联方法主要包括：

①最邻近数据关联（NNDA，Nearest Neighbor DA）。

②概率数据关联（PDA，Probabilistic DA）。

③联合概率数据关联（JPDA，Joint PDA）。

④简易联合概率数据关联（CJPDA，Cheap JPDA）。

⑤准最佳联合概率数据关联（SJPDA，Suboptimal JPDA）。

⑥最邻近联合概率数据关联（NNJPDA）。

⑦模糊数据关联。

其中，NNDA 和 PDA 方法是针对单目标或稀疏目标环境的；JPDA 方法是针对目标密度比较高的环境的，但计算量大；CJPDA、SJPDA、NNJPDA 等方法都是针对 JPDA 的缺点提出来的，可大大减少计算量，但在性能上有所牺牲。

2. 状态估计

状态估计主要指对目标的位置和速度的估计。位置估计包括距离、方位和高度或仰角的估计，速度估计除速度之外，还有加速度估计。要完成这些估计，在多目标的情况下，首先必须实现对目标的滤波、跟踪，形成航迹。跟踪要考虑跟踪算法、航迹的起始、航迹的确认、航迹的维持、航迹的撤销。在状态估计方面，用得最多的是 $\alpha-\beta$ 滤波、$\alpha-\beta-\gamma$ 滤波和卡尔曼滤波等，这些方法都是针对匀速或匀加速目标提出来的，但是当目标的真实运动与所采用的目标模型不一致时，滤波器将会发散。状态估计中的难点在于对机动目标的跟踪，后来提出的自适应 $\alpha-\beta$ 滤波和自适应卡尔曼滤波均改善了对机动目标的跟踪能力。扩展卡尔曼滤波是针对卡尔曼滤波在笛卡尔坐标系中才能使用的局限而提出来的，因为很多传感器，包括雷达，给出的数据都是极坐标数据。当然，多模型跟踪法也是改善机动目标跟踪能力的一种有效的方法。

3. 身份估计

身份估计就是要利用多传感器信息，通过某些算法，实现对目标的分类与识别，最后给出目标的类型，如目标的大小或具体类型等。身份估计涉及的基本理论和方法主要包括参数模板法、聚类方法、神经网络方法和基于物理模型的各种方法。

4. 态势评估与威胁评估

态势评估是对战场上敌、我、友三方战斗力分配情况的综合评价过程，它是信息融合和军事自动化指挥系统的重要组成部分。作为战场信息提取和处理的最高形式，态势评估和威胁评估是指挥员了解战场上敌我双方兵力对比及部署、武器配备、战场环境、后勤保证及其变化、敌方对我方威胁程度和等级的重要手段，是指挥员作战决策的主要信息源。态势提取、态势分析和态势预测是态势估计的主要内容。

威胁评估是在态势评估的基础上，综合敌方的破坏力、机动能力、运动模式及行为企图的先验知识，得到敌方的战术含义，估计出作战事件出现的程度或严重性，并对敌作战意图作出指示与警告，其重点是定量地表示出敌方作战能力和对我方的威胁程度。威胁评估也是一个多层视图的处理过程，包括对我方薄弱环节的估计等。

5. 辅助决策

辅助决策包括给出决策建议供指挥员参考和对战斗结果进行预测。辅助决策属多目标决策，一般不存在最优解，只能得到满意解。

6. 传感器管理

一个完整的数据融合系统还应包括传感器管理系统，以科学地分配能量和传感器工作任务，包括分配时间、空间和频谱等，使整个系统的效能更高。

9.6.3 数据融合的一般处理方法

传感器信息融合一般过程为：首先将被测对象转换为电信号，然后经过 A/D 变换将它们转换为数字量。数字化后电信号需经过预处理，以滤除数据采集过程中的干扰和噪声。对经处理后的有用信号做特征抽取，再进行数据融合；或者直接对信号进行数据融合。最后，输出融合的结果。传感器信息融合一般可分为嵌入约束法、证据组合法、人工神经网络法等三种方法。

1. 嵌入约束法

嵌入约束法是由多种传感器所获得的客观环境（即被测对象）的多组数据，就是客观环境按照某种映射关系形成的像，信息融合就是通过像求解原像，即对客观环境加以了解。用数学语言描述就是，所有传感器的全部信息，也只能描述环境某些方面的特征，而具有这些特征的环境却有很多，要使一组数据对应唯一的环境，就必须对映射的原像和映射本身加约束条件，使问题能有唯一的解。

嵌入约束法最基本的方法包括 Bayes 估计和卡尔曼滤波。

1）Bayes 估计

Bayes 估计是融合静态环境中多传感器底层数据的一种常用方法。其信息描述为概率分布，适用于具有可加高斯噪声的不确定性信息。假定完成任务所需的有关环境的特征物用向量 $\boldsymbol{F}$ 表示，通过传感器获得的数据信息用向量 $\boldsymbol{D}$ 来表示，$\boldsymbol{D}$ 和 $\boldsymbol{F}$ 都可看作随机向量。信息融合的任务就是由数据 $\boldsymbol{D}$ 推导和估计环境 $\boldsymbol{F}$ 。

假设 $p(\boldsymbol{F},\boldsymbol{D})$ 为随机向量 $\boldsymbol{F}$ 和 $\boldsymbol{D}$ 的联合概率分布密度函数，则

$$p(\boldsymbol{F},\boldsymbol{D}) = p(\boldsymbol{F} \mid \boldsymbol{D}) \cdot p(\boldsymbol{D}) = p(\boldsymbol{D} \mid \boldsymbol{F}) \cdot p(\boldsymbol{F}) \tag{9-22}$$

式中，$p(\boldsymbol{F} \mid \boldsymbol{D})$ 表示在已知 $\boldsymbol{D}$ 的条件下，$\boldsymbol{F}$ 关于 $\boldsymbol{D}$ 的条件概率密度函数；$p(\boldsymbol{D} \mid \boldsymbol{F})$ 表示在已知 $\boldsymbol{F}$ 的条件下，$\boldsymbol{D}$ 关于 $\boldsymbol{F}$ 的条件概率密度函数；$p(\boldsymbol{D})$ 和 $p(\boldsymbol{F})$ 分别表示 $\boldsymbol{D}$ 和 $\boldsymbol{F}$ 的边缘分布密度函数。

已知 $\boldsymbol{D}$ 时，要推断 $\boldsymbol{F}$ ，只需掌握 $p(\boldsymbol{F} \mid \boldsymbol{D})$ 即可，即

$$p(\boldsymbol{F} \mid \boldsymbol{D}) = p(\boldsymbol{D} \mid \boldsymbol{F}) \cdot \frac{p(\boldsymbol{F})}{p(\boldsymbol{D})} \tag{9-23}$$

式（9-23）即为概率论中的 Bayes 公式，是嵌入约束法的核心。

信息融合通过数据信息 $\boldsymbol{D}$ 做出对环境 $\boldsymbol{F}$ 的推断，即求解 $p(\boldsymbol{F} \mid \boldsymbol{D})$ 。由 Bayes 公式知，只需知道 $p(\boldsymbol{D} \mid \boldsymbol{F})$ 和 $p(\boldsymbol{F})$ 即可。因为 $p(\boldsymbol{D})$ 可看作使 $p(\boldsymbol{F} \mid \boldsymbol{D}) \cdot p(\boldsymbol{F})$ 成为概率密度函数的归一化常数，$p(\boldsymbol{D} \mid \boldsymbol{F})$ 是在已知客观环境变量 $\boldsymbol{F}$ 的情况下，传感器得到的 $\boldsymbol{D}$ 关于 $\boldsymbol{F}$ 的条件密度。当环境情况和传感器性能已知时，$p(\boldsymbol{F} \mid \boldsymbol{D})$ 由决定环境和传感器原理的物理规律完全确定。而 $p(\boldsymbol{F})$ 可通过先验知识的获取和积累，逐步渐近准确地得到，因此，一般总能对 $p(\boldsymbol{F})$ 有较好的近似描述。

在嵌入约束法中，反映客观环境和传感器性能与原理的各种约束条件主要体现在 $p(\boldsymbol{F} \mid \boldsymbol{D})$ 中，而反映主观经验知识的各种约束条件主要体现在 $p(\boldsymbol{F})$ 中。在传感器信息融合的实际应用过程中，通常的情况是在某一时刻从多种传感器得到一组数据信息 $\boldsymbol{D}$ ，由这一组数据给出当前环境的一个估计 $\boldsymbol{F}$ ，因此，实际中应用较多的方法是寻找最大后验估计 $\boldsymbol{G}$ ，即

$$p(\boldsymbol{G} \mid \boldsymbol{D}) = \max_{\boldsymbol{F}} p(\boldsymbol{F} \mid \boldsymbol{D}) \tag{9-24}$$

最大后验估计是在已知数据为 $\boldsymbol{D}$ 的条件下，使后验概率密度 $p(\boldsymbol{F})$ 取得最大值的点 $\boldsymbol{G}$ ，根据概率论，最大后验估计 $\boldsymbol{G}$ 满足：

$$p(\boldsymbol{G} \mid \boldsymbol{D}) \cdot p(\boldsymbol{G}) = \max_{\boldsymbol{F}} p(\boldsymbol{D} \mid \boldsymbol{F}) \cdot p(\boldsymbol{F}) \tag{9-25}$$

当 $p(\boldsymbol{F})$ 为均匀分布时，最大后验估计 G 满足：

$$p(\boldsymbol{G} \mid \boldsymbol{F}) = \max_{\boldsymbol{F}} p(\boldsymbol{D} \mid \boldsymbol{F}) \tag{9-26}$$

此时，最大后验概率也称为极大似然估计。

当传感器组的观测坐标一致时，可以用直接法对传感器测量数据进行融合。

在大多数情况下，多传感器从不同的坐标框架对环境中同一物体进行描述，这时传感器测量数据要以间接的方式采用 Bayes 估计进行数据融合。间接法要解决的问题是求出与多个传感器读数相一致的旋转矩阵 $\boldsymbol{R}$ 和平移矢量 $\boldsymbol{H}$ 。

在传感器数据进行融合之前，必须确保测量数据代表同一实物，即要对传感器测量进行一致性检验。常用式（9－27）距离公式来判断传感器测量信息的一致性。

$$S=\frac{1}{2}(x_1-x_2)^{\mathrm{T}}\boldsymbol{C}^{-1}(x_1-x_2) \tag{9-27}$$

式中，x_1 和 x_2 为两个传感器测量信号；$\boldsymbol{C}$ 为与两个传感器相关联的方差阵。当距离 S 小于某个阈值时，两个传感器测量值具有一致性。这种方法的实质是剔除处于误差状态的传感器信息而保留“一致传感器”数据计算融合值。

2）卡尔曼滤波法

卡尔曼滤波（KF）法主要用于实时融合动态的低层次冗余传感器数据，该方法用测量模型的统计特性，递推决定统计意义下的最优融合数据合计。如果系统具有线性动力学模型，且系统噪声和传感器噪声可用高斯分布的白噪声模型来表示，则 KF 为融合数据提供唯一的统计意义下的最优估计，KF 的递推特性使系统数据处理无需大量的数据存储和计算。KF 分为分散卡尔曼滤波（DKF）和扩展卡尔曼滤波（EKF）。DKF 可实现多传感器数据融合完全分散化，其优点是每个传感器节点失效不会导致整个系统失效。而 EKF 的优点是可有效克服数据处理不稳定性或系统模型线性程度的误差对融合过程产生的影响。

嵌入约束法是传感器信息融合的最基本方法之一，其缺点是需要对多源数据的整体物理规律有较好的了解，才能准确地获得 $p(\boldsymbol{D} \mid \boldsymbol{F})$，而且需要预知先验分布 $p(\boldsymbol{F})$。

2. 证据组合法

证据组合法认为完成某项智能任务是依据有关环境某方面的信息做出几种可能的决策，而多传感器数据信息在一定程度上反映了环境这方面的情况。因此，分析每一数据作为支持某种决策证据的支持程度，并将不同传感器数据的支持程度进行组合，即证据组合，分析得出现有组合证据支持程度最大的决策作为信息融合的结果。

证据组合法是对完成某一任务的需要而处理多种传感器的数据信息，完成某项智能任务，实际是做出某项行动决策。它先对单个传感器数据信息每种可能决策的支持程度给出度量，再寻找一种证据组合方法或规则，在已知两个不同传感器数据对决策的分别支持程度时，通过反复运用组合规则，最终得出全体数据信息的联合体对某决策总的支持程度，得到最大证据支持决策，即信息融合的结果。

利用证据组合进行数据融合的关键是选择合适的数学方法描述证据、决策和支持程度等概念建立快速、可靠并且便于实现的通用证据组合算法结构。证据组合法较嵌入约束法有如下优点：

(1) 对多种传感器数据间的物理关系不必准确了解，即无须准确地建立多种传感器数据体的模型。

(2) 通用性好，可以建立一种独立于各类具体信息融合问题背景形式的证据组合方法，有利于设计通用的信息融合软、硬件产品。

(3) 人为的先验知识可以视同数据信息，赋予对决策的支持程度，参与证据组合运算。

常用的证据组合法有概率统计方法和 Dempster - Shafer 证据推理。

1) 概率统计方法

在概率统计方法中，假设一组随机向量 $\boldsymbol{x}_1$，$\boldsymbol{x}_2$，…，$\boldsymbol{x}_n$ 分别表示 n 个不同传感器得到的数据信息，根据每一个数据 $\boldsymbol{x}_i$ 可对所完成的任务做出一决策 d_i。$\boldsymbol{x}_i$ 的概率分布为 $p_{a_i}(\boldsymbol{x}_i)$，$a_i$ 为该分布函数中的未知参数，若参数已知时，则 $\boldsymbol{x}_i$ 的概率分布就完全确定了。用非负函数 $L(a_i, d_i)$ 表示当分布参数确定为 a_i 时，第 i 个信息源采取决策 d_i 时所造成的损失函数。在实际问题中，a_i 是未知的，因此，当得到 $\boldsymbol{x}_i$ 时，并不能直接从损失函数中定出最优决策。先由 $\boldsymbol{x}_i$ 做出 a_i 的一个估计，记为 $a_i(\boldsymbol{x}_i)$，再由损失函数 $L[a_i(\boldsymbol{x}_i), d_i]$，决定出损失最小的决策。

2) Dempster - Shafer 证据推理

Dempster - Shafer (D - S) 证据理论用“识别框架 Θ”表示感兴趣的命题集。设 Θ 为 V 所有可能取值的一个论域集合，且所有在 Θ 内的元素之间是互不相容的，则称 Θ 为 V 的识别框架。定义 Θ 为一个识别框架，则幂集函数 m：$2^\Theta \to [0, 1]$（2^Θ 为 Θ 的幂集）满足式 (9 - 28) 条件。

$$\begin{cases} m(\varnothing)=0 \\ \forall A \in 2^\Theta,\ m(A) \geqslant 0,\ 且 \sum\limits_{A\subset\Theta} m(A)=1 \end{cases} \tag{9-28}$$

此时，称 $m(\cdot)$ 为 Θ 上 A 的基本概率赋值 (BPA)。若 m：$2^\Theta \to [0, 1]$ 是 Θ 上的基本概率赋值，定义函数

$$B_{\mathrm{EL}}:\ 2^\Theta \to [0, 1] \qquad B_{\mathrm{EL}}(A)=\sum_{B\subseteq A} m(B),\ (\forall A \in \Theta) \tag{9-29}$$

称该函数是 Θ 上的信任函数。若识别框架 Θ 的一个子集为 A，且 $m(A)\neq 0$，则称 A 为信任函数 B_{EL} 的焦元。

似真函数定义为

$$P_{\mathrm{L}}(A)=1-B_{\mathrm{EL}}(\overline{A})=\sum_{B\cap A\neq\varnothing} \tag{9-30}$$

式中，$\overline{A}=\Theta-A$。

由定义可知

$$B_{\mathrm{EL}}(\Phi)=P_{\mathrm{L}}(\Phi)=0,\ B_{\mathrm{EL}}(\Theta)=P_{\mathrm{L}}(\Theta)=1 \tag{9-31}$$

$$B_{\mathrm{EL}}(A)+B_{\mathrm{EL}}(\overline{A})\leqslant 1,\ P_{\mathrm{L}}(A)+P_{\mathrm{L}}(\overline{A})\geqslant 1 \tag{9-32}$$

$$B_{\mathrm{EL}}(A)+P_{\mathrm{L}}(\overline{A})=1 \tag{9-33}$$

$$P_{\mathrm{L}}(A)\geqslant B_{\mathrm{EL}}(A) \tag{9-34}$$

对 $\forall A,\ B\in 2^{\Theta}$，若 $A\subseteq B$，则 $B_{\mathrm{EL}}(A)\leqslant B_{\mathrm{EL}}(B)$。信任函数 $B_{\mathrm{EL}}(A)$ 是支持 A 的总信任的最小值，似真函数 $P_{\mathrm{L}}(A)$ 表示不否定 A 的信程，是支持 A 的总的信任最大值，$[B_{\mathrm{EL}}(A),\ P_{\mathrm{L}}(A)]$ 表示了对 A 的信任区间，记为 $A[B_{\mathrm{EL}}(A),\ P_{\mathrm{L}}(A)]$。$A[0,\ 1]$ 表示对 A 一无所知，$A[1,\ 1]$ 说明 A 为真，$A[0,\ 0]$ 说明 A 为假，$A[0.6,\ 1]$ 说明对 A 部分信任，$A[0,\ 0.4]$ 表明对 $\overline{A}$ 部分信任。$A[0.3,\ 0.9]$ 表示对 A 和 $\overline{A}$ 部分信任。

设 m_1 和 m_2 是 2^{Θ} 上的两个相独立的基本概率赋值，信任函数分别为 $B_{\mathrm{EL}1}$ 和 $B_{\mathrm{EL}2}$，对于子集 A，D－S组合规则为

$$m(A)=\begin{cases}\dfrac{\sum\limits_{A_1\cap A_2=A}m_1(A_1)m_2(A_2)}{\sum\limits_{A_1\cap A_2\neq\varnothing}m_1(A_1)m_2(A_2)}=m_1(A_1)\oplus m_2(A_2) & \forall A\Theta,\ A\neq\varnothing\\ 0, & A=\varnothing\end{cases} \tag{9-35}$$

m 所对应的 B_{EL} 称为 $B_{\mathrm{EL}1}$ 和 $B_{\mathrm{EL}2}$ 的合成或直和，记为 $B_{\mathrm{EL}}=B_{\mathrm{EL}1}\oplus B_{\mathrm{EL}2}$。

不同的证据代表不同的信息来源，两个系统的基本概率赋值表示不同系统对各个命题的支持程度，D－S规则反映了信息的重新分配。$A=A_1\cap A_2$ 表明 $A_i\supseteq A$，$i=1,\ 2$。即 A_i 中有支持 A 成分。$m_1(A_1)m_2(A_2)$ 表示两个系统的 A_1 和 A_2 共同支持的基本概率赋值。只要有一个 m_i 为 0，则 $m_1(A_1)m_2(A_2)$ 就为 0。$\sum\limits_{A_1\cap A_2=A}m_1(A_1)m_2(A_2)$ 表示两个系统共同支持 A 的信息。另外，$\sum\limits_{A_1\cap A_2=\varnothing}m_1(A_1)\times m_2(A_2)$ 则表示交为非零的各个子集 A_1、A_2 的信息总量，而 A 是 $\{A_1\cap A_2\neq\varnothing\}$ 的子集，因此用这两者的比值表示两个系统对 A 的基本概率赋值是合理的。由于 $\sum\limits_{A_i\subseteq\Theta}m_i(A_i)=1,\ i=1,\ 2$，从而有

$$\begin{aligned}1&=\sum_{A_1\subseteq\Theta}m_1(A_1)\sum_{A_2\subseteq\Theta}m_2(A_2)=\sum_{A_1,\ A_2\subseteq\Theta}m_1(A_1)m_2(A_2)\\&=\sum_{A_1\cap A_2=\varnothing}m_1(A_1)m_2(A_2)+\sum_{A_1\cap A_2\neq\varnothing}m_1(A_1)m_2(A_2)\end{aligned} \tag{9-36}$$

设 $K=\sum_{A_1\cap A_2=\varnothing} m_1(A_1)m_2(A_2)$，则式（9-35）可简化为

$$m(A)=\begin{cases}\dfrac{\sum_{A_1\cap A_2=A} m_1(A_1)m_2(A_2)}{1-K} & \forall A\Theta,\ A\neq\varnothing \\ 0, & A=\varnothing\end{cases} \tag{9-37}$$

若 $K\neq 1$，则 m 确定一个基本概率赋值；若 $K=1$，则 m_1 和 m_2 矛盾，不能对基本概率赋值进行组合。

当用D-S组合规则得到组合的基本概率赋值后，接着是根据得到的 $m(A)$ 来进行目标判断。设 A_1，$A_2\subset\Theta$，且满足

$$m(A_1)=\max\{m(A_1),\ A_i\subset\Theta\} \tag{9-38}$$

$$m(A_2)=\max\{m(A_1),\ A_i\subset\Theta\ 且A_i\neq A_1\} \tag{9-39}$$

若

$$\begin{cases}m(A_1)-m(A_2)>\varepsilon_1 \\ m(\Theta)<\varepsilon_2 \\ m(A_1)>m(\Theta)\end{cases} \tag{9-40}$$

则 A_1 为判定结果，其中 ε_1 和 ε_2 为预先设定的门限。

多传感器数据融合的一般过程。

（1）分别计算各传感器的基本可信度、信度函数和似然度函数；

（2）利用Dempster合成规则，求得所有传感器联合作用下的基本可信度、信度函数和似然度函数；

（3）在一定决策规则下，选择具有最大支持度的目标。

图9.3是D-S证据推理用于数据融合目标识别的过程原理。先由 n 个传感器给出 m 个决策目标集的信度，经Dempster合成规则合成一致的对 m 个决策目标的信度，最后对各可能决策利用某一决策规则得到结果。

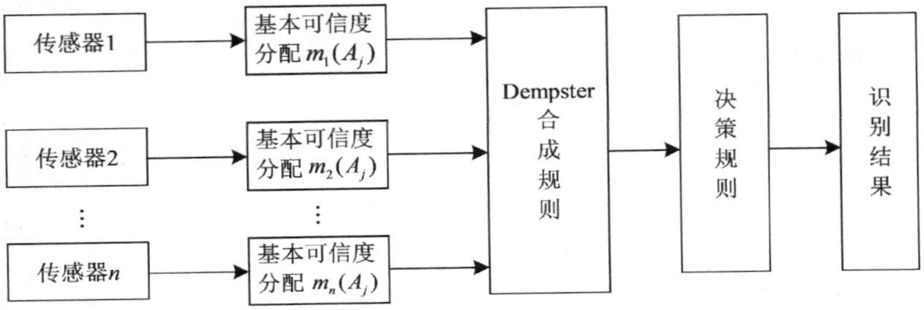

图9.3 D-S证据推理用于数据融合目标识别的过程

3. 人工神经网络法

人工神经网络法是通过模仿人脑的结构和工作原理，设计和建立相应的机器

和模型并完成一定的智能任务。神经网络根据当前系统所接收到的样本的相似性，确定分类标准。这种确定方法主要表现在网络权值分布上，同时可采用神经网络特定的学习算法来获取知识，得到不确定性推理机制。

人工神经元是人工神经网络的基本组成单元，其结构如图 9.4 所示。

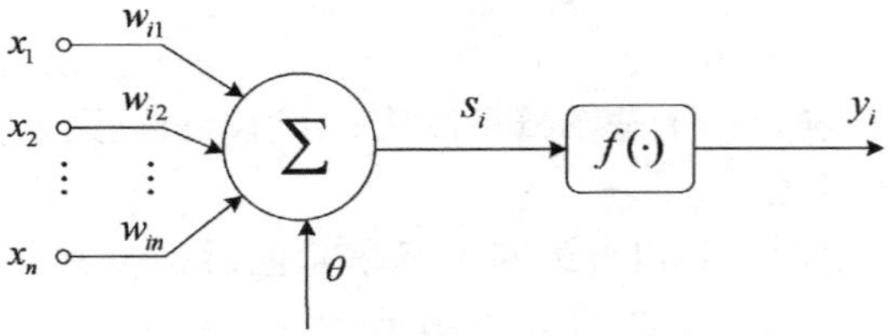

图 9.4 人工神经元模型

图 9.4 中，x_1，x_2，…，x_n 表示由其他神经元输入的信号，w_{ij} 表示神经元之间的连接强度，$j=1$，2，3，…，n，称为权值；θ 表示一个阈值，或称为偏置；神经元 i 的输入输出关系可以表示为

$$s_i=\sum_{j=1}^{n}w_{ij}x_j-\theta \tag{9-48}$$

$$y_i=f(s_i) \tag{9-49}$$

式中，s_i 表示第 i 个神经元的净输入值；f 为传递函数，也称为激活函数；y_i 为第 i 个神经元的输出，令 $x_1=1$，$w_{i1}=\theta$，用 $\boldsymbol{X}_i$ 表示输入向量，$\boldsymbol{W}_{ij}$ 表示权值向量，则：$\boldsymbol{X}_i=[x_1,\ x_2,\ \cdots x_n]$，$\boldsymbol{W}_{ij}=[w_{i1},\ w_{i2},\ \cdots w_{in}]^{\mathrm{T}}$，此时神经元输出可以用向量表示为

$$s_i=\boldsymbol{X}_i\boldsymbol{W}_{ij} \tag{9-50}$$

$$y_i=f(s_i)=f(\boldsymbol{X}_i\boldsymbol{W}_{ij}) \tag{9-51}$$

由于神经网络传递的信号一定是有限的，传递函数 f 必为有界函数，f 的表达式不同，可以构成不同的人工神经元模型，其中比较经典的传递函数有以下几种。

1）线性函数

$$f(x)=kx+c \tag{9-52}$$

2）阶跃函数

$$f(x)=\begin{cases}1, & x\geqslant 0\\ 0, & x<0\end{cases} \tag{9-53}$$

3）Sigmoid 函数

（1）双曲正切 S 型函数

$$f(x)=\frac{1-\mathrm{e}^{-\alpha x}}{1+\mathrm{e}^{-\alpha x}}\quad \alpha>0,\ -1<f(x)<1 \tag{9-54}$$

（2）单极性S型函数

$$f(x)=\frac{1}{1+e^{-\alpha x}} \quad \alpha>0,\ 0<f(x)<1 \tag{9-55}$$

双极S型函数值域是（−1，1），而S型函数值域是（0，1）。由于Sigmoid是连续可导的函数，因此可以作为神经网络的传递函数。

神经网络多传感器信息融合的实现，分以下三个重要步骤。

第一步：根据智能系统要求及传感器信息融合的形式，选择其拓扑结构。

第二步：各传感器的输入信息综合处理为一总体输入函数，并将此函数映射定义为相关单元的映射函数，通过神经网络与环境的交互作用以环境的统计规律反映网络本身结构。

第三步：对传感器输出信息进行学习、理解，确定权值的分配，完成知识获取信息融合，进而对输入模式做出解释，将输入数据向量转换成高层逻辑（符号）概念。

基于神经网络的传感器信息融合特点包括：

（1）具有统一的内部知识表示形式，通过学习算法可将网络获得的传感器信息进行融合，获得相应网络的参数，并且可将知识规则转换成数字形式，便于建立知识库。

（2）利用外部环境的信息，便于实现知识自动获取及并行联想推理。

（3）能够将不确定环境的复杂关系，经过学习推理，融合为系统能理解的准确信号。

（4）由于神经网络具有大规模并行处理信息能力，使得系统信息处理速度很快。

9.7　粒子群算法优化支持向量机目标识别方法

9.7.1　支持向量机基本概念

支持向量机（SVM）是一种分类技术，用于模式分类和非线性回归，其思想是将向量映射变化到一个更高维的空间里，在新的高维找输入量和输出量之间的非线性关系，即设定适宜的核函数 $K(\boldsymbol{x}_k,\ \boldsymbol{x})$，先通过非线性变换，将输入空间变换到高维空间，再在高维空间中求取最优线性分类面。

设 m 维空间中线性判别函数的一般形式为

$$g(\boldsymbol{x})=\boldsymbol{w}^{\mathrm{T}}\boldsymbol{x}+b \tag{9-56}$$

式中，$\boldsymbol{w}$ 为权系数向量；b 为偏置量。分类面方程为 $\boldsymbol{w}^{\mathrm{T}}\boldsymbol{x}+b=0$，将判别函数进

行归一化，使两类所有样本都满足 $|g(\boldsymbol{x})| \geqslant 1$，也就是分类面可以把所有样本都能正确分类，就是要求它满足 $y_k(\boldsymbol{w}^{\mathrm{T}}\boldsymbol{x}_k+b)-1 \geqslant 0, k=1, 2, \cdots, n$ 。此时，离分类面最近的样本的 $|g(\boldsymbol{x})|=1$。

两类样本的分类空隙间隔为 $2/\|\boldsymbol{w}\|$，这样求解最优分类面就是在 $y_k(\boldsymbol{w}^{\mathrm{T}}\boldsymbol{x}_k+b)-1 \geqslant 0$ 条件下，求函数 $\psi(\boldsymbol{w})=\frac{1}{2}\|\boldsymbol{w}\|^2=\frac{1}{2}(\boldsymbol{w}^T\boldsymbol{w})$ 的最小值。定义拉格朗日函数为

$$L(\boldsymbol{w}, b, \alpha)=\frac{1}{2}\|\boldsymbol{w}\|^2-\sum_{k=1}^{n}\alpha_k[y_k(\boldsymbol{w}^{\mathrm{T}}\boldsymbol{x}_k+b)-1] \tag{9-57}$$

式中，$\alpha_k \geqslant 0$ 为拉格朗日算子，这时问题就转化为对 $\boldsymbol{w}$ 和 b 求拉格朗日函数的最小值。若 α_k^* 为最优解，最优分类面的权系数向量为

$$\boldsymbol{w}^*=\sum_{k=1}^{n}\alpha_k^* y_k\boldsymbol{x}_k \tag{9-58}$$

最优分类函数为

$$f(x)=\mathrm{sgn}\left(\sum_{k=1}^{n}\alpha_k^* y_k\boldsymbol{x}_k^{\mathrm{T}}\boldsymbol{x}+b^*\right) \tag{9-59}$$

式中，sgn() 是符号函数；n 为训练样本数；$\boldsymbol{x}_k$ 为训练样本；$\boldsymbol{x}$ 为待预测样本；b^* 为根据训练样本确定的偏置量。

在超平面无法将两类数据点完全分开的情况下可引入松弛变量 ξ_k，$\xi_k \geqslant 0$，以使超平面 $\boldsymbol{w}^{\mathrm{T}}\boldsymbol{x}+b=0$ 满足

$$y_k(\boldsymbol{w}^{\mathrm{T}}\boldsymbol{x}_k+b) \geqslant 1-\xi_k \tag{9-60}$$

式中，若 $\xi_k=0$，则所对应的样本被完全正确的分类；若 $\xi_k>0$，则所对应的样本有个别样本被错误的分类。

$$\psi(\boldsymbol{w}, \xi)=\frac{1}{2}\boldsymbol{w}^{\mathrm{T}}\boldsymbol{w}+C\sum_{k=1}^{n}\xi_k \tag{9-61}$$

式中，常数 C 为惩罚因子，这样 SVM 可转化为一个二次规划问题

$$\begin{cases} \max\limits_{\alpha}\phi(\alpha)=\sum\limits_{k=1}^{n}\alpha_k-\dfrac{1}{2}\sum\limits_{k=1}^{n}\sum\limits_{l=1}^{n}\alpha_k\alpha_l y_k y_l(\boldsymbol{x}_k^{\mathrm{T}}\boldsymbol{x}_l) \\ \mathrm{s.t.}\ \sum\limits_{k=1}^{n}\alpha_k y_k=0,\ 0 \leqslant \alpha_k \leqslant C,\ k=1, \cdots, n \end{cases} \tag{9-62}$$

式中，$y_k \in \{-1, +1\}$ 。

9.7.2 核函数及支持向量机参数

若用核函数 $K(\boldsymbol{x}_k, \boldsymbol{x})$ 把最优分类平面中的点积 $\boldsymbol{x}_k^{\mathrm{T}}\boldsymbol{x}_l$ 代替，就可把原特征

空间变换到了另一新的特征空间，其优化函数为

$$\phi(\alpha)=\sum_{k=1}^{n}\alpha_k-\frac{1}{2}\sum_{k=1}^{n}\sum_{l=1}^{n}\alpha_k\alpha_l y_k y_l K(\boldsymbol{x}_k,\ \boldsymbol{x}) \tag{9-63}$$

相应的判别函数式则为

$$f(\boldsymbol{x})=\mathrm{sgn}\left(\sum_{k=1}^{n}\alpha_k^* y_k K(\boldsymbol{x}_k,\ \boldsymbol{x})+b^*\right) \tag{9-64}$$

式（9-64）为支持向量机，$K(\boldsymbol{x}_k,\ \boldsymbol{x})=(\Phi(\boldsymbol{x}_k)\Phi(\boldsymbol{x}))$，$\Phi(\boldsymbol{x})$ 为映射函数表达式，它的高斯函数为

$$K(\boldsymbol{x}_k,\ \boldsymbol{x})=\exp\left\{-\frac{\|\boldsymbol{x}-\boldsymbol{x}_k\|^2}{\sigma^2}\right\} \tag{9-65}$$

式中，σ 为核函数半径参数。

核函数的参数 σ^2 关系的是样本数据在高维特征空间中分布的复杂度。σ^2 越大，核函数对样本数据点越迟钝，而使 SVM 的分类面对离群点的刻画就越模糊，这样就会提高 SVM 的推广能力，但此时支持向量的数目减少，训练误差增大。σ^2 越小，核函数对样本数据点越敏感，而使 SVM 的分类面对离群点的刻画就越细致，训练误差就越小。惩罚因子 C 主要是在特征空间中平衡学习机的置信范围和经验风险两者之间的比例。C 越大，表示对样本错分的惩罚程度越大，SVM 分类超平面会更偏向离群点，此时 SVM 的复杂度就会提高，而其泛化能力就会下降；而当 C 越小，对经验误差的惩罚程度就越小，此时 SVM 的复杂度减小但是经验风险值却较大。因此合适的参数 σ^2 和 C 的选择对一个泛化能力较好的 SVM 分类器的影响是很重要的。

9.7.3 粒子群优化算法

粒子群优化（PSO）算法是一种迭代寻优方法，可以解决多种优化问题。粒子的主要特征为位置、速度、适应度值。最优解主要是通过粒子自身及周围粒子的经验进行搜索，依靠粒子完成寻优任务，搜索过程中，动态调整粒子位置和速度，找到全局最优解。假设在一个 m 维搜索空间 $S\in R^m$ 和由 n 个粒子组成的种群中，第 j 个粒子的位置是用一个 m 维向量表示的，即 $\boldsymbol{X}_j=(\boldsymbol{x}_{j1},\ \boldsymbol{x}_{j2},\ \cdots,\ \boldsymbol{x}_{jm})$，每个粒子的位置都代表所求问题的一个候选解。这些解的好坏由适应度函数值决定，适应度函数值越好，则与之相关联的解就越好。适应度函数与目标函数有关系，一般要根据具体问题设定。粒子的飞行速度也是一个 m 维向量，即 $\boldsymbol{V}_j=(\boldsymbol{v}_{j1},\ \boldsymbol{v}_{j2},\ \cdots,\ \boldsymbol{v}_{jm})$。第 j 个粒子飞行过程中所遇到的最好位置是空间 S 的一个点，可以表示为 $\boldsymbol{P}_j=(\boldsymbol{p}_{j1},\ \boldsymbol{p}_{j2},\ \cdots,\ \boldsymbol{p}_{jm})$。用 ε 表示粒子群在前面飞行过程中获得的种群最好位置的粒子，$\boldsymbol{p}_\varepsilon$ 表示种群最好粒子的位置，经过迭代优化，随机搜索，最后得到的

$\boldsymbol{p}_\varepsilon$ 就是所求优化问题的解。粒子的速度和位置迭代更新计算由式（9－66）表示。

$$\begin{cases} \boldsymbol{v}_{jd}(k+1)=w\boldsymbol{v}_{jd}(k)+c_1r_1(\boldsymbol{p}_{jd}(k)-\boldsymbol{x}_{jd}(k))+ \\ \qquad\qquad c_2r_2(\boldsymbol{p}_{\varepsilon d}(k)-\boldsymbol{x}_{jd}(k)) \\ \boldsymbol{x}_{jd}(k+1)=\boldsymbol{x}_{jd}(k)+\boldsymbol{v}_{jd}(k+1) \end{cases} \tag{9-66}$$

式中，w 为惯性权重系数，通过设置其值的大小，来确定解的搜索范围；$d=1, 2, \cdots, m$；$j=1, 2, \cdots, n$；k 为当前迭代次数；c_1 和 c_2 是学习因子；r_1 和 r_2 为两个互相独立的在（0，1）之间的随机函数。第 d 维的位置变化范围为 $[-\boldsymbol{x}_{\max d}, \boldsymbol{x}_{\max d}]$，速度变化范围为 $[-\boldsymbol{v}_{\max d}, \boldsymbol{v}_{\max d}]$，在迭代中若 $\boldsymbol{x}_{jd}$ 超出边界值，则将其设为边界值 $-\boldsymbol{x}_{\max}$ 或者 $\boldsymbol{x}_{\max}$。

9.7.4 基于粒子群算法优化支持向量机参数方法

选择径向基核函数，PSO 优化 SVM 即为优化支持向量机的惩罚参数 C 和核函数半径参数 σ，得到 SVM 误差最小的一组惩罚参数和核函数参数，使优化后的 SVM 更好地进行预测分类。设 m 维空间中，n 个粒子根据粒子的速度和位置迭代函数不断更新自身位置和速度，进行迭代寻优，得到 SVM 的最优参数 C_b 和 σ_b。PSO 优化 SVM 主要包括种群初始化、寻找初始极值、迭代寻优等操作，具体步骤与方法为

（1）在 m 维参数空间中，随机对 n 个粒子进行初始化，确定其位置和速度，即确定 SVM 参数，选用一定输入样本建立 SVM 模型；

（2）根据 SVM 分类决策函数确定其函数值，进行粒子适应度值的计算及评估；

（3）寻找全局最优参数，若不满足终止条件，则迭代搜索更新粒子的速度和位置，转向步骤（2）；

（4）若满足终止条件，则得到最优参数，重新训练 SVM，作为最终的分类器进行识别分类。

根据（1）～（4）迭代计算，就得到了使 SVM 误差最小的惩罚参数 C 和核函数半径参数 σ 的最优值，用于 SVM 训练和分类预测。

9.8 目标识别的应用与发展

1. 自动目标识别技术在导弹中的应用与发展

自动目标识别（Automatic Target Recognition，ATR）能对目标进行自动识别和捕获，它是采用计算机处理一个或多个传感器的输出信号，识别和跟踪特

定目标的一种技术，它对导弹武器精确打击目标，智能化攻击目标和提高发射平台生存力，具有重要意义。

自动目标识别技术体制包括红外成像传感器技术和激光成像传感器技术，这两种形式都属于前视模板匹配 ATR 技术。ATR 系统传感器的探测装置主要有红外成像传感器、激光雷达、毫米波雷达和合成孔径雷达等。前视红外（FLIR）成像装置具备灵敏度高、作用距离远、搜索速度快和无镜面回波等优点，因而一直是 ATR 系统研制的首选传感器。近年来，红外图像 ATR 系统已成功用于导弹的末制导。另外，激光雷达 ATR 技术也正在进入实用化阶段。如采用红外成像技术的美国 SLAM-ER 空地导弹、JDAM 制导炸弹、JSOW 空地导弹、JASSM 空地导弹，英国“风暴前兆”空地导弹，法国“斯卡尔普”空地导弹，日本 ASM-2C 反舰导弹，德国/瑞典 KEPD-350 空地导弹；采用激光成像技术的美国 LAM 巡逻攻击导弹、LOCCAAS 空地导弹等。对于 SLAM-ER 导弹，其采用 DSP（数字信号处理器）进行 ATR 处理，该导弹 ATR 装置的硬件包括 4 块 TMS320C40 通用 DSP、18 个通用模式匹配并行处理单元、与制导系统单元接口的逻辑电路和从探测器中捕获图像的帧冻结电路。该导弹的 ATR 算法就是将特定目标的实时图像与事先存储在弹上计算机中要打击目标的基准图（即模板）进行相关匹配，实时捕获图像是从独立的红外成像传感器输出中捕获的一帧图像。在估计图像的冻结时刻位置时，成像传感器的方位由制导计算机提供，使用这些数据信息修正预先装订的内部基准图，使之与探测器的瞄准线对应，再将基准图与实时图进行目标匹配，结果送到制导单元，包括匹配像素的位置和协方差矩阵。模板匹配（Template Matching）属于数字信号处理技术，其过程是先建立有关目标的基准图数据库，然后将数据库存储在导弹或飞机等武器的计算机存储器中，当武器临近目标时，成像传感器实时拍摄目标的区域图像，系统中数字装置将这些实时图像变换为二进制的数字图像，再与模板进行匹配相关，产生的结果用于确定目标位置。

从自动目标识别技术的发展过程来看，其研究方向主要有两个，一是提取目标特征进行自动目标识别，二是利用前视模板匹配进行自动目标识别。自动目标识别技术的关键是目标的特征提取，在识别系统中，如何使目标特征化是实现实时、准确目标识别的关键。

2. 目标识别技术在弹道导弹防御中的应用

导弹预警系统能否对敌方发射的弹道导弹提供准确、有效的预警信息是弹道导弹防御系统能否有效地对敌方导弹进行拦截的前提，因此，需要大力发展弹道导弹预警探测技术。在对抗环境下的弹道导弹真假目标识别技术是导弹预警探测技术的一个十分重要内容，也是其技术瓶颈。它在很大程度上决定了弹道导弹预警探测系统发展的方向。从美国弹道导弹防御系统的发展现状来看，目标识别技术主要基于大量试验数据实现特征匹配，尚未揭示其特征产生机理，距离智能化的特征提取、目标识别仍有较大差距。针对弹道导弹飞行中的目标特性，弹道导弹防御系统中各作战环节的功能可概括为对来袭导弹的及时发现、正确识别、精密跟踪和有效拦截。目标识别技术贯穿整个弹道导弹防御流程，是弹道导弹防御系统中的核心和关键技术之一。

弹道导弹防御的目标识别策略主要有基于回波幅度序列起伏特征识别、基于微动特征识别、基于质阻比特征识别、基于一维距离像识别、基于 ISAR 成像识别和基于极化特征识别。基于回波幅度序列的识别方法主要是利用序列幅度变化特征识别导弹目标。GBR 发现和跟踪目标时，均工作在窄带方式下。窄带雷达在距离维的分辨率较低，通过时域的波形来实现目标分类较为困难，但由于目标回波包含了目标的强度信息，而回波幅度序列的起伏特征能够反映出目标散射强度的变化信息，均可用于识别。导弹目标周期性进动的特性，会对其回波产生一定的多普勒调制，不同类别的目标对多普勒的调制特性不同，如果利用得当，也可以实现一定的目标识别功能。基于微动特征的识别方法主要利用回波序列的相位变化规律实现对目标的识别。导弹在打击目标时为了保持自身飞行的稳定性，需要在平动飞行的同时，绕自身对称轴自旋、绕其锥旋轴锥旋形成进动。国内外在导弹目标进动方面开展了大量研究工作，对微动目标的微多普勒的产生机理进行了深入研究；基于固定散射中心点目标微动模型的理论建模工作基本完成，研究的重点集中在如何结合实际克服点散射模型的缺点，利用实测数据进行微多普勒特征提取和验证。针对轻诱饵类的假目标，可利用弹道导弹再入质阻比特征进行有效识别。质阻比即弹道系数，是反映再入跟踪过程中大气对再入目标作用程度的一项空气动力参数。弹道导弹再入质阻比是由目标质量、目标迎风面积等因素决定的量，不可由雷达直接测量，但可以是目标位置、速度、加速度等运动信息的导出量，从而对导弹、诱饵等目标进行识别。再采用各种先进的滤波算法进行滤波处理，实时得出再入目标质阻比的估计值，识别导弹和轻诱饵。在弹道导弹防御的目标识别中，目标的一维距离像揭示了目标沿视线方向散射强度的分布，反映了目标精细的结构特征，不同目标的距离像有差别，同一目标的距离像有一定的稳定性，是一种较好的目标识别特征。利用一维像对目标进行识别，必须首先解决平移敏感性、姿态敏感性以及幅度敏感性问题。弹道导弹飞行速度较快，会使宽带一维距离像产生展宽、畸变，对目标一维散射中心的位置、形状和分辨率均有影响。目标的进动也会造成各散射中心位置在雷达视线上的投影发生变化，引起目标一维距离像的畸变。在弹道导弹飞行中段目标主要有弹头、碎片和各种诱饵，由于飞行时间比较长，目标的运动方式比较简单，采用逆合成孔径雷达（Inverse Synthetic Aperture Radar，ISAR）成像技术对目标进行成像识别被认为是一种有前途的从诱饵中识别出目标的方法。ISAR 成像识别方法不但有很高的测量精度，而且能观察目标结构上的微小细节，容易分辨出模拟假目标。极化特征是与目标形状本质有密切联系的特征，任何目标对入射电磁波都有特定的变极化作用，该作用由目标的形状、尺寸、结构和取向决定。弹道导弹的弹头目标为了实现较小的雷达散射截面，一般都设计成简单外形，如锥体或者锥柱体等，其形状、尺寸、结构等几何特征都较为简单。极化目标识别既可以利用窄带极化特征，也可以利用各个散射中心的宽带极化特征来开展。目前常用于目标识别的窄带极化特征包括功率矩阵的迹、功率矩阵行列式的值、本征极化方向角、去极化系数、本征极化椭圆率等。

随着目标识别技术的深入研究和快速发展，弹道导弹目标识别取得了很大发展，目前的研究难点和热点，主要集中在导弹目标特性的精确建模、导弹目标特征的准确提取以及完备的目标特征库的建设等方面。目标特性的精确建模是弹道导弹目标识别技术研究的基础，目前无法获得较为全面的导弹类目标雷达回波数据，只能通过暗室半实物仿真、电磁仿真和理论仿真等手段进行建模分析，目标特性模型的精确程度还需要进一步完善。目标特征的准确提取是目标识别的前提，特征提取新理论和新手段的研究是弹道导弹目标识别未来发展的趋势之一。一方面需要根据弹道导弹目标的自身特点开展深入的理论研究，另一方面结合实际测量数据对新的理论和算法进行检验。建立完备的目标特征库是雷达目标识别的基础，需要进行大量的仿真和试验，目前建立完备目标特征库的困难大。未来需要加大仿真和实验的投入，积极探索目标特征库的科学建设方法。

3. 目标识别在弹丸外弹道参数测量中的应用与发展

在研制和生产中，枪、炮发射的弹丸，其飞行速度、着靶坐标、飞行姿态、射频及飞行时间、弹体旋转速度、跳角等参数，一直是靶场测试领域中密切关注的科学问题，特别是近年来随着武器研制技术的发展，新型连发高速武器多弹丸参数是发射武器终点毁伤效能的重要评估参数，也一直是兵器靶场试验参数测试行业公认的技术难题之一，也是武器装备的预验收、校验、定型、鉴定等不可缺少的内容。

弹丸飞行速度是指弹丸飞行过程中，在某一弹道点所具有的瞬时速度，如弹丸的运动速度（包括初始速度和靶位速度）、对目标的撞击速度等。由于直接测量弹丸的瞬时速度很困难，一般都是采用间接测量方法，首先测量与速度有关的其他物理量，然后再计算并换算为弹丸在某一点的速度和初速。弹丸在发射中的飞行速度，是衡量枪弹质量的重要指标。在外弹道测试中，弹丸的初速是研究弹丸在空气中的飞行规律的原始数据，也是计算射程的原始数据。初速的大小是衡量火炮、弹丸和火药装药的综合性能和火炮威力的主要参量之一，它关系到射程大小、火炮结构强度，弹体结构强度、引信受力作用、射击精度等问题。弹丸初速测量结果的精确性和统一性，对火炮兵器的生产、研究、发展和应用产生直接的影响。在武器系统的研制、定型、生产、验收以及弹道学理论研究中都离不开弹丸飞行速度测试。

弹丸的射击精度包括射击准确度和射击密集度、即武器散布中间偏差和散布程度。射击准确度可以理解为“接近的程度”，指散布中心对瞄准点的偏离程度，以诸元精度的大小来衡量，因此射击准确度也叫“诸元精度”。射击密集度可以理解为“相互接近的程度”，是指弹着点对散布中心的离散程度，可以用散布误差的大小来衡量，所以也称为散布程度。在靶场试验中，常用测试系统测得每发射弹丸的着靶坐标，然后根据相关的计算公式计算出该组射击的射击精度。弹丸的飞行姿态是指弹丸在自由飞行时弹轴的空间方位，通常用俯仰角和方位角或章动角和进动角来描述。运动姿态及空间坐标参数关系到弹丸的飞行稳定性，射击精度以及终点效应的评价，弹道靶道是测量与研究弹丸自由飞行运动和气动力学特性的极为重要的手段。射频是武器的连发频率，一般是指在一分钟内武器射出的弹丸个数，单位为发/分钟，英文为 RPM（Round Per Minute）。现代兵器的射频发展越来越快，因此，对射频的测试提出了更高的要求。弹丸的飞行时间是指弹丸从发射到飞行到弹道某位置的总时间，一般常规试验中仅测试 1 km 或 2 km 飞行时间。跳角是射前炮膛轴线方向与弹丸出膛时实际飞行方向之间的夹角，跳角的铅垂分量叫定起角，它影响射程。横向跳角会造成方向偏差。跳角值和跳角散布不仅取决于火炮构造特征和动力特征，还取决于弹的不平衡性和上定心部的直径。

关于外弹道动态弹丸参数的测量与识别技术的发展，国内外主要采用高速摄像法、声学法、激光靶、多光幕交汇测量法和线阵 CCD 立靶。这些测试技术都是基于声探测技术、激光探测技术、红外探测技术、目标成像技术发展起来的。高速摄像法是通过分析拍摄到的弹丸目标影像计算飞行参数，该方法较为直观，主要用于弹丸目标飞行姿态方面的测试，对于外弹道使用的单个高速摄像机成本高，一般都在一百万元以上，如果要形成多参数的测量，需要两个以上的高速摄像机交汇组成，成本更高。声学法采用激波原理，无法获得低音速弹丸目标参数，国内研制出的 ATS－1 型阵列式声靶坐标靶系统，激光光幕交汇测试系统。声学靶系统受到风速影响比较大，野外作业的测试系统随着风速强度的不同，测试误差有明显的变化，不利于数据的采集与分析，另外，声靶是利用声传感器阵列构造而成，在靶面要求较大的环境试验中，其相应的结构体也随之变大，不利于靶场测试布置。激光法采用框架式结构体，利用激光发射与接收管组合成探测面，靶面都比较小，只适应小口径目标的测试，对于野外靶面稍大的测试环境，需求固有框架增大，导致形成探测面的发光电管与接收光电管对齐校准困难等问题，给光幕靶的测试系统设计和应用带来很多困难，探测性能明显降低。多光幕交汇测量法中的四光幕交汇法虽能构建两维坐标参数的测量，但对飞行弹丸的飞行方向有严格要求，要求弹丸必须垂直穿过天幕阵列，否则产生较大的误差，不能对参数进行实时修正，更重要的是四光幕法测量系统存在着测量数据为非同点测量坐标而产生的误差难以消除等问题，使测量结果误差比较偏大；为了解决这一问题，研究专家提出了六光幕测量系统测量坐标原理，虽可以测量两维坐标与偏向角，但四光幕测量系统和六光幕测量系统中采用的是被动式可见光感光探测器件为核心的探测系统，在复杂环境下的测试受到干扰比较大，低照度条件下难以捕获目标，降低了测试系统的识别能力，另外测试系统采用独立单探测识别方法，难以对虚假目标进行识别，不利于高射频连发射击条件下的多目标识别与计算。国内现有的产品有中北大学研制的小靶面激光测速靶；南京理工大学研制的利用单列光源与两个长条形平面反射镜构建的四光幕测量系统；西安工业大学采用双N形设计方法研制了六光幕阵列测试系统。在国外，外弹道参数测量的研究方法也有多种，特别是采用光幕阵列方法是主要的兴趣点和关注的热点。如奥地利 HPI 公司研制的 B571 四光幕坐标测量系统，可以实时测量垂直入射弹丸目标的飞行速度和着靶坐标；美国专家提出一种光电立靶精度测试方案，是利用半导体器件编码阵列测量法，编码阵列结构复杂，对小目标的探测与识别还存在一定的缺陷。美国学者雷蒙德·戴维斯提出了一种空间N型光幕阵列实现目标位置测量；英国 MSI 公司研制的 570 型六光幕阵列精度靶，坐标误差在 4 m×4 m 靶面内不大于 10 mm。高蒂尔给出了一种七光幕阵列测量方法，其可以测量直线运动弹丸目标飞行速度、着靶坐标和速度衰减率。

弹丸参数测试方法都是建立在一定的光照度条件下工作，由于环境的变化等，测试系统难免受外界干扰而影响测试结果，因而，弹丸目标的识别是测试系统中的关键内容之一。目前，在弹丸信息的识别中主要采取的识别方法有，自相关函数法、小波分析法、模糊模式识别法、神经网络模式识别法、数据融合识别法、粒子群算法等。在一些测试装置设备上也发展了由多模式识别算法的融合识别处理技术，大大地提高外弹道枪、炮发射的弹丸参数测试的精度和可靠性。随着识别技术的不断优化，多模式识别方法将是多弹丸参数测试发展的重要趋势，也是未来高性能连发武器多弹丸目标识别的发展方向。

习　　题

1. 特征提取与选择的基本途径有哪些？

2. 常用的统计判决准则包括哪些？

3. 简述 BP 学习算法的步骤。

4. 目标识别数据融合的基本原理是什么？

5. 传感器数据融合分为哪几类？

6. 数据融合的主要内容有哪些？

7. 简述粒子群优化支持向量机方法在多声传感器阵列目标定位系统的识别应用。

8. 传感器信息融合的一般方法包括哪些？

9. 简述 D－S 证据推理的步骤。

10. 神经网络多传感器信息融合是如何实现的？

参考文献

[1] 张合，江小华．目标探测与识别技术［M］．北京：北京理工大学出版社，2015.

[2] 韩晓冰，陈名松．光电子技术基础［M］．西安：西安电子科技大学出版社，2013.

[3] 刘松涛，王龙涛，陈奇．光电技术及应用［M］．北京：国防工业出版社，2020.

[4] 宋承天，等．近感光学探测技术［M］．北京：北京理工大学出版社，2019.

[5] 陈钱，钱惟贤，张闻文．红外目标探测［M］．北京：电子工业出版社，2016.

[6] 梅遂生．光电子技术：信息化武器装备的新天地［M］．北京：国防工业出版社，2008.

[7] 杜小平．调频连续波激光探测技术［M］．北京：国防工业出版社，2015.

[8] 陈慧敏，贾晓东，蔡克容．激光引信技术［M］．北京：国防工业出版社，2016.

[9] 安毓英，曾晓东．光电探测原理［M］．西安：西安电子科技大学出版社，2004.

[10] 张河．探测与识别技术［M］．北京：北京理工大学出版社，2005.

[11] 韩军，刘钧．工程光学［M］．北京：国防工业出版社，2016.

[12] 周立伟．目标探测与识别［M］．北京：北京理工大学出版社，2002.

[13] 阮成礼，董宇亮．毫米波理论与技术［M］．成都：电子科技大学出版社，2013.

[14] 郭锐．弹丸飞行力学［M］．北京：国防工业出版社，2020.

[15] 高旭东．弹箭飞行原理与应用［M］．北京：北京理工大学出版社，2018.

[16] 张志伟，曾光宇，李仰军．光电检测技术［M］．北京：清华大学出版社，2018.

[17] 安毓英，曾晓东，冯喆珺．光电探测与信号处理［M］．北京：科学出版社，2010.

[18] 王彦斌，王国良，陈前荣．光电探测器激光能量分布的测试与分析［M］．上海：上海交通大学出版社，2019.
[19] 郝晓剑，李仰军．光电探测技术与应用［M］．北京：国防工业出版社，2009.
[20] 张元. 被动声探测技术研究［D］. 南京：南京理工大学，1996.
[21] 郝新红，栗苹，潘曦，等．声探测原理［M］．北京：北京理工大学，2019.
[22] HANSHAN LI，XIAOQIAN ZHANG，XUEWEI ZHANG，et al. A line laser detection screen design and projectile echo power calculation in detection screen area［J］．Defence technology，2022，18（8）：1405－1415.
[23] HANSHAN LI，XUEWEI ZHANG. Projectile explosion position parameters data fusion calculation and measurement method based on distributed multi－acoustic sensor arrays［J］．IEEE Access，2022，10：6099－6108.
[24] 孙书学，吕艳新，顾晓辉，等．双三角形声学靶信息融合定位模型［J］．兵工学报，2008，29（9）：1094－1098.
[25] 马少春，刘庆华，黄灵鹭．基于相关峰插值的五元十字阵被动声定位算法［J］．探测与控制学报，2014，36（5）：94－98.
[26] 李静，雷志勇，王泽民，等．近炸引信对空炸点位置测试方法研究［J］．计算机测量与控制，2011，19（7）：1602－1604.
[27] 王学青，时银水，朱岩．四元平面方阵对空声时延定位误差分析［J］．电声技术，2005，29（11）：5－7.
[28] 路敬祎，叶东，陈刚，等．双五元十字阵被动声定位融合算法及性能分析［J］．仪器仪表学报，2016，37（4）：827－833.
[29] 胥磊，冯斌，史元元，等．被动声源定位中的时延估计分析［J］．西安工业大学学报，2021，41（1）：81－85.
[30] 董明荣，许学忠，张彤，等．空中炸点三基阵声学定位技术研究［J］．兵工学报，2010，31（3）：343－349.
[31] HANSHAN LI，XIAOQIAN ZHANG. A temporal－spatio detection model and contrast calculation method on new active sky screen with high－power laser［J］．Optik，2022，269：169935.
[32] HANSHAN LI，YUN HAO，XIAOQIAN ZHANG. Numerical calculation method of target damage effectiveness evaluation under uncertain information of warhead fragments［J］．Mathematics，2022，10（10）：1688.

[33] HANSHAN LI, XIAOQIAN ZHANG, HUI GUAN. Multi - area detection sensitivity calculation model and detection blind areas influence analysis of photoelectric detection target [J]. Defence technology, 2022, 18 (4): 547 - 556.

[34] HANSHAN LI, XIAOQIAN ZHANG. Laser reflection characteristics calculation and detection ability analysis of active laser detection screen instrument [J]. IEEE Transactions on Instrumentation and Measurement, 2022, 71: 7000111.

[35] 蔡幸福，张雄美，高晶．空间目标特性分析与识别 [M]．西安：西北工业大学出版社，2015.

[36] 孙全意，激光近炸引信的体制、定距与识别技术研究 [D]，南京：南京理工大学，2002.

[37] 崔占忠，宋世和，徐立新．近炸引信原理 [M]. 北京：北京理工大学出版社，2009.

[38] HANSHAN LI, XIAOQIAN ZHANG. Laser echo characteristics and detection probability calculation on the space projectile proximity fuze [J]. Optik, 2019, 183: 713 - 722.

[39] HANSHAN LI , XIAOQIAN ZHANG, XUEWEI ZHANG, et al. Detection sensitivity correction calculation model and application of photoelectric detection target in four - screen intersection testing system [J]. Measurement, 2021, 177: 109281.

[40] HANSHAN LI, XIAOQIAN ZHANG, JUNCHAI GAO. Laser reflection echo signal detection and calculation under multi - attitude intersection [J]. Journal of electromagnetic waves and applications, 2021, 35 (4): 1894 - 1908.

[41] 包家倩，查冰婷，张合，等．脉冲激光引信烟尘环境回波模拟计算方法 [J]．红外与激光工程，2021，50 (5)：79 - 87.

[42] 宋承天，张垚彦，刘强，等．气溶胶环境影响下连续波激光引信回波特性 [J]．兵工学报，2021，42 (3)：499 - 510.

[43] 陈慧敏，马超，齐斌，等．脉冲激光引信烟雾后向散射特性研究 [J]．红外与激光工程，2020，49 (4)：38 - 44.

[44] 王凤杰，刘锡民，陆长平．相干激光引信在云雾干扰下的回波特性研究 [J]．红外与激光工程，2020，49 (4)：45 - 51.

[45] 查冰婷，周郁，谭亚运．激光多档定距引信系统参数综合优化 [J]．红外

与激光工程，2020，49（4）：71－76.

[46] 张梦．激光雷达回波信号增强技术研究［J］．激光杂志，2017，38（9）：146－149.

[47] 李翰山，卢莉萍，雷志勇．光幕幕厚与大气对弹丸红外热辐射探测性能影响研究［J］．南京理工大学学报，2011，35（3），298－303.

[48] 李翰山，雷志勇．天幕靶探测灵敏度与捕获率研究［J］．红外与激光工程，2012，41（9）：2509－2514.

[49] 李翰山，雷志勇．多幕光学法测量弹丸炸点坐标及误差分析［J］．光学学报，2012，32（2）：136－142.

[50] HANSHAN LI，XIAOQIAN ZHANG，JUNCHAI GAO. Detection probability calculation model of visible and infrared fusion method in composite photoelectric detection target［J］. IEEE Sensors Journal，2019，19（9）：3296－3303.

[51] HANSHAN LI，XIAOQIAN ZHANG. Laser echo characteristics and detection probability calculation on the space projectile proximity fuze［J］. Optik，2019，183：713－722.

[52] HANSHAN LI. Particle filter target tracking algorithm based on multiple features similarity function information fusion method［J］. Optoelectronics and Advanced Materials－Rapid Communications，2019，13（12）：598－605.

[53] 阮航，吴彦鸿，叶伟．逆合成孔径激光雷达回波信号特征分析［J］．激光与红外，2013，43（4）：385－390.

[54] 孙即祥．现代模式识别［M］. 长沙：国防科技大学出版社，2002.

[55] 李翰山，雷志勇．基于摄像法测量弹丸的空间炸点位置［J］．光学精密工程，2012，20（2）：329－336.

[56] 李嫣然．近距离目标激光探测性能研究［D］．西安：西安工业大学，2014.

[57] 张建奇，方小平．红外物理［M］．西安：西安电子科技大学出版社，2004.

[58] 宜禾，岳敏，周维真．红外系统［M］. 北京：国防工业出版社，1995.

[59] 吴宗凡，柳美琳，张绍举，等．红外与微光技术［M］. 北京：国防工业出版社，1998.

[60] HANSHAN LI. Detection probability estimation method and calculation model of photoelectric detection target in complex background［J］. Optoe-

lectronics and Advanced Materials - Rapid Communications，2018，12（1 - 2）：18 - 24.

[61] HANSHAN LI，SANGSANG CHEN. Detection ability mathematical model and performance evaluation method in visible - light photoelectric detection system [J]. IEEE Sensors Journal，2017，17（6）：1649 - 1655.

[62] HANSHAN LI，SANGSANG CHEN. A new CMTF evaluation model for dynamic target in photoelectric imaging system [J]. IEEE Sensors Journal，2017，17（20）：6571 - 6577.

[63] HANSHAN LI，DENG PAN. Multi - photoelectric detection sensor target information recognition method based on D - S data fusion [J]. Sensors and Actuators A：Physical，2017，264：117 - 122.

[64] 张贤达．现代信号处理 [M]．北京：清华大学出版社，1995.

[65] 王宏禹．随机数字信号处理 [M]．北京：科学出版社，1998.

[66] 程佩青．数字信号处理教程 [M]．北京：清华大学出版社，2013.

[67] 孙即祥，等．现代模式识别 [M]．长沙：国防科技大学出版社，2002.

[68] 郭桂蓉，谢维信，庄钊文，等．模糊模式识别 [M]．长沙：国防科技大学出版社，1992.

[69] 沈清，汤霖．模式识别导论 [M]．长沙：国防科技大学出版社，1991.

[70] 杨军，朱学平，张晓峰，等．弹道导弹精确制导与控制技术 [M]．西安：西北工业大学出版社，2013.

[71] 倪晋平．光幕阵列测试技术与应用 [M]．北京：国防工业出版社，2014.

[72] 李翰山，袁朝辉，雷志勇．探测光幕中的高速弹丸红外辐射特性分析 [J]．红外与激光工程，2009，38（5）：777 - 781.

[73] 崔占忠，宋世和，徐立新．近炸引信原理 [M]．北京：北京理工大学出版社，2009.

[74] 李兴国，李跃华．毫米波近感技术基础 [M]．北京：北京理工大学出版社，2009.

[75] 杨亦春．近程探测技术原理与应用 [D]．南京：南京理工大学，1998.

[76] 阮成礼．毫米波理论与技术 [M]．成都：电子科技大学出版社，2001.

[77] 王晓燕．被动毫米波成像系统及被动毫米波图像超分辨率算法研究 [D]．中国海洋大学，2008.

[78] 潘荣．毫米波辐射特性研究与误差分析 [D]．南京：南京理工大学，2006.

[79] 时翔．被动毫米波探测及其隐身技术研究 [D]．南京：南京理工大

学，2008.
[80] 盛淑然．5mm 线性调频系统目标探测与分析［D］．南京：南京理工大学，2013.
[81] 魏伟波，芮筱亭，陈娅莎．毫米波雷达导引头技术研究［J］．战术导弹技术，2008，29（2）：83－87.
[82] 蔡宛霖．基于 DSP 的毫米波辐射计目标识别系统的研究［D］．南京：南京理工大学，2005.
[83] 常庆功．被动毫米波探测器的信号获取、分析及目标辨识［D］．南京：南京理工大学，2005.
[84] 江亦涛．毫米波波段金属目标亮温特性分析及识别［D］．南京：南京理工大学，2007.
[85] 王俊喜．毫米波汽车防撞雷达多目标信号检测算法研究［D］．哈尔滨：哈尔滨工程大学，2016.
[86] 朱龙．毫米波主动探测成像系统前端设计［D］．西安：西安电子科技大学，2014.
[87] 吴德平．近程探测器数据记录仪的研究与设计［D］．南京：南京理工大学，2007.
[88] 邓甲昊，叶勇，陈慧敏，电容探测原理及应用［M］．北京：北京理工大学出版社，2019.
[89] 刘洪涛．电容近炸引信系统研究及设计［D］．南京：南京理工大学，2004.
[90] 钱显毅，唐国兴．传感器原理与检测技术［M］．北京：机械工业出版社，2015.
[91] 叶勇．基于平面电容传感器的运动目标近程检测技术［D］．北京：北京理工大学，2017.
[92] 颜华，许含，刘丽钧．介电常数分布对电容层析成像传感器灵敏度的影响［J］．仪器仪表学报，2002，23（1）：45－48.
[93] 于静，李国林，周红梅，杜鑫．电容近感探测目标多样性研究［J］．海军航空工程学院学报，2009，24（3）：289－291.
[94] 李建新，徐清泉，施聚生．电容近炸引信探测电极的研究［J］．兵工学报，1991，12（9）：20－27.
[95] 谢宁宁，陈向东，李晓钰．三电极平面电容传感器对材料损伤的探测［J］．传感器与微系统，2011，30（4）：57－59.

[96] HANSHAN LI, WEI GAO. Detection sensitivity calculation model and photoelectric detection performance analysis on laser light screens [J]. IEEE Sensors Journal, 2016, 16 (11): 4258-4265.
[97] HANSHAN LI. Space target optical characteristic calculation model and method in the photoelectric detection target [J]. Applied Optics, 2016, 55 (13): 3689-3695.
[98] HANSHAN LI. Ballistic target tracking rotary reflection mirror calculation model and optical performance analysis [J]. Optoelectronics and Advanced Materials-Rapid Communications, 2016, 8 (7-8): 479-484.
[99] 黄昌霸. 车载毫米波雷达目标检测技术研究 [D]. 成都：电子科技大学，2020.
[100] 李树丹. 220GHz 辐射计前端关键技术研究 [D]. 成都：电子科技大学，2018.
[101] 庞龙飞. 基于被动毫米波的目标参数采集技术 [D]. 太原：中北大学，2016.
[102] 袁龙. 被动毫米波成像探测技术研究 [D]. 成都：西南交通大学，2006.
[103] 葛俊祥，汪洁，王金虎，林海. 毫米波气象雷达发展与应用 [J]. 南京航空航天大学学报，2018，50 (5)：577-585.
[104] 薛良金. 毫米波工程基础 [M]. 北京：国防工业出版社，1998.
[105] 张明友，汪学刚. 雷达系统 [M]. 北京：电子工业出版社，2018.
[106] 郭桂蓉，谢维信，庄钊文，等. 模糊模式识别 [M]. 长沙：国防科技大学出版社，1992.
[107] 傅京孙. 模式识别及其应用 [M]. 北京：科学出版社，1983.
[108] 杨军，朱学平，张晓峰，等. 弹道导弹精确制导与控制技术 [M]. 西安：西北工业大学出版社，2013.
[109] 张胜利. 无人机航拍图像目标识别与跟踪 [D]. 南京：东南大学，2021.
[110] 程兴. 基于无人机的地面目标识别与跟踪 [D]. 哈尔滨：哈尔滨工业大学，2019.
[111] 马晓瑛. 宽带极化雷达地面目标识别技术研究 [D]. 西安：西安电子科技大学，2020.
[112] 李诗润. 战场侦察雷达的目标识别技术研究 [D]. 南京：南京理工大学，2013.
[113] 郑娜娥. 目标特性与传感原理 [M]. 北京：电子工业出版社，2020.

[114] 卢莉萍，郑潇．基于旋转反射镜光学成像的动态目标跟踪方法［J］．兵工学报，2020，41（8）：1558－1565.
[115] 王鑫，徐立中．图像目标跟踪技术［M］．北京：人民邮电出版社，2012.
[116] 吴青娥，张焕龙，姜利英．目标图像的识别与跟踪［M］．北京：科学出版社，2018.
[117] 辛哲奎．基于视觉的小型无人直升机地面目标跟踪技术研究［D］．天津：南开大学，2010.
[118] 葛凯蓉．自然场景下目标跟踪算法的研究［D］．济南：山东大学，2015.
[119] 高文，朱明，贺柏根，等．目标跟踪技术综述［J］．中国光学，2014，7（3）：365－375.
[120] 吴晨．雷达目标跟踪方法探究［D］．西安：西安电子科技大学，2015.
[121] 赵筱玥．基于无人机平台的地面移动目标监测方法研究［D］．武汉：武汉大学，2020.
[122] 李杰．机载预警雷达目标跟踪方法研究与应用［D］．西安：西安电子科技大学，2018.
[123] 权红艳．多目标检测与跟踪技术的研究［D］．南京：南京理工大学，2014.
[124] 袁峻．无人机图像目标跟踪与定位［D］．南京：南京理工大学，2017.
[125] 戴永江．激光与红外探测原理［M］．北京：国防工业出版社，2012.
[126] 朱明，高文，郝志成．机载光电平台的目标跟踪技术［M］．北京：科学出版社，2016.
[127] 徐光柱，雷帮军．实用性目标检测与跟踪算法原理及应用［M］．北京：国防工业出版社，2015.
[128] 江晶，吴卫华．运动传感器目标跟踪技术［M］．北京：国防工业出版社，2017.
[129] 张俊山，张姣，杨威，等．基于特征的红外图像目标匹配与跟踪技术［M］．北京：科学出版社，2014.
[130] 刘姝琴，兰剑．目标跟踪前沿理论与应用［M］．北京：科学出版社，2015.
[131] 陈金广．目标跟踪系统中的滤波方法［M］．西安：西安电子科技大学出版社，2013.
[132] 周立伟．目标探测与识别［M］．北京：北京理工大学出版社，2004.
[133] 杨万海．多传感器数据融合及其应用［M］．西安：西安电子科技大学出

版社，2004.
[134] 董慧颖．典型目标识别与图像除雾技术 [M]．北京：国防工业出版社，2016.
[135] 翟中，安世全．视频序列运动目标检测与跟踪 [M]．北京：科学出版社，2018.
[136] 赵谦，侯媛彬，郑茂全．智能视频图像处理技术与应用 [M]．西安：西安电子科技大学出版社，2016.